西北新农村可再生能源适用技术与应用

马松尧　黄娟娟　李金平　编著

图书在版编目（CIP）数据

西北新农村可再生能源适用技术与应用 / 马松尧，黄娟娟，李金平编著. -- 兰州 : 兰州大学出版社，2018.7

ISBN 978-7-311-05385-7

Ⅰ. ①西… Ⅱ. ①马… ②黄… ③李… Ⅲ. ①农村－再生能源－能源开发－研究－西北地区 Ⅳ. ①F426.2

中国版本图书馆CIP数据核字(2018)第171533号

策划编辑 张爱民
责任编辑 佟玉梅
封面设计 陈 文

书 名 西北新农村可再生能源适用技术与应用
作 者 马松尧 黄娟娟 李金平 编著
出版发行 兰州大学出版社 (地址:兰州市天水南路222号 730000)
电 话 0931-8912613(总编办公室) 0931-8617156(营销中心)
0931-8914298(读者服务部)
网 址 http://press.lzu.edu.cn
电子信箱 press@lzu.edu.cn
印 刷 北京虎彩文化传播有限公司
开 本 710 mm×1020 mm 1/16
印 张 22
字 数 407千
版 次 2018年7月第1版
印 次 2018年7月第1次印刷
书 号 ISBN 978-7-311-05385-7
定 价 32.00元

前 言

能源是人类社会文明存在和发展的基础，人类社会发展的历史与人类认识和利用能源的历史密切相关。过去一百多年间，人类开发利用能源的方式发生了重大变革。纵观能源开发利用的历史，可大致划分为薪柴时代、煤炭时代、石油时代，目前正在向多能互补时代迈进。

农村能源的开发和利用是多能互补的一个重要环节，在新农村建设中，国家以实施循环农业为重点，大力开发利用可再生能源，竭力改变农民的生产生活方式，提高太阳能、生物质能、风能和空气热能的利用率。同时强调要加强国际合作，加大宣传力度，加强队伍建设，严格项目监督，努力营造良好的发展环境，切实促进新农村能源行业的全面发展。

改革开放以来，我国农村能源政策的演变基本上是围绕国家能源问题展开的：第一是农村能源短缺问题，主要围绕农村地区的资源赋存展开，着力发展沼气、太阳能等多种能源；第二是能源安全问题，由于农村能源与可再生能源的天然联系，我国农村能源政策着眼于服务国家能源安全，推进能源供给的多样化，促进能源可持续发展；第三是全球变暖问题，农村能源被赋予了减排二氧化碳的新使命。

为了进一步宣传、推广和应用相关技术，甘肃自然能源研究所和兰州理工大学合作编写了《西北新农村可再生能源适用技术与应用》一书，其中甘肃自然能源研究所马松尧负责编写了第1章，第2章的2.2、2.4节和第3章，兰州理工大学黄娟娟负责编写了第4章，第5章和第6章的6.2、6.3节，兰州

理工大学李金平负责编写了第2章的2.1、2.3节和第6章的6.1节。另外，兰州理工大学的时天禄、龚纾源、吴佳妮、马韬、轩坤阳、蒋琴、杨笑语、汪昶蕊、张博、屈博艺等同学为本书编写给予了大力支持，对此深表谢意。本书得到了国家重点研发计划课题（2018YFB0905104）、国家自然科学基金项目（51676094）、甘肃省国际科技合作专项（1604WKCA009）、兰州市人才创新创业项目（2017-RC-34）和甘肃省科学院省院合作项目（2017HZ-01）等项目的联合资助，表示感谢。

本书是所有参编人员数年工作经验和智慧的结晶。书稿遵循少而精的原则，力求层次分明，重点突出，概念清晰，注重实用。需要强调指出的是，由于各地自然条件不尽相同，对于书中介绍的各种技术，读者要根据当地自然条件和经济发展情况，因地制宜，先试后用，在实践中不断总结、发展、提高，使其发挥应有的作用，产生更大的效益。在我国经济和科技飞速发展的时代，因编写人员水平和经验所限，加之时间仓促，很难以一概全，不妥之处，敬请读者、专家、同行批评指正。

编者

2018年02月

目　录

第1章 绪论

1.1 可再生能源简介

从地球蕴藏能量数量来看，自然界存在无限的能量资源。由于人类开发与利用能源受到社会生产力、科学技术、地理原因及世界经济、政治等因素的影响与制约，可以利用的太阳能、生物质能、风能和水在内的巨大数量的能源微乎其微，因而，能源继续开发的潜力巨大。目前，人类能源消费的剧增，化石燃料的匮乏以致枯竭以及生态环境的日趋恶化，迫使人们不得不思考能源利用问题。国民经济的可持续发展要依靠能源的可持续供给，这就要求我们必须研究开发新能源和可再生能源。

新能源和可再生能源的概念和定义是1981年联合国在肯尼亚首都内罗毕召开的新能源和可再生能源会议上确定的。不同于常规化石能源，新能源和可再生能源可以持续发展，用之不竭，对环境无多大损害，有利于生态良性循环。

目前，联合国开发计划署（UNDP）将新能源和可再生能源分为三类：

（1）大中型水电；

（2）可再生能源，包括小水电、太阳能、风能、现代生物质能、地热能、海洋能；

（3）传统生物质能。

在我国，新能源和可再生能源是指除常规化石能源及大中型水力发电和核裂变发电之外的生物质能、太阳能、风能、地热能及海洋能等一次能源。这些能源，资源丰富，可以再生，清洁干净，是最有前景的替代能源并且将成为未来世界能源的基石。

1.1.1 我国能源资源特点

我国能源资源有如下特点：

（1）拥有比较丰富的能源资源，但是人均少，人均能耗及人均电力都远远低于世界的平均水平。

（2）能源分布很不均衡。我国约60.8%煤炭探明储量集中在华北，70%水能资源集中在西南，远离消费中心，数量庞大的石油和液化石油气使铁路运输不堪重负。能源资源、能源生产和经济布局不协调，北煤南运、西电东送、西气东输将是长期的格局。加快西部能源资源开发，实施西电东送、西气东输战略，是实现更大范围资源优化配置的客观要求。虽然"稳定东部，发展西部"取得了很大成效，但西北地区气候恶劣，地质情况复杂，生态环境脆弱，交通、通信基础设施落后，油气等资源开发仍然需要更多的技术和资金投入。

（3）以煤为主的能源结构面临严峻挑战。我国是世界上少数以煤炭为主要能源的国家，与世界能源结构相比，我国严重缺乏石油、天然气，石油和天然气储量的人均值分别仅为世界平均值的11%和4%，我国石油消费的增长速度大大高于石油生产的增长速度，石油供应前景严峻。1993年起我国已成为石油的净进口国，2010年我国原油的缺口达1亿t，约为国内原油产量的1/3，而受到国力和外汇的限制，我国很难支持这样大规模的石油进口。在今后几十年内，我国能源需求的增长仍将主要靠煤炭来满足，而大幅度增加煤炭生产和利用将对环境和运输造成越来越大的压力。我国经济的快速发展迫切要求解决石油和天然气的缺口问题。

（4）能源利用率低，单位产值能耗高。中国的能源一方面很紧张，人均能耗低；另一方面，单位产值的能耗又很高，能源利用率很低，造成能源的极大浪费。从单位国民生产总值的能耗水平来看，中国在世界上仅居第33位，即使与发展中国家相比，中国也是比较落后的。

（5）农村商业能源短缺。所谓商业能源，即商业贸易的能源，主导着能源的舞台。化石燃料——石油、天然气和煤，大约占全世界商业性能源需要量的90%。商业能源不包括木材、泥煤和牲畜粪便。我国8.5亿农村居民70%的生活用能中主要依靠生物质能。薪柴消耗超过合理采伐量，造成大面积森林植被破坏，水土流失加剧。而大量秸秆不能还田，导致土壤有机质含量减少，地力下降。

1.1.2 新能源与可再生能源

太阳能是指太阳的热辐射能，是各种可再生能源中最重要的，也是人类可利用的最丰富的能源。主要表现就是常说的太阳光线。现在一般用作发电或者为热水器提供能源。自地球上生命诞生以来，就主要以太阳提供的热辐射能生存，而自古人类也懂得以阳光晒干物件，并作为制作食物的方法，如制盐和晒咸鱼等。在化石燃料日趋减少的情况下，太阳能已成为人类使用能源的重要组成部分，并不断得到发展，其主要利用方式有太阳能光伏发电，太阳能热发电，以及太阳能热水器和太阳房等热利用方式。太阳每年投射到地面上的辐射能高达1.05×10^{18} kW·h，相当于1.3×10^{6}亿t标准煤。按照目前太阳的质量消耗速率计，可维持6×10^{10}年，可以说是“取之不尽，用之不竭”的能源。但如何合理利用太阳能，降低开发和转换的成本，是新能源开发中面临的重要问题。我国2/3的国土面积年日照小时数在2 200 h以上，年太阳辐射总量大于5 000 MJ/m^2，属于太阳能利用条件较好的地区。

生物质能就是太阳能以化学能形式贮存在生物质中的能量形式，即以生物质为载体的能量。直接或间接地来源于绿色植物的光合作用。生物质是指利用大气、水、土地等通过光合作用而产生的各种有机体，即一切有生命的可以生长的有机物质通称为生物质。它包括植物、动物和微生物。广义概念：生物质包括所有的植物、微生物以及以植物、微生物为食物的动物及其产生的废弃物。其代表性的生物质如农作物、农作物废弃物、木材、木材废弃物和动物粪便。狭义概念：生物质主要是指农林业生产过程中除粮食、果实以外的秸秆、树木等木质纤维素（简称木质素）、农产品加工业下脚料、农林废弃物及畜牧业生产过程中的禽畜粪便和废弃物等物质。特点：可再生、低污染、分布广泛。生物质能可转化为常规的固态、液态和气态燃料，取之不尽、用之不竭，是一种可再生能源，同时也是唯一一种可再生的碳源。

风能是因空气流做功而提供给人类的一种可利用的能量，也就是说利用风力机将风能转化为电能、热能、机械能等各种形式的能量，用以发电、提水、助航、制冷和制热等，风能发电是主要的开发利用方式。2017年2月10日，全球风能理事会发布了2016年全球风电装机统计数据。数据显示，2016年全球新增装机54 GW以上，累计装机达到487 GW。新增装机前列的国家依次是中国、美国、德国和印度。统计显示，2016年全国新增装机2 337万kW，累计装机容量达到1.69亿kW。风能虽然对大多数国家而言还不是主要的能源，但从每年的装机增长速度可以看出，各国都看好风能广阔的开发前景。风能是一种自然能源，它的方向及大小都变化不定，因此其经济性和实用性由风车的安装地点、方向、风速等多种因素综合决定。

水能是一种能源，是清洁能源，是绿色能源，是指水体的动能、势能和压力能等能量资源。水能是一种可再生能源，水能主要用于水力发电。水力发电将水的势能和动能转换成电能。以水力发电的工厂称为水力发电厂，简

称水电厂，又称水电站。水不仅可以直接被人类利用，它还是能量的载体。太阳能驱动地球上水循环，使之持续进行。地表水的流动是重要的一环，在落差大、流量大的地区，水能资源丰富。随着矿物燃料的日渐减少，水能是非常重要且前景广阔的替代资源。世界上水力发电还处于起步阶段。河流、潮汐、波浪以及涌浪等水运动均可以用来发电，也有部分水能用于灌溉。水能资源最显著的特点是可再生、无污染。开发水能对江河的综合治理和综合利用具有积极作用，对促进国民经济发展，改善能源消费结构，缓解由于消耗煤炭、石油资源所带来的环境污染有重要意义，因此世界各国都把开发水能放在能源发展战略的优先地位。

多能互补是一种能源政策，目的是按照不同资源条件和用能对象，采取多种能源互相补充，以缓解能源供需矛盾，合理保护自然资源，促进生态环境良性循环。世界石油危机使许多国家认识到依赖一、两种主要能源非常危险，而且大量使用化石燃料所造成的生态环境问题也日益严重。所以有人主张多种能源并重，相互补充。中国从80年代初开始制定的能源政策，要求逐步改变单一以煤为主的能源格局，尽可能开发利用其他能源资源，包括煤、石油、天然气和核能的合理利用，特别是要不断增长新能源和可再生能源的比重，如水电、太阳能、风能、海洋能、生物质能、地热能和氢能等的开发利用。

目前发展中的生物质能开发利用技术主要是固化转换、热化学转换、生物化学转换。生物质固化转化是通过压缩密致成型技术将生物质压缩成高密度固体燃料等。生物质的热化学转换是指在一定温度和条件下，使生物质气化、炭化、热解和催化液化以生产气态燃料、液态燃料和化学物质的技术。生物质的生物化学转换包括生物质-沼气转换、生物质-乙醇转换。生物质-沼气转换是有机物在厌氧环境中，通过微生物发酵产生一种以甲烷为主要成分的可燃性混合气体，即沼气。生物质-乙醇转换是利用糖质、淀粉和纤维素等原料经发酵制成乙醇。

1.2 开发和利用农村可再生能源的意义

发展农村可再生能源不仅能够增加能源供给，改善我国的能源结构，保障国家能源安全和经济社会的可持续发展，而且对社会主义新农村建设具有特别重要的意义。

（1）农村可再生能源的开发和利用，有利于充分利用农村资源，优化农村产业结构，促进农村经济发展。

我国农村有着丰富的水能、太阳能、生物质能、风能等，然而长期以

来，这些丰富的自然资源未得到有效的开发和利用，悄无声息，年复一年地流失掉了。大量的农作物秸秆、牲畜粪便、生活垃圾或随意抛洒和堆放，或直接燃烧和填埋，造成了农村资源的严重流失、闲置和浪费。大力开发利用可再生资源，能够充分发掘农村资源的价值和潜力，增加经济效益，增强农村经济发展的后劲和可持续性。与此同时，可再生能源的开发和使用，还会直接推动农业产业结构乃至整个农村产业结构的调整和优化升级。如北方推广"棚—猪—厕—沼"四位一体模式，南方推广"猪—沼—果"模式，可以此带动种植业、养殖业的发展和农业经济的良性循环。

农村可再生能源取之不尽，用之不竭，其开发和利用对农村经济的作用是永久的。发展农村可再生能源无疑给农村经济的发展注入了一股新的源流，它有助于实现"生产发展"新农村建设的首要目标和中心任务。

(2) 发展农村可再生能源，能够拓宽农村就业渠道，使农民增收节支，实现生活富裕的目标。

建设社会主义新农村，一个关键点是增加农民收入，发展农村可再生能源在这方面具有明显的作用。首先，在农村生产和使用可再生能源，能够大大拓展种植、养殖、加工、销售、维护、修理等生产经营范围，拉长农村产业链条，提高农村劳动的边际生产率，从而增加农村就业渠道和就业机会，吸纳越来越多的农村劳动力就业，由此实现农村剩余劳动力就地直接转移，使农民的收入持续稳定增长，生活走向富足宽裕。其次，开发和利用农村可再生能源，还可节省或减少农民的支出。以沼气为例，建一个沼气池一次性投入2500元左右，所使用的原料是农户自有的，两年即可收回投资，使用期通常为20～30年。用沼气做饭、照明比用煤、液化气和电便宜许多，而且沼渣沼液可以肥田壮树，沼液还可以养猪养鱼，这又能节省购买化肥和饲料的费用。此外，农村建沼气池并配套改建畜禽圈舍、厕所、厨房、浴池、排水管道等，使粪便、污水入池发酵，许多由粪便、污水、烟尘等引起和传播的疾病也可得到有效控制，农村卫生健康状况会大为改善，农民看病就医方面的开支就会减少。所以，利用农村自有资源开发可再生能源，对农民来说，节支效果是相当明显的。而农民用能、购肥、就医开支的减少，一定意义上也就意味着收入的增加，积累能力的扩大，生活富裕程度的提高。

(3) 发展农村可再生能源，可以方便和满足农村用能，缓解农村能源供应紧张的局面。

伴随着农村经济社会的发展，农民在生产和生活方面对能源的需求迅速增长，而在全国能源吃紧的大背景下，国家对农村能源的供给是相当有限的，不可能在短期内增加很多，于是用电难、买油难和烧火难的问题就越来越突出。长此以往，农村经济的发展和农民生活水平的提高必将受到严重制

约。发展农村可再生能源，利用农村生活垃圾和农作物秸秆发电，利用人畜粪污制备沼气，利用水能、太阳能、风能、潮汐能、地热能等发电供热，既可就地取材，又能方便使用，更重要的在于可直接地、大量地、稳定地增加对农村能源供应，从根本上解决农村能源紧缺问题。

（4）开发和利用农村可再生能源，有助于保护和改善农村生态环境，实现农村的可持续发展。

近些年，随着我国经济社会的发展，环境问题日益凸现。据统计，目前我国已有一半的河流被污染，有近3亿农村人口饮用水不合格；空气污染也非常严重，酸雨区约占国土面积的1/3；土地荒漠化、水土流失日益严重，土壤涵养与肥力不断下降。如果大力开发和使用农村可再生能源，通过生物质能转化技术，就可以使秸秆、落叶、垃圾、粪便和污水变“废”为宝，由此降低污染，洁净环境，保持农村的生态平衡。农村可再生能源开发和消费的扩大，还会使化石燃料的消耗相对减少，从而减少二氧化碳、二氧化硫等有害气体的排放，减轻能源消费给环境造成的污染。不仅如此，农村可再生能源的科学、综合开发，还可实现农村资源的循环使用、永续利用以及农村生态的持久平衡，这就为农村经济社会的可持续发展提供了基本保证。

（5）发展农村可再生资源，能够推动农村基础设施建设，整治村容村貌，改善农村生产和生活条件，提高农民生活质量。

可再生能源的开发使用是一个系统的联动工程，它要求相应的水、路、管、厕、电网、通信等基础设施与之配套，而这些基础设施的建设和改善，必将促进农业生产经营条件的改善和农民生活质量的提升，使村庄得以合理规划和布局，村容村貌更加整洁。农民不再为用油用电、做饭取暖犯难，不再为行路和用水犯难；不再因人畜混居、厨房漆黑、如厕不便而难堪。农民就此改变“满面尘灰烟火色”“晴天一身土，雨天一身泥”的面貌，使农民借助四通八达的交通和广播、电视、互联网，感知外面的世界，了解和接触现代文明，接受市场经济的洗礼，告别祖祖辈辈“日出而作，日落而归”，自给自足，单调保守的生活方式。所以发展农村可再生能源，必将促进农民生产和生活方式发生转变，使新农村建设呈现新气象、显现新面貌、展现新图景。

（6）发展农村可再生能源，有利于在农村推广科技成果，普及科学文化知识，提高乡村文明程度，加快基层民主建设。

农村可再生能源的开发和利用，需要先进的科学技术做支撑，这就使农村成为科技研究和创新的一个前沿领域，使农村成为科研人员创业和施展才能的一大平台，促进农村与科学技术的紧密联系，必然会使农村的科技面貌焕然一新。

发展农村可再生能源，需要农民的普遍接受、认可和支持，这就需要我们着力进行相关的宣传、咨询、培训和指导，使他们了解掌握一些基本知识和应用原理、生产技能、操作规程和方法，激发、引导和培养他们学习、钻研科学文化知识和生产技能的兴趣，切实有效地提高农民的科学文化素质，加快“有文化、懂技术、会经营”的新型农民群体的形成和壮大，从而推动农村基础文明程度的提升。

可再生能源的开发利用与广大农民的生产、生活和利益密切相关，只要宣传到位措施得力，必定会引起农民的高度关注和广泛参与。广大农民投入资金和劳力，自然希望从中受益。为维护和争取自身的利益，他们会积极要求参与重大问题的讨论和决策，对实施过程进行了解和监督，他们也需要联合起来，化解矛盾，协调关系，加强自律，增强市场谈判力。这样的民主要求和民主实践，能够大大激发农民的民主热情，强化农民的参与意识，锻炼农民的参与能力，培养农民的民主习惯，切实实现其民主权利。农民对公共事务的参与能够不断催生和创新民主形式，完善村务公开制度，健全村民自制机制，这同新农村建设中“管理民主”的目标是完全一致的。

1.3 西北农村能源资源现状与发展

在我国党中央、国务院高度重视节能降耗。农村既是能源消费者，也是能源生产者；既是污染物排放源，也是污染物消纳地。发展农村能源，治理农业能源污染不仅能够缓解国家能源压力，优化能源结构，保障国家能源安全，而且能有效地减少污染物排放，改善农村生产生活环境。农村节能减排是国家节能减排工作的重要组成部分，农村能源的开发利用更是农村和农业节能减排的关键所在，我们应以实施循环农业促进行动为重点，强化农民的主体地位，将生态建设寓于富民之中，努力转变农民的生产生活方式，推进生物质能开发，大力开发利用自然能，提高太阳能、风能、生物质能的利用率，同时要加强国际合作，加大宣传力度，努力创造良好的发展氛围，加强队伍建设，严格项目监管，切实促进农村能源行业的全面发展。

1.3.1 西北农村能源资源及利用现状

我国农村能源发展现状可总结为以下几点：农村商品能源消费持续上升；农村商品能源消耗远低于城市；生物液体燃料已经起步；国家投入显著增加；管理水平不断提高。但总的来说用能的方式方法还是很落后，现结合甘肃省各能源资源及利用现状进行分析。

1.落后的用能方式

火炕采暖、电采暖，煤炉采暖做饭、燃煤锅炉采暖做饭、薪柴燃烧做

饭、液化石油气做饭是目前农村广泛采用的一些供能方式，这些落后的供能方式严重束缚了我国农村城镇化的发展。落后的能源利用方式如秸秆焚烧、煤炉、火炕采暖不仅造成资源浪费和环境污染，而且秸秆焚烧易引发火灾，危害人身安全。有机废弃物处理已经成为农村环境整治的迫切需求，垃圾围村不仅成为我国农村城镇化的软肋，而且造成了严重的资源浪费和环境污染。

2.丰富的可再生能源利用情况

甘肃太阳能资源丰富，《甘肃国土资源地图集》显示，太阳总辐射量在4 800～6 400 MJ/m^2，分布趋势自西北向东南逐渐减弱，其中河西地区是甘肃太阳能最丰富区，太阳总辐射量为5 800～6 400 MJ/m^2，比中国同纬度东部地区多700～1 000 MJ/m^2。

甘肃省年日照时数在1 700～3 300 h之间，分布趋势自西北向东南逐渐减少，其中河西地区日照最充足，年日照时数为2 800～3 300 h。太阳能资源丰富地区多数为沙漠、戈壁及未利用荒地，地势平坦开阔，布局建设光伏发电项目的基础条件非常优越。目前，甘肃省已被国家确定为中国光伏发电大规模应用示范基地。

根据之前国家能源局发布的数据，2016年全国光伏新增装机为3 524万kW，累计装机7 742万kW。2016年西北五省光伏新增装机871.4万kW，西北五省的光伏新增装机仅占全国总装机的24.7%，累计装机占全国累计装机的39.2%。2016年甘肃省光伏新增装机为76万kW，累计装机686万kW。

甘肃省是一个农业省份，境内生物质能资源主要包括农作物秸秆、薪柴、畜粪及城镇垃圾等。根据《甘肃生物质能开发利用规划》资料显示，甘肃省作为能源可利用的生物质能资源，农作物秸秆量约600万t、畜禽粪便约3 000万t、林木质剩余物约400万t、城镇生活垃圾约650万t，折合标准煤约950万t。其中，农作物秸秆和畜禽粪便主要集中在张掖、武威、定西、庆阳、天水、平凉、陇南等地。

结合农村能源和生态建设，在中央政策引导及资金投入的支持下，我国沼气产业的规模呈现逐年递增的趋势，尤其是户用沼气池的数量增加明显，已经成为沼气产业的主力。我国农村户用沼气池近几年来逐年增加，2000年底，农村户用沼气池达到848万户，2006年底已达到2 200万户，2007年底为2 650万户，2008年底为3 050万户，2009年底为3 500万户，2010年底已经超过4 000万户，通过试点工程示范带动商业沼气的发展，2015年农村户用沼气用户达到5 000万户。可以看出，农村户用沼气池数量一直呈现递增的发展趋势，并以平均每年约17%的速度增长。

甘肃省的水资源主要分属于黄河、长江和内陆河3个流域、9个水系。黄河流域有洮河、湟水、黄河干流（包括大夏河、庄浪河、祖厉河及直接入黄河干流的小支流)、渭河、泾河5个水系；长江流域有嘉陵江水系；内陆河流域有石羊河、黑河、疏勒河3个水系。

甘肃省水能资源理论蕴藏量为1 813.42万kW，其中黄河流域水能资源理论蕴藏量为982.59万kW，占总蕴藏量的55%以上，长江流域为497.98万kW，占总蕴藏量的27%，内陆河流域为332.85万kW，占总蕴藏量的18%。甘肃水能资源技术可开发量为1 205.14万kW，其中黄河流域水能源资源可开发量为742.34万kW，占全部可开发量的66%，长江流域为257.86万kW，内陆河流域为204.94万kW。相比较而言，黄河流域的水能资源更具开发优势和潜力。到2016年底，甘肃省水电装机已达到861万kW。

甘肃省有效风能资源理论储量为2.37亿kW，居全国第5位。有效风能储量由西北向东南逐渐减少，可开发利用的风能资源主要集中在河西走廊西部和省内部分山口地区，可开发利用总量达到4 000万kW以上。

风能丰富区主要为北纬40°以北地区，年有效风能储量在800 kW·h/m²以上，年平均有效风功率密度在150 W/m²以上，有效风速时数在6 000 h以上，可利用区为河西走廊南部和省内其他北纬40°以上山口地区，年有效风能储量在500 kW·h/m²以上，年平均有效风功率密度在100 W/m²左右，有效风速时数在4 500 h左右，季节利用区有张掖地区的大部、平凉地区的北部和庆阳地区的大部，年有效风能储量在280 kW·h/m²以上，年平均有效风功率密度在60 W/m²左右，有效风速时数在3 000 h左右。其中，酒泉市所属瓜州县被誉为“世界风库”，玉门市、阿克塞县、金塔县和肃北县马鬃山镇等地区的风能资源也十分丰富，且地域辽阔，具有气候条件好、场址面积大且不占耕地、交通运输方便等优势和特点，建设大型风电基地的条件良好，开发利用前景广阔。

自2006年国家在甘肃省开展风电项目特许权招标工作以来，风电开发建设进度进一步加快。到2008年底，已建成风电装机65万kW，占电力总装机容量的4%，风电发电量6.3亿kW时，占总发电量的1%。到2009年，风电装机达到100万kW，全国首座千万千瓦级风电基地——酒泉风电基地一期380万kW风电场项目全面开工建设。2010年底，甘肃省风电装机达到550万kW。2016年，全国风电保持健康发展势头，全年风电新增风电装机1 930万kW，累计并网装机容量达到1.49亿kW，占全部发电装机容量的9%。2016年，甘肃省风电新增并网容量25万kW，累计并网装机容量达到0.13亿kW。

甘肃省在积极发展能源产业的同时，把能源装备特别是新能源装备制造作为振兴装备制造业的重点之一，坚持引进技术、联合设计、合作制造、消化吸收再创新相结合，努力形成集研发、制造、配件供应、服务为一体的产业集群。

1.3.2 能源产业发展战略选择的理论分析

资源产业是国民经济的基础产业，是一切经济活动和社会活动的物质基础，在国民经济发展和社会进步中具有至关重要的作用。在计划经济条件下，中国资源产业发展靠的是集中决策、计划安排和行政驱动，走的是一条速度型、数量型的路子。经过多年的开发建设，虽然取得了一些成绩，但资源利用效益不高，资源价值补偿和实物补偿不足，资源储备增长速度与国民经济增长对资源的需求扩张速度之间缺乏经济性配合，重增长轻发展、资源空心化的现象比较严重。20世纪80年代以来，中国积极推进资源管理体制改革，改变了单纯认为“地大物博”的盲目乐观思想，逐步形成了资源相对不足、资源是商品和资源有价值的观念，并且开展了资源定价、资源核算和资源资产化管理的研究和试点，资源产业逐步从事业型向经营型转变，并被作为独立的产业部门来管理，极大地促进了资源产业的发展。

我国在资源管理体制改革方面，一直采取慎重的态度。资源供求关系至今还没有实现完全由市场体系和价格信号作为主要的调节手段，资源价格和资源初级产品价格没有充分反映资源的稀缺状况、质量、价值和经营的真实成本。资源无价或低价，相当于政府给予资源消费者消费补贴，鼓励资源过度需求和消费，把资源产业的利润或资源再生产资金隐性地转移到资源消费者手中，以刺激后续产业发展、压制资源再生产。我国资源开发经营中的绝大部分风险是由国家承担的，资源发展与资源利用相分离，资源发展大部分资金来源于国家财政，资源开采利用业无偿或低价利用资源产业产品，资源经营单位并未成为真正的自主经营、自负盈亏的企业。

根据资源产业特点和发展战略方向，甘肃省能源产业发展的战略选择应当包含以下几个方面：

（1）加快本省煤炭资源开发和周边煤炭资源的利用，提升煤炭生产和供应保障能力。

（2）提升资源综合利用程度，逐步转变能源发展方式，实现煤化工、石油化工、可再生能源、洁净能源和建材等行业的有机结合。

（3）积极推进能源结构战略性调整，加快水电、风电、太阳能、核电和生物质发电等可再生能源发展，培育新兴能源产业。

（4）提高自主创新能力，培育壮大能源装备制造业，完善能源产业化体系。此外，应当尽快建立和完善能源资源开发生态补偿机制，有序关停淘汰落后产能，推行清洁生产和循环经济，加强节能减排，促进产业发展与环境相协调。

1.3.3 大力推进可再生能源和新能源开发

甘肃省能源资源相对富集，产业发展具有一定的比较优势。长期以来，能源产业既有力地支撑了石化、钢铁、有色、建材等特色优势产业的发展，自身作为国民经济体系重要的组成部分，也保持着快速增长的势头。资源勘探工作取得的重大进展，进一步强化了甘肃省的资源优势。第一，煤炭资源探明储量成倍增长，而且具有分布集中、易于整体开发的特点，进入规划的矿区陆续投产后，产能将快速释放，使甘肃省从煤炭资源的净调入省份转变为调出省份；第二，甘肃省丰富的风能、太阳能资源，在政策导向、技术支持、生产成本等方面都具备了产业化开发的价值，正在由潜在的资源优势转化为现实的经济优势；第三，在煤炭资源勘探工作取得突破的同时，煤层气及其他伴生资源的开发潜力和开发价值也逐步显现，可能使甘肃的能源供给结构进一步优化和调整。依托这种资源优势，大力推进能源产业发展、能源基地建设，将是甘肃省由工业化初期向中期过渡阶段十分重要的突破方向和支撑点。同时，在能源产业发展的配套条件，比如水资源供给、能源输送通道建设、技术人才支撑等方面，甘肃省也开展了深入细致的调查研究工作。从目前取得的成果看，能源产业发展需要配套的大部分支撑条件，通过努力都能够逐步地解决和优化。

在甘肃省支柱产业体系中，能源是与国家战略和布局思路耦合度较高的产业类别，政策环境相对宽松，获得国家认同、实现规模扩张、提升产业位势的可能性较大。第一，国家能源产业布局战略性西转的趋势非常明显，明确提出要加大西部地区煤炭资源开发，加强电网建设，并在能源项目建设布局上向西部省份倾斜，给予重点支持。第二，中国正处在工业化加速推进的关键时期，冶金、有色、石化等重化工业的规模还在持续扩张，城市化进程加快推进，对能源产品的需求在较长时期内都比较旺盛。第三，中国为兑现节能减排的国际承诺，既要加快经济结构调整和经济增长方式转变的步伐，又必须从国家能源安全的角度保障供给，势必为新能源产业的发展创造更好的环境，在核能、太阳能、风能等清洁能源的开发利用方面投入更多的资金。

甘肃省发展新能源产业具有明显的比较优势：

（1）新能源资源优势明显。甘肃省新能源资源丰富，水能资源理论蕴藏量1 813万kW，技术可开发量1 205万kW，尚有近一半的开发空间。风能资源理论储量2.37亿kW，可开发利用的风能资源在4 000万kW左右。太阳能资源丰富，各地年日照时数在1 710～3 320 h之间，年太阳能总辐射量在4 800～6 400 MJ/m^2，可利用的农作物秸秆、畜禽粪便、城镇生活垃圾等生物质能资源量折合标煤约940万t。甘肃省是中国重要的核工业基地，具有较好的核工

业基础和较强的人才优势。

（2）新能源战略地位更加突出。凭借丰富的新能源资源，甘肃近年来风力发电和太阳能发电装机容量增长十分迅速，水电、沼气、太阳能热利用的步伐不断加快，水电、风电领域的发展机制项目合作也日益广泛。开发利用新能源已成为甘肃省缓解能源供需矛盾、调整能源结构、转变经济增长方式、减轻环境污染、建设社会主义新农村的重要途径。大力发展新能源，是甘肃省长期能源发展战略的重要组成部分。

（3）新能源利用技术日益成熟。近年来，随着国家产业政策的扶持和科技创新成果的积累，中国水电勘测、设计、施工、安装和设备制造技术均已达到国际先进水平，并形成了较为完备的产业体系。其中，风电技术及设备发展较快，已经基本掌握了变桨变速双馈或直驱的兆瓦级风电机组制造技术，实现了主要零部件国内生产，并具备了一定的研发能力。太阳能热利用技术，特别是自主创新的涂层和真空管技术水平，居于世界领先水平。太阳能光伏电池及组件的生产能力迅速扩大，光伏发电技术也走出了一条利用国外技术和国际市场发展壮大的道路。沼气技术不断进步和完善，户用沼气系统已具备了较强的技术服务能力。随着技术的进步和生产规模的扩大，新能源利用技术逐步具备了与常规能源竞争的能力。

（4）新能源发展机制渐趋完善。为了加快中国新能源发展，更好地满足经济和社会可持续发展的需要，国家颁布了《可再生能源法》，制订了可再生能源中长期发展规划，国家发展改革委印发了《可再生能源发展“十三五”规划》，以及一系列鼓励新能源发展的政策措施，为加快新能源开发利用创造了更加有利的条件。

根据国家能源产业政策，结合新能源资源状况，甘肃省在新能源产业领域应积极发展水电，大力发展风电，加快太阳能和生物质能开发利用示范试点项目建设，继续推广农村沼气和太阳能建筑应用，推进核电站前期及建设工作，不断提高新能源在能源消费中的比重。同时，依托项目规模化建设带动产业化发展，走出一条具有甘肃特色的新能源产业发展道路。

加快太阳能技术推广应用，开展甘肃省太阳能资源详查，在继续利用太阳能光伏发电系统解决无电地区通电问题的基础上，加快光伏发电技术及产品在城乡公益建筑物、道路、公园等领域的推广应用。继续推进太阳能热利用工作，开展太阳能热发电示范工程，结合建筑节能要求，积极推广应用太阳能热水器，以医院、学校、宾馆、饭店等建筑物为重点，开展太阳能热水系统示范建设，促进太阳能与建筑一体化示范项目的研究和建设。在农村地区进一步扩大太阳房、太阳能热水器、太阳能灶的应用。同时，积极开展地热能的资源调查和利用工作。

开发利用生物质能源资源，发挥甘肃省农作物秸秆资源、林木质剩余物丰富，以及大中型集中养殖场较多的优势，积极发展生物质直燃发电和沼气发电项目，增加能源有效供给。积极引进木本油料树种，通过适度开发土地及调整种植业结构，引进种植能源作物、能源树种，开拓新型农村能源产业，发展生物燃料乙醇和生物柴油，为石油替代开辟新的渠道。积极推广户用秸秆气化炉技术和固体成型燃料技术，为农村提供高效清洁的生活燃料，改善农村能源结构和农民生活条件，建立健全生物质能开发利用管理及研发专门机构，积极研究制定和落实鼓励生物质能开发利用的优惠政策，保障生物质能资源开发利用规范、有序发展。

1.4 农村能源政策

1.4.1 区域和产业政策工具及其作用

在市场经济条件下，虽然政府对于经济资源的掌控能力大大弱于计划经济时代，但政府依然拥有一系列干预区域经济运行的手段。按照阿姆斯特朗和泰勒提出的划分方法，区域政策工具可以分为微观政策工具、宏观政策工具和协调政策工具三大类。其中，微观政策工具包括劳动力再配置迁移政策、劳动力市场政策、资本再配置政策，资本再配置政策如对资本、土地、建筑物、劳动力等生产要素的投入进行财政补贴，对产品进行税收减免，对技术进步进行财政补助、税收减免等。宏观政策工具包括区域倾斜性的税收与支出政策、区域倾斜性的货币政策、区域倾斜性的关税与其他贸易政策。协调政策工具则主要用于微观政策之间的协调，微观与宏观政策之间的协调，中央与区域开发机构之间的协调，区域开发机构与地方政府之间的协调。

按照政策的功能，区域产业政策工具可以分为奖励性工具和控制性工具两大类。前者包括拨款、优惠贷款、税收减免、基础设施建设、工业和科技园区创建等，后者包括明文禁止相关开发活动，对一些开发活动实施许可证管理制度和课以重税等。常用的区域产业政策工具，主要是财政政策、投资政策、产业政策、土地政策、人力资源开发政策等。其中财政政策包括政府投资、公共服务、财政补贴和政府采购等，投资政策包括中央财政基本建设支出预算安排、固定资产投资规模控制、重大项目布局等，产业政策包括鼓励性或限制性产业发展指导目录、产业技术标准的设立等，土地政策包括土地价格的控制、土地利用指标的分配等，人力资源开发政策包括人口迁移政策、劳动力培训政策和劳动力市场制度等。

财政政策的作用，主要是支持特定地区改善发展所需要的基础设施，支

持特定地区增强提供公共产品的能力，或向特定地区的居民提供特定的公共产品，在特定地区进行生态环境基础设施建设，鼓励资本和劳动要素进入或移出特定地区，鼓励或限制某些产业的发展。

投资政策的作用，主要是在特定地区进行交通、通信、生态环境保护等基础设施建设，鼓励或抑制特定地区固定资产投资的增长，在特定地区创造增长极，引导社会投资的方向。

产业政策的作用，主要是引导资源和要素在空间上的配置，促进产业空间布局合理化，鼓励和限制特定产业的发展，优化特定地区的产业结构，鼓励或限制特定的开发活动，促进资源开发与生态环境保护的协调。

土地政策的作用，主要是鼓励或限制特定地区的发展，鼓励或抑制特定产业的发展，鼓励或限制特定的开发活动，如城市广场和道路的建设。

人力资源开发政策的作用，主要是鼓励或限制城乡居民迁入或迁出特定地区，增强劳动者在区外寻求生存和发展机会的能力，促进劳动要素空间配置合理化。

区域产业发展是一个复杂而长期的过程，需要通过各项政策高度一致地进行组合，相互借重，相互补充，共同促进能源产业发展。比如，产业政策的实施，就需要借助财政补贴、出口退税等具体的财税手段。

1.4.2 国内外能源政策实践

1.发达国家的能源政策

美国、日本和欧盟各国作为世界能源主要消费国，其能源政策特点及走向在发达国家中具有一定代表性。美国、日本和欧盟能源政策主要围绕能源安全问题对能源政策进行调整，能源消费不断趋向安全清洁和节能增效、鼓励使用太阳能等新能源，政府实施财政补贴政策、能源政策与环境保护政策日益联系紧密。

美国的能源政策以“增加国内供给、节约能源、降低对外依存度以及大量使用清洁能源”为核心。一是推出积极的石油供应策略，强调石油供应在内的能源保障是重要国家利益之一，实行鼓励国内石油勘探开发战略，以政策手段鼓励加强国内原油生产和炼油能力，增加石油产品供应等。二是建立了相当于67天石油进口量的石油战略储备，并以《能源政策与保护法》为法律保障。三是征收石油消费税，包括燃料税、石油税等相应赋税，以指导消费、降低能耗和利于调节市场供求。四是寻求能源来源多元化，逐步摆脱对中东石油的依赖，实现石油供应渠道的通畅。五是通过立法给予资金、技术等支持和保障，实现环境保护和经济可持续发展，减少环境污染，控制和降低二氧化碳排放量。六是通过产业政策调整，提高能源效率。

日本由于能源资源自然禀赋约束，在国家石油安全战略的主导下，能源政策以保证石油供应为首要目标。一是通过参与国际石油勘探开发和发展国内外炼油业，提高石油产品出口量等方式，逐步实现能源发展战略目标，拓展新的石油来源地如俄罗斯等国，在尽可能减少“石油政治”负面影响的同时，寻求能源来源的多元化。二是建立了相当于90天的石油进口量的石油战略储备，并以《石油储备法》作为法律保障。三是通过征收石油消费税，用于指导能源消费、降低能耗和利于调节市场需求，并通过立法给予资金、技术等支持和保障，减少环境污染，在控制和降低二氧化碳、二氧化硫排放量同时，减少能源消耗对生态的直接破坏，实现环境保护和经济可持续发展。

欧盟各国对石油安全战略尤其重视。保证石油供应成为欧盟能源政策的首要目标。一是制定了保证供应方案，包括建立石油应急储备、控制需求增长、管理石油供应、保护竞争、确保外部供应等政策，大力推进能源多元化，推出积极的石油供应策略。二是建立相当于90天以上的石油进口量的石油战略储备。三是征收生态税，包括燃料税、石油税等石油消费税，用以指导消费、降低能耗和利于调节市场供求。

2. 中国的能源政策

为了促进能源工业的健康发展，中国政府制定了一系列政策措施，进行了卓有成效的工作。主要体现在：一是大力优化能源结构。主要以推进多元化、清洁化为主要目标，制定了一系列能源结构调整政策，清洁能源的比重不断提高。二是不断提高能源利用效率。早在20世纪90年代中期，中国政府就提出了“坚持开发与节约并举，把节约放在首位”的能源发展方针。三是切实保障能源安全。随着经济高速发展及其对外部能源资源的依赖性增强，重视和切实保障能源安全。中央政府非常重视这项工作，在国家发展和改革委员会设立了国家石油储备办公室，专门处理国家石油储备方面的事务。同时，中央政府还高度重视能源生产、运输和消费环节的安全问题，以确保电力、煤炭、石油、天然气的稳定供应和人民财产安全。此外，中央政府实施了“西气东输”“西电东送”等具有战略意义的重点工程，既加快了西部地区的资源优势向经济优势的转化，又促进了能源的合理开发和有效配置。四是高度重视环境保护。在能源工业发展中，高度重视环境保护，推进可持续发展。中国是少数以煤炭为主要能源的国家，也是最大的煤炭消费国。鉴于煤炭在中国能源结构中的重要地位，长期以来中国政府坚持能源生产、消费与环境保护并重的方针，把支持洁净煤技术的开发应用作为一项重要的战略任务，采取多种有效措施，降低能源开发利用对环境的负面影响，减轻能源消费增长对环境保护带来的巨大压力，促进人与自然的和谐发展。

（1）短缺时代的农村能源政策（1979—1995年）

农村能源不是能源分类学上的概念，在能源政策范畴里人们没有“城市能源”的概念，却有农村能源的概念，说明农村能源是一个问题。这个问题源于能源建设的长期工业服务倾向和城市偏好、农村地区长期缺乏基本的商品性能源服务，反映了广大农村主要依靠当地可获取的可再生能源（薪柴、秸秆）的“能源贫困”现实。农村能源问题已经长期存在，但在能源短缺时代，受政府政策偏好的制约，国家能源建设优先保障工业和城市的用能需求，农村能源政策手段的选择主要围绕农村地区的资源赋存展开，着力发展沼气、薪炭林、小水电、小煤炭、太阳能以及推广省柴节煤灶。由于政策制定者缺乏为政策执行提供必要的资源及其他相关条件，这一时期的农村能源政策更多表现为导向功能而非分配功能，其特点如下：

①政策设计以单项技术经济政策为主，并从试点起步。政策“抓手”主要包括农业部组织的沼气建设试点县、节柴改灶试点县建设，水电部组织的以发展小水电为主要内容的农村初级电气化试点县建设，以及林业部组织的薪炭林试点县建设。在上述试点的基础上，组建了跨部门的“国家农村能源综合建设县项目领导小组”，开展以县为单元的农村能源综合建设。

②政策目标是模糊和多元的。上述设计的政策意图在于缓解农村能源的供应短缺，但到底“能在多大程度上解决农村能源问题”却是不清晰的，政策目标只是一个不十分明确的大方向，具体内容是在政策执行过程中逐步加以明确和修正的。由于农村能源集能源建设、农村经济社会建设、环境建设于一体，具有经济、社会、环境综合效益，政策目标一开始就是多元的。

③政策实践是探索性和渐进性的。由于政策目标的模糊，解决农村能源问题的进程也就呈现弹性状态，政策实践没有具体的时间表。决策者只能根据以往的经验审核现有的方案，通过与以往政策的比较、考虑不断变化的客观环境，对以往政策进行局部的、小幅度的调适，在现有政策基础上实现渐进变迁。就农村能源问题本身而言，决策者并不是“不想干”，而是不知道“怎么干”，或者由于客观条件的限制“无法干”。

④农村能源游离于国家商品性能源供给体系之外。1982年确立，并经1986年修正的“因地制宜、多能互补、综合利用、讲究效益”的农村能源建设方针，其目标基本上限于解决农村能源问题，试图通过发展沼气、薪炭林，推广省柴节煤灶，以及在有条件的地方发展小水电、小煤炭、风能、太阳能、地热能，探索出一条具有中国特色的农村能源建设道路。这一方针现在看来是有缺陷的，这种“城乡分割、城乡分治”的能源建设模式首先与“七五”计划确立的“能源工业发展以电力为中心”相矛盾，其直接后果是农村电力供应的长期欠账。在这一方针指导下，煤炭工业采取了大中小煤矿并

举的发展方针，特别是鼓励发展乡镇集体煤矿，结果是乡镇煤矿发展失控，造成煤炭资源破坏和煤炭生产过剩和矿难事故频繁发生，经济上加剧了社会的分配不公。

（2）安全诉求下的农村能源政策（1996—2006年）

1993年，中国由石油净出口国转变为净进口国。随着可持续发展理念的深入人心，人们关注的焦点转向能源的可持续问题和能源安全问题，许多国家都把可再生能源作为能源政策的基础，力图建立以可再生能源为基础的可持续发展能源系统。由于农村能源与可再生能源的天然联系，这一时期中国农村能源政策着眼于服务国家能源安全，推进能源供给的多样化，其直接标志是1996年八届全国人大四次会议批准的《国民经济和社会发展“九五”计划和2010年远景目标纲要》提出的“把农村能源建设作为农业和农村经济可持续发展的重要组成部分，加快农村能源的商品化进程，形成产业”的农村能源发展方向。受农村能源问题让位于国家能源问题的驱动，这一时期的农村能源政策兼具导向功能和分配功能，其特点有：

①农村能源向可再生能源结构转换。农村能源是一个综合概念，既包括能源生产，也包括能源消费，涵盖商品性能源和非商品性能源、可再生能源和不可再生能源、新能源和常规能源。这一时期，受农村能源政策目标调整的影响，农村能源概念的内涵重心由“综合”向“局部”转化，重点发展以可再生能源为核心的农村能源产业，出台了一系列推进可再生能源发展的政策措施，并促成了《可再生能源法》的颁布（2005）。

②扶持可再生能源发展。出台了《1996—2010年新能源和可再生能源发展纲要》，并结合《可再生能源法》颁布了一系列扶持政策。受“能源工业发展以电力为中心”指导思想政策惯性的影响，扶持政策以可再生能源发电项目为主。这种政策导向对于水能、风能、太阳能、海洋能、地热能等可再生能源可能是恰当的，但对于原料高度分散，收集运输需要消耗大量能源的生物质能资源状况，以发电为主的政策导向却是值得质疑的。

③生物质能和能源农业成为农村能源的政策重点。一是沼气，经过长期的努力，特别是2003年以来每年10亿元国债补助农村沼气项目建设，沼气技术已从解决农村能源短缺发展成为重要的能源-环境工程技术；二是燃料乙醇，重点支持用木薯、甜高粱、秸秆等生产燃料乙醇；三是生物柴油，通过种植能源作物，包括种植油菜、大豆、棕榈、麻风树等油料植物，生产生物柴油。

④“城乡分割”的能源建设格局获得调整。一是农网改造。从1998年开始，国家投入1800亿元资金对2309个县农村电网开展“两改一同价”建设改造（改革农电管理体制、改造农村电网、实现城乡同网同价），农村电气化不

仅在数量上更重要在质量上有了极大的提高；二是关井压产。1998年，国务院下发《关于关闭非法和布局不合理煤矿有关问题的通知》，指出小煤矿盲目发展、低水平重复建设、非法生产、乱采滥挖、破坏和浪费资源以及伤亡事故多等问题相当严重，已经成为制约煤炭工业发展的主要矛盾，决定关闭非法和布局不合理煤矿、压减煤炭产量，实行关井压产。

（3）气候变化条件下的农村能源政策（2007—至今）

1997年12月，《联合国气候变化框架公约》（UNFCCC）缔约方第三次会议通过了旨在限制发达国家温室气体排放量（主要是CO_2）、抑制全球变暖的《京都议定书》，并于2005年2月16日生效，从而开启了国际社会共同应对气候变化挑战的联合行动。从此，气候变化问题跨越国界，由国家问题转换成国际问题，大气资源不再是可以不加约束的、共享的公共资源。由于生物质能的生产利用不会增加CO_2的排放，扩大生物质能的利用成为减排CO_2的最主要途径，利用农、林、工业残余物以及大规模植树造林、种植能源作物，成为发展可再生能源的首要选择。在此背景下，中国农村能源被赋予了新的使命：提高减缓和适应气候变化的能力，为保护全球气候做贡献；中国农村能源政策担负起了缓解国内能源资源和消费结构以煤为主的国际压力的重任。从现状看，围绕这一目标的农村能源政策集中反映在2007年5月30日国务院颁布的《中国应对气候变化国家方案》上，其主要内容有四个方面：

①减缓CO_2排放。未来随着中国经济的发展，能源消费和CO_2排放量必然还要持续增长，减缓温室气体排放将使中国面临可持续发展模式的挑战。同时，中国是世界上少数几个以煤为主的国家，以煤为主的能源资源和消费结构在未来相当长的一段时间将不会发生根本性的改变，使得中国在降低单位能源的CO_2排放强度方面比其他国家面临更大的困难。

②确定了“少排放、多吸收”CO_2量化指标。通过大力发展可再生能源，到2010年力争使可再生能源开发利用总量（包括大水电）在一次能源供应结构中的比重提高到10%左右；通过继续实施植树造林，到2010年努力实现森林覆盖率达到20%，增强林业对温室气体吸收的能力。

③明确了实现“少排放、多吸收”的可再生能源政策重点。一是以生物质发电、沼气、生物质固体成型燃料和液体燃料为重点，大力推进生物质能源的开发和利用，预计2010年可减少温室气体排放约0.3亿tCO_2当量；二是积极扶持风能、太阳能、地热能、海洋能的开发和利用，预计2010年可减少CO_2排放约0.6亿t；三是抓好林业重点生态建设工程和生物质能基地建设，进一步保护现有森林碳贮存，增加陆地碳贮存和吸收汇，增加森林资源和林业碳汇，力争2010年实现碳汇数量比2005年增加约0.5亿tCO_2当量。

④制定了政策的实施机制。一是将可再生能源发展作为建设资源节约型

和环境友好型社会的考核指标，并通过法律等途径引导和激励国内外各类经济主体参与开发利用可再生能源；二是建立稳定的财政资金投入机制，通过政府投资、政府特许等措施，培育持续稳定增长的可再生能源市场；三是推进低成本规模化可再生能源技术的开发利用，开发大型风电机组、农林生物质发电、沼气发电、燃料乙醇、生物柴油和生物质固体成型燃料、太阳能开发利用关键技术。

（4）能源发展“十三五”规划

全面贯彻党的十八大和十八届三中、四中、五中、六中全会精神，认真落实党中央、国务院决策部署，紧紧围绕统筹推进“五位一体”总体布局和协调推进“四个全面”战略布局，牢固树立和贯彻落实创新、协调、绿色、开放、共享的发展理念，主动适应、把握和引领经济发展新常态，遵循能源发展“四个革命、一个合作”的战略思想，顺应世界能源发展大势，坚持以推进供给侧结构性改革为主线，以满足经济社会发展和民生需求为立足点，以提高能源发展质量和效益为中心，着力优化能源系统，着力补齐资源环境约束、质量效益不高、基础设施薄弱、关键技术缺乏等短板，着力培育能源领域新技术、新产业、新模式，着力提升能源普遍服务水平，全面推进能源生产和消费革命，努力构建清洁低碳、安全高效的现代能源体系，为全面建成小康社会提供坚实的能源保障。

“十三五”规划中强调，能源是人类社会生存发展的重要物质基础，攸关国计民生和国家战略竞争力。当前，世界能源格局深刻调整，供求关系总体缓和，应对气候变化进入新阶段，新一轮能源革命蓬勃兴起。我国经济发展步入新常态，能源消费增速趋缓，发展质量和效率问题突出，供给侧结构性改革刻不容缓，能源转型变革任重道远。“十三五”时期是全面建成小康社会的决胜阶段，也是推动能源革命的蓄力加速期，牢固树立和贯彻落实创新、协调、绿色、开放、共享的发展理念，遵循能源发展“四个革命、一个合作”战略思想，深入推进能源革命，着力推动能源生产利用方式变革，建设清洁低碳、安全高效的现代能源体系，是能源发展改革的重大历史使命。规划中强调了新时代能源发展的主要任务。

①能源供需形态深刻变化。随着智能电网、分布式能源、低风速风电、太阳能新材料等技术的突破和商业化应用，能源供需方式和系统形态正在发生深刻变化。“因地制宜、就地取材”的分布式供能系统将越来越多地满足新增用能需求，风能、太阳能、生物质能和地热能在新城镇、新农村能源供应体系中的作用将更加凸显。能源国际合作迈向更高水平。“一带一路”建设和国际产能合作的深入实施，推动能源领域更大范围、更高水平和更深层次的开放交融，有利于全方位加强能源国际合作，形成开放条件下的能源安全新

格局。但是可再生能源发展仍面临多重瓶颈。可再生能源保障性收购政策尚未得到有效落实。电力系统调峰能力不足，调度运行和调峰成本补偿机制不健全，难以适应可再生能源大规模并网消纳的要求，部分地区弃风、弃水和弃光问题严重。鼓励风电和光伏发电依靠技术进步降低成本、加快分布式发展的机制尚未建立，可再生能源发展模式多样化受到制约。

②实施多能互补集成优化工程。加强终端供能系统统筹规划和一体化建设，在新城镇、新工业园区、新建大型公用设施（机场、车站、医院、学校等）、商务区和海岛地区等新增用能区域，实施终端一体化集成供能工程，因地制宜推广天然气热电冷三联供、分布式再生能源发电、地热能供暖制冷等供能模式，加强热、电、冷、气等能源生产耦合集成和互补利用。在已有工业园区等用能区域，推进能源综合梯级利用改造，推广应用上述供能模式，加强余热余压、工业副产品、生活垃圾等能源资源回收及综合利用。利用大型综合能源基地风能、太阳能、水能、煤炭、天然气等资源组合优势，推进风、光、水和火储能互补工程建设运行。

③风、光、水和火储能互补工程，重点在青海、甘肃、宁夏、四川、云南、贵州、内蒙古等省区，利用风能、太阳能、水能、煤炭、天然气等资源组合优势，充分发挥流域梯级水电站灵活调节能力、火电机组的调峰能力和效益，积极推进储能等技术研发应用，完善配套市场交易和价格机制，开展风、光、水、火、储互补系统一体化运行示范，提高互补系统电力输出功率稳定性和输电效率，提升可再生能源发电就地消纳能力。加快发展储电、储热、储冷等多类型、大容量、高效率储能系统，积极建设储能示范工程，合理规划建设供电、加油、加气与储能（电）站一体化设施。终端一体化集成供能工程，在新增用能区域，加强终端供能系统统筹规划和一体化建设，因地制宜实施传统能源与风能、太阳能、地热能、生物质能、海洋能等能源的协同开发利用，统筹规划电力、燃气、热力、供冷、供水等基础设施，建设终端一体化集成供能系统。在推广应用上述供能模式基础上，同时加快能源综合梯级利用改造，建设余热、余压综合利用发电机组。

④风能和太阳能资源，开发重点是稳步推进内蒙古、新疆、甘肃、河北等地区风电基地建设。在青海、新疆、甘肃、内蒙古、陕西等太阳能资源和土地资源丰富的地区，科学规划、合理布局、有序推进光伏电站建设。大力发展农村清洁能源。采取有效措施推进农村地区太阳能、风能、小水电、农林废弃物、养殖场废弃物、地热能等可再生能源的开发利用，促进农村清洁用能，加快推进农村采暖电能替代。鼓励分布式光伏发电与设施农业发展相结合，大力推广应用太阳能热水器、小风电等小型能源设施，实现农村能源供应方式多元化，推进绿色能源乡村建设。精准实施能源扶贫工程，在革命

老区、民族地区、边疆地区、集中连片贫困地区，加强能源规划布局，加快推进能源扶贫项目建设。调整完善能源开发收益分配机制，增强贫困地区自我发展“造血功能”。继续强化定点扶贫，加大政府、企业对口支援力度，重点实施光伏、水电、天然气开发利用等扶贫工程。

（5）简要评述

中国农村能源政策的上述变迁，是政策环境变化的结果。当前，在统筹城乡发展、建设社会主义新农村的政策环境下，中国农村能源政策需要新思维。

①对农村能源政策应有一个合乎规范的目标定位。从能源消费角度看，重点是按照公共财政的要求推进公共服务均等化，保障经济发展过程中的能源公平，其核心是满足农村地区生产和生活的用能需求，特别是电力需求。从能源生产角度看，期待通过农村可再生能源（特别是生物质能）增加能源供给是合乎理性的，问题的关键是在农村可再生能源的开发利用过程中必须保障农民的交易权力，提高农民的就业机会，增加农民收入。从能源外部性角度看，政策设计应该有利于农村可再生能源的生产和消费过程中CO_2排放“零增量”形成的“缓解和适应气候变化能力”环境收益的内部化，促进农村能源环境收益的价值实现。

②合理、稳定、可预期的政策安排。实现上述目标的真正挑战是政策而非技术，因为大多数农村可再生能源技术已经在市场上出现，有的甚至已经商业化，问题的关键在于如何使这些技术得到广泛应用，富有远见的公共政策对于技术的推广是关键性的。世界各国的经验表明，市场主体的介入，特别是大企业、大集团的介入，是推动和加快可再生能源发展的关键。要使资金和技术投入到可再生能源资源的开发，需要具备合理、稳定、可预期的市场投资体制，合乎利润要求的成本约束是吸引投资者进入的前提。目前阻碍可再生能源开发的一个主要因素是管理机构、人员的不稳定性以及由此引发的政策不可预见性。

③按照市场转换规律组合可再生能源发展政策。能源系统向可再生能源转换是一个长期的过程。国际应用系统分析研究所对30个国家1860—1975年期间60项数据的分析结果表明：一种能源替代另一种能源（市场占有率由1%增至50%），一般要经历几十年的时间。因此，可再生能源发展政策应该按照市场转换的不同阶段进行综合政策设计，在提高政策可预见性的同时提高政策的稳定性和连续性。市场转换的综合途径（政策组合）包括：通过国家资助的研发、示范实现“科技推动”；通过贴息、免税、定价等金融服务、财务激励使可再生能源技术在财务上可行，实现技术的商业化；通过政府采购、集团采购、强化常规能源市场主体的市场义务、信息传播与培训实现“需求

拉动”；通过“规范、标准”完成市场转换。不同情况的政策组合取决于技术特性以及存在的障碍和市场条件。

1.4.3 新能源产业发展的政策取向

从国际经验看，制定相关法律法规和政策配套体系，是促进新能源和可再生能源发展的必要措施。由于新能源和可再生能源具有建设成本高、技术风险大的特点，各国不仅制定强制性法律法规，而且使用电价优惠、财政补贴等激励政策，引导和支持新能源和可再生能源发展。从《中华人民共和国可再生能源法》实施以来，国家陆续出台了一系列支持新能源和可再生能源的意见和办法，极大地促进了中国新能源和可再生能源发展。在这样的背景下，甘肃省作为中国第一个千万级的风力发电基地，在新能源和可再生能源开发利用领域取得显著的发展成就，酒泉地区也借助新能源和可再生能源开发以及新能源装备制造产业的发展，成为甘肃省“西翼”最具有潜力和辐射带动能力的区域增长极。

积极引导、鼓励具有自主知识产权、核心竞争力强的龙头企业，通过市场化的外包分工和社会化协作，带动专业生产配套零部件的中小企业向“专、精、特”方向发展，实现资源优化配置，避免低水平重复建设，有计划、有重点地研究开发能源重大技术装备所需的关键共性技术、关键原材料及零部件生产工艺，逐步提高能源成套装备的自主制造比例，形成分工明确、重点突出、差别发展、板块联动的产业体系支持装备制造企业与发电企业开展合作，积极尝试以成套装备作价投资，参与能源项目建设和运营管理。鼓励自主创新，创建知名品牌，鼓励企业以系统设计技术、控制技术与关键总成技术为重点，与科研院所、高等院校之间加强资源共享和创新要素的优化组合，进一步增加研发投入，加快提高自主创新和研发能力，创建一批具有国际竞争力的知名品牌，形成更为完善的产、学、研、用紧密结合的创新机制，推动科技成果转化为现实生产力，鼓励企业通过国际合作、并购、参股国外有较强研发制造实力的企业，掌握核心技术。

围绕新能源产业发展的重要产品研发和技术升级两大重点，加快建立以企业为主体、市场为导向、产学研紧密结合的技术创新体系。着力推动行业或区域技术创新服务平台建设，以科研院所、高等院校、行业龙头企业为依托，加大扶持和资助力度，建设若干个集研究开发、技术支持、技术推广、标准化服务、信息咨询和人才培训等功能为一体的产业共性技术创新中心，重点提升能源科技装备产业共性技术开发能力。

在“十三五”规划中，对相关政策做了说明，主要包括以下几个方面：

（1）健全能源法律法规体系。建立健全完整配套的能源法律法规体系，推动相关法律制定和修订，完善配套法规体系，发挥法律、法规、规章对能源行业发展和改革的引导和约束作用，实现能源发展有法可依。

（2）完善能源财税投资政策。完善能源发展相关财政、税收、投资、金融等政策，强化政策引导和扶持，促进能源产业可持续发展。在加大财政资金支持方面，继续安排中央预算内投资，支持农村电网改造升级、石油天然气储备基地建设、煤矿安全改造等。继续支持科技重大专项实施。支持煤炭企业化解产能过剩，妥善分流安置员工。支持已关闭煤矿的环境恢复治理。完善能源税费政策，全面推进资源税费改革，合理调节资源开发收益。加快推进环境保护费改税，完善脱硫、脱硝、除尘和超低排放环保电价政策，加强运行监管，实施价、税、财联动改革，促进节能减排。

完善能源投资政策。制定能源市场准入“负面清单”，鼓励和引导各类市场主体依法进入“负面清单”以外的领域。加强投资政策与产业政策的衔接配合，完善非常规油气、深海油气、天然铀等资源勘探开发与重大能源示范项目投资政策。健全能源金融体系，建立能源产业与金融机构信息共享机制，稳步发展能源期货市场，探索组建新能源与可再生能源产权交易市场。加强能源政策引导，支持金融机构按照风险可控、商业可持续原则，加大能源项目建设融资，加大担保力度，鼓励风险投资以多种方式参与能源项目。鼓励金融与互联网深度融合，创新能源金融产品和服务，拓宽创新型能源企业融资渠道，提高直接融资比重。

（3）强化能源规划实施机制。建立制度保障，明确责任分工，加强监督考核，强化专项监管，确保能源规划有效实施。增强能源规划引导约束作用，完善能源规划体系，制定相关领域专项规划，细化规划确定的主要任务，推动规划有效落实。强化省级能源规划与国家规划的衔接，完善规划约束引导机制，将规划确定的主要目标任务分解落实到省级能源规划中，实现规划对有关总量控制的约束。完善规划与能源项目的衔接机制，项目按核准权限分级纳入相关规划，原则上未列入规划的项目不得核准，提高规划对项目的约束引导作用。建立能源规划动态评估机制，能源规划实施中期，能源主管部门应组织开展规划实施情况评估，必要时按程序对规划进行中期调整。规划落实情况及评估结果纳入地方政府绩效评价考核体系，创新能源规划，实施监管方式，坚持放管结合，建立高效透明的能源规划实施监管体系。创新监管方式，提高监管效能，重点监管规划发展目标、改革措施和重大项目落实情况，强化煤炭、煤电等产业政策监管，编制发布能源规划，实施年度监管报告，明确整改措施，确保规划落实到位。

1.5 可再生能源未来的发展

人类对能源的利用往往是人类文明发展程度的显示器。人类对早期能源——火的利用，开启了人类文明的进程；随后对风力、水力的初步利用无不对人类古代生产力的发展起到了巨大的促进作用；煤炭与石油的利用是人类能源史上的两次巨大转变，对人类社会经济技术的发展起到了极大的推动作用，人类文明在此基础上得到了空前的发展。但化石能源的使用也带来了环境污染、温室效应加剧等一系列全球问题。据研究，在过去的20年中全球大约有3/4的人认为二氧化碳排放量来源于化石燃料燃烧，而化石燃料燃烧中又以煤炭燃烧贡献最大。能源短缺与环境污染是当今世界面临的巨大难题，在我国这些问题尤为突出。为了维持社会进步、经济发展与保护环境，人类正在不断探索开发各种替代能源、清洁能源，尤其是可再生能源，能源消费结构已开始由石油为主向多元化能源结构发展。太阳能、氢能、海洋能、风能、生物质能等新能源的研究与开发利用已成为各发达国家优先发展的关键领域。

可再生能源的发展很大程度上受到政府政策的影响。在过去的10年中，制定并执行可再生能源支持政策的国家和地区数量迅速增长。截至2014年底，已有164个国家确定了可再生能源发展目标，145个国家颁布了相应的支持政策。近年来中国可再生能源的发展呈加速趋势，对可再生能源未来占比的预测数值不断走高。2014年11月，国务院发布《能源发展战略行动计划（2014—2020年）》，提出2020年中国可再生能源占比要达到15%的目标，将实现这一目标的时间从2050年提前至2020年。为此需要：

（1）降低煤炭消费比重。全国一次能源消费总量控制在48亿t标准煤左右，煤炭消费比重控制在62%以内。

（2）大力发展可再生能源。非化石能源比重达到15%；风电装机容量达到2亿kW，太阳能光伏发电装机容量达到1亿kW，常规水电装机容量达到3.5亿kW左右；地热能利用规模达到5 000万t标准煤；风电与煤电上网电价相当，光伏发电与电网销售电价相当。

为达到目标，2015—2020年风电发电、光伏发电和水电装机容量年均增长率需分别达到15.9%、30.4%、3.1%。2015年，国家发展改革委能源研究所组织开展了“中国高比例可再生能源发展情景暨路径研究”，探讨了在中国既定经济社会发展目标下的可再生能源发展情景。研究认为，中国高比例可再生能源发展道路兼顾了当前和未来的发展需求，可显著提升宏观经济发展质量。到2050年，全国可能形成以可再生能源为主的能源体系，可再生能源占比可达60%以上；能源系统的核心将是电力系统，电力成为生产生活的主要用能方式，功能单一的电力输送网络将向资源优化配置平台转型；电力占终端能源消费的60%以上，其中可再生能源发电所占比例可达85%以上。

可再生能源对中国能源消费的作用日益重要，可再生能源是可持续发展的能源、未来的能源，谁掌握了可再生能源，谁就掌握了能源的未来。

思考题

1. 简述我国能源资源特点。

2. 结合新能源与可再生能源的概念和意义，结合周围生活的典型案例谈谈自己对开发利用新能源的看法。

3. 简述发展新能源和可再生能源的意义。

4. 结合相关能源政策，谈谈能源政策的必要性和我国能源发展的政策取向。

5. 了解先进的农村用能方式，简述农村能源运用方式改变的重要性。

6. 收集资料，了解我国可再生能源未来的发展。

7. 总结西北农村能源资源发展特点。

参考文献

[1]张涛. 甘肃能源产业发展研究[D]. 兰州：兰州大学，2011.

[2]倪维斗. 我国的能源现状与战略对策[N]. 科技日报，2007-01-25（01）.

[3]中国能源发展战略与政策研究报告课题组. 中国能源发展战略与政策研究报告（上）[J]. 经济研究参考，2004（83）：2-51.

[4]沈镭，刘立涛，王礼茂，等. 2050年中国能源消费的情景预测[J]. 自然资源学报，2015，30（03）：361-373.

[5]曹怀术，廖华，魏一鸣. 2010年中国能源流分析[J]. 中国能源，2012，34（04）：29-31.

[6]王志锋. 陇中黄土丘陵地区农村生活能源潜力估算及消费结构分析[D]. 兰州大学，2007.

[7]陈文七. 中国新能源和可再生能源发展概况[J]. 经济研究参考，1997（12）：8-11.

[8]王铭岩. 我国新能源开发与利用现状[J]. 建材与装饰，2016（31）：154-155.

[9]曾俊棋，岳万福.我国生物能源的开发利用现状[J].生物学教学，2016，41（06）：4-5.

[10]邢万里.2030年我国新能源发展优先序列研究[D].北京：中国地质大学（北京），2015.

[11]刘云龙，章忠柯，陈刚.新能源的开发与利用[J].技术与市场，2015，22（01）：154.

[12]贾振航.新农村可再生能源实用技术手册[M].北京：化学工业出版社，2009.

第2章 太阳能

2.1 太阳辐射

2.1.1 太阳的结构

太阳是位于太阳系中心的恒星，它可以看作是一个热等离子体与磁场交织着的理想球体。其直径大约是1 392 000 km，相当于地球直径的109倍；质量大约是2×10^{30} kg（地球的330 000倍），约占太阳系总质量的99.86%。

组成太阳的物质大多是些普通的气体，其中氢约占71%，氦约占27%，其他元素约占2%。太阳从中心向外可分为核反应区、辐射区、对流层和大气层。太阳的内部可以分为三层：核心区、辐射层和对流层。太阳的核心区域半径占太阳半径的1/4，约为整个太阳质量的一半以上。太阳核心的温度极高，达到1 500万℃，压力也极大，使得由氢聚变为氦的热核反应得以发生，从而释放出极大的能量。这些能量再通过辐射层和对流层中物质的传递，才得以传送到达太阳光球的底部，并通过光球向外辐射出去。太阳中心区的物质密度非常高，可达160 g/cm^3，太阳在自身强大重力吸引下，太阳中心区处于高密度、高温和高压状态，是太阳巨大能量的发源地。太阳中心区产生的能量的传递主要靠辐射形式。太阳中心区之外就是辐射层，辐射层的范围是从热核中心区顶部的0.25个太阳半径向外到0.71个太阳半径，这里的温度、密度和压力都是从外向内递增。从体积来说，辐射层占整个太阳体积的绝大部分。太阳内部能量向外传播的过程中，除了辐射传热过程，还有对流传热过程，即从太阳的0.71个太阳半径向外到达太阳大气层的底部，这是太阳内部结构的最外层，这一区间叫对流层。这一层气体性质变化很大，是大气层中湍流最多的一层。

太阳外部的大气层像地球的大气层一样，可按不同性质和不同的高度分

成各个圈层，即从内向外分为光球、色球和日冕三层。太阳光球就是我们平常肉眼所看到的太阳明亮圆面，而通常所说的太阳半径指的也是光球的半径。我们所看到太阳的可见光，几乎全是由光球发出的。光球的表面是以气体形式存在的，其平均密度只有水的几亿分之一，但由于它的厚度达500 km，所以光球是不透明的。光球层位于对流层之外，属太阳大气层中的最低层或最里层。紧贴光球以上的一层大气是厚度为8 000 km的色球层，它的化学成分与光球基本上相同，但色球层内的物质密度和压力要比光球低得多。日冕是太阳大气的最外层。日冕中的物质也是等离子体，它的密度比色球层的密度还要低，然而温度却比色球层高，可达上百万摄氏度。日冕只有在日全食时才能看到，其形状随太阳活动大小而变化。

2.1.2 太阳辐射参数

太阳发射出的总辐射功率为3.8×10^{23}kW，其中投向地球范围的辐射，能够被大气吸收的辐射约占23%，被大气分子和尘埃反射回宇宙空间的太阳辐射能量约占30%，剩下约占47%的有8.1×10^{13} kW能到达地球表面。太阳辐射所产生的巨大能量被植物吸收的仅占0.015%，被人们利用作为燃料和食物的仅占0.002%，地球上已利用的太阳辐射能量所占比例微乎其微。因此，可被人类生活开发和利用太阳能的潜力是相当大的。受到大气层的影响，到达地球表面的太阳辐射由两部分组成，一部分是直接辐射，另一部分是散射辐射，这两部分的总和称为总辐射。所谓直接辐射，就是太阳光线以平行光的形式直接投射的部分，其强度与太阳辐射角、大气层密度等因素相关；所谓散射辐射，是太阳光线不直接投射到地面上，而是通过大气、云、雾等其他一些物体在各方向重新分布的辐射。这两部分辐射的能量差别是很大的。一般说来，晴朗的白天直接辐射占总辐射的大部分，阴雨天散射辐射占总辐射的大部分，夜晚则完全是散射辐射。利用太阳能实际上是利用太阳的总辐射，但对大多数太阳能设备来说则是利用太阳辐射能的直接辐射部分。

2.1.2.1 太阳总辐射

太阳总辐射是指到达地球表面上的太阳直接辐射与散射辐射之和。太阳辐射通量随大气透明度增加而增大。在晴天情况下，正午时分总辐射到达最大值，早、晚很小，相差悬殊。在大气透明度变化不大时，总辐射通量随太阳高度的变化几乎呈线性关系。在阴天情况下，到达地面的太阳总辐射要比晴天少很多，而散射辐射的比例有所增大。测量总辐射的仪器为天空辐射仪，它的传感器为热电堆，对这类仪器的要求是必须与太阳辐射波长响应及与入射角无关。我国累积式辐射计、日射记录仪及太阳辐射计都是测量太阳总辐射的仪器。这些仪器既可测量瞬时值，也可测量累计值。

2.1.2.2 太阳散射辐射

散射辐射是由于遇到大气尘埃产生散射，以漫射形式到达地面的辐射能。它来自天空的各个方向，也可称为天空辐射。散射辐射与大气状况相关程度很大。晴天时，在太阳直接辐射的入射方向及其相反方向，散射量最大；而当天空多雾或布满均匀的云层时，天空的散射辐射分量是各向同性的。散射辐射通量主要取决于太阳高度和大气透明度。平板型太阳能集热部件主要利用太阳的直接辐射，也利用这部分散射辐射能量。散射辐射的测量是在辐射仪上加一个圆环用来遮影，挡住太阳直接辐射部分而进行的。散射辐射来自半球天空四面八方，因此很难精确地确定到达地球表面的散射辐射。

2.1.2.3 太阳直接辐射

太阳直接辐射是未被地球大气改变辐射方向而到达地表的太阳辐射。聚焦型太阳能利用装置就是利用这部分辐射能量的装置。太阳直接辐射强度与大气质量密切相关，而大气质量又与大气透明度有关。直接辐射仪是用来测量太阳直接辐射强度的仪器。它是将涂有帕森斯光黑的热电堆的传感器装在具有几个光栏的准直管端部，它还装有为减少环境影响的温度补偿装置和自动跟踪机构。我国DF-Y直接辐射表的感受件，是一个由康铜和锰铜片组成的热电堆，它装在具有一系列光栏的准直管尾部，当仪器对准太阳时，热电堆吸收太阳的辐射能产生电势，该电势使与仪器相串联的电流表的指针偏转，偏转角度与太阳直接辐射强度成正比。

垂直于太阳光线的平面上，太阳直接辐照度E，与大气质量m和大气透射比（透明度）r有关。大气透明度r是表征大气对辐射衰减程度的一个重要参数（又称透明系数）。在晴朗无云的天气，大气透射比高，到达地面的太阳辐射能就多；在天空中云雾很多或风沙灰尘很大时，大气透明度很低，到达地面的太阳辐射能就少。根据天气情况将大气透明度大致分为6个等级范围：很浑浊（0.60），浑浊（0.65），偏低（0.70），正常（0.75），偏高（0.80），很透明（0.85）。

2.1.2.4 太阳反射辐射

在地球表面倾斜的接收平面上，除了接收到太阳直接辐射和散射辐射以外，还接收到地面反射的太阳辐射。大气中的云层和尘埃，具有反光镜的作用，可以把投射在其上的太阳辐射的一部分又反射回宇宙空间。散射作用是太阳辐射在大气中遇到空气分子或微小尘埃时，太阳辐射中的一部分便以这些质点为中心向四面八方散射开来，改变了太阳辐射的方向。反射作用的各种波长同样被反射，无选择性。散射作用过程中，蓝、紫色光是最易被散射的，有一定的选择性。到达倾斜面的反射辐照度E可用下式（2-1）计算：

$$E_H = (E_{HZ} + E_{HS})\, p\frac{1-\cos\beta}{2} \tag{2-1}$$

式中：

E_{HS}——水平面上散射辐照度；

E_H——水平面上直接辐照度；

p——地面的反射比。

E_{HZ}——垂直于太阳光线面上的辐照度乘以水平面上太阳入射角的余弦求得：

$$E_{HZ} = E_n \cos\theta_Z \tag{2-2}$$

2.1.3 太阳常数

太阳常数是指在日地平均距离（D=1.496×10^8 km）上，地球大气上界垂直于太阳辐射传播方向上的单位面积、单位时间内所接受到的太阳辐射。

要精确测定太阳常数是较困难的，但随着空间技术的发展，光谱仪器的分辨率提高，测定精度在逐渐提高。现在可利用高空飞机、气球甚至宇宙飞船进行测量，提高了测量的精度。目前普遍采用的太阳能常数数值是4 871 kJ/（m^2·h）或1 353 W/m^2。

由于新型腔体式绝对辐射表的研制成功，太阳常数的测量精度进一步提高。1981年10月在墨西哥召开的世界气象组织仪器和观测方法委员会第八届会议上，通过了太阳常数值为1 367 W/m^{2}的建议。

由于日地距离的变化等因素，地球大气层外的太阳辐射并不是一个常数，在±3%范围内变化，可用以下公式2-3计算：

$$G_{on} = G_{sc}\left(1 + 0.033\cos\frac{360n}{365}\right) \tag{2-3}$$

式中：

G_{on}——在地球大气层外入射在垂直于辐射方向的平面上的太阳辐射功率密度，或称之为垂直辐照度；

n——一年中的天数；

G_{sc}——太阳常数。

2.1.4 大气层外太阳辐射的光谱分布

太阳辐射是一种电磁辐射，其辐射波是一种电磁波。太阳辐射通过大气，一部分到达地面，称为直接太阳辐射；另一部分为大气的分子、大气中的微尘、水汽等吸收、散射和反射。被散射的太阳辐射一部分返回宇宙空间，另一部分到达地面，到达地面的这部分称为散射太阳辐射。到达地面的散射太阳辐射和直接太阳辐射之和称为总辐射。太阳辐射的能量可见光波段约占43%，红外波段约占48.3%，紫外波段约占8.7%，主要集中在0.3～3.0 μm的波段内，占总能量的99%。

2.2 太阳能光热技术

太阳能与常规能源相比，具有以下三个突出优点：

（1）太阳能具有能量的巨大性和使用寿命的长久性。每年地球陆地上接收的太阳能相当于全球一年内总能耗的3.5万倍，是当今全世界可以开发的最大能源，也是人类21世纪的主要能源。按核反应速度及质量亏损率计算，太阳上的氢的储量足够维持600亿年，与地球上人类历史相比，可以说太阳能是一种取之不尽、用之不竭的长久能源。

（2）太阳能利用具有其广泛性。无论在陆地或海洋、高山或平原、沙漠或草地，都有太阳，不分国家与地区可以就地开发利用，无须开采和运输。

（3）太阳能是一种清洁的能源。相比煤和石油等化石能源的利用，太阳能在开发和利用过程中不会对环境造成污染，对人体也是无害的。在环境污染需要严格治理的今天，对太阳能这种清洁能源的开发和利用刻不容缓。

太阳能的利用方式比较多，主要可将其可分为光热转化利用方式、光电转化利用方式、光化学利用方式以及光生物利用方式四个方面。其中，太阳能的光热转化利用是一种最为直接的太阳能利用方式，其主要原理是利用能吸收太阳光的物质，来收集太阳辐射能，并利用其与物质间的光热转化作用转变为能够被直接利用的热能。我国是太阳能光热利用的第一大国。

2.2.1 太阳能集热器概述

太阳能集热器是太阳能热水器最重要的组成部分，其热性能与成本对太阳热水器的优劣起着决定性作用。通过太阳能集热装置收集太阳能，并利用其产生的热能直接加热空气、水等流体介质，产生热水或热空气作为热力输出。这种利用方式转换过程简单、直接又经济，是目前应用最为广泛、使用技术相对较为成熟的一种太阳能热利用方式。

2.2.1.1 太阳能集热器可以根据不同方法进行分类

（1）按传热工质不同可分为液体集热器和空气集热器。

（2）按收集太阳辐射方法不同可分为聚光型太阳能集热器和非聚光型太阳能集热器。聚光型太阳能集热器主要有槽式、塔式、菲涅尔式等，非聚光型太阳能集热器主要有平板式、真空管式、热管式等。

（3）按太阳能集热器是否跟踪太阳可分为跟踪太阳能集热器和非跟踪太阳能集热器。

（4）按太阳能集热器的工作温度不同可分为100 ℃以下的低温太阳能集热器、100～200 ℃的中温太阳能集热器和200 ℃以上的高温太阳能集热器。

无论是太阳能热水器、太阳房、太阳能干燥器、太阳能热发电等，都离不开太阳集热器。太阳能集热器已被广泛应用生产生活中，如生活热水，包括住宅、旅馆、学校、酒店、桑拿浴室等热水使用单位，工业上锅炉进水，建筑行业的采暖和空调，还可应用于农作物的干燥。太阳能集热器若采用真空隔热、选择性吸收涂层及聚光型跟踪技术集热器，其集热温度可在200～500 ℃，属于高温集热器，可用于太阳能热发电系统。

2.2.1.2 水箱的种类

水箱的种类很多，水箱的分类方式也有很多种。按水箱是否保温可分为保温水箱和非保温水箱；按照外形不同可分为圆柱形水箱、长方形水箱和球形水箱；按水箱放置方法不同可分为立式水箱和卧式水箱；按换热方式不同可分为直接换热水箱和带换热器的间接热交换水箱；按水压状态不同可分为非承压水箱和承压水箱；按是否有辅助热源可分为普通水箱和带电加热器水箱。我国的行业标准将水箱分为：

（1）出口敞开式储水箱。开口式储水箱的特点是在水箱上部设有连通大气的出口，使用方法一般是落水法。开口式储水箱其优点是水箱内不承压，用料薄、制造工艺简单、成本低。出口敞开式储水箱结构特点是水箱上部设有排气口。水箱上只有进、出水口，且将用水阀装在进水口上。它的优点是便于用顶水法，但当进水压力过高时，出水管管径若小于进水管管径时，容易产生水流受阻现象，从而使水箱胀坏。出口敞开式储水箱相比开口的用料和承压性能要求高，相对成本也高一些。

（2）封闭式储水箱，是水箱上设有进、出水管，用水阀装在出水管上。它的优点是用水方便，即开即用，用后自动补水，不论水箱放置的高度高于或低于淋浴喷头都不影响用水，同时由于热水有压力，洗浴时有舒适感。因为它要求内胆需承受一定的压力，所以制造难度大，需要用料厚，从而导致制作成本高。我国市场所采用的水箱大多数由电热水器水箱生产企业贴牌。

2.2.1.3 水箱的常用材料

（1）内胆材料。水箱的内胆常用材料有不锈钢、防锈铝、搪瓷钢板、镀锌钢板、玻璃钢和塑料等。闷晒式太阳热水器多用塑料成型的水箱。

（2）外壳材料。水箱的外壳常用材料有不锈钢、轧花铝板、铝合金板、彩钢板、树脂复合板及其他新型材料。最好不要使用不锈钢板，因为易造成光污染，同时造价也较高。

（3）保温材料。水箱的保温材料很多，如岩棉、玻璃棉、水玻璃膨胀珍珠岩、膨胀蛭石等。常用的有聚氨酯发泡、聚氨酯与聚苯泡沫复合、聚苯泡

沫成型等。聚氨酯与聚苯泡沫复合保温较为理想，既解决了高温焦化问题，又解决了受潮膨胀问题。

2.2.1.4 **太阳热水系统的分类**

根据目前太阳热水器应用系统的循环运行方式可以分为三大类，即自然循环式、强迫循环式和定温放水（直流循环）式。

（1）自然循环式

自然循环式的运行方式是储热水箱必须安设在太阳能集热器顶端水平面以上系统才可进行循环。太阳能集热器中的水经过太阳辐射的作用会使得水温上升，密度逐渐变小，与储水箱内未被太阳辐射的水产生温度差，在热虹吸作用下，压力在太阳能集热器中缓缓上升。温水经过上循环管进入储水箱，此时储水箱内相对密度较大的水慢慢下降，经下循环管流入太阳能集热器下部补充。这样凭借水的密度差或称热虹吸压头为作用力，而不需要任何外加动力来使水进行循环的过程称为自然循环。

自然循环过程中密度差愈大，循环的速度愈快，相反循环的速度愈慢。这种循环方式可以使储热水箱内的水持续升温，太阳辐射停止，循环也渐渐终止。自然循环系统中，储水箱与太阳能集热器的高度差越大热虹吸压头越大，但由于水的温差和储水箱与太阳能集热器之间的高度差不可能很大，所以依靠水的密度差作为动力是很有限的。因此在系统设计中要求尽可能减少阻力，这也是自然循环系统的单体装置只适用于30 m^2以下集热面积，而不能使集热面积再增大的原因。

太阳能集热器排布也根据上述的原理。事实上，太阳能集热器的布局和管路连接也关系到系统运行效率，这与太阳能集热器连接方法有密切关联。一般来说，10 m^2的集热面积可由5块太阳能集热器并联为一排布列。20 m^2的集热面积可由10块太阳能集热器串并联前后两排布列；也可做成“一”字形横排布列两个循环系统，分别与储水箱相连。30 m^2的集热面积可由15块太阳能集热器串并联成三排布列，或像20 m^2的集热面积两排布列，但绝不允许做成一排布列，因为这样的话需要下循环管很长，影响循环速度。自然循环系统适用于30 m^2以下的集热面积，主要是从系统循环上来看的，但经过多年设计、施工摸索出的经验证明，自然循环太阳热水系统采光面积30 m^2的限制是可以超越的，甚至可以设计安装超过100～200 m^2的大中型太阳热水系统，可根据上述并联布列变一路为多路，只要条件允许再大的采光面积也可应用。该系统由于不需要任何外加动力（水泵）即可正常运行。自然循环属于节约能源的系统，特别适合对热水使用时间无特殊要求的地区（例如经济欠发达的广大农村），太阳光好就用，不好就停运，效果也很好。

（2）强迫循环式

强迫循环顾名思义是借助外力使得太阳能集热器与储水箱内的水进行循环。它的特点是储热水箱的位置可以任意设置，不受太阳能集热器位置制约，可比太阳能集热器高，也可比太阳能集热器低。它是通过水泵将太阳能集热器接收太阳辐射后产生的热水与储水箱的冷水进行循环，使储热水箱内的水温逐渐增高。

强迫循环有两种形式：一种是温差控制式循环，另一种是定流量式循环。前者是利用储水箱下部的温度传感器的头与太阳能集热器上部的温度传感器的头之间的温差控制水泵的启动运行。温差是人为设定的。后者是取决于储水箱的容量，水泵流量以满足太阳辐射时间能循环一周而定。这种形式纯属机械式循环，不受日照强弱控制，因此换热效率比温差式循环差，但对于太阳能游泳池和养鱼池增温等装置较为合适。

（3）定温放水（直流循环）式

定温放水与强迫循环不同的是它不是循环的概念，而是通过温度控制器将达到设定温度的水用水源压力或水源加压水泵输送到储热水箱内。

该系统是从水源经太阳能集热器到储热水箱，因为没有形成循环，又非常简单，只是将水在太阳能集热器内闷晒达到设定温度后靠水压送入储水箱，因此，有人将这一方式称为直流式或直流式定温放水。这种方式可以与温差控制式强迫循环的方式一起使用，能有效地节约用水。定温放水的水箱容积一般较大，有时前一天的水未被用完，如果不升温，水即被白白放掉；如果有温差或强迫循环的机构就可将这部分水继续循环加温。

2.2.1.5 太阳能热水系统的运行

太阳能热水系统的试运行工作必须在保温措施实施之前进行。一般来说，如果严格按照设计、施工要求去做，是不会出现故障的。而太阳能热水系统在实际运行过程中，太阳能集热器布列中最容易出现的问题是每排的板面温度不相同。

温度差异较大这种现象反映出系统循环不好，效率低。出现这种现象有两个方面原因：一是系统安装方面的原因，表现为三种现象，即太阳能集热器管路堵塞，或板面温度高的太阳能集热器之间连接胶管上下弯曲，或太阳能集热器布列与布列之间连接管道走向没有一定的向上坡度。前一种现象属于阻塞闷晒造成；后前两种现象是因为造成局部“反坡”，产生气堵，使太阳能集热器处于闷晒而板面温度高。另一个是设计方面的原因，就是没有仔细计算太阳能集热器间的流量、流速和管径的匹配，因而造成“偏流”，使运行迟缓的太阳能集热器的板面温度升高，产生温度差异。这两个方面原因可能分别存在，也可能同时存在。

系统试运行很可能还会发现其他相关的问题，但只要熟练地掌握和运用下述两点，很多故障就会很快排除：一是必须避免系统循环或运行出现“反坡”；二是众多太阳能集热器的流量、流速和路径必须基本相同，也就是说，要遵照“水路同程”的道理去分配每排以至每个布列太阳能集热器的合理水流。

2.2.1.6 太阳能系统的维护

在太阳能热水系统使用期间，维护和修理工作是保证运行的重要条件，为此要求做到如下几点：

（1）定期清除太阳能集热器透明盖板（玻璃）上的尘埃、灰垢，以防止降低太阳能集热器的热效率。如果要用自来水冲刷，应避免在正午时清理，此时透明盖板的温度高，可能会导致透明盖板被冷水激碎。

（2）对系统进行定期排污工作，以防止管路阻塞。水在60 ℃以上容易发生结垢，而太阳能集热器内的水一般是在60 ℃以下运行，通常不会结垢。太阳能集热器内的水有时会高达100 ℃以上，因此需要定期排污。但系统运行时间长，使得有些组件如储热水箱、补水箱长期被水浸泡，难免发生锈蚀或箱内防腐漆脱落，这些污垢也要定期排除。

（3）巡视检查各管道的连接点是否有渗漏现象，如发现应及时修复，以防渗漏加重而造成修理困难。

（4）巡视检查各保温部位是否有破损，如发现应及时修复，防止增大热损失。

（5）定温放水系统中的电磁阀、自然循环系统中补水箱的浮球阀需要经常检查，稍有差异就应引起注意并及时处理，以防造成大量跑水。

（6）对季节性使用的太阳热水系统，入冬前应将系统内的水全部排除干净，以防装置冻结损坏。在第二年初次使用之前，应仔细检查，然后才能进行使用。

2.2.2 低温太阳能光热技术

2.2.2.1 闷晒太阳能

闷晒太阳能热水器是指太阳能集热器和水箱合成一体，冷热水的循环和流动加热过程，经过若干小时或一天在水箱内部进行自然循环，将水加热到可以供人们使用的温度。闷晒太阳能热水器的优点是结构简单，造价低廉，运行可靠，很容易在广大农村地区推广和使用。重点介绍一下真空管闷晒太阳能热水器。

真空管闷晒家用太阳能热水器是由6根外径为126 mm、长1 900 mm的真空玻璃管组成的，管内装有6个110 mm、长1.8 m的不锈钢筒，支撑和固定在

玻璃管内。筒体表面有选择性涂层，其吸收率$\alpha \geqslant 0.91$，红外发射率$\varepsilon=0.12$。在不锈钢筒体和玻璃管间抽真空，不锈钢筒和玻璃真空管开口一端加以热压封连接。真空管闷晒太阳能有结构紧凑，省去储水箱，热性能好，外形美观的优点，适合城镇地区推广。

太阳能热水器在室外部分，受外部条件影响较大，故安装应牢固可靠，经久耐用。各个接口处不渗漏，上、下水管应保护妥当。具体讲，应注意以下技术要领：

（1）选择适合的安装位置。在热水器整个采光面内，应无任何遮挡部分。不能安放在烟囱附近（至少不能设在烟囱下风位置），以免因烟尘而影响热水器玻璃盖板的透光性能。热水器还应避免安放在风口处，以免造成较大的热损失。其次，还需考虑屋顶的承载能力。

（2）热水器应面向正南放置，根据已有的研究表明，其倾角应大致和本地的地理纬度相当。这样放置，春秋两季热水器使用效果良好，夏季虽不处于最佳工作状态，但由于此时太阳辐射量大，环境温度高，热水器也可正常使用。

（3）排气管应高出热水器最高部分3～5 cm，并保持畅通，严禁堵塞，以免损坏热水器。

（4）支架及热水器应固定牢固，防止被强风吹坏甚至吹落。一般可用重物进行坠压、用钢丝拴紧。

（5）上水管、溢流管应置于易观测处，便于掌握热水器内水量情况。

（6）若是集体使用，太阳能集热器面积较大，热水器需分排并列安装。

后排太阳能集热器间距可用下式计算：

$$D = H\tan\varphi \tag{2-4}$$

D——太阳能集热器前、后排间距，m；

H——太阳能集热器垂直高度，m；

φ——纬度。

这样计算出的D值，可使太阳能集热器从春分至秋分6个月中都不会出现遮挡现象。

2.2.2.2 平板太阳能

平板太阳能集热器是一种将太阳辐射能转化为热能并将其传递给集热工质的装置，是太阳能光热收集与利用工程中的基本集热部件。平板太阳能集热基本原理根据水的循环靠温差比重不同进行的。热水轻，向上升，冷水密度大，只能从底部慢慢向上顶。水箱中的水通过太阳能集热器的循环加温，逐步达到平衡，平衡后则不再流动。事实上水箱中的水总是源源不断进入太阳能集热器的底部，而热水也不断流入水箱的上部。

平板太阳能热水器的主要部件是平板集热器，根据平板太阳能集热器与水箱连接方式和系统的运行方式不同可以分成各种类型的家用太阳能热水器。其分别是紧凑式平板太阳能热水器、分离式平板太阳能热水器、直流式平板太阳能热水器和热管式平板太阳能热水器。

平板太阳能集热器的结构，主要包括吸热体、透明盖板和外壳。光热转换机理：当平板太阳能集热器处于工作状态时，太阳辐射能够透过玻璃盖板，照射在吸热板表面。而在吸热板的表面涂有较高太阳能吸收率的涂层，可强化吸热板对太阳辐射的吸收，吸热板吸收太阳辐射能并将其转化为热能，然后通过与其焊接在一起的集热管将热量传递给在管内流动的传热工质，加热工质使其温度升高，如此便完成了太阳能到热能的转换，输出了有用能。同时，在该热量转换与传递的过程中，太阳能集热器的自身温度也会升高，与周围环境形成温差。因此，太阳能集热器必然会通过导热、对流和辐射等方式向周围环境散热，造成太阳能集热器的热量损失。

1.吸热体

吸热体是平板太阳能集热器内吸收太阳辐射能并向传热工质传递热量的部件。

（1）对吸热体的技术要求

①太阳能吸收比高。

②热传递性能好。吸热体材料的热传导性能愈高愈好，才能最大限度地将热能传递给传热工质。

③与传热工质的相容性好。要求吸热体不能被传热工质腐蚀或产生有碍健康的物质。

④有一定的承压能力。吸热体根据需要应能承受不同的压力范围，一般为0.05～0.6 MPa。

（2）吸热体的结构形式

在平板形状的吸热体上，通常布置有排管和集管。排管是指吸热体纵向排列并构成流体通道的部件，集管是指吸热体上下两端横向连接若干根排管并构成流体通道的部件。根据国家标准GB/T 6424—1997《平板型太阳集热器技术条件》，吸热体有如下几种主要结构形式：

①管板式：管板式吸热体是将排管与平板以各种不同的结合方式连接构成吸热条带，然后再与上下集管焊接成吸热体。这是目前国内外使用比较普遍的吸热体结构类型。排管与平板的结合有捆扎、铆接、胶黏、锡焊等，但这些方式工艺落后，结合热阻也较大，现在已逐渐被淘汰。目前主要有热碾压吹胀、高频焊接、超声焊接及激光焊接等。

铜铝复合吸热体也可算管板式吸热体类型，其优点是：

a.热效率高。热碾压使铜管和铝板之间达到冶金结合，结合之间无热阻。

b.水质清洁。吸热体接触水的部分是铜材，不会被腐蚀。

c.保证质量。整个生产过程实现机械化，使产品质量得到保证。

d.耐压能力强。太阳条带是用高压空气吹胀成型的。

铜铝复合吸热体也有两大缺点：

a.太阳条带不能直接与集管焊接，必须用一个一端圆形、另一端菱形的铜管作为焊接的过渡段，而且一端是高温焊、另一端是低温焊，这样就大大降低了不漏水的可靠性。

b.吸热体使用期内发生渗漏，很难修补，另外使用寿命到期后，回收利用难度大。近年来，金铜吸热体在我国正逐步兴起。金铜吸热体是将铜管和铜板通过焊接工艺连接在一起形成的，具有铜铝复合太阳条带的所有优点，但缺点是价格偏高。为了降低成本，也可以用铝板代替紫铜板。

②翼管式：翼管式吸热体是利用模子挤压拉伸工艺制成金属管两侧连有翼片的吸热条带，然后再与上下集管焊接成吸热体。一般吸热体材料采用防腐蚀的铝合金。

翼管式吸热体的优点是：

a.热效率高，管子和平板是一体，结合之间无热阻。

b.耐压能力强，铝合金管可以承受较高的压力。

c.可以保证质量，生产易实现机械化。

缺点是：

a.水质不易保证，会被腐蚀，特别是未采用真正的防腐铝合金。

b.材料用量大，工艺要求管壁和翼片都要有较大的厚度。

③扁盒式：扁盒式吸热体是将两块金属板分别模压成型，然后再焊接成一体构成吸热体。吸热体材料可采用不锈钢、防腐蚀铝合金、镀锌钢等。通常，流体通道之间采用点焊工艺，吸热体四周采用滚焊工艺。

扁盒式吸热体的优点是：

a.热效率高，管子和平板是一体，结合之间无热阻。

b.太阳能集热器本体不需要焊接集管，流体通道和集管采用一次模压成型，然后进行点焊和滚焊工艺，但在太阳能集热器进出口处还是需要焊接集管。

缺点是：

a.焊接工艺难度大，容易出现焊接穿透或者焊接不牢的问题。

b.耐压能力差，焊点不能承受较高的压力。

④蛇管式：蛇管式吸热体是将金属管弯曲成蛇形，然后再与平板焊接或紧压结合构成吸热体。这种结构类型在国外也有较好的市场。一般吸热体材料采

用铜管、铜板或铜管铝板，焊接工艺可采用高频焊接、超声焊接或激光焊接。

蛇管式吸热体的优点是：

a.不需要另外焊接集管，不仅泄漏的可能性极小，而且省去了集管，降低了成本。

b.热效率高，结合之间无热阻。

c.水质清洁，铜管不会被腐蚀。

d.保证质量，整个生产过程实现机械化。

e.耐压能力强，铜管可以承受较高的压力。

缺点是：

a.流动阻力大，流体通道不是并联而是串联。

b.焊接难度大，焊缝不是直线而是曲线。

（3）吸热体上的涂层：为了使吸热体能最大限度地吸收太阳辐射能并将其转换成热能，在吸热体上应覆盖有深色的涂层，这种涂层称为太阳能吸收涂层。太阳能吸收涂层可分为两大类：非选择性吸收涂层和选择性吸收涂层。非选择性吸收涂层是指与辐射和波长无关的吸收涂层，选择性吸收涂层则是指其光学特性随辐射波长不同有显著变化的吸收涂层。

一般而言，要单纯达到高的太阳能吸收率并不十分困难，难的是要在保持高的太阳能吸收率的同时又达到低的发射率。对于选择性吸收涂层来说，随着太阳吸收率的提高，往往发射率也随之升高。对于通常使用的黑板漆来说，其太阳吸收率可高达0.95，但发射率也在0.90左右，所以属于非选择性吸收涂层。

2.透明盖板

透明盖板的主要作用是让尽可能多的太阳辐射投射到吸热体上，并起到保护吸热体的作用，另外可减少吸热体向周围环境的散热。

（1）对透明盖板的技术要求

①太阳透射比愈高愈好，目的是让更多的太阳辐射能照射到吸热体上。根据国家标准GB/T 6424—1997规定，太阳透射比应不低于0.78。

②红外透射比愈小愈好，这样可以减少因吸热体温度升高后向周围环境散失的辐射热量。

③盖板材料的热导率要求低于0.76 W/(m·K)，以减少向周围环境的散热。

④耐冲击强度好，要求一般情况下能承受冰雹、碎石等外力的冲击而不会损坏。

⑤要求具有良好的耐候性能，即在室外长期使用后性能无明显下降。

（2）盖板的材料

目前国内太阳能集热器盖板材料主要有平板玻璃、钢化玻璃和玻璃钢透

明板。平板玻璃具有太阳反射比低、热导率小、耐候性能好、价格不高等优点。但是太阳透射比不高和抗冲击强度差是目前存在的主要问题，国内3 mm厚的普通平板玻璃的太阳透射比均在0.83以下，直到近年来，平板玻璃材料和工艺有了很大改进，4 mm厚平板玻璃的太阳透射比已达0.88以上。为了改善玻璃的抗冲击强度，不少企业的一些优质太阳能集热器已普遍采用钢化玻璃。近年来玻璃钢材料及加工工艺都有了很大改进，国内多家企业已大批量生产销售单层及双层玻璃钢透明塑料板材。

（3）透明盖板的层数及间距

透明盖板的层数取决于太阳能集热器的工作温度及使用地区的气候条件。绝大多数情况下采用单层透明盖板。当太阳能集热器的工作温度较高或者在气温较低的地区使用，譬如在我国北方进行太阳能采暖，宜采用双层透明盖板。一般情况下很少采用3层或3层以上透明盖板，因为随着层数增多，虽然可以进一步减少太阳能集热器的对流和辐射热损失，但同时会大幅度降低实际有效的太阳透射比。

3.隔热层

隔热层是太阳能集热器中抑制吸热体通过热传导向周围环境散热的部件。

（1）对隔热层的技术要求。根据隔热层的功能，要求隔热层的热导率小，不易变形，不易挥发，更不能产生有害气体。

（2）隔热层的材料。用于隔热层的材料有岩棉、矿棉、聚氨酯、聚苯乙烯等。根据国家标准《平板型太阳集热器技术条件》（GB/T 6424—1997）的规定，隔热层材料的热导率应不大于0.055 W/(m·K)，因而上述几种材料都能满足要求。目前使用较多的是岩棉。虽然聚苯乙烯的热导率很小，但在温度高于70 ℃时就会变形收缩，影响它在太阳能集热器中的隔热效果。所以在实际使用时，往往需要在底部隔热层与吸热体之间放置一层薄薄的岩棉或矿棉，在四周隔热层的表面贴一层薄的镀铝聚酯薄膜，使隔热层在较低的温度条件下工作。

（3）隔热层的厚度。隔热层的厚度应根据选用的材料种类、太阳能集热器的工作温度、使用地区的气候条件等因素确定。应当遵循这样一条原则：材料的热导率越大，太阳能集热器的工作温度越高，使用地区的环境气温越低，隔热层的厚度就要求越大。一般底部隔热层的厚度选用30～50 mm，侧面隔热层的厚度与之大致相同。

4.外壳

（1）对外壳的技术要求：根据外壳的功能，要求外壳有一定的强度和刚度，有较好的密封性及耐腐蚀性，而且有美观的外形。

（2）外壳的材料：用于外壳的材料有铝合金板、不锈钢板、彩色钢板、

碳钢板、塑料、玻璃钢等。为了提高外壳的密封性，普遍采用密封圈、密封条和密封胶。

平板太阳能集热器一般都是固定式的，安装时要选择好合适的方位和最佳倾角。我国位于北半球，太阳能集热器应朝南安装。在某些南半球国家，他们的太阳热水器则是朝北的。太阳能集热器的最佳倾角与当地纬度有关，必须考虑阳光的垂直入射，才能接收到太阳辐射最大的能量。根据天文学我们知道，太阳能集热器的倾角取当地纬度与太阳赤纬之差为最佳。

太阳赤纬角是可以根据地球赤道与黄道的关系计算出来的。一年之中，太阳赤纬角从夏至时的23°27′，逐渐变到冬至时的-23°27′，而在春分和秋分时的太阳赤纬角为零。如果我们设计的太阳能集热器是专为夏季或冬季使用，则考虑太阳赤纬角的平均值为±21°。如果所设计的热水器系统要求使用更多的月份，应取更长时间范围内的太阳赤纬角平均值。

平板太阳能集热器以其简单、价廉和安装方便在全世界都获得了广泛的应用。当太阳照射到太阳能集热器时，太阳能集热器板上水道中的水被加热而发生膨胀、变轻，产生“水往高处流”的现象，这就是所谓的“热虹吸”现象，系统中水流的循环运动完全依靠自身各部位温度不同而形成自然循环，即只要有太阳照射，就能实现这种循环。水在太阳能集热器中受热变轻，由太阳能集热器底部上升至顶部，再经上循环管流入保温水箱，水箱下部的冷水由下循环管流入太阳能集热器底部。如此循环，使整个水箱中的水温升高。

这种太阳能集热器的优点是：

①工艺不复杂，加工成本低。

②水流的循环和加热全部依靠太阳能集热器的吸热作用，不需要泵和其他能源，运行成本低，确实是一次投资，长期受益。

③水流系统常压运行，不需带压设备，没有任何安全隐患。

④整个系统没有运转设备，水对吸热板没有腐蚀作用，故使用寿命很长。

缺点是：

①由于白天、晚上的温度不同，太阳能集热器易产生倒流。

②在高温段效率偏低，表面热损失大。

③在冬季低于0 ℃时，因太阳能集热器中的水结冰膨胀，将管子胀裂。

④流动阻力分布不均，抗冻性能差，所以使用范围局限在北方的夏天和南方不结冻的地区的冬天。

2.2.2.3 全玻璃真空管式太阳能

平板太阳能集热器在吸热体与盖板之间如果能抽真空，那么可以有效减少吸热体与盖板间对流热损失。然而，对于整块平板集热器，夹层内部抽真

空是非常困难的，因此这样做是不现实的。原因如下：

（1）如果将平板太阳能集热器吸热体与透明盖板之间抽真空，则盖板势必将承受巨大的压强，显然平板玻璃不可能承受这么大的外力，而且实际工艺也是不现实的。

（2）太阳能集热器盖板与吸热体之间是一方盒形空间，且有多处结合部位，很难抽真空。但要在两根玻璃套管中间抽真空是可能的，且承压不成问题，因此人们首先把内玻璃管外表面利用真空镀膜机沉积选择性吸收膜，再把内管与外管之间抽真空，这样就消除了对流与传导造成的热损，使总热损失降至最低。这就是研发与应用真空集热管的基本思路。将许多根玻璃真空管用联箱进行连接，就可以做成真空管太阳集热器。

全玻璃真空管式太阳能热水器是在平板太阳能集热器的基础上发展的一种新型太阳能集热装置。真空管结构是由双层玻璃管组成的外壁，一端开口一端成封闭状态的长圆柱形管道，一般放置时，封闭端在下，开口端与联箱连接，双层玻璃管之间的空气夹层需做真空处理，可以减少由空气流动造成的热损。为缓冲热胀冷缩引起的应力，内玻璃管与外层玻璃管的连接末端处需放置一弹簧支架。内玻璃管的外表面上一般有蓝色镀膜，玻璃管内将太阳能转化为热能，加热内玻璃管内的传热流体。真空管太阳能集热器可以在中高温下运行，也能在寒冷地区的冬季及低日照与天气多变的地区运行，扩大了应用领域，真空太阳能集热器内装有吸气剂。真空管太阳能集热器按真空管封装结构，可分为全玻璃真空管太阳能集热器和金属-玻璃真空管太阳能集热器两大类。

1.玻璃真空管太阳能集热器

（1）全玻璃真空集热管

①玻璃：全玻璃真空集热管所用的玻璃应具有透光性好、热稳定性好、热膨胀系数低、耐热冲击性能好、机械强度较高、抗化学侵蚀性较好、适合加工的特点。

②真空度：确保真空集热管所要求的真空度，是提高产品质量、保证产品使用年限的重要指标。集热管内的气体压强很低，常用真空度来描述，管内气体压强越低说明真空度越高。根据国家标准规定，集热管的真空度应小于或等于 5×10^{-2} Pa。

③选择性吸收涂层：真空集热管采用光谱选择性吸收膜作为内管外表面的光热转换材料，这是真空集热管的又一重要特点。对于真空集热管的选择性吸收膜，要求高太阳吸收比、低红外发射率，同时要求工作时不影响管内真空度，其他性能指标也不应下降。

真空集热管选择性吸收膜通常需要专门设备进行制备，其工艺技术类型

很多，如化学转换、电镀、喷涂热分解、氧化着色、真空蒸发、磁控溅射等。我国真空集热管选择性吸收膜绝大多数采用磁控溅射工艺，目前多数企业采用铝-氮/铝选择性吸收膜，也有部分企业采用不锈钢-碳/铝选择性吸收膜，产品质量和使用效果都比较理想。我国大多数生产厂家生产的真空管选择性吸收膜，太阳辐射吸收比α均大于0.93，红外发射率ε为0.06～0.08，而国家标准规定$\alpha \geqslant 0.86$，$\varepsilon \leqslant 0.09$。

（2）全玻璃真空集热管的技术要求

根据国家标准GB/T 17049—1997《全玻璃真空太阳集热管》的规定，其技术要求归纳如下：

①玻璃管材应用硼硅玻璃，玻璃管太阳透射比$\gamma \geqslant 0.89$。

②选择性吸收膜的太阳吸收比$\alpha > 0.86$，半球向发射率$e \leqslant 0.09$。

③空晒性能参数$y \geqslant 175\ m^2 \cdot K/kW$。

④闷晒太阳辐射量$H \leqslant 3.8\ MJ/m^2$。

⑤平均热损系数$U \leqslant 0.90\ W/(m^2 \cdot K)$。

⑥真空夹层内的真空度$P \leqslant 5 \times 10^{-6}\ Pa$。

⑦耐热冲击性能，应能承受25 ℃以下冷水与90 ℃以上热水交替反复冲击3遍而不损坏。

⑧耐压性能，应能承受0.6 MPa的压力。

⑨抗冰雹性能，应在径向尺寸不大于25 mm的冰雹袭击下无损坏。

（3）全玻璃真空管集热器

无论是小型真空管家用分离式太阳能热水器，还是中大型真空管太阳能热水系统工程，一般是把多支真空集热管通过联箱，组成单组或多组集热器，采用自然循环、定温放水、强迫循环或其他循环方式为客户提供热水。

①全玻璃真空管太阳能集热器的两种基本结构：全玻璃真空管太阳能集热器一般由集热管、反射板（有时也可不用）、联箱、尾座和支架组成，根据集热管的安装走向，可分为南北向放置和东西向放置两种基本结构。这两种结构的太阳能集热器在热水系统中已广泛得到应用。根据近几年使用的结果，普遍反映各有优缺点。东西向放置的太阳能集热器优点是管内水中固体沉积物可随循环水流入水箱，缺点是太阳能集热器上下均需联管，增加了造价；而南北向放置的太阳能集热器则刚好与之相反。无论何种结构的集热器，平面与地面均有一个倾角。

目前市场上比较流行的整体直插式真空管家用太阳能热水器实际上就是将南北向放置的太阳能集热器的联箱省去，真空管直接插入储热水箱，构成一个自然循环的热水器产品，使用和安装都很方便，比较适合安装在平房或楼房的平顶上。

②联箱：是连接真空集热管形成单组太阳能集热器的重要部件。联箱可根据承压和非承压要求进行设计和制造。承压联箱要求运行压力为0.6 MPa；非承压联箱由于运行和系统的需要，也有一定的承压要求，一般可按0.05 MPa设计。联箱根据需要可设计成方形或圆管形两种，一面或两面按设计的管间距开孔，管间距的大小应根据需要设计。联箱两端焊有进出水管，周围应有保温层和外壳，真空管开口端通过硅橡胶密封圈直接插入联箱。

③真空管太阳能集热器反射板设计：由于真空集热管成本较高，若采用密排，造价增加而且加工有困难。为了既满足系统热效率和产水量的要求，又能降低成本，人们设计出各种各样的反射板（器）。平面漫反射器，一般可用铝板或涂白漆的平板作为反射板，结构简单，成本最低。根据光学计算，在垂直入射条件下2倍外管直径的管间距使用白漆漫反射器，集热管后半部接受的辐射能是前半部接收的辐射能的43%左右。

这种太阳能集热器的优点是：

①结构简单、制造方便、可靠性强。

②集热效率高，保温性能好。

③可以在中高温下运行，也可以在寒冷地区的冬季运行。

④使用寿命长，一年四季都可使用。

缺点是：

①管内存水过多，管内水温上升缓慢，而且对于真空管南北放置的热水装置，管中的热水无法全部取出，致使系统热水利用率降低。

②不能承压，易在玻璃管内结垢，管子易炸裂，而且在严寒地区使用会冻结。

③价格昂贵。

2.金属–玻璃真空集热管

集热管是由一根有选择性吸收涂层的金属管（吸收管），同心玻璃管外套，金属–玻璃密封连接组成。

（1）真空集热管的几何参数

①吸收管直径

吸收管的外径需要同时满足聚光器的光学要求和热学要求，并在此基础上尽可能减少材料以降低成本。首先，要保证吸收管外径（吸收面的宽度）大于光斑带的宽度。理想情况下，抛物面聚光板可以将从零度入射角的平行光聚焦到吸收管的轴线上。但实际上，跟踪系统不可能保证绝对精准地跟踪太阳；聚光板受重力及热膨胀的影响，焦距会不断改变；集热管受热和自重产生的弯曲以及大气对阳光的散射等因素都会减小吸收管的截光率。目前，吸收管的截光率都在95%～98%。管径越大的吸收管对整个系统产生的光学误差会有更好的适应性。但是管径增大意味着聚光比减小，在选择性吸收涂

层性能不变的情况下，减小聚光比意味着降低集热管所能达到的最高温度。同时，增大管径必然增加吸收管的材料和成本。综合各因素的影响，对于宽为5～6 m的聚光器，通常选取外径为70 mm左右的吸收管。

②玻璃管的直径

玻璃管的直径增大，集热管对大气的散热面积将增大，但是由于吸收管与玻璃管间隙的增大，两者间的对流损失将减小，因此玻璃管的直径存在一个最优值使真空集热管的热损失最小。对于真空度降低的集热管，玻璃管直径的大小对其热性能影响很大，而真空良好的集热管，玻璃管直径并不会明显影响其热效率。由于集热管受热会发生弯曲，玻璃管直径不能取太小；考虑到成本问题，其直径也不能取太大。目前，70 mm的吸收管通常选择直径为115 mm左右的玻璃管。

③真空集热管长度

理论上，为了降低集热管的成本并提高有效集热面，希望其管长尽可能增加。目前，LUZ系列、Solel-UVAC、Schot-PTR70都使用4 m长的集热管，其有效集热面都达到了95%以上。然而，增加集热管的长度需要的生产工艺会更复杂，比如，其中包括生产4 m长大直径（>100 mm）高透光率的硼硅玻璃管，4 m长的金属管表面磁控溅射镀膜技术等。此外，增加集热管的长度意味着其抗风性能的降低，并增加了由重力弯曲产生的切应力，玻璃管套和金属-玻璃封接口的破损率会大幅提高。因此，通常不选择大于4 m长的集热管。

（2）真空集热管的光学性能

①玻璃的透光率

为提高玻璃管的透光率，需要减小玻璃厚度，并采用高透光的硼硅玻璃。由于金属-玻璃的封接口需要玻璃从两侧包住可伐合金（双边封接），并保证玻璃管的抗弯强度，玻璃管的壁厚不能取太薄，一般在3～5 mm。硼硅玻璃的透光率在92%左右，在玻璃管两面镀上减反射膜可以进一步提高其透光率。传统的多孔SiO_2，薄膜黏附性能较差，且容易刮损。使用凝胶-溶胶工艺镀上减反射薄膜（膜厚110 nm）可以将透光率提高到97.4%，并具有很好的长期稳定性。

②选择性吸收涂层

选择性吸收涂层的性能决定了集热管的最高工作温度和光-热转换效率。在高温（400～500 ℃）下保持选择性吸收涂层的高吸收率α并不困难，但要降低发射率ε却很困难。现在各国都在开发新型的高温选择性吸收涂层。除了涂层本身的性质，涂层的生产工艺对其性能也影响很大。生产中高温真空集热管，主要使用电化学法（黑铬）、真空蒸发法（黑铬/铝基）、磁控溅射法

(金属陶瓷)。

③有效聚光面积

为了维持真空集热管真空度，一般采用可伐合金过渡封接和膨胀节，解决金属-玻璃在温度改变时膨胀量不同的问题。然而，可伐合金和膨胀节所占有的长度对集热管而言是无效的，为了增加集热管的有效聚光面积，需要在不影响封口质量的同时尽量缩短可伐合金膨胀节的长度，为此要求使用更薄、波高更高的波纹管，并使用内膨胀节替代外膨胀节。

此外，还可以通过真空集热管内部的二次反射技术增加其有效聚光面积。除了使用复合式抛物面聚光器（CPC），在玻璃管内壁涂上反射膜也可获得良好的二次反射。对LUZ-2集热子系统的测定发现，二次反射可提高约1%的截光率，减少4%的热损失，总的热效率提高2%。虽然，使用二次反射会增加成本，但它能使管内流动更均匀，对光学误差有更好的包容性。

(3) 真空集热管的热力学性能

①吸收管导热性能

减小吸收管与导热流体的温差可以提高流体温度，减小热损失，因此要求吸收管具有优越的导热性能。吸收管的导热性能是由金属管的材料、厚度、管径和导热流体的类型、状态决定的。实验证明减小管径和管壁厚度可以获得更好的传热效果，但管径减小会增大光学误差，而减小壁厚则无法抵抗管内高压。对于导热油，无须在高压工作，只需要2 mm的壁厚，而DSG技术需要8 mm的壁厚保证其在10 MPa时安全工作。

虽然管壁较厚，以水为导热介质的吸收热管却比使用导热油的吸收管具有更好的换热效果，主要是因为流体的性质和状态对导热性能的影响更大。由于饱和水沸腾时产生的气泡强化了对流传热，因而在两相流动时具有更好的导热性能。但是由于蒸发段与过热段的换热能力相差很大，在汽水分离点上将产生瞬间的冷却（约5 K/s），此时吸收管将产生强烈的热应力，必然减短集热管的寿命。因此有必要关注吸收管的温度分布和截面最大温差。

②温度分布和截面最大温差

以导热油或溶盐为介质的集热管，不存在剧烈的物态变化，温度分布对集热管的影响可以忽略。而对于以水为介质的集热管，管内受热和流动很复杂，吸收管截面的温差Δt过大将会对集热管造成严重的损坏。由于截面的温差，在蒸发段末端和预加热段会出现振动，长期运行后也会影响集热管的寿命，而将集热管倾斜并不能减小截面的最大温差。因此，在设计集热管结构的时候需要考虑如何更均匀地加热导热流体。

③最高温度

真空集热管运行的最高温度决定了集热器的效率，是评价集热管性能最

重要的一个参数。理论上，希望进一步提高集热管的最高温度。以导热油和溶盐为导热介质的集热管，最高温度受到导热介质沸点的限制，为此要使用沸点高的导热介质。常见的导热介质如VP-1的沸点为395 ℃，Siliconoil为400 ℃，熔盐（60%$NaNO_3$+40%KNO_3）大约为500 ℃。此外，选择性吸收涂层在高温下易分解和脱落，通常吸收管的最高温度必须低于440 ℃。为了适应集热管在高温下运行的特点，必须选择合适的吸收管材料。目前，广泛使用的吸收管的材料主要有321H/304L/316L不锈钢。对于DSG技术，除了高温还需要承受10 MPa的高压，必须选择其他耐高压的材料。由于部分集热管的工作温度在300～500 ℃，为了长期维持集热管的真空度，需要使用高温封接方式将金属-玻璃封接。实验证明：热压封连接在高温下不能长期维持真空。因此只能使用熔封技术对金属-玻璃直接进行非匹配封接或配合可伐合金进行匹配连接。可以看出，最高温度的上升对集热管结构、材料和工艺的要求也相应提高，无形中增加了制造的难度和生产成本。此外，温度升高还会使选择性吸收涂层的发射率ε增大，造成热损失增大。

④热损失与热效率

为了避免吸收管与玻璃管之间的对流热损失，防止选择性吸收涂层和减反射涂层在高温下被空气氧化，需要保持夹层的真空度。真空集热管的初始真空度必须在低于Knudsen气体传导范围（10～40 mmHg，1mmHg = 133.3 Pa），并放置吸气剂或安装被动式真空泵以维持集热管长期的真空。常见的吸气剂有钡吸气剂、钯吸气剂。当空气进入真空部分时，钯吸气剂将蒸发变白，很方便检测。然而，当氢气、氦气等其他气体渗入真空管时，必须使用其他的方法测定真空状况和热损失。通常使用红外线探测技术和热平衡法测定。根据现场测定，长期运行后的导热流体在高温下分解产生的氢气会穿透金属管，而大气中的氦气也将穿透玻璃管直到分压平衡。这些渗透的气体虽然所占分压很小，但影响却不能忽视。

总的来说，集热管的热效率与真空度、风速、光照强度、管壁温度和导热流体的类别有关。运行时，管内流体流量及其控制方法也会影响集热管热损失。为了提高电厂的整体效率需要综合考虑系统各部分的效率，选择适宜的运行温度。

2.2.3 中温太阳能光热技术

2.2.3.1 热管式太阳能

真空管热管太阳能集热器与真空管相比，热管真空管内有金属导热片，真空管内的内玻璃管的表面要与金属导热片紧紧靠在一起，热量被内层玻璃管吸收并通过金属导热片传递给热管，再通过管的热量传递到收集箱中的流

体，形成循环系统。真空管热管太阳能集热器主要是金属表面吸热板吸收投射到其表面的太阳辐射能，并通过能量转化将其转化为可以直接利用的采暖、热水形式的热能，与吸热板连接在一起的热管被加热，使管蒸发段内的工作介质发生相变，气化吸热，气化的工作介质沿热管上升至与联箱连接的热管尾端部位，此处，热管温度较低，工作介质遇冷由气态转化为液态从而释放出蒸发潜热，液化放热使冷凝段迅速升温，这时与热管连接的集热箱体内部的液体就会被加热，温度升高。热管内部的蒸发工质在热管末端遇冷发生相变放出气化潜热后，变成液体，此时由于重力的作用，液体流回热管的吸热端被加热气化。热管是将太阳能转换成热能且恒定输出。热管式真空管是通过热管尾端与集热管连接在一起的，集热管玻璃管外壁的破损并不会造成太阳能集热器集热箱体漏水进而影响整个太阳能集热器的运行，特别容易实现与高层建筑的结合。

1.热管式太阳能真空集热管的基本结构

热管式太阳能真空集热管由热管、金属吸热片、玻璃管、金属封盖、弹簧支架、蒸散型消气剂和非蒸散型消气剂等部分构成，其中热管又包括蒸发段和冷凝段两部分。

（1）热管。它是利用气化潜热高效传递热能的强化传热元件。在热管式太阳能真空集热管中使用的热管一般是热虹吸管。虹吸热管的特点是管内没有吸液芯，冷凝后的液态工质依靠自身的重力回到蒸发段，因而结构简单，制造方便，传热性能优良便于推广。目前国内大都使用铜水热管，热管必须满足工质与热管材料的相容性。

热管式太阳能真空集热管具有许多优点：

a.真空集热管内没有水，因而在冬天不易被冻坏；

b.热管工质的热容量小，因而真空集热管启动速度快；

c.热管有“热二极管效应”，热量只能从下部传递到上部，而不能从上部传递到下部，因而真空集热管保温效果好。安装时要求热管式太阳能真空集热管与地面保持一定的倾角，因为热管的液态工质是依靠自身的重力流回到蒸发段。

（2）玻璃-金属封接技术。由于金属和玻璃的热膨胀系数差别很大，所以目前存在玻璃与金属之间如何实现气密封接的技术难题。

玻璃-金属封接技术可分为熔封、火封两种，它是借助一种热膨胀数介于金属和玻璃之间的过渡材料，利用火焰将玻璃熔化后和金属封接在一起；另一种是热压封，也称为固态封接，它是利用一种塑性较好的金属作为焊料，在加热加压的条件下将金属封盖和玻璃管连接在一起。

目前国内玻璃-金属封接大都采用热压封技术，热压封使用的焊料有铅、

铝等。与传统的火封技术相比，目前的热压封技术具有以下优点：

a.封接温度低，封接是在玻璃的应变温度以下进行，封接后不需要经过退火；

b.封接速度快，封接过程可以在几分钟内完成，能够明显提高生产效率；

c.封接材料匹配要求低，对金属封盖和玻璃管之间热膨胀系数的差别要求降低，可以降低成本。

（3）真空度与消气剂因为热管式太阳能真空集热管采用金属吸热片有其不同于全玻璃真空集热管的真空排气规律。

为了使真空集热管长期保持良好的真空性能，热管式太阳能真空集热管内一般应同时放置蒸散型消气剂和非蒸散型消气剂两种。蒸散型消气剂在高频激活后被蒸散在玻璃管的内表面上，像镜面一样，其主要作用是提高真空集热管的初始真空度，这种镜面还可用来鉴别管内的真空度，若镜面消失说明管子已漏气，无法再使用，必须更换；非蒸散型消气剂是一种常温激活的长效消气剂，其主要作用是吸收管内各部件工作时释放的残余气体，保持真空集热管的长期真空度。

2.热管式真空管太阳能集热器的基本结构

热管式真空管太阳能集热器由真空集热管、导热块、连集管、隔热材料、保温盒、支架、套等部分组成。

在热管式真空管太阳能集热器工作时，每只真空集热管都将太阳辐射能转换为热能，并将热量传递给吸热片中间的热管，热管内的工质通过气化、凝结的无数次重复过程将热量从热管冷凝段释放出去，然后再通过导热块将热量传导给连集管内的传热工质（比如水）。与此同时，真空集热管不可避免地通过辐射形式向环境散失一些热量，保温盒通过传导形式也向环境散失一部分热量。

值得一提的是，热管式太阳能真空集热管与连集管的连接是属于“干性连接”，即连集管内的传热工质与真空集热管之间是不相通的，因而特别适用于大中型太阳热水系统。

综上所述，热管式真空管集热器具有如下优点：

（1）热管工质热容量小，启动快。

（2）真空集热管内没有水，耐冰冻，耐热冲击。

（3）热管和连集管是金属，承压能力强。

（4）热管有“热二极管效应”，保温好。

（5）“干性连接”不漏水，运行安全可靠，易于安装维修。

热管是一种具有高传热性能的传热元件。以热管为核心部件的热管换热器除了传热效率高的特点外，它还具有体积紧凑、重量轻、无噪声、没有转动部件等。热管可以应用于航天、原子反应堆、电子器件、电机、电器、太阳能热利用、轻工、化工、机械等方面。热管的种类很多，一般根据管内工质回流方式分为标准热管、重力辅助热管、两相闭式热虹吸管、旋转热管、渗透热管、电流体动力热管、磁流体动力热管等。

典型的热管工作原理：密闭管内抽成 1.3×10^{-1}～1.3×10^{-4} Pa的负压，在此状态下充入少量的液体，管的内壁上贴有同心圆筒式的金属丝网（吸液芯）。吸液芯内充满工作液体，在热管的一端（加热段）加热后，管内空间处于负压状态下，吸液芯中的液体因吸收外界热量而气化为蒸汽，在微小的压差下流向热管的另一端（冷凝段），并向外界放出热量且凝结为液体。该液体借助于贴壁金属丝网的毛细抽吸力返回到加热段，并再次受热气化。如此反复循环，连续不断地将热量由加热段传向冷凝段。

在热管的工作循环中，包含了工作液体的蒸发和蒸汽的凝结两个相变过程。这两个过程分别在蒸发段和凝结段进行，如果忽略蒸汽流动所需要的微小压力差，则热管内部应处于一个相平衡状态，而工质的相变过程具有极严格的饱和压力与饱和温度间的渐变关系，所以在理论上来说，热管两端的温度是相等的。但是由于蒸汽的流动必须有压力差的作用，尽管很微小的压差也可以推动蒸汽由蒸发段向冷凝段流动，从而不可避免地使蒸发段与凝结段间存在一定温差。在大多数热管中，这个与工作介质循环有关的温差和其他传热方式相应的温差相比是很小的，即它能在低温差下传递热量。

沿其壳体轴向，从热管与外界的传热状态来看，可分为三个工作段：

（1）蒸发段：热管由于从热源吸热而蒸发的工作段，所以从热管内部工作过程来分析为蒸发段；从与外界热交换情况来分析为加热段。

（2）绝热段：热管与外界没有热交换，工质蒸汽携带气化潜热流过的工作段；从内部工作过程来分析也叫传输段。

（3）凝结段：热管向冷源放出热量的工作段。在这一区段中工质蒸汽向冷源释放出相变潜热而凝结成为液体，所以从热管内部工作过程来分析为凝结段，亦称冷凝段，从与外界的热交换情况来分析又称为放热段。重力热管的结构及工作原理：与普通热管一样，利用工质的蒸发和冷凝来传递热量，且不需要外加动力而工质自行循环。但与普通热管所不同的是热管管内没有吸液芯，冷凝液从冷凝段返回到蒸发段不是靠吸液芯所产生的毛细力，而是靠冷凝液自身的重力，因此重力热管的工作具有一定的方向性，蒸发段放置于冷凝段的下方，这样才能使冷凝液能依靠自身重力得以返回到蒸发段。所以重力热管是只能沿一个方向（由下而上）传热的热二极管。由于重力热管内没有吸液芯，所以和普通热管相比较，它不仅热阻小、热响应快、结构简单、制造方便、成本低廉，而且传热性能优良，没有毛细极限的传热限制，工作可靠，因此在地面上的各类传热设备中都可作为高效传热元件，其应用领域与日俱增，已在各行各业的热能综合利用和余热回收技术中，发挥了巨大的优越性。缺点是蒸发容器较小或热流较大以及沸腾时会产生大量气泡，将工质直接喷射到冷凝端，使得传热方式由潜热变为显热，从而使传热性能显著降低，这就是重力热管特有的淹没现象，严重时还会出现干涸极限。

重力热管内部包括两相流和相变传热，故传热机理十分复杂。它不仅涉及传热传质学，而且也涉及热力学的问题。由于重力热管内的流动与传热现象颇为复杂，受到多种因素的影响，完全用理论分析的方法进行研究是比较困难的，所以目前对这类问题的研究以实验方法为主，根据实验结果提出数学模型，作为设计计算的依据。根据实验模型，将重力热管的全部传热过程分成三个区域：

（1）在重力热管的冷凝段是饱和蒸汽的层流膜状凝结，遵循Nusselt的竖直平板层流膜状凝结理论。

（2）液池内，在重力热管蒸发段，当热流密度较小时，进行的是自然对流蒸发，当热流密度较大时，是液池内的沸腾。

（3）液池之上的部分，在重力热管蒸发段，当热流密度较小时，进行的是冷凝液膜的层流膜状蒸发，当热流密度较大时，是冷凝液膜的沸腾。

重力热管的热二极管特性：

（1）由于重力热管是依靠重力使工质循环的，所以它只能用于重力场中，并且在使用中必须将蒸发段置于凝结段的下方。若蒸发段置于凝结段的上方，重力对凝结液的回流会起阻碍作用，这时没有动力使凝结液返回到蒸发段，热管就不能工作。所以热虹吸热管也可称之为单向传热（由下向上）的热二极管。重力热管的这种特性非常适用于太阳能热水器，它可以将吸收的太阳能热量传递至水箱，将水加热，而反向却不可逆。也就是说，白天吸热，晚上不放热。这对减少热水器的热损失，提高热水器的保温性能是十分有益的。

（2）重力热管具有较强的传热能力和较高的等温性

由于热管主要依靠工质相变时吸收和释放潜热以及蒸汽流动传输热量，而大多数工质的气化潜热是很大的。因此不需要很大的蒸发量就能传递大量的热。当蒸汽处于饱和状态，其流动和相变时的温差很小，而管壁又比较薄，故热管的表面温度梯度很小。当热流密度很低时，可以得到高度等温的表面，当量导热系数可以是紫铜的数倍至数千倍。对于太阳能热水器来讲，吸热面上的热流密度是很小的。一般水平面的太阳辐射能量密度不超过1 000 W/m²，具体到每根管上，要求的传热量为80～100 W，甚至更小，这对普通重力热管的传热能力是很有利的。

热管的设计主要考虑以下几个问题：

（1）热管内工质的选择。

（2）热管材料的选择。

（3）蒸发段和冷凝段的长度和直径。

（4）工质的充液率。

在不同的场合下，对热管的设计侧重点也是不同的，比如航空和军用的热管，主要是从热管的可靠程度和精密度等方面考虑，而经济性则处于次要地位。而大批量的民用热管，则主要是从经济性方面考虑，兼顾热管的性能等方面因素。对于工质的选择主要是依据热管的工作温度来决定，平板式太阳能集热器中热管的工作温度在10～100 ℃之间，能在这个温度范围内工作，具有大的气化潜热，并且没有过高的饱和蒸汽压力的工质是最为理想的。但是实际中很难找到很符合理想条件的工质。参照表2-1可知，满足太阳能集热器工作温度的工质有丙酮、水、氨、甲醇、乙醇等。水工质在小于50 ℃时，蒸汽密度很低，传热介质过少，传热性能较差，故热水器水箱内的水开始加热升温较慢，在冬天尤甚，且在较低的温度下易结冰。氨是传热性能良好的工质，但氨热管的工作温度不能太高，一般在50 ℃以下，因为温度再升高的时候，氨的饱和蒸汽压将急剧增加。甲醇最大的缺点是同温度下饱和蒸汽压力较大。丙酮的气化潜热太小。综合考虑，本实验方案中采用水作为工质，其中加入防冻液，不仅因为水与铜管壳有很好的相容性，也因为水的蒸汽压适中，气化潜热很大且提纯容易。

在材料的选择方面主要是考虑材料与工质的相容性以及材料的导热性。材料与工质的相容性见表2-1。

表2-1　材料与工质的相容性

工质名称	相容的材料
氨	铝及其合金、低碳钢、不锈钢
氟利昂-11	铝及其合金、不锈钢、铜
丙酮	铝及其合金、不锈钢、铜
甲醇	不锈钢、铜
水	碳素钢、铜

工质选择是水，可供选择的材料有铜和碳素钢，考虑到铜的导热系数要比碳素钢大很多，因此采用铜作为热管的材料。蒸发段和冷凝段的总长度依据集热器边框的尺寸而定，蒸发段和冷凝段的长度和直径根据传热来确定。在确定了充液量以后，设计热管在100 ℃下避免出现传热极限（主要考虑携

带极限）来确定蒸发段和冷凝段的长度和直径。具体的设计尺寸见表2-2。

表2-2 热管设计尺寸

名称	长度/mm	直径/mm	厚度/mm
蒸发段	1 820	8	0.3
冷凝段	60	11	0.3
绝热段	40	8	0.3

集热器的吸热面积为1 820 mm×940 mm，采用9根热管，每根焊接与蒸发段等长（1 820 mm）的吸热板，热管之间的距离为104 mm，相邻之间的吸热板重叠3 mm。

集热器将换热水套安装在框架内部，这样的结构十分紧凑和美观，也使得集热器能更加方便地应用于各种热水系统中，尤其是在集热器和建筑一体化中更具优势。吸热板与热管之间采用超声波焊接，这是一项较普通焊接更为先进的技术。因为热管和吸热板的管壁非常薄，普通的焊接容易焊透，实施难度很大，并且普通焊接会造成较大的接触热阻，不利于热管和吸热板之间的换热。而超声波焊接不同于普通的焊接技术，它是依靠焊头的高频振动将吸热板和热管焊接在一起，由于热管和吸热板的材料相同，焊接后两个部件可以成为一体，基本没有接触热阻。太阳能集热器的外形尺寸为2 000 mm×1000 mm×78 mm。吸热板：吸热板采用铜板，尺寸为1 820 mm×110 mm×0.2 mm，表面涂有黑板漆，吸收率和发射率均为0.95。盖板：采用钢化玻璃，增加了太阳能集热器整体的强度，尺寸为1 990 mm×990 mm×3 mm，法向透过率为0.85。换热水套：材料为不锈钢，尺寸为996 mm×60 mm×30 mm，水套外面用聚氨酯保温，保温层厚度为15 mm。边框：材料为铝合金，尺寸为2 000 mm×1 000 mm×78 mm，压条宽为15 mm。边框的四周和底部用聚苯乙烯保温，保温层厚度为15 mm。

2.2.3.2 槽式太阳能

槽式聚焦型太阳能集热器作为线聚焦型中的一种，是太阳能空调和发电系统的一个重要装置。它一般由太阳能位置传感器、自动跟踪机构、抛物槽反射器、同轴太阳光接收器及输配管路组成。

抛物槽式太阳能集热系统主要包括抛物槽式太阳能集热器及其连接管路。抛物槽式太阳能集热器接受和汇聚光能并将光能转换为传热介质的热能，是集热系统的核心部件。管路负责连接太阳能装置与热能利用装置，起到连接纽带的作用。抛物槽式太阳能集热系统是槽式太阳能热发电系统的核心系统，真空集热管是集热系统的核心部件，其性能的高低直接影响着整个集热系统和热发电系统的热力性能的优劣，也影响着整个系统的经济性能的好坏。

太阳辐射被抛物线的反射器集中到吸收器上，辐射转化为热能。接收器位于反射器的焦点线上，将吸收的热量传给管内循环的高温介质，再由高温介质通过热交换器将热量传给工作介质（如水、导热油等）。在接收器上反射器能集中的太阳光是正常强度的30～100倍。因此，吸收器是太阳能集热器中光能转换为热量过程的承载者，转换效率的高低将会直接影响系统的集热效率。腔体吸收器是除真空管以外，可用于槽式聚焦型太阳能集热器的另一种吸收装置。研制出一种高效经济的腔体吸收器对于推广槽式太阳能集热器意义重大。槽式聚焦太阳能集热器作为中高温太阳能集热器的一种，能够获得较高的集热温度，可用于发电、制冷空调、采暖、海水淡化等生产和生活领域。传统槽式太阳能集热装置吸收器采用真空玻璃管结构，即金属管内部走加热介质，金属管外涂覆选择性吸收涂层，再外面为玻璃管，玻璃管与金属管间抽真空以抑制对流和传导热损失。

在1984—1990年LUZ公司在美国南加州建设了9座商业规模的槽式太阳能热发电站SEGS，总装机容量为354 MW。近三十年的市场运营证明这些电站在电力市场具有很强的竞争力。近年来，各国都在研制新一代的槽式太阳能热发电技术，包括直接用水做导热流体DSG技术、溶盐储热技术和联合循环技术（ISCCS），并开发了新型的聚光器和集热管。这些技术明显提高了槽式太阳能热发电的效率，同时大幅降低了成本。随着国际能源价格的持续走高，相信将会有更多的槽式太阳能电站投入商业运行。

槽式太阳能热发电系统主要包括：聚光-集热子系统、换热系统（DSG）、汽轮发电子系统、蓄热子系统、辅助能源子系统等。其中，聚光-集热子系统是槽式太阳能热发电的关键部分，而太阳能接收器则是整个系统的核心部件。接收器主要有：空腔式接收器、菲涅尔式聚光接收器、直通式金属-玻璃真空集热管、热管式太阳能真空集热管。空腔式接收器的工作原理与塔式相同，集热效率高，无真空和金属-玻璃封接的问题，但工艺复杂不宜规模化生产，菲涅尔式聚光接收器也不需要真空和金属-玻璃封接技术，并且无长度限制，无膨胀节，降低了建造费用，但聚光效率只有61%，因此需要进一步改进；热管式太阳能真空集热管耐热冲击承压能力强，也可以应用于蝶式热发电技术配合斯特林发电装置发电，是未来太阳能热发电发展的一个方向。

槽式系统将由抛物线槽式聚光镜、集热管等构成的大量槽式太阳能聚光太阳能集热器（以下简称槽式太阳能集热器）布置在场地上，再将这些槽式太阳能集热器加以串、并联，抛物线槽式聚光镜采用单轴跟踪方式追踪太阳运动轨迹，将直射太阳辐射聚焦到位于抛物线焦线的集热管上，传热介质在

集热管内流动，作用是冷却集热管吸收太阳热能，并将该能量输出至下一能量利用单元，传热介质的类型限制了太阳能集热场的工作温度范围，对后续的蓄热子系统的蓄热材料选取和动力子系统的热和功转换效率也产生了深远的影响。槽式系统结构简单、成本较低、土地利用率高、安装维护方便。

1.槽式太阳能集热场

槽式太阳能集热场主要由中高温太阳能真空集热管、抛物线型反射镜、槽式支架、对日跟踪系统以及柔性过渡管构成。

（1）中温太阳能真空集热管

中温太阳能真空集热管是LUZ公司槽式太阳能集热器设计中提高集热效率的主要原因之一。中温太阳能真空集热管是采用内管为表面镀制了金属陶瓷太阳能选择性吸收涂层的不锈钢管，外管是透射率高、结构强度大的玻璃管，通过过渡管连成一体，将中间夹层空气排空形成真空，从而提高了集热管的集热性能。过渡管是由金属-玻璃复合结构组成并且实现了真空封接的一个密闭结构，真空封装主要是为了保护在高温工作条件下的太阳能选择性吸收涂层的性能，同时降低热量损失。集热管的真空度为0.013 Pa，选择性吸收涂层是采用真空溅射镀膜的方式制备的。选择性吸收涂层吸收率可以达到0.96，在400 ℃以下其发射率小于0.15，外部玻璃管的内外表面均涂镀了抗反射涂层，用来减少玻璃管表面光反射的热量损失。为了吸收热态工作过程中产生的氢原子和弥漫在真空夹层中的其他气体分子，在整个集热管密封前，固定一定数量的吸气剂，用以保持集热管夹层的真空度，提高集热管的使用寿命和集热效率。

（2）抛物线型反射镜

抛物线型反射镜是指利用加热变弯成型技术制备的与抛物线曲线相吻合的玻璃板，并在玻璃板的一面涂镀反射性能良好的反射涂层，为防止反射层被破坏，影响反射性能，需要进行防护处理。上述反射板被槽式支架固定支撑。反射镜是用光学性能良好的低铁玻璃制成的，在专用加热变弯成型设备中，运用精密的抛物面型模具在高温下制作而成。把反射板与陶瓷零件固定到一起，通过陶瓷零件将反射板固定在太阳能集热器的槽式支架上，获得了良好的整体结构性能。上述反射镜可以将97%左右的垂直太阳入射光聚集到槽式抛物面的轴线位置，也就是中高温太阳能集热管所在的位置。

（3）槽式支架

由于单元太阳能集热器外形尺寸大，整体跨度较大，这就需要设计结构强度大的槽式支架。受太阳能热发电站建设位置的限制，太阳能集热场要在较恶劣的自然环境下工作，特别是风的影响。大部分太阳能集热系统具有40 225 m/h的抗风性，部分设计中抗风性能提高到了56 315 m/h，当风速达到

112 630 m/h时，所有槽式支架被旋转到一定的角度，从而保护集热场系统。

（4）对日跟踪系统

在跟踪太阳光的时间段内，槽式太阳能集热器围绕着固定方向的水平轴方向进行对日跟踪旋转。旋转轴位于太阳能集热器的重心位置，将跟踪旋转的驱动能耗降低到最小，从而节省能源。跟踪系统采用闭环控制以及精密的传感器，使对日跟踪的精度达到±0.1°。每排太阳能集热器上安装有一套独立的跟踪控制系统。

（5）柔性过渡管

柔性过渡管是用于解决旋转的中高温太阳能真空集热管与静止的导热油连接管道之间的连接，主要用于解决转动过程中两者不同步导致的受力变形问题。在槽式太阳能热发电技术早期的设计中采用波纹管连接来解决，但是由于使用频繁出现了许多问题，后来采用了球关节来代替，明显地降低了问题的出现。在南加州的第3个到第7个电站中，采用的就是球关节连接。球关节-硬管组合件具有成本低、管道压力低，管道热损失小的优点。

2.槽式抛物面集热器

槽型抛物面太阳能集热器是线聚焦集热器。PTC是槽型抛物面太阳能电站聚光集热子系统的核心部件，由抛物面槽型反射器、接收器和附属装置组成。

（1）槽式太阳能集热器的几何特性

聚光比是描述聚光型太阳能集热器几何特性、决定焦斑温度的一个重要参数。它表示光系统提高光能密度的比例。通常有两种不同定义，综合考虑两位学者的观点后聚光比可分为光学聚光比与几何聚光比。光学聚光比（C_r）是指吸收器上某一点处的能流密度（I_a）与太阳能集热器采光面投影热流密度（I_r）的比值。在其他文章中出现的局部聚光比与光学聚光比：

$$C_r = \frac{I_a}{I_r} \tag{2-5}$$

几何聚光比G_C是指集热器采光面积（A_a）与吸收器面积（A_r）的比值：

$$G_C = \frac{A_a}{A_r} \tag{2-6}$$

Ψrim表示抛物面边缘反射光与光轴的夹角，称为抛物面的边缘角。Ψ表示反射线和光轴的夹角，称为抛物面的位置角，如图2-1所示。PQ表示反射面上任一点与焦点连线的长度，其大小随反射点位置的不同而变化。

抛物线方程为$4fy=x^2$，其中知$PQ=QM$。抛物面开口宽度为W_a，f为抛物线焦距。根据抛物线的几何意义可知抛物面高度为h。其中：

$$h=\frac{W_a^{\ 2}}{16f} \tag{2-7}$$

槽式抛物面集热器的吸收器为金属管，吸收管的轴线与抛物面的焦线重合。吸收管的直径为R_a，则槽式抛物面集热器的几何聚光比为：

$$G_c=\frac{W_a}{\pi R_a} \tag{2-8}$$

需要说明的是，在有些文献定义槽式抛物面集热器的几何聚光比为开口宽度与吸收管直径的比值：

$$G_c=\frac{W_a}{R_a} \tag{2-9}$$

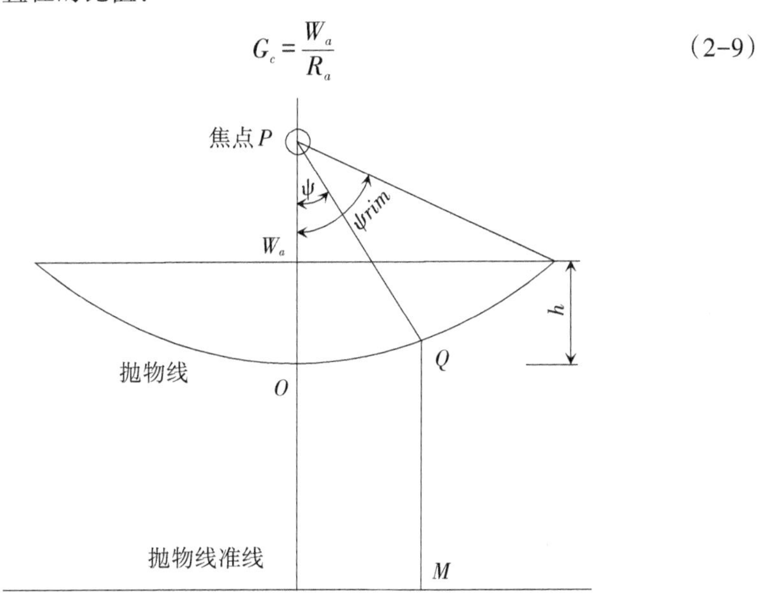

图2-1　抛物线平面图

(2) 槽式抛物面的散焦现象分析

由于槽式抛物面太阳能集热器单轴跟踪特性和跟踪误差的存在，光线不可能始终与抛物面的采光面垂直，而是跟采光面的法线存在夹角θ_i，称其为入射角。由于入射角θ_i的存在，到达太阳能集热器采光面的实际能量与不考虑入射角时理论能量的比值为$\cos\theta_i$，因此θ_i也被称为余弦效应角。

如图2-2所示，平面A是与吸收管轴线垂直的平面，平面B是过吸收管轴线与采光面垂直的平面。入射角θ_i在两个平面A，B上的投影角度分别为α，β。

对于槽式抛物面集热器，若不考虑吸收管的存在，当入射光线满足$\alpha=0$时，光线汇聚点在抛物面的焦线上；而$\alpha\neq0$时，光线汇聚点偏离焦线，光线不再汇聚到一条线上，而是形成一个曲面，这便是槽式抛物面的散焦现象。

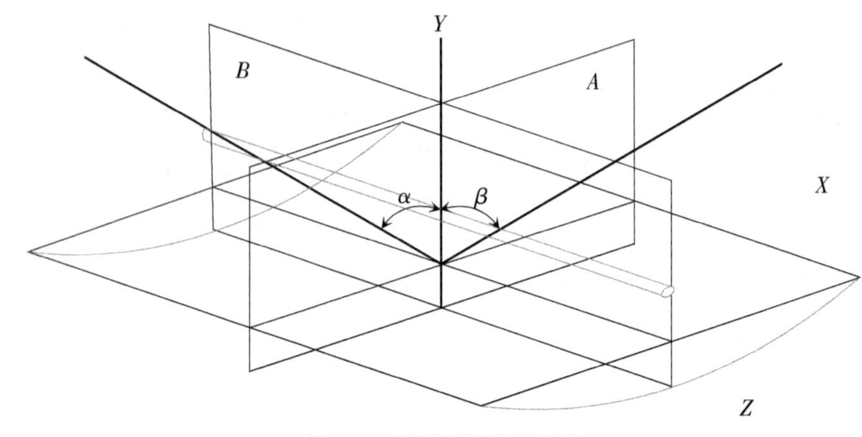

图2-2　入射角分量示意图

2.2.4　高温太阳能光热技术

常见的太阳灶就是通过镜面的反射作用将阳光汇聚起来进行炊事的装置，又称聚光型太阳灶。太阳灶具有以下优点：

（1）结构紧凑、拆装方便，重量轻，自动跟踪。焦点温度可达1 000 ℃以上，功率相当于1 000 W的电炉。只要有阳光，一年四季都可使用，使用寿命可达10年以上，可满足煮、煎、炖、炸等炊事活动。

（2）安装简单，易于操作。

（3）初装调试好后即能每日自动跟踪。

（4）价格低、使用寿命长。

（5）微电机驱动，年耗电仅2～3(kW·h)。

（6）重力平衡装置用于锅架。

（7）自跟踪是太阳能领域新技术，同样适用于太阳能热水器、太阳能发电等项目。

（8）先进、高效、新颖、价低、节能、环保、独特、实用。

1.太阳灶的用途

太阳灶类型不同，炊事功能也不相同。应用最多的普通聚光式太阳灶相当于800～1 200 W功率的电炉，除去爆炒大盘菜火候不够外，一般三、四口之家用太阳灶炊事，是完全可以胜任的。还有一种热箱式太阳灶，它的主要功能是用于焖烤食品，由于温度较低，不适合烧开水、煮面条之类的炊事，应用的不是很多。

2.几个主要的设计参数

设计参数的选取直接关系着一台太阳灶的优劣，确定合理的设计参数，选择适当的约束条件，是达到优化设计的关键。实际操作中，太阳灶的设计工作要想达到令人满意的结果，往往要经过数次参数的调整。这些设计参数在以后的章节中还要提到，现在先明确它的含义、选取思路、计算方法及参数间的关系。

（1）太阳高度角 h

太阳高度角是指太阳的光线与地平面的夹角，我们用 h_{max} 和 h_{min} 来表示太阳高度角的最大值与最小值。它表示从太阳升起到日落的过程中，我们在什么样的太阳高度角范围内使用太阳灶。我国一般在20°～80°范围内使用，低于20°时，太阳直接辐射可在较大程度上衰减，使用太阳灶的效果就不佳。我们建议在设计中采用20°～25°的最小高度角。最大高度角按公式（2-10）进行计算。

$$h_{max} = 102° - 0.8\phi \tag{2-10}$$

式中：

ϕ——纬度。

在纬度小于23.5°的地区，推荐太阳最大高度角为82°。最小太阳高度角的选择还要根据当地海拔高度、大气透明度及当地习俗酌情加减，如西藏，海拔高、大气透明度好，且有早餐使用太阳灶的要求，因此，太阳灶最低高度角可选择为15°，即太阳升起不久就能应用。相反，一些低海拔、高湿度地区，空气混浊，在太阳高度角为20°时，使用效果仍不理想，可以把太阳高度角定为25°，所以最小太阳高度角定为20°，并可根据当地气象条件做5°加减。太阳高度角每时每刻都在发生变化，任何时刻的太阳高度角，可以通过式（2-11）求出：

$$\sin h = \sin\phi\sin\delta + \cos\phi\cos\delta\cos\omega \tag{2-11}$$

式中：

ϕ——当地地理纬度；

δ——太阳赤纬角；

ω——太阳时角。

（2）投射角

投射角是指反射光线与锅底平面的夹角。考虑到在操作方便的情况下，尽可能增大采光面积，灶口可以取值的范围是15°～20°，具体方法我们在以后还会讲到。要说明的是，投射角过小，锅底对反射光的吸收率变低，会影响太阳灶的效率。过大的口角对提高效率的意义不大，反而会带来操作高度太高的麻烦。

（3）采光面积 A

太阳灶采光面积是指太阳灶主光轴与阳光平行时，灶面在垂直于阳光方向上的投影面积。要得到太阳灶较大的功率，采光面积的选取要合适，在实

际计算时，只要知道太阳灶在地面上的投影面积和此时的太阳高度角，根据公式（2-12）就可以计算出太阳灶的采光面积。

$$A_c = A\sin h \tag{2-12}$$

式中：

A_c——太阳灶采光面积，m^2；

A——太阳灶在地面的投影面积，m^2；

h——太阳高度角。

（4）操作高度H

所谓操作高度H，是指在使用太阳灶时，锅架距离地面的高度。H的大小反映了使用是否方便，根据我国妇女身高多在1.6 m左右的具体情况，同时考虑到既方便妇女的操作又能保证有足够的灶面采光面积，我们建议操作高度最高不超过1.25 m，这样的取值是为了使1.6 m或1.6 m以上的妇女在使用太阳灶时，不但能从太阳灶的后面够得着锅架，而且在操作上也不费力。

（5）焦距

焦距是指从抛物面原点（顶点）到主光轴上的焦点的距离。焦距选取的大小和其他参数间有相互的对应关系，当焦距较小时，锅架高度较低，方便于操作，但太阳灶面也必然要做得较小，因而功率也就小了。焦距过大时，会带来操作的不便以及锅架稳定性的下降。

3.采光面积的确定

太阳灶的面积设计为多大，是设计人员首先要考虑到的问题。

在太阳灶效率相等的情况下，太阳灶采光面积的大小决定了太阳灶功率的大小。假定有一批效率都在60%左右的不同规格的太阳灶，那么反光面面积较大的太阳灶，其功率就较大。一台2 m^2左右太阳灶，好天气时可以提供1 000 W左右的实际功率，适合家庭炊事。此外，1.8 m^2左右的太阳灶也很常见。至于选多大的采光面积，式（2-13）给出一个简单的计算：

$$A_c = \frac{P}{I_b \eta} \tag{2-13}$$

式中：

A_c——采光面积，m^2；

I_b——额定太阳直接辐射度（700 W/m^2）；

η——煮水过程热效率（取值60%）；

P—需要的功率（900 W）。

在北方的晴日，700 W/m^2的直接辐射是可以达到并超过的，在阳光更好的地区如西北地区，800 W/m^2的直接辐射更为多见，因此，这个700 W的数值是“额定”的，并不是各地最高值。

煮水过程热效率取值要适当，一般的聚光太阳灶，如果设计与制作基本合格，又采用反光薄膜作为反光材料，大都可以达到60%的效率。

将有关数值代入式（2-13），得：

$$A_c=2.14$$

应该看到，过大的风力、过低的环境温度，都会使太阳灶的功率产生波动。用普通铝锅在大风中做饭，会造成太阳灶功率的下降。环境因素对太阳灶的使用影响较大。

太阳灶做大一些会获得较大的功率，但一个三、四口之家，有一台2 m^2的太阳灶较为适宜。因为过大的反光面必然会使锅架增高，太阳灶的重量增大，也会使得成本增加，特别是对水泥类的太阳灶，造成运输和移动不便，因此，一般太阳灶通常不超过2.5 m^2。最小的太阳灶小于1 m^2，功率只有400～500 W，打开后是台聚光太阳灶，收起来像个手提箱，适合旅游者使用。

4. 太阳灶设计原理

本设计的结构主要包括采光系统，导光管与透镜组件以及智能对光跟踪系统三部分。聚光式太阳灶都是利用平行光线照射抛物面汇集于一点的原理来采集光线的，在这里将汇集的光线利用椭球镜焦点转移到另外一点，然后用偏光器小抛物面将汇集光线以平行光发散出去，之后平行光线在导光管中传导到室内，通过透镜组将光线聚焦来加热炊具。

（1）抛物线和抛物面

在太阳灶灶面设计的过程中，由抛物线方程来确定抛物面。数学上抛物线方程可定义为当平面上的一个动点到一个定点和一条定直线的距离相等时，这个动点的运行轨迹是抛物线。

抛物线方程为$x^2=4fy$。式中f就是抛物线的焦距。抛物线原理如图2-3所示。

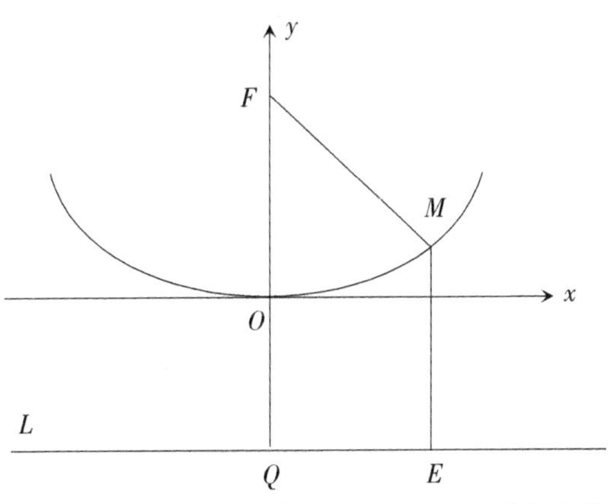

O——抛物线顶点；F——抛物线焦点；ME——动点到定直线的距离（$ME=FM$）；FQ——主光轴；FM——从抛物线直反射到焦点上的一条反射光线；FO——焦距f。

图2-3　抛物线原理图

抛物线绕其主光轴旋转一周形成的一个曲面就是抛物面，这条围绕主光轴旋转一周而形成抛物面的抛物线叫抛物母线。

抛物线平行于主光轴方向上的光线反射后都经过焦点，不平行主光轴方向上的光线则反射后不能汇聚到光轴的焦点上。同理，抛物面是抛物线绕其主光轴旋转一周形成的，当然抛物面上的每一点也都是具有相同性质。之前已经说明了抛物线有汇聚光线的性质，则抛物面也具有汇聚光线于焦点的性质。

根据光线的可逆性这一性质，反过来，偏光器同样作为一个抛物面，可将汇聚于焦点的光线转化为平行光。值得注意的是入射光必须是平行光。一般来说，直射于太阳灶灶面的光线基本可视为平行光，所以抛物面可以汇聚阳光，从而进行炊事活动；而散射光不是平行光，所以聚光式太阳灶在阴天或多云天气的情况下是不能够使用的。

（2）采光部分

通过控制机构实时跟踪太阳光线，太阳就会以近似的平行光照射在太阳灶镜面上，经反射交于一点，也是椭球镜焦点，利用椭球镜二次反射原理，将光线转移到另一焦点，达到采光的目的。我们知道，平行光照射在抛物面上可汇聚到一点——焦点，根据光的可逆性可知，通过焦点的任意方向的光线照射到抛物面偏光器上的光可以转化成平行光。

5. 太阳灶制作的工艺和技术

（1）太阳灶模具的制作

①绘制抛物线

根据抛物线方程：$x^2=4fy$式中，需要确定的只有f（焦距），根据所需的灶面面积大小确定f值，在确定了f之后，只要给出y值，就可以求对应的x值，同样，给出x值，也可以求出y值，从而绘制出一条平滑的抛物线。

②制作抛物面刮板

好的抛物线，复制在五合板上或3～5 mm厚的钢板上，做成抛物面刮板，刮板如为木质，其表面要做处理，如涂清漆或环氧树脂，以增加刮板的耐磨性。刮板的一端要标出抛物线主轴的位置，这一位置即刮板旋转轴的中心线。另外，还要加工一套固定刮板的旋转轴和轴套底座。

检查刮板在旋转轴上安装的是否正确，最简便的办法是把刮板放在图纸上的相应位置，先使刮板的刀口与抛物线对齐，再检查转轴的锥尖是否与图纸的y轴线走向完全一致，如果不一致，要查出原因，加以调整，直到符合要求。此外，长度较长的五合板刮板刚性差，可用角钢作为加强筋，制成刮板和底座。

③制作母模

一般水泥、菱镁、玻璃钢类的太阳灶，其生产灶台外壳的模具应是凸面模具，年产数千台的太阳灶生产厂，其生产模具至少需要20台，这20台模具如果用凹面刮板一个个地刮出来十分费时费力，所以一般不采用这种方法制作生产模具。一般用已制成的刮板刮出一个凹模作为母模，从这个母模上就能很容易脱胎出20个或数量更多的生产模具出来。

母模的材料一般采用混凝土制作，其工艺简单可靠且成本低廉，所制作的模具不变形，表面可以做得相当光滑。

（2）太阳灶外壳的材料和制作

太阳灶材料可分为外壳材料、反光材料和支架材料三大部分。由于外壳材料是关键，我们将重点加以介绍。常见的外壳材料有水泥、玻璃钢、铸铁、菱镁复合等，选择材料应根据自身的生产技术条件以及用户的需要加以考虑。太阳灶外壳的制作材料对所制做出的太阳灶的特点和优劣以及工艺可行性起到了决定性作用。

①铸铁太阳灶

铸铁灶的外壳是在传统的制作铁锅工艺基础上经改进而制成的，它采用压铸工艺技术，使外壳的厚度仅有3 mm左右，由两块相同的外壳组装而成。制作铸铁太阳灶的外壳需要有专门的模具，要在专业厂里进行生产。这种太阳灶使用寿命长，由于是两块构造，运输也很方便，并且有回收利用的价值。另外，铸铁的材质也增加了它的寿命和稳定性。

②玻璃钢太阳灶

玻璃钢是一种轻质高强度的材料，被广泛地应用于各个行业。它以树脂为主料，以玻璃纤维为增强材料，玻璃钢耐腐蚀，不怕水，成型性也很好。制作玻璃钢的树脂的种类较多，如环氧树脂、酚醛树脂、聚酯树脂、有机硅树脂、丙烯酸树脂等。环氧树脂和有机硅树脂价格偏高，人们常使用价格较低的不饱和聚酯树脂作为制作材料。它在制作时，常用玻璃纤维布增强。树脂中必须加入一定比例的固化剂与促进剂，可在室温条件下固化，一般固化时间从数小时到24 h。用玻璃钢制作太阳灶的灶壳，容易在使用中老化变形，必须要有曲面托架进行支撑。

③水泥太阳灶

水泥太阳灶的外壳具有良好的耐水性、保型性和抗自然环境侵蚀的能力，其价格尤为低廉，制作时材料的可塑性好，工艺简单，因此在农村得到广泛的应用与推广。水泥外壳一般分为普通混凝土和抗碱玻璃纤维增强水泥两种，普通混凝土的制作简单，造价也低，但比较笨重，不方便运输。而后者则是国内外一种新型建材，具有强度高、抗裂性好的特点，可以做得薄而轻。

采用玻璃纤维增强水泥制成的太阳灶灶壳，由于增强的玻璃纤维是二度正交平面分布，故能充分发挥玻璃纤维的增强效果，使制品在抗碱性、集束性、硬挺性、分散性上，基本可以满足玻璃纤维短切后与喷射水泥砂浆复合成型的工艺要求，采用这种工艺可使水泥外壳从手工制作转向工厂化大量生产。

（3）反光材料

聚光太阳灶实用效果的优劣，除了设计和制作工艺对太阳灶的影响之外，在很大程度上取决于反光材料的性能。选用反射率高、寿命长的反光材料，能提高太阳灶的热效率。在功率相等的情况下可以使反光面做得小一些，从而有利于操作，也有利于降低成本。常用的太阳灶反光材料为玻璃镜片和镀铝薄膜两种。

①玻璃镜片

早期的太阳灶大都采用2 mm厚的玻璃银镜，到了20世纪70年代，银镜逐渐被真空镀铝镜所取代，因为铝镜的铝反射层与玻璃的附着力远远大于银镜的银层对玻璃的附着能力，且使用寿命也长于银镜。目前铝镜太阳灶所使用的小镜片，是一块块地粘贴在灶壳上的，虽然这是一种不连续的反射面，但也能达到合格的聚光比。铝镜价格低廉且来源广泛。水泥灶、菱镁厚壳灶，目前应用的反光材料多为小铝镜片，它的使用寿命一般在五年以上。

②镀铝薄膜反光材料

镀铝薄膜反光材料是一种在聚酯薄膜上用真空镀铝的方法制成的反光材料。这种薄薄的反光膜是由五层构成。在聚酯薄膜上镀一层真空镀铝层，铝面上涂有一层透光的有机硅树脂作为铝面的保护层，聚酯薄膜的另一面涂覆一层不干胶，为防止使用前粘连，在胶面上衬一层隔离纸，使用时，撕去隔离纸，就可粘贴反光薄膜，十分方便。

镀铝薄膜反光材料同镜片相比，其镜反射率有较大的提高，比铝镜的光效率高出10%左右。此外，在重量上大为减轻，粘贴省时省工。这种反光材料适于粘贴光滑的表面，如铸铁、钢板、玻璃钢、玻璃纤维增强水泥灶等光滑的灶面上，不宜在粗糙的表面使用。由于它的反射率高和粘贴方便，它的使用日益广泛，在商品化程度较高的太阳灶上，逐渐代替了镜片。但镀铝薄膜反光材料同玻璃镜片比较，也有它的不足之处，那就是其表面耐摩擦性较镜片差，耐老化能力也不如镜片，因而使用寿命较差，一般在2～3年。

③支架材料

太阳灶的支架材料，如经常被炽热的光团烘烤的锅圈以及锅圈支撑杆必须用钢材制作，反光灶面的托架通常采用角钢弯制，部分太阳灶的底座及手轮等部件采用灰口铁铸造。

6. 太阳灶的安装调试与使用

(1) 如何挑选太阳灶

①选好壳体材料

选择壳体材料首先要根据经济条件和使用环境而定，经济条件较好的地区最好选择铸铁太阳灶，这是目前工厂化生产程度最高的产品，产品质量和其他性能都能得到保证。风力不大的地区可选用轻型壳体，如玻璃钢、菱镁复合材料等，玻璃钢太阳灶要考虑材料的老化问题，同时外壳应有相应的加强筋，以防外壳变形。在风力大的地区应选用厚壳水泥太阳灶，轻重以两人能抬起为好，当然水泥太阳灶的价格也是最便宜的。

选好壳体材料后还要观察壳体有无缺陷，如裂纹、疤痕、毛刺等。特别要注意反射面是否光滑，曲面有无变形，如有条件可用模板与曲面对比，变形较大时，聚光性能就会很差。

②反光材料

目前太阳灶的反光材料除玻璃镜片和真空镀铝薄膜这两种外，其他材料都还没有达到实用的程度。玻璃镜片选择时最好选用整块镜子分割的小块，边角料在镀铝时会不均匀，反射率不一致。挑选太阳灶时应观察镜片的亮度是否一致，如果镜片的颜色发绿、发蓝，一般来说玻璃的透过率就低，当然反射率也低，会直接影响到太阳灶的热性能。另外还要观察镜片粘贴的缝隙是否均匀、整齐和密封，密封不好的镜片容易氧化脱落，影响太阳灶的使用和寿命。

真空镀铝薄膜反光材料是目前除厚壳水泥太阳灶应用最多的反光材料，最简单的辨别方法是用牙刷和牙膏在反光面上来回刷，观察有无变化，有变化的为假冒伪劣产品。如何鉴别反光性能？一般可向厂家要一小块反光材料，将其揭开，对着阳光观其透光如何，如果镀膜太薄，透过的光就强，反射率就有可能低，反之则好。

③支撑调节结构

太阳灶调节是否操作方便、稳定可靠，主要取决支撑和调节机构，包括静态和动态两个方面。静态是指太阳灶安放好后支架和底座应稳定可靠，支架与底座连接紧固，锅架被固定不晃，用手向前或向后推动太阳灶不应有倾倒的可能。动态是指调节过程中应灵活，跟踪可靠，挑选太阳灶时可左右旋转观其灵活性，上下调整看其方便和可靠性，尤其应注意在最高和最低使用角时调节螺杆不应脱落和卡死。支架是否可靠平稳可在其上放一件5 kg左右的重物，上下调整太阳灶看其稳定性和平衡性。

④聚光效果

太阳灶的聚光效果直接影响到太阳灶的使用性能。选择光照好的天气，将一块黑铁皮或锅底涂黑的平底锅放在锅架上，调整太阳灶的跟踪机构，使光团反射到锅圈中间。

（2）太阳灶的安装

太阳灶应安装在全日阳光都可以照到的院内，要求没有树木和建筑物遮挡阳光。如果院中满是树木或建筑物的阴影，那就不具备使用太阳灶的条件。西北地区有些地方屋顶的倾角很小，人们习惯在上面进行家务活动，所以太阳灶也可以放在倾角小的屋顶使用。各种太阳灶的安装方法是不一样的，但一般都比较简单，请按照说明书的要求进行，注意在安装过程中防止灶面因聚光引发火灾和烧伤。对可能出现的问题及解决办法，介绍如下：

①光团散大

光团散大的主要特征是在锅底形成不了明显的光团，而呈模糊的一大片散光。问题的根源可能有三个：

a.抛物面精度差。精度差可能是由多种原因造成，如绘制抛物线大样时就出了问题，或者刮板与旋转轴的安装不同心，母模或生产模具的误差过大，或者外壳脱模后又变了形等。一般可以先试着调整一下灶面的托架，如果不行，那就是属于母模或生产模具"先天"的问题了，只有从问题的源头去解决。

b.支架的高度不合适。不同的太阳灶有其固定的焦距，如果支架的实际距离大于或小于焦距，光团就会散大。解决的办法比较简单，一般可以实测一下，放一块纸板在高于或低于锅圈的位置上下移动，看看能否找到更为明亮的焦斑。如果答案是肯定的，只要调整支架的尺寸，问题就可以解决。

c.锅圈的位置不对。我们知道，焦点是在主光轴上，而不在主光轴外，如果支架安装后，由于种种原因使锅圈中心移到了主光轴外，也会产生散光现象。检查的方法是：在硬纸板上描出一条抛物线，用这个纸板在灶面上进行比对，纸板的原点与灶面的原点对齐，看看锅圈的中心点是否与y轴的指向一致，如锅圈中心不在y轴上，调整锅圈的位置，问题就可以解决。

②锅圈不平

锅圈通常有3个活动支点，其中后两个支点的连线到前支点须与转架上的水平臂等长，如不相等，锅圈就会在使用中倾斜。固定不动的，找到原因解决起来就不困难了。

③灶面在使用范围内触地

有的太阳灶在下午太阳高度角为30°时，已经不能使用，或者早晨太阳高度角为30°还不能使用。灶面下端触地是主要的使用障碍，其主要原因如下：

a.反光面的设计不合理，灶面轮廓横向较短，纵向较长。普通灶面横向与纵向之比为1∶1.9左右较为合适，由于纵向太长，导致触地，太阳灶的使用时间就大打折扣。

b.灶面支撑点不合理，即支撑点的下端灶面过大，导致触地。

c.转架的立轴过短，为了降低太阳灶的操作高度，导致外壳下端触地。

7.太阳灶使用事项

（1）太阳灶应在晴朗天气或虽有云仍有较强的阳光的条件下使用，且反光面上不得落下任何物体的阴影。

（2）使用时，先将外面对向太阳的方向，在锅圈上放上炊具（如水壶、锅），再旋转弓柄，调节反光面的仰角，使光团落在锅底。

（3）根据太阳高度、方向的变化，太阳灶需要及时调节，每次调节只需花很少的时间。

（4）反光面上的反光膜不能用硬物擦拭，以免使反光膜受损，要求用毛巾或柔软的棉布，蘸水轻轻擦拭或用水清洗；清除油污时在水中加少许洗涤剂效果更好，擦拭方法，应从上向下擦拭。

（5）锅底、壶底一定要涂黑，用墨汁或黑板漆涂黑效果不错，只有涂黑的锅底，才能有效地吸收太阳灶的反射光，缩短炊事时间；而白色发亮的锅底，会把太阳灶汇聚的阳光大部分反射出去。

（6）太阳灶3 m的范围内不得放置易燃品，不得堆放柴草或木材，以免在一定的条件下起火灾。

（7）建议为太阳灶反光面缝制一个布套，在太阳灶不用时罩在反光面上，既消除了可能产生的隐患，又延长了太阳灶反光材料的使用寿命。

（8）对太阳灶的金属转动部件如丝杆、转轴等要每月保养1次，滴数滴机油进行润滑养护。长期不使用太阳灶时，应将太阳灶进行妥善收藏。

（9）太阳灶的光斑是一个能量很大的炽热光团，中心温度可达1 000 ℃，因此不可用手来试探光团的温度，以免被灼伤。

（10）做米饭或烙饼时，要求火力均匀，可设法将锅底抬高或降低数厘米，使光斑散大，也可以在锅圈上放一块钢板，使热量的传导更均匀。为控制火候，可暂时将灶面部分遮盖，遮盖面积视需要而定，这样可使功率减小，温度降低。

8.太阳灶的技术要求和测试方法

作为一种产品，我们需要采用科学的方法对它进行检测，以评价它的各项技术指标的优劣。聚光型太阳灶行业标准（NY219—2003），系统地归纳了我国十余年来在聚光型太阳灶方面的科研成果和生产推广经验，提出了太阳灶的设计、型号、规格和测试方法，规定了太阳灶的技术要求、结构检测和

性能试验方法，是世界上首次提出的太阳灶标准。为方便读者掌握和应用，我们把标准的主要内容介绍如下。

（1）技术要求

太阳灶的规格按采光面积划分，其功率见表2–3。

表2–3　太阳灶的规格

面积/m²	f/m	功率/W	面积/m²	f/m	功率/W
1.5	0.6	650	2.0	0.75	1 000
1.8	0.7	850	2.2	0.8	1 100
1.9	0.75	900	2.2～2.6	0.85	1 100～1 250

①太阳灶的光热效率不低于65%，额定功率不小于455 W/m²。

②锅圈中心处400 ℃以上光斑面积不小于50 cm²，不大于200 cm²，边缘整齐，呈圆形或椭圆形。

③最大操作高度不大于1.25 m；最大操作距离不大于0.80 m。采光面积大于2.5 m²以上的太阳灶，其最大操作高度和最大操作距离允许大于上述值。

④最小使用高度角不大于25°，最大使用高度角不小于70°；在高度角使用范围内，锅圈和水平面的倾斜度不大于5°。

⑤反光材料要求具有高的太阳反射率（镀铝薄膜不小于0.80，其他反光材料不小于0.72）。有较好的耐磨性和抗老化性。

⑥灶面应光滑平整，无裂纹和损坏，反光材料粘贴良好。柔性反光材料不应皱折，隆起部位每平方米不多于3处，每处面积不大于4 cm²。玻璃镜两片之间间隙不大于1 mm，边缘整齐无破损。

⑦外壳与支承架安装后应吻合，连接紧固；高度角和方位角调整机构应该操作方便，跟踪准确，稳定可靠。

⑧焊接件应焊接牢靠，焊渣应清理干净。油漆表面应光滑、均匀、色调一致，并有较强的附着力和抗老化性。

（2）结构检测方法

①使用焦距

调整太阳灶使主光轴与太阳光线平行，用钢卷尺或钢直尺测量锅圈中心至锅圈在灶面上的投影中心（原点）之间的距离。

②采光面积

调整太阳灶，当太阳灶主光轴与太阳光线平行时，测出在地平面上的灶面外轮廓线以内的全部投影面积（可采用在三合板上画方格的方法），并乘以此时太阳高度角的正弦值。

③最大操作高度

把太阳灶锅圈调至最高位置，用钢卷尺或钢直尺测量锅圈中心平面到地平面的距离。

④最大操作距离

把灶的本体后沿调至与锅圈水平距离最大时，用钢卷尺或钢直尺测量锅圈中心到灶的本体后边缘的水平距离。

⑤使用高度角

太阳灶使用高度角用量角器测量。将灶面向前调至极限位置，此时测量出锅圈中心至原点之间连线与水平面的夹角为最小使用高度角；将灶面向后仰起调至极限位置，此时测量出锅圈中心至原点之间连线与水平面的夹角为最大使用高度角。

⑥光斑性能

光斑性能用测温板进行测量。测温板为厚度0.5 mm，直径250 mm的普通钢板，一面涂无光黑漆（朝下），一面涂400 ℃显示温度的涂料（朝上）。调整太阳灶使阳光汇聚于锅圈中心处，迅速将测温板放置在锅圈上。当测试时间达到90 s时取下测温板，观察光斑形状并用方格纸计算出面积。

⑦跟踪机构

在锅圈上放置24 cm的日用铝锅，锅内水面距锅边20 mm，在太阳灶使用范围内，调整跟踪机构并观察其稳定性和可靠性。

（3）性能试验方法

①试验条件

a.在试验期间不得有任何外界的阴影落在太阳灶上，也不应有任何其他表面反射或辐射的能量落在太阳灶上。

b.在试验期间，太阳直接辐照度不小于600 W/m^2，波动范围不大于100 W/m^2。

c.在试验期间，环境温度应在15～35 ℃之间，风速不大于2 m/s。

d.在试验期间，太阳高度角范围应在35°以上。

②试验仪器、仪表与测量

a.太阳直射辐射。太阳直射辐照度和累计太阳直射辐照量可用直射辐射计配以二次仪表进行测量，直射辐射计如无自动跟踪装置时，每5 min内至少跟踪1次，使其受光面与太阳光束保持垂直。

b.温度。温度测量可用水银温度计或热电耦式温度计测量，测量环境温度时，温度计应放置于距离试验地面1～1.5 m高的百叶箱内或相当于百叶箱条件的环境中，距太阳灶15 m以内；测量水温时，温度计应放置在锅具正中，浸入水深距水底1/3处。

c.风速。风速可用旋杯式风速计或自计式电传风速计测量。风速计置于太阳灶锅具的相同高度附近，距太阳灶支架中心5 m以内。

d.锅具及水。锅具为直径24 cm的日用铝锅，锅底外表面涂以黑板漆。水质要求清洁透明，水量（kg）的数值一般取采光面积（平方米）数值的两倍，最大不超过5 kg。

③试验步骤及数据处理

试验步骤按要求在铝锅内装水，将温度计放置水中并记录。初始水温取低于环境温度10 ℃，终止水温取高于环境温度（10±1）℃。在测试期间每隔2 min记录1次太阳直射辐照度和风速。手动跟踪太阳灶每5 min内至少调整对焦1次。当水温达到规定的终止温度时，迅速记录时间和累积太阳直射辐照量，同时将铝锅端下对水迅速搅拌后测量，并记录水温。

2.2.5　太阳能储能技术

太阳能利用过程是有难点的，就是太阳辐射的能量密度较低。太阳辐射热量有季节、昼夜的规律变化，同时还受阴晴云雨等随机因素的强烈影响，故太阳辐射热量具有很大的不稳定性。如何克服其间断不稳定的缺点，变其为连续稳定的能源，是目前国内外主要研究的方向，必须加强研究和攻关，即利用储热装置，将夏季或白天收集的多余太阳热量储存起来供夜晚和阴天甚至冬季使用。

太阳能的储能技术主要包括机械能、电能和热能的储存。热能是最普遍的能量形式。所谓热能储存，就是把一个时期内暂时不需要的多余热量通过某种方式收集并储存起来，等到需要用时再提取使用。

2.2.5.1　按热能储存的时间长短分类

欧洲从20世纪80年代已开始研究带有储热的集中太阳能供热系统，该供热系统可以分为随时储存、短期储存和长期储存三大类。

（1）随时储存。以小时或更短的时间为周期，其目的是随时调整热能供需之间的不平衡。例如，利用太阳热水采暖系统其储热水箱的作用在于储热和放热，使房屋采暖维持供需之间的平衡。

（2）短期储存。以天或周为储热的周期，其目的是为了维持一天（或一周）的热能供需平衡。例如，太阳能集热器只能在阳光好的天气吸收太阳的辐射热，还可以将晴天收集到的热量部分储存起来，供夜晚或阴雨天使用。

（3）长期储存。以季节或年为储存周期，夏季的太阳能或工业余热长期储存下来，供冬季使用；或者冬季将天然冰储存起来，供来年夏季使用，是为了调节季节性的供需要求。

2.2.5.2 按热能储存的方法分类

通常可以分为显热储存、潜热储存、化学能储存和地下含水层储热四大类。

1.显热储存

显热储存是通过蓄热材料温度升高来达到蓄热的目的。对储热介质加热而使它的温度升高，增加储热介质的内能，从而将热量储存起来。为使储热设备具有较高的容积储热能力（储热介质每单位容积所能储存的热量），其中水的比热容最大，因此水是一种比较理想的蓄热材料，目前使用最多的是水和鹅卵石。

2.潜热储存

潜热储存是伴随着蓄热材料发生相变储热。由于相变的潜热比显热高一个数量级，因此潜热储存有更高的储能密度，储热能力大。物质由固态转化为液态，由液态转化为气态，或自固态直接转化为气态，都将吸收相变热，进行逆过程时将释放相变热，这是潜热储热的基本原理。通常潜热储存都是利用固体-液体相变蓄热，因此，熔化潜热大，熔点在适应范围内、冷却时结晶率大、化学稳定性好、热导率大、不易燃、无毒以及价格低廉是衡量蓄热材料性能的主要指标。液体-气体相变蓄热应用最广的蓄热材料是水，水在汽化时有很大的体积变化，所以需较大的蓄热容器，只适用于随时储存或短期储存。

3.化学能储存

化学反应储热是利用可逆化学反应通过热能和化学能的相互转化储能，它在受热或受冷时发生可逆化学反应，分别对外进行吸热和放热，这样就可以把能量储存起来。与前两种储热方式相比，其储能密度高，且正、逆反应可以在高温（500～1 000 ℃）下进行，得到高品质的能量，满足特定的要求。但化学能储存在应用上还存在不少技术上的困难，目前尚难实际应用。

4.地下含水层储热

采暖和空调是典型的季节性负荷，如何采用长期储存的方法来应付这类负荷一直是科学家关注的问题。地下含水层储热就是解决这一问题的途径之一。水层储能是利用地下岩层的孔隙、裂隙、溶洞等储水构造以及地下水在含水层中流速慢和水温变化小的特点，用管井回灌的方法进行，一般可分为储冷和储热两大类型。储冷方式是冬季将净化过的冷水用管井灌入含水层里储存，到夏季抽取使用，称为“冬灌夏用”。储热是夏季将高温水或工厂余热水经净化后用管井灌入含水层储存，到冬季时抽取使用，称为“夏灌冬用”。储热含水层必须具备灌得进、存得住、保温好、抽得出等条件，才能达到储能的目的。因此适合储热的含水层必须符合一定的水文地质条件：

（1）含水层要具备一定的渗透性，含水的容量要多。

（2）含水层中地下水热交换速度慢，无异常的地温梯度现象。

（3）含水层的上下隔水层有良好的隔水性，能形成良好的保温层。

（4）含水层储热后不会引起其他不良的水文地质和工程地质现象，如地面沉降、土壤盐碱化等。

用作含水层储能的回灌水源主要有地表水、地下水和工业排放水。地表水是指江河、湖泊、水库或池塘等水体；工业排放水则可分为工业回水和工业废水两大类。前者如空调降温使用过的地下水，一般不含杂质，是含水层回灌的理想水源。工业废水含有多种盐类和有害物质，不能作为回灌水源。回灌水源的水质必须符合一定要求，否则会使地下水遭受污染。

2.3 太阳能光伏发电系统

通常将太阳辐射能转换为电能的发电系统，称为太阳能电池发电系统，又称太阳能光伏发电系统。因为这种发电方式以资源无限、清洁干净、可以再生的太阳辐射能为“燃料”，所以发展快速，前景广阔。在1839年，法国的物理学家贝克勒尔意外地发现，用两片金属浸入溶液构成的伏打电池，光照时会产生额外的伏打电势，他对这种现象称之为“光生伏打效应”。1873年英国的科学家就观察到了硒材料对光的敏感度，并推断出在光的照射下硒导电能力的增加与光通量成正比。1880年开发出以硒为基础的光伏电池后，人们把能够产生光生伏打效应的器件称为“光伏器件”。半导体p-n结器件在阳光下的光电转换效率最高，通常把这类器件称为“光伏电池”。1961—1971年，硅电池光伏技术的发展没有取得重大成果，而研究的重点则放在了降低成本及提高抗辐射能力方面。在1972—1976年研制出了各种适合空间应用的光伏电池，并且以不同的商标出现。在20世纪中期，研制出了超薄单晶硅光伏电池。从20世纪中后期开始，光伏技术不断地得到完善，成本不断降低，形成了不断发展的光伏技术产业，也使之成了21世纪世界能源舞台上的主要成员之一。

2.3.1 太阳能光伏发电系统的组成和分类

2.3.1.1 太阳能光伏发电系统的组成

太阳能光伏发电系统就是利用太阳能电池的光伏效应，使太阳辐射能直接转换成电能的一种新型发电系统。一套基本的光伏发电系统一般都是由太阳能控制器、太阳能电池板、蓄电池组、逆变器所构成。下面对各个组成部分进行具体分析：

1.太阳能控制器

太阳能控制器的基本作用就是为蓄电池提供最佳的充电电流和电压，平稳、高效、快速地为蓄电池充电，并在充电过程中尽量减少损耗，尽量延长蓄电池的使用寿命；同时保护蓄电池，避免过充电和过放电现象的发生。如果用户使用直流负载，那么通过太阳能控制器就可以为负载提供稳定的直流电。由于天气的原因，太阳电池方阵发出的直流电的电压和电流是间断和不连续的。

2.太阳能电池板

太阳能电池板是太阳能光伏发电系统中的核心组成，其作用是将太阳能直接转换成电能，储存于蓄电池内备用或供负载使用。

3.蓄电池组

蓄电池组的作用是将太阳能阵列发出的直流电直接储存起来，供负载使用。在光伏发电系统中，蓄电池时刻处于浮充放电状态，当日照量大时，除了供给负载用电外，还要对蓄电池充电；当日照量较小时，这部分储存的能量将被逐步放出。

4.逆变器

逆变器的作用就是将蓄电池提供的低压直流电和太阳能电池阵列逆变成220 V交流电，供给交流负载使用。

2.3.1.2 太阳能光伏发电系统的分类

光伏发电系统是直接将太阳光辐射能转换为电能的装置，根据光伏系统与电网的关系，可以分为两个系统，即独立于电网的光伏系统和并网系统。独立于电网的光伏系统，常用在远离电网的偏远地区；而在并网系统中，光伏发电系统代替了电网并且提供有用功率，也把功率反馈回电网，直接把光伏电池与负载相连接，中间不带任何储能装置。太阳能光伏发电系统一般分为独立光伏发电系统、并网光伏发电系统和混合型光伏发电系统三种。

光伏发电系统又称为直接耦合光伏系统，但这类系统在阴雨天或晚上没有太阳辐射能的时候不能提供能量，因此通常在设备中间需要加入蓄电池。由于光伏系统比较容易受到外界因素影响，从而为了获得额定功率输出，通常需要加上控制器来调节、控制和保护系统功能。所以，光伏发电系统基本包括光伏电池板、电力电子变换装置、蓄电池、控制器四大部分。

1.独立光伏发电系统

太阳能电池板是系统中的核心部分，它的作用是将太阳辐射能直接转换为直流形式的电能，一般只在白天有太阳光照的情况下才能输出能量。根据负载的需求，系统一般都选用电池作为储能的环节。当发电量大于负载时，太阳能电池即通过充电器对蓄电池充电；当发电量不足的情况下，太阳能电

池和蓄电池将同时对负载供电。控制器一般是由充电电路、放电电路和最大功率点跟踪控制组成。逆变器的作用是将直流电转换为与交流负载同相的交流电。

2.并网光伏发电系统

光伏发电系统直接与电网相连，其中逆变器起着很重要的作用，要求其具有与电网连接的功能。目前，常用的并网光伏发电系统有两种结构形式，其不同之处在于是否带有蓄电池来作为储能的环节。带有蓄电池环节的并网光伏发电系统被称为可调度式并网光伏发电系统。由于此系统中的逆变器配有主开关和重要的负载开关，使得系统具有不间断电源的作用。这对于一些重要负荷甚至某些家庭用户来说具有重要意义。此外，该系统还可以充当功率调节器来使用，稳定电网电压，抵消有害的高次谐波分量，从而提高电能质量。

不带有蓄电池环节的并网光伏发电系统被称为不可调度式的并网光伏发电系统，在此系统中，并网逆变器将太阳能电池板上产生的直流电能转化为和电网电压同频、同相的交流电能，当主电网断电的时候，系统将自动停止向电网供电。当有日照辐射，光伏系统所产生的交流电能超过负载所需时，多余的部分将用在电网上；在夜间，当负载所需的电能超过光伏系统产生的交流电能时，电网将会自动向负载补充电能。

3.混合型光伏发电系统

混合型光伏发电系统区别于以上两个系统之处是增加了一台备用发电机组，当光伏阵列发电量不足或蓄电池储电量不足时，可以将备用发电机组启动，它既可以直接给交流电负载提供电量，又可以经整流器整合后给蓄电池充电，所以被称为混合型光伏发电系统。

4.户用小型光伏电站

户用光伏系统和小型光伏电站都属于非并网光伏发电系统，即独立系统，较多应用于我国的广大无电贫困山区和贫困农村等区域。

5.屋顶光伏发电系统

随着光伏应用技术的深入发展，世界各国普遍推出了相应的屋顶光伏计划。太阳能光伏发电系统与建筑物相结合之所以备受世界的重视，是因为它存在很多的优点：不占用土地资源，这对于土地昂贵的城市来说是极其重要的；可以原地发电、原地使用，减少了电力输送的线路损耗；降低了墙面及屋顶的温升，减轻了建筑物的空调负荷，降低了空调的能量耗损；取代和节约了昂贵的外饰材料（如玻璃幕墙等），使建筑物的外观统一协调，美化建筑环境；舒缓了高峰期电力的需求，配备蓄电池后，还满足了安全用电设施不断电的要求。

6.大型并网光伏发电系统

并网光伏发电系统是光伏技术进步的重要指标，是未来太阳能光伏发电的总体趋势。在光伏系统步入大规模发电阶段后，意味着现在的能源结构将发生根本性的变化，是人类社会利用能源的一场革命。

2.3.2 太阳能电池

2.3.2.1 太阳能电池及其分类

太阳能电池是一种利用光生伏打效应把太阳辐射能转变为电能输出的器件，又叫光伏器件。物质吸收光能产生电动势的现象，被称为光生伏打效应。这种现象在液体和固体物质中都会发生。但是只有在固体中，尤其是在半导体中，才有较高的能量转换效率。所以，人们又常常把太阳能电池称为半导体太阳能电池。

1.固体材料的分类

固体材料按照它们导电能力的强弱，可分为3类：

（1）导电能力强的物体被称为导体，如银、铜等，其电阻率很小，在10^{-6}～10^{-5} Ω·cm以下。

（2）导电能力弱或基本上不导电的物体被称为绝缘体，如橡胶、塑料等，其电阻率很大，在10^{10} Ω·cm以上。

（3）导电能力介于导体和绝缘体之间的物体被称为半导体，其电阻率为10^{-5}～10^{8} Ω·cm范围内。

2.半导体的主要特点

半导体的主要特点不仅是在电阻率数值上与导体和绝缘体的不同，而且还在于它在导电性上具有如下两个显著特点：

（1）杂质含量对电阻率的变化影响极大。例如，室温温度下纯硅中只要掺入1/1 000 000的硼，电阻率就会从2.14×10^{3} Ω·cm减小到0.004 Ω·cm左右。如果所含杂质的类型不同，导电类型也会不同。

（2）电阻率受光和热等外界条件的影响很大。温度升高或光照较强时，均可使电阻率迅速下降。例如，锗的温度从200 ℃升高到300 ℃，电阻率就要降低为原来的1/2左右。一些比较特殊的半导体，在电场和磁场的作用下，电阻率也会发生一些变化。

半导体材料的种类有很多，按其化学成分从大范围分，可分为有机半导体和无机半导体，而无机半导体又可以分为元素半导体和化合物半导体；按其晶体结构分，可分以为晶体半导体和非晶体半导体；按其是否有杂质，可以分为本征半导体和杂质半导体，而杂质半导体按其导电类型又可以分为n型半导体和p型半导体。此外，根据其物理特性，还有磁性半导体、压电半

导体、铁电半导体、有机半导体、玻璃半导体、气敏半导体等类型。目前获得广泛应用的半导体材料有锗、硅、硒、砷化镓、磷化镓、锑化铟等，其中以锗、硅材料的半导体的生产技术最为成熟，应用最为广泛。

太阳能电池多为半导体材料制造而成，发展至今，种类繁多，形式各样。

按照结构的不同可分为如下几类：

（1）同质结太阳能电池：由同一种半导体材料形成的p-n结或梯度结都被称为同质结。同质结构成的太阳能电池又被称为同质结太阳能电池。

（2）异质结太阳能电池：由两种禁带宽度不同的半导体材料构成的结称为异质结。用异质结构成的太阳能电池被称为异质结太阳能电池，如氧化铟锡/硅太阳能电池、硫化亚铜/硫化镉太阳能电池等。如果两种异质材料的晶格结构相近，界面外的晶格匹配又较合理，则称为异质面太阳能电池，如砷化铝镓/砷化镓异质面太阳能电池等。

（3）肖特基太阳能电池：利用金属-半导体界面的肖特基势累积而构成的太阳能电池，也称为MS太阳能电池，如铂/硅肖特基太阳能电池、铝/硅肖特基太阳能电池等。其原理是基于金属-半导体接触时，在一定条件下可以产生整流接触的肖特基效应。目前已发展成为金属-氧化物-半导体（MOS）结构制成的太阳能电池和金属-绝缘体-半导体（MIS）结构而制成的太阳能电池。这些又总称为导体-绝缘体-半导体（CIS）太阳能电池。

（4）多结太阳能电池：由多个p-n结形成的太阳能电池，又被称为复合结太阳能电池，有垂直多结太阳能电池和水平多结太阳能电池等。

（5）液结太阳能电池：浸入电解质中的半导体构成的太阳能电池，也称为光电化学电池。

按照材料的不同可分为如下各类：

（1）硅太阳能电池：是指以硅为基体材料的太阳能电池，有单晶硅太阳能电池、多晶硅太阳能电池等。多晶硅太阳能电池又有片状多晶硅太阳能电池、铸锭多晶硅太阳能电池、筒状多晶硅太阳能电池和球状多晶硅太阳能电池等。

（2）化合物半导体太阳能电池：是指由两种或两种以上元素组成具有半导体特性的化合物半导体材料所制成的太阳能电池，如硫化镉太阳能电池、砷化镓太阳能电池、碲化镉太阳能电池、硒铟铜太阳能电池和磷化铟太阳能电池等。化合物半导体主要包括：

①晶态无机化合物（如Ⅲ-Ⅴ化合物半导体砷化镓、磷化镓、磷化铟、锑化铟等），Ⅱ-Ⅵ化合物半导体（硫化镉、硫化锌等）及其固溶体（如镓铝砷、镓砷磷等）；

②非晶态无机化合物，如玻璃半导体等；

③有机化合物，如有机半导体等；

④氧化物半导体，如MnO、Cr_2O_3、FeO、Fe_2O_3、Cu_2O等。

（3）有机半导体太阳能电池：是指用含有一定数量的碳-碳键，导电能力介于金属和绝缘体之间的半导体材料制成的太阳能电池。有机半导体可以分为3类：

①分子晶体，如萘、有机蒽、嵌二萘、酞花菁铜等；

②电荷转移络合物，如芳烃-卤素络合物及芳烃-金属卤化物等；

③高聚物。

（4）薄膜太阳能电池：是指用单质元素、无机化合物或有机材料等制作的薄膜为基本材料的太阳能电池。通常把膜层无基片而能独立成形的厚度作为薄膜厚度的大致标准。规定其厚度为1～2 μm。这些薄膜通常使用辉光放电、化学气相沉积、溅射、真空蒸镀等方法获取。目前主要有非晶硅薄膜太阳能电池、多晶硅薄膜太阳能电池、化合物半导体薄膜太阳能电池、纳米晶薄膜太阳能电池及微晶硅薄膜太阳能电池等。

（5）非晶硅薄膜太阳能电池：是指用非晶硅材料及其合金材料制造而成的太阳能电池，也称为无定形硅薄膜太阳能电池，简称α-Si太阳能电池。目前主要有PIN（NIP）非晶硅薄膜太阳能电池、集成型非晶硅薄膜太阳能电池及叠层（级联）非晶硅薄膜太阳能电池等。

按照太阳能电池的结构来分类，其物理意义相对而言比较明确，因此我国国家标准将其作为太阳能电池型号命名方法的依据。此外，按照应用类型还可将太阳能电池分为空间用太阳能电池和地面用太阳能电池两种。

地面用太阳能电池又可分为电源用太阳能电池和消费品用太阳能电池两种。对太阳能电池的技术经济要求因应用而不同：空间用太阳能电池的主要要求是耐辐射性好、可靠性高、光电转换效率高、功率面积比和功率质量比优等；地面电源用太阳能电池的主要要求是使其光电转换效率高、坚固可靠、寿命长、成本低等；地面消费品用太阳能电池的主要要求是使其薄小轻、美观耐用等。

2.3.2.2 太阳能电池的结构

因生产制造太阳能电池的基体材料和所采用的工艺方法的不同，太阳能电池的结构也就变得多种多样。这里以常规硅太阳能电池为例简述太阳能电池的结构。一个p型的硅材料制造而成的n+/p型结构常规太阳能电池的构成大致分为下面几个部分：

（1）p层为基体，厚度为0.2～0.4 mm。基体材料称为基区层，简称为基区。

（2）p层上面是n层。它又被称之为顶区层，有时也称之为发射区层，简

称顶层。它是在同一块材料的表面层下用高温掺杂扩散方法制得而成的，因而又被称之为扩散层。由于它通常是重掺杂的，故常标记为n+。n+层的厚度为0.2～0.5 μm。扩散层位于电池的正面方向上。所谓正面，就是光照的表面，所以也称其为光照面。

（3）p层和n层的交界面处是p-n结。

（4）扩散层上有上电极与它形成欧姆接触。它由母线和若干条栅线组合而成。栅线宽度一般为0.2 mm左右。栅线通过母线连接起来。母线宽为0.5 mm左右，根据电池面积大小而定。

（5）基体下面有与它形成欧姆接触的下电极。

（6）上、下电极均由金属材料制作，其功能是引出电池产生的电能。

（7）在电池的光照面有一层减反射膜，其功能是减少光的反射，使电池能够接收到更多的光。

如果将n型的硅材料做基体，即可制成p+/n型的硅太阳能电池。其结构与上述的n+/p型的硅太阳能电池相同，只不过基体的硅材料是n型，而扩散层的材料是p型。

2.3.2.3 太阳能电池的基本工作原理

太阳能是一种辐射能，它必须借助于能量转换器才能将自身转变成电能。这个把太阳能或其他光能转变成电能的能量转换器，称为太阳能电池。

太阳能电池工作原理基础是半导体p-n结的光生伏打效应。所谓光生伏打效应，简单来说，就是当物体受到光照时，其体内的电荷分布状态随之发生变化而产生电动势和电流的一种效应。在气体、液体和固体中均可使这种效应产生，但在固体尤其是半导体中，光能转换为电能的效率最高，因此半导体中的光电效应使人们关注最多，研究最多，发明并制造出了半导体太阳能电池。

通常可将半导体太阳能电池的发电过程概括成以下4点：

（1）首先是收集太阳光和其他光，使其照射到太阳能电池表面上。

（2）太阳能电池吸收了具有一定能量的光子，激发出非平衡载流子（光生载流子）-电子-空穴对。这些电子和空穴应该具有足够的寿命，在它们被分离之前不会复合消失。

（3）这些电性符号相反的光生载流子在太阳能电池p-n结内建电场的作用下，电子-空穴对会被分离，电子集中在一边，空穴则集中在另一边，在p-n结两边产生异性电荷并累积，从而产生光生电动势，即光生电压。

（4）在太阳能电池p-n结的两侧引出电极，接上负载，则在外电路中即有光生电流通过，从而获得功率的输出，这样太阳能电池就把太阳能或其他光能直接转换成了电能。

下面以单晶硅太阳能电池为例，对太阳能电池的基本工作原理进行具体阐述。众所周知，物质的原子是由原子核和电子组成的。原子核带正电，电子带负电。单晶硅的原子是按照一定的规律排列组成的，硅原子的外层电子壳层中有4个电子。每个原子的外壳电子都有固定的位置，并且受原子核的约束。它们在外来能量的刺激下，如太阳光辐射时，就会摆脱原子核的束缚而成为自由电子，并同时在原来的地方留出一个空位，即空穴。由于电子带负电，空穴就表现为带正电。电子和空穴就是单晶硅中可以移动的电荷。在纯净的硅晶体中，自由电子和空穴的数量是相等的。如果在硅晶体中掺入能够俘获电子的硼、铟、镓、铝等元素，它就成了空穴型半导体，简称为p型半导体。如果在硅晶体中掺入能够释放电子的磷、砷或锑等元素，它就成了电子型的半导体，简称n型半导体。若把这两种半导体结合在一起，由于电子和空穴向外扩散，在交界面处便会形成p-n结，并在结的两边形成内建电场，又称势垒电场。由于此处的电阻很高，所以也称之为阻挡层。当太阳光（或其他光）照射p-n结时，在半导体内的电子由于获得了光能而释放电子，相应地便产生了电子-空穴对，并在势垒电场的作用下，电子被驱向n型区域内运动，空穴被驱向p型区运动。从而使n区有多余的电子，p区有多余的空穴；于是就在p-n结的附近形成了与势垒电场方向相反的光生电场。光生电场的一部分抵消势垒电场，其余部分使p型区带正电、n型区带负电；于是就使得n区与p区之间的薄层产生了电动势，也就是所谓的光生伏打电动势。当接通外电路时，有电能输出。这就是p-n结接触型硅太阳能电池发电的基本原理。若把几十个、数百个太阳能电池单体串联、并联起来封装成为太阳能电池组件，在太阳光（或其他光）的照射下，便能获得具有一定功率输出的电能。

2.3.2.4 太阳能电池的基本特性

1. 太阳能电池的极性

硅太阳能电池一般制成p+/n型结构或n+/p型结构。其中，第一个符号，即p+和n+，表示太阳能电池正面光照层半导体材料的导电类型；第二个符号，即n和p，表示太阳能电池背面衬底半导体材料的导电类型。

太阳能电池的电性能与制造电池所用半导体材料的性能有关。在太阳光或其他光照射时，太阳能电池输出电压的极性，p型一侧电极是正的，n型一侧电极是负的。

当太阳能电池作为电源与外电路相连接时，太阳能电池在正向状态下工作。当太阳能电池与其他电源联合使用时，如果外电路的正极与电池的p电极相连接，负极与电池的n电极相连接，则外电源向太阳能电池提供正向偏压；如果外电源的正极与电池的n电极相连接，负极与p电极相连接，则外电

源向太阳能电池提供反向偏压。

2. 太阳能电池的电流-电压特性

所谓的短路电流I_{sc}，就是指将太阳能电池放置于标准光源的照射下，在输出端短路时，流过太阳能电池两端的电流。测量短路电流的方法，是用内阻小于1 Ω的电流表串联在太阳能电池的两端。I_{sc}值与太阳能电池面积的大小有关，面积越大，I_{sc}值越大。一般来说，1 cm^2硅太阳能电池的I_{sc}值为16～30 mA。同一块太阳能电池，其I_{sc}与入射光的辐照度成正比；当环境温度升高时，I_{sc}值略有上升，一般温度每升高1 ℃，I_{sc}值约上升78 μA。当$R_L \to \infty$时，所测得的电压为电池的开路电压。开路电压U_{oc}就是将太阳能电池置于100 mW/cm^2的光源照射下，在两端开路时，太阳能电池输出的电压值。一般可使用高内阻的直流毫伏计测量电池的开路电压。太阳能电池的开路电压，与光谱辐照度有关，但与电池面积的大小无关。在100 mW/cm^2的光谱辐照度下，硅太阳能电池的开路电压为450～600 mV，最高可达到690 mV。当入射光谱辐照度变化时，太阳能电池的开路电压与入射光谱辐照度的对数成正比，当环境温度升高时，太阳能电池的开路电压值会下降，一般温度每上升1 ℃，U_{oc}值下降2～3 mV。I_D（二极管电流）为通过p-n结的总扩散电流，其方向与I_{sc}是相反的。R_s为串联电阻，它主要是由电池的体电阻、表面电阻、电极导体电阻和电极与硅表面间接触的电阻组成。R_{sh}为旁漏电阻，它是由硅片的边缘不清洁或体内的缺陷所引起的。一个理想的太阳能电池，串联的电阻很小，而并联的电阻R_{sh}很大。由于R_s和R_{sh}分别是串联和并联在电路中的，所以在进行理想的电路计算时，它们可以忽略不计。此时，流过负载的电流I_L为：

$$I_L=I_{sc}-I_D \tag{2-14}$$

理想的p-n结特性曲线方程式为：

$$I_L = I_D(e\frac{qU}{AKT} - 1) \tag{2-15}$$

式中：

I_D——太阳能电池在无光照时的饱和电流，A；

q——电子电荷，C；

K——玻尔兹曼常数；

T——热力学温度，K；

A——常数因子（正偏电压大时A值为1，正偏电压小时A值为2）。

当I_L=0时，电压U即为U_{oc}，可用式（2-16）表示。

$$U_{oc} = \frac{AKT}{q}\ln(\frac{I_{sc}}{I_D} + 1) \tag{2-16}$$

3. 太阳能电池的填充因子

太阳能电池的填充因子又称曲线因子，是指太阳能电池最大功率与开路电压和短路电流乘积的比值，用符号FF表示。它是评价太阳能电池输出性能好坏的一个重要参数，它的值越高，表明太阳能电池输出特性越趋近于矩形，电池的光电转换效率越高。它与太阳能电池开路电压、短路电流和负载电压、负载电流的关系如式（2-17）：

$$FF=\frac{U_{mp}I_{mp}}{U_{oc}I_{sc}}=\frac{P_{\max}}{U_{oc}I_{sc}} \tag{2-17}$$

串、并联电阻对填充因子有较大的影响。串联电阻越大，短路电流下降得越多，填充因子也随之减少得越多；并联电阻越小，则这部分电流就越大，开路电压就下降得越多，填充因子随之也下降得越多。

4. 太阳能电池的光谱响应

太阳光谱中，不同波长的光具有的能量是不同的，所含光子的数目也是不同的。因此太阳能电池接受光照射后所产生的光子数目也就不同。为了反映太阳能电池的这一特性，引入了光谱响应这一参量。

太阳能电池在入射光中每一种波长的光的作用下，所收集到的光电流与相对于入射到电池表面的该波长光子数之比，称之为太阳能电池的光谱响应，又称为光谱灵敏度。光谱响应分为绝对光谱响应和相对光谱响应。绝对光谱响应是指某一波长下，太阳能电池的短路电流和入射光功率的比值，其单位是mA/mW或mA/（$mW\cdot cm^{-2}$）。因为测量与每个波长单色光相对应的光谱灵敏度的绝对值比较困难，所以常把光谱响应曲线的最大值定为1，并求出其他灵敏度对这一最大值的相对值，这样得到的曲线则称之为相对光谱响应曲线，即相对光谱响应。

5. 太阳能电池的光电转换效率

太阳能电池的光电转换效率是指电池受到光照时的最大输出功率与照射到电池上的入射光的功率P_{in}的比值，用符号η表示，即：

$$\eta=\frac{I_{mp}U_{mp}}{p_{in}} \tag{2-18}$$

太阳能电池的光电转换效率是衡量电池质量和技术水平的重要参数，它与电池的结构、特性、材料的性质、工作时的温度、放射性粒子的辐射损伤和环境变化等因素有关。其中与制造电池半导体材料禁带宽度的关系最为直接。首先，禁带宽度会直接影响最大光生电流即短路电流的大小。由于太阳光中光子能量有大有小，只有那些能量比禁带宽度大的光子才能在半导体中产生光生电子-空穴对，从而形成光生电流。所以，材料禁带宽度较小，小于它的光子数量就多，获得的短路电流就大；反之，禁带宽度大，大于它的光

子数量就少，获得的短路电流就小。但禁带宽度太小也不合适，因为能量大于禁带宽度的光子在激发出电子-空穴对后剩余的能量转变为热能，从而降低了光子能量的利用率。其次，禁带宽度又会直接影响开路电压的大小。开路电压的大小和p-n结反向饱和电流的大小成反比。禁带宽度越大，反向饱和电流越小，开路电压越高。计算结果表明，在大气质量为AM1.5的条件下测试，硅太阳能电池的理论光电转换效率的上限为33%左右；目前商品硅太阳能电池的光电转换效率一般为12%～17%，高效硅太阳能电池的光电转换效率为18%～20%。

6.温度对太阳能电池输出性能的影响

温度的变化会使太阳能电池的输出性能发生显著改变。由半导体物理理论可知，载流子的扩散系数随温度的升高而略有增大，因此，光生电流I_l也会随温度的升高有所增加。但I_D随温度的升高指数增大，因而U_{oc}随温度的升高急剧下降。当温度升高时，I-U曲线形态改变，填充因子下降，因此光电转换效率随温度的增加而下降。

研究和试验表明，太阳能电池工作温度的升高会使得短路电流少量增加，并引起开路电压发生大幅度降低。温度变化对于开路电压的影响之所以很大，是因为开路电压直接同制造电池的半导体材料的禁带宽度有关，而禁带宽度会随温度的变化而变化。对于硅材料来说。禁带宽度随温度的变化率约为-0.003 mV/℃，从而导致的开路电压变化率约为-2 mV/℃。也就是说，电池的工作温度每升高1 ℃，开路电压约下降2 mV，大约是正常室温时的0.4%，并且随着温度的升高，电池的光电转换效率会下降。

2.3.2.5　太阳能电池生产制造工艺

近些年来，全世界生产应用最多的太阳能电池是由单晶硅太阳能电池和多晶硅太阳能电池组合而成的晶体硅太阳能电池，其产量占到当前世界太阳能电池总产量的90%以上。它们的工艺技术成熟，性能稳定可靠，光电转换效率高，使用寿命长，已进入工业化大规模生产。因此，下面对地面用晶体硅太阳能电池的一般生产制造工艺进行介绍。

晶体硅太阳能电池生产制造工艺包括的内容范围有宽狭之分。宽的内容范围包括硅材料的制备、太阳能电池的制造及太阳能电池组件的封装三个部分。狭的内容范围仅包括太阳能电池的制造。下面按照宽的内容范围加以介绍，既包括太阳能电池的制造，还包括硅材料的制备和太阳能电池组件的封装。

1.硅材料的制备

（1）高纯多晶硅的制备。硅是地壳中分布最广泛的元素，其含量达25.8%。但自然界中的硅，主要以石英砂的形式存在，主要成分是硅氧化物。生产制造硅太阳能电池用的硅材料高纯多晶硅，是用石英砂冶炼出来的。把石英砂放在电炉中，用碳还原的方法炼制工业硅，也称冶金硅。其反应式为$SiO_2+2C=Si+2CO$。较好的工业硅，是纯度为98%～99%的多晶体。工业硅所含杂质，因原材料和制法而异。一般来说，铁、铝占0.1%～0.5%，钙占0.1%～0.2%，铬、锰、镍、钛、锆各占0.05%～40.1%，硼、铜、镁、磷、钒等含量均在0.01%以下。工业硅被大量用于一般工业，仅有百分之几用于电子信息工业和光伏工业。工业硅与氢气或氯化氢发生化学反应，可得到三氯氢硅（$SiHCl_3$）或四氯化硅（$SiCl_4$）。经过精馏过程，使三氯氢硅或四氯化硅的纯度提高，然后通过还原剂（通常用氢气）还原为元素硅。在还原过程中，沉积的微小硅粒，形成很多晶核，并且不断增多长大，最后长成棒状或针状、块状的多晶体。习惯上把这种还原沉积出的高纯硅棒（或针、块）叫作多晶硅。它的纯度：电子级硅，一般要求应达到99.999 999 9%（9N）；太阳级硅一般也要求达到99.999 99%（7N）以上。

（2）单晶硅锭的制备。单晶硅锭的制备方法很多，既可从熔体上生长，也可从气相中沉积。目前国内外在生产中采用的主要有熔体直拉法和悬浮区熔法这两种方法。

①直拉法（CZ），即所谓的丘克拉斯基法，是将经处理的高纯多晶硅或半导体工业所产生的次品硅（单晶硅和多晶硅头尾料等）装入单晶炉的石英坩埚内，在合理的热场中，真空气氛下加热硅，使之熔化，用一个经加工处理过的晶种——籽晶，使其与熔硅充分熔解，并以一定速度旋转提升，在晶核诱导下，控制特定的工艺条件和掺杂技术，使其具有预期电学性能的单晶体沿籽晶定向凝固并成核长大，从熔体上被缓缓提拉出来。目前我国用此法已可制备直径达0.2 m、重达百余千克的大型单晶硅锭。

②悬浮区熔法（FZ）。该法也被称为无坩埚区熔法，是将预先处理好的多晶硅棒和籽晶一起竖直固定在区熔炉的上下轴间，以高频感应等方法进行加热。由于硅密度小、表面张力大，在电磁场浮力、熔硅表面张力和重力的平衡作用下，使所产生的熔区能稳定地悬浮在硅棒的中间。在真空气氛下，控制特定的工艺条件和掺杂，使熔区在硅棒上从头到尾定向移动，如此反复多次，最后便沿籽晶长成具有预期电学性能的单晶硅锭（棒）。

（3）多晶硅锭的制备。多晶硅太阳能电池是以多晶硅为基体材料。它的出现主要是为了降低晶体硅太阳能电池的制作成本。其主要优点有：能直接拉制出方形硅锭，设备比较简单，并能制出大型硅锭以形成工业化生产规模；材质电能消耗较省，并能用低纯度的硅作为投炉料；可在电池工艺方面采取措施降低晶界及其他杂质的影响。其主要缺点是生产出的多晶硅电池的转换效率要比单晶硅电池略低。多晶硅的铸锭工艺主要有定向凝固法和浇铸法两种。

①定向凝固法。本法是将硅材料放在坩埚中熔融，然后将坩埚从热场逐渐下降或从坩埚底部通冷源，以造成一定的温度梯度。固液面则从坩埚底部向上移动，从而形成硅锭。定向凝固法中有一种热交换法（HEM），是在坩埚底部通入气体冷源来形成温度梯度。

②浇铸法。本法是将熔化后的硅液从坩埚中倒入另一模具中形成硅锭，铸出的硅锭则被切成方形硅片制作太阳能电池。此法设备简单、能耗低、成本低，但容易造成位错、杂质缺陷而导致转换效率低于单晶硅电池。

近年来，多晶硅铸锭工艺主要朝大锭的方向发展。目前生产上铸出的是重达240～300 kg的方形硅锭。铸出此锭的耗时为36～60 h。切片前的硅材料实收率可达到83.8%。由于铸锭尺寸的加大，使产率及单位重量的实收率都有所增加，因此提高了晶粒的尺寸及硅材料的纯度，降低了坩埚的损耗及电耗，并使多晶硅锭的加工成本较拉制单晶硅降低了很多。

（4）片状硅的制备。片状硅又称硅带，是从熔体中直接生长出来的，可以减少切片的损失，片厚为100～200 μm。主要生长方法有限边喂膜（EFG）法、枝蔓蹼状晶（WEB）法、边缘支撑晶（ESP）法、小角度带状生长法、激光区熔法和颗粒硅带法等。

2. 太阳能电池的制造

制造晶体硅太阳能电池包括扩散制结、制作电极和蒸镀减反射膜三道主要程序。太阳能电池与其他半导体器件的主要区别，是需要一个大面积的浅结实现能量转换。电极用来输出电能，减反射膜的作用是使得电池的输出功率进一步提高。为使电池成为有用的器件，在电池的制造工艺中还包括去除背结和腐蚀周边两道辅助程序。一般来说。结特性是影响电池光电转换效率的主要原因，电极除影响电池的电性能外还会对电池的可靠性和寿命造成影响。

（1）硅片的选择。硅片是制造晶体硅太阳能电池的基本材料，它可以由纯度很高的硅棒、硅锭和硅带切割而制成。硅材料的性质在很大程度上决定成品电池的性能。选择硅片时，要考虑硅材料的导电类型、电阻率、晶向、位错、寿命等性能。硅片通常加工成方形、长方形、圆形或半圆形，厚度为0.18～0.32 mm。

（2）硅片的表面处理。切好的硅片，表面脏且不平，因此在制造电池之前要先进行硅片的表面准备，其中包括硅片的化学清洗和硅片的表面腐蚀。化学清洗是为了除去玷污在硅片上的各种杂质，表面腐蚀的目的是为了除去硅片表面的切割损伤，获得适合制结要求的硅表面。制结前硅片表面的性能和状态直接影响结的特性，从而也会影响成品电池的性能，因此硅片的表面准备十分重要，是电池生产制造工艺流程的重要程序。

①硅片的化学清洗。由硅棒、硅锭和硅带所切割的硅片表面可能有的杂质归纳为3类：

a.油脂、松香、蜡等有机物质；

b.金属、金属离子或各种无机化合物；

c.尘埃以及其他可溶性物质。

通过一些化学清洗剂可达到去污的目的。常用的化学清洗剂有高纯度水、有机溶剂（如甲苯、二甲苯、丙酮、三氯乙烯、四氯化碳等）、浓酸、强碱以及高纯中性洗涤剂等。

②硅片的表面腐蚀。硅片经化学清洗去污后，接着就要进行表面腐蚀。这是因为机械切片后在硅片表面留有平均30～50 μm厚的损伤层，需在腐蚀液中腐蚀除去。通常使用的腐蚀液有酸性和碱性两种。

a.酸性腐蚀。硝酸和氢氟酸的混合液可以起到很好的腐蚀作用。浓硝酸与氢氟酸的配比为（10∶1）～（2∶1），通过调整硝酸和氢氟酸的比例及溶液的温度，便可控制腐蚀的速度。如在腐蚀液中加入醋酸作为缓冲剂，可使硅片表面光亮，硝酸、氢氟酸与醋酸的一般配比为5∶3∶3，或5∶1∶1，或6∶1∶1。

b.碱性腐蚀。硅可与氢氧化钠、氢氧化钾等溶液起作用，生成硅酸盐并伴随有氢气放出，因此碱溶液也可作为硅片的腐蚀液。碱腐蚀的硅片虽然没有酸腐蚀的硅片光亮平整，但所制成的成品电池的性能却是相同的。近年来国内外的生产实践表明，与酸腐蚀相比较，碱腐蚀具有成本较低和环境污染较小的优点。影响上述两类腐蚀效果的主要因素是腐蚀液的浓度和温度。在完成化学清洗和表面腐蚀之后，要用高纯的去离子水冲洗硅片。

（3）扩散制结。p-n结是晶体硅太阳能电池的核心部分。没有p-n结，便不能产生光电流，也就不能称其为太阳能电池。因此，p-n结的制造是最主要的工序。制结过程就是在一块基体材料上生成导电类型不同的扩散层，可用多种方法制备晶体硅太阳能电池的p-n结，主要有热扩散法、离子注入法、外延法、激光法和高频电注入法等。通常多采用热扩散法制结，此法又有涂布源扩散、液态源扩散和固态源扩散之分。其中氮化硼固态源扩散，设备简单，操作方便，扩散硅片表面状态好，p-n结面平整。均匀性和重复性优于液态源扩散，适合于工业化生产。它通常采用片状氮化硼作为源，在氮气保护下进行扩散。扩散前，氮化硼先在扩散温度下通氧30 min，使其表面的三氧化二硼与硅片发生反应，形成硼硅玻璃，沉积在硅表面，硼向硅片内部扩散。扩散温度为950～1 000 ℃，扩散时间为15～30 min，氮气流量为2 L/ min。扩散的要求是获得适合于太阳能电池p-n结需要的结深和扩散层方块电阻。

（4）去除背结。在扩散过程中，硅片的背面也形成了p-n结，所以在制作电极前，需要去除背结。去除背结的常用方法有化学腐蚀法、磨片法和蒸铝或丝网印刷铝浆烧结法等。

①化学腐蚀法。掩蔽前结后用腐蚀液蚀去其余部分的扩散层。该方法可同时除去背结和周边的扩散层，因此可省去腐蚀周边的工序。腐蚀后，背面平整光亮，适合用于制作真空蒸镀的电极。前结的掩蔽一般用涂黑胶的方法。硅片腐蚀法去背结后用溶剂去真空封蜡，再经浓硫酸或清洗液煮沸清洗，最后用去离子水洗净烤干备用。

②磨片法。用金刚砂将背结磨去，也可将携带砂粒的压缩空气喷射到硅片背面以除去背结。背结除去后，磨片后背面形成一个粗糙的硅表面，因此这个方法适用于化学镀镍背电极的制造。

③蒸铝或丝网印刷铝浆烧结法。前两种方法对n+/p型和p+/n型电池制造工艺均适用，本法则仅适用于n+/p型电池的制造工艺。此法是在扩散硅片背面的真空蒸镀或丝网印刷一层铝，加热或烧结到铝-硅共熔点（577 ℃）以上，并使它们成为合金。经过合金化以后，随着降温，液相中的硅将重新凝固出来，形成含有少量铝的再结晶层。在足够的铝量和合金温度下，背面甚至能形成与前结的方向相同的电场，称之为背面场。目前该法已被用于大批量的工业化生产，从而提高了电池的开路电压和短路电流，并使得电极的接触电阻减小了。

（5）制作上、下电极。为输出电池转换所获得的电能，必须在电池上制作正、负两个电极。所谓电极，就是与电池p-n结形成紧密欧姆接触的导电材料。通常对电极性能的要求有：

①接触电阻小；

②收集效率高；

③遮蔽面积小；

④能与硅形成牢固的接触；

⑤稳定性好；

⑥宜于加工；

⑦成本低；

⑧易于引线，可焊性强；

⑨体电阻小；

⑩污染小。

制作方法主要有真空蒸镀法、化学镀镍法、银/铝浆印刷烧结法等。所用金属材料，主要有铝、钛、银、镍等。习惯上，把制作在电池光照面的电极称为上电极，而把制作在电池背面的电极称为下电极或背电极。上电极通常做成窄细的栅线状，这有利于收集光生电流，并使电池的受光面积扩大。下电极则布满全部或绝大部分电池的背面，以减小电池的串联电阻。n+/p型电池上电极是负极，下电极是正极；p+/n型电池则与之相反，上电极是正极，下电极是负极。铝浆印刷烧结法是目前晶体硅太阳能电池商品化生产大量采用的方法。其工艺为：把硅片置于真空镀膜机的钟罩内，当真空度抽到足够高时，便凝结成一层铝薄膜，其厚度控制在30～100 nm；然后，再在铝薄膜上蒸镀一层银，厚度为2～5 μm；为便于电池的组合装配，电极上还需钎焊一层锡-铝-银的合金焊料。此外，为得到栅线状的上电极，在蒸镀铝和银时，硅表面需放置一定形状的金属掩膜。上电极栅线密度一般为2～4条/cm，多的可达10～19条/cm，最多的可达60条/cm。

用丝网印刷技术制作的上电极，既可降低成本，又便于自动化的连续生产。所谓丝网印刷，是用涤纶薄膜等制成所需电极图形的掩膜，贴在丝网上，然后套在硅片上，用银浆、铝浆印刷出所需要电极的图形，经过在真空和保护气氛中烧结，形成牢固的接触电极。

金属电极与硅基体黏结的牢固程度，是显示太阳能电池性能的主要指标。电极脱落往往是电池失效的重要原因。在电极的制作中应十分注意黏结的牢固性。

（6）腐蚀周边。在扩散过程中，硅片的周边表面有扩散层的形成。硅片周边表面的扩散层会使电池上、下电极形成短路环，必须将其除去。周边上存在任何微小的局部短路，都会使得电池的并联电阻下降，以致其成为废品。去边的方法主要有腐蚀法和挤压法。腐蚀法是将硅片两面掩好，在硝酸、氢氟酸组成的腐蚀液中腐蚀30 s左右。挤压法则是用大小与硅片相同而略带弹性的耐酸橡胶或塑料与硅片相间整齐地隔开，施加一定压力阻止腐蚀液渗入缝隙来达到掩蔽的效果。

（7）蒸镀减反射膜。光在硅表面的反射损失率高达35%。为减少硅表面对光的反射，可采用真空镀膜法、气相生长法或其他化学方法等，在已制好的电池正面蒸镀上一层或多层二氧化硅、二氧化钛、五氧化二钽、五氧化二铌减反射膜。减反射膜不但具有减少光反射的作用，而且对电池表面还可起到钝化和保护的作用。对减反射膜的要求是：膜对入射光波长范围的吸收率要小，膜的物理与化学稳定性要好，膜层与硅能形成牢固的黏结，膜对潮湿空气及酸碱气氛有一定的抵抗能力，并且制作工艺简单、价格低廉。其中二氧化硅膜，工艺成熟，制作简便，是目前生产上常用的方法。它可以提高太阳能电池的光能利用率，增加电池的电能输出。镀上一层减反射膜可将入射光的反射率减少10%左右，而镀上两层则可将反射率减少4%以下。减少入射光反射率的另一办法就是采用绒面技术，即利用氢氧化钠稀释液、乙二氨

和磷苯二酚水溶液、乙醇氨水溶液等化学腐蚀剂对电池表面进行绒面处理。如果以（100）面作为电池的表面，用这些腐蚀液处理后，电池表面会出现（111）面形成的正方锥。这些正方锥像山丛一样密布于电池的表面，肉眼看来像丝绒一样，因此称之为绒面。电池经过绒面处理后，增加了入射光投射到电池表面的机会，第一次没有被吸收的光被折射后又会投射到电池表面的另一晶面上时仍然可能会被吸收。这样可使入射光的反射率减少到10%以内，如果再镀上一层减反射膜，反射率还可进一步降低。

（8）检验测试。经过上述工艺制得的电池，在作为成品电池入库前，需要进行测试，以检验其质量是否合格。在生产中主要测试的是电池的电流-电压特性曲线，从而可以得知电池的短路电流、开路电压、最大输出功率以及串联电阻等参数。

3. 太阳能电池组件的封装

单体太阳能电池输出的电压、电流和功率都很小，一般来说，输出电压只有0.5 V左右，输出功率只有1～2 W，不能满足作为电源的应用要求。为提高输出功率，需要将多个单体电池合理地连接起来，并封装成组件。若在需要更大功率的场合中，则需要将多个组件连接成为方阵，以向负载提供数值更大的电流、电压的输出。为保证组件在室外条件下使用，必须有良好的封装，以满足使用中对防风、防尘、防湿、防腐蚀等条件的要求。研究结果表明，电池的失效问题往往出在组件的封装上，如由于封装材料与电池分离，使光接触变坏，因此电池效率下降；由于密封不好，会使得组件进入湿气；由于连接单体电池之间的导电带焊接工艺不完善，造成焊接不牢或者助焊剂变色等。所以组件封装是整个太阳能电池生产制造的重要工艺，其成本占总成本的1/4～1/3左右。地面用硅太阳能电池组件的性能要求为：

（1）工作寿命长。

（2）有良好的封装和电绝缘特性。

（3）有足够的机械强度，能够经受运输和使用中产生的振动、冲击和热应力。

（4）紫外线辐照下的稳定性能好。

（5）因组合引起的损失效率小。

（6）可靠性高，单体电池损失效率小。

（7）封装成本低。

组件单体电池的连接方式主要有串联和并联两种方式，也可以同时采用这两种方式形成串、并联混合连接方式，如果每个单体电池的性能是一样的，多个单体电池的串联连接可以在不改变输出电流的情况下，使输出电压成比例的增加；并联连接方式，则可以在不改变输出电压的情况下，使输出

电流成比例的增加；而串、并联混合的连接方式，则既可增加组件的输出电压，又可增加组件的输出电流。

晶体硅太阳能电池组件的封装结构，通常有玻璃壳体式、底盒式、平板式、全胶密封式等样式。

太阳能电池组件的工作寿命长短与封装材料和封装工艺有很大联系。封装材料的寿命是决定组件寿命的重要因素。

①上盖板。覆盖在电池的正面，构成了组件的最外层，它既要透光率高，又要坚固且耐风霜雨雪、经受沙砾冰雹的冲击，能够起到长期保护电池的作用。在目前的商品化生产中，低铁钢化玻璃是被广泛应用的上盖板材料。

②黏结剂。它是固定电池和保证上、下盖板紧密结合的关键材料。要求有：

a.在可见光的范围内具有高透光性，并可抗紫外线老化；

b.具有一定的弹性，可以缓冲不同材料间的热胀冷缩带来的影响；

c.具有良好的电绝缘性能和化学稳定性，不会产生有害电池的气体和液体；

d.具有良好的气密性，能阻止外界湿气和其他有害气体对电池的侵蚀；

e.适合用自动化的组件封装。材料主要有室温固化硅橡胶、聚氟乙烯（PVF）、聚乙烯醇缩丁醛（PVB）和乙烯聚醋酸乙烯酯（EVA）等。

③底板。它对电池既有保护作用又可以起到支撑作用。一般对底板的特性要求为：

a.具有优良的耐气候性能，能阻隔从背面进来的潮气和其他有害气体；

b.在层压温度下不起任何变化；

c.与黏结材料的结合牢固，一般所用的材料有玻璃、铝合金、有机玻璃以及PVF复合膜等。目前生产上应用较多的是PVF复合膜。

④边框。平板式组件应有边框，用来保护组件和便于组件与方阵支架的连接固定。边框与黏结剂形成对组件边缘的密封。边框材料主要有不锈钢、铝合金、橡胶和塑料等。

⑤组件封装的工艺流程。不同结构的组件有不同的封装工艺。下面介绍平板式硅太阳能电池组件的封装工艺流程。

通常可将这一工艺流程概述为：组件中间是通过金属导电带焊接在一起的单体电池，电池上、下两侧均为EVA膜，最上面的是低铁钢化玻璃，背面是PVF复合膜。将各层材料按次序叠好后，放入真空层压机内进行热压封装。最上层的玻璃为低铁钢化玻璃，此玻璃透光率高，并且经紫外线长期照射也不会变色。在EVA膜中加入抗紫外线剂和固化剂，在热压处理过程中固化会形成具有一定弹性的保护层，并保证电池与钢化玻璃的紧密接触。PVF

复合膜具有良好的耐光、防潮、防腐蚀性能，经层压封装后，再在四周加上密封条，装上经过阳极氧化的铝合金边框以及接线盒，即可成为成品组件。最后，要对成品组件进行检验测试，测试的内容主要包括开路电压、短路电流、填充因子以及最大输出功率等。

2.3.3 控制器

2.3.3.1 控制器的功能

对太阳能光伏发电系统进行控制与管理的设备被称为控制器，控制器是太阳能光伏发电平衡系统的主要组成之一。在小型光伏发电系统中，控制器的作用主要是防止蓄电池过充电和过放电现象的产生，因而也称为充放电控制器。在大中型光伏发电系统中，控制器担负的作用主要有平衡管理光伏系统能量，保护蓄电池以及整个光伏系统正常工作和显示系统工作状态等。控制器既可以是单独使用的设备，又可以和逆变器制作成为一体化机。

大中型控制器应具备如下功能：

（1）信号检测。检测光伏系统各种装置和各个单元的状态及参数，为系统进行判断、控制、保护等提供可靠的依据。需检测的物理量有输入电压、充电电流、输出电压、输出电流和蓄电池温升等。

（2）蓄电池最优充电控制。控制器根据当前太阳能资源状况和蓄电池的荷电状态，确定最佳的充电方式，以实现高效、快速地进行充电，并充分考虑充电方式对蓄电池寿命的影响。

（3）蓄电池放电管理。对蓄电池组放电过程进行控制，如负载控制自动开关机，实现软启动，防止负载接入时蓄电池组端电压突降而导致的错误保护等。

（4）设备保护。光伏系统连接的用电设备在有些情况下需由控制器来提供保护，如系统中因逆变电路故障而出现的过电压，因负载短路而出现的过电流等，若不及时加以控制，就有可能导致光伏系统或用电设备的损坏。

（5）故障诊断定位。当光伏系统发生故障时，该设备可自动检测故障类型，指示故障位置，对系统进行维护提供方便。

（6）运行状态指示。通过指示灯、显示器等方式来指示光伏系统的运行状态和故障信息。

2.3.3.2 控制器的控制方式和分类

光伏系统在控制器的管理下运行，控制器可以采用多种技术方式实现其控制功能。比较常见的两种方式有逻辑控制和计算机控制。智能控制器多采用计算机控制方式。

1.逻辑控制方式

它是一种以模拟和数字电路为主所构成的控制器。它通过测量有关的电气参数，对电路进行运算、判断，实现特定的控制功能。逻辑控制方式的控制器按电器方式的不同，可以分为并联型控制器、串联控制器、脉宽调制型控制器、多路控制器、两阶段双电压控制器和最大功率跟踪（MPPT）型控制器等类型。

2.计算机控制方式

计算机控制方式能综合收集光伏系统的模拟量、开关量状态，有效利用计算机的快速运算、判断能力，实现最优控制和智能化管理。它由硬件线路和软件系统两部分组成。硬件线路和软件系统相互配合、协调工作，从而实现了对光伏系统的控制和管理。硬件线路以CPU（中央处理器）为核心，由电流和电压检测电路，通过模拟输入通道和开关输入通道将信息送入计算机；另外，计算机经过运算、判断所发出的调节信号、控制指令，通过模拟输出通道和开关输出通道送往执行机构，执行机构可根据收到的命令进行相应的调节和控制。软件系统是针对特定的光伏系统而设计的应用程序。它由调度程序和若干实现专门功能的软件模块或函数所组成。调度程序根据系统的当前状态，按照设定的方式完成有关信息的检测、运算、判断、控制、管理、告警、保护等一系列功能，根据设计的充电方式进行充电控制以及放电管理。由于计算机特别是单片机价格低廉、设计灵活、性能价格比高，因此目前设计生产的大中型光伏系统用的控制器大多采用单片机技术来实现控制功能，又因为有许多离网光伏系统都安装在边远偏僻地区，对光伏系统的运行控制与管理提出了遥测、遥控、遥信等新功能的要求，因此目前控制器的研发、生产正朝着智能化、多功能化的方向快速发展。

2.3.3.3 常见控制器的基本电路和工作原理

1.并联型充放电控制器

它是利用并联在光伏方阵两端的机械或电子开关器件来控制充电过程。当蓄电池充满时，把光伏方阵的输出分流到旁路电阻器或功率模块上去，然后以热的形式消耗掉；当蓄电池电压回落到一定值时，再断开旁路然后恢复充电。因为这种方式消耗热能，多数用于小型（如12 V/12 A以内）光伏系统。这类控制器的优点是结构简单并且不受电源极性影响，但缺点是容易引起热斑效应。

2.串联型充放电控制器

它是利用串联在回路中的机械或电子开关器件来控制充电过程。当蓄电池充满时，开关器件断开充电回路，蓄电池就会停止充电；当蓄电池电压回落到一定值时，再接通充电回路。串联在回路中的开关器件，还可以在夜晚

切断光伏方阵，取代防反充二极管。这类控制器，结构简单，价格较低，并且一般不会引起热斑效应。把光伏系统当作负电源用于通信系统使用时，其开关电路的设计将会有所改变。

串联型充放电控制器和并联型充放电控制器电路结构相似，唯一区别在于开关器件的接法不同，并联型控制器并联在太阳能电池方阵输出端，而串联型控制器是串联。在充电回路中，当蓄电池电压大于“充满切断电压”时，开关器件关闭，使太阳能电池方阵不再对蓄电池进行充电，起到“过充电保护”的作用。其他元件的作用和并联型充放电控制器相同，不再重复说明。

3. 多路充电控制器

光伏方阵分成多个支路接入控制器，一般应用于5 kW以上的中大功率光伏系统。当蓄电池充满时，控制器将光伏方阵逐个断开；当蓄电池电压回落到一定值时，控制器再将光伏方阵逐个接通，以实现对蓄电池组充电电压和电流的调节。这种控制方式属于增量控制法，可以近似地达到脉宽调制控制的效果，路数越多则增幅越小，越接近线性调节。但路数越多设备成本也就越高，所以在确定光伏方阵接入路数时，应综合考虑控制效果和控制器价格之间的关系。

4. 脉宽调制型控制器

脉宽调制型控制器又称为DC-DC直流变换器。它以PWM脉冲方式来控制光伏方阵的输入。当蓄电池趋于充满时，脉冲的频率和时间都会缩短。据研究，这种充电过程的平均充电电流的瞬时变化更符合蓄电池当前的荷电状态要求，能够增加光伏系统的充电效率，约比简单断开式控制器的充电效率高15%，并可延长蓄电池的总循环寿命，但缺点是控制器自身将带来4%～8%的损耗。脉冲宽度调制开关用于DC-DC转换的充电控制电路。由于这种调制开关的复杂性和高成本，因此在小型光伏发电系统中应用较少。采用脉冲宽度调制DC-DC转换原理的控制器具有如下特点：

（1）输给DC-DC变换器的光伏方阵电压能够随着可能使用的升高或降低的变换器而改变。这对于在那些光伏方阵和蓄电池分置间隔较大的地方特别适用。光伏方阵电压在一个中心点上能被提高或降低到蓄电池的电压值，可以减少电缆中的功率损失。

（2）能向蓄电池提供良好的控制充电特性。

（3）能用于追踪光伏方阵的最大功率点。

5. 最大功率跟踪（MPPT）型控制器

由太阳能电池方阵的电压和电流检测后相乘所得到的功率，判断太阳能电池方阵此时的输出功率是否达到最大。若不在最大功率点运行，则调整脉宽、调制输出占空比、改变充电电流，再次进行实时采样，并做出是否应改

变占空比的判断。通过这样的寻优过程，可以保证太阳能电池方阵始终运行在最大功率点状态。这种类型的控制器可以使太阳能电池方阵始终保持在最大功率点状态，以充分利用太阳能电池方阵的输出能量。同时，可以采用PWM调制方式，使充电电流成为脉冲电流，减少蓄电池的极化，提高充电效率。

6.智能型控制器

（1）智能型控制器一般结构。智能型控制器的基本结构是以CPU为核心，各功能部件通过系统总线与CPU相连接，各部分在软件系统指挥下完成信号检测、控制调节、系统管理、操作显示、联机通信等任务。

CPU用于执行程序代码，控制外部设备和功能执行机构的工作；存储器用于存放专门设计的应用程序，即程序指令，也可以存储一些重要数据；模/数转换是将检测电路获得的电压、电流、温度等信号转变成为计算机可以接收的数字信号；数/模转换是将计算机运算、判断、处理后生成的数字信号表达的指令转换为模拟电压、电流信号，对控制参数进行调节；光电隔离是将来自各单元电路和装置的开关状态，经光电隔离后送入计算机，同时也将计算机的指令经光电隔离后送到开关控制及各种执行机构，对系统进行整体控制；键盘和显示部分用于接收操作者的指令、输入参数和显示系统运行状态及有关参数；通信接口用于实现联网通信，使光伏发电系统具有“三遥”功能，以便于联网进行监控管理。

（2）模拟信号测量。光伏发电系统中光伏方阵的I-U特性、蓄电池电压、充电电流、输出电压、输出电流、环境温度等都为模拟量，需由检测电路将这些物理量测准，然后由模/数转换电路将测到的模拟信号转换为数字信号才能被计算机接收。模拟量检测电路测出模拟信号，即模拟量及其变化，由信号处理电路将模拟信号转换为标准的电压信号，再由模/数转换电路将标准电压转换为数字信号。通常用于实现数/模转换的有A/D转换和V/F转换两种方法。

（3）状态检测。状态检测是为了获取各检测点的工作状态，如各单元电路是否正常，电气和环境参数是否已超越报警，输出是否短路等。

（4）开关控制输出。由计算机输出的开关控制命令被锁存器锁存，经过光电隔离后对信号进行驱动放大，再送到功率电子开关、继电器等需要开关控制信号的部件来实现通断控制。

（5）模拟调节输出。光伏发电系统实现最优化充放电，既可以充分利用太阳能，又可以保护蓄电池，使其使用寿命延长。这些电压、电流模拟量的调节，由计算机输出控制信号通过调节电路来实现。计算机发出的数字信号与调节电路可接受的模拟信号间需要模/数转换，并通过功率放大用来驱动调

节电路完成调节任务。模/数转换有多种方式：采用D/A转换器将数字转换为模拟电压；采用PWM方式输出脉冲宽度调制信号，由积分电路积分后获得模拟电压，多路应用一个D/A转换器，减少一个D/A转换器的数量，需用多路切换开关和保持器，结构较复杂，而且还要求计算机周期性更新保持器的内容，以保证输出电压在期望值上不需要用D/A转换器。

（6）操作管理与数据、状态显示。光伏发电系统的操作管理需要用户干预调整，而系统状态及各种数据又都要让用户知道，因而光伏发电控制系统需要配置操作键盘、按钮和显示设备。为使操作运行尽可能地简单、直观，并且避免复杂的操作，系统的运行在已设定的程序控制的情况下，如发生意外或故障，控制器完全能够自行处理，只需在必要时给出运行状态显示即可。因此，操作管理可以不必使用键盘，只需几个按钮就可以将信息通过数字输入口送进计算机。数据显示可使用多种方法，当信息量较小时，采用LED或LCD显示器即可。

（7）联机通信。这是太阳能光伏发电系统实现遥信、遥测、遥控功能的基础。通过联机通信，可以依据远端采集系统的运行数据向系统下达控制命令，实现对分散在不同区域的光伏发电系统及相关设备进行集中控制管理。联机通信是借助计算机来实现的。根据系统运行的环境差异和对通信速率的需求，联机通信可采用无线通信或有线通信等多种手段，也可采用RS232或RS-485LAPD高速数据链路、DDN网及Modem等。

2.3.3.4 控制器的选择、安装和使用及维护

1.选择

选择控制器应注意以下几点主要技术指标：

（1）系统电压，即蓄电池电压。

（2）输入最大电流和输入路数。

（3）输出的最大电流。

（4）蓄电池过充电保护门限。

（5）蓄电池过放电保护门限。

（6）辅助功能，包括保护功能以及通信、显示、数据采集和存储等。

控制器的系统电压与蓄电池的电压应保持一致。控制器的最大输入电流，取决于太阳能电池方阵的电流大小。控制器的输入路数，小型系统一般只有一路太阳能电池方阵的输入，中大型系统通常采用多路太阳能电池方阵的输入。控制器的输出电流，取决于输出负载的电流，通常就是逆变器的电流。

2.安装

太阳能光伏发电系统用控制器的安装比较简单，只需要将太阳能电池方

阵、蓄电池组与输出负载（交流系统即为逆变器）接好即可。接线的顺序，一般为：蓄电池组→太阳能电池方阵→负载。连接太阳能电池方阵，最好是在早晚太阳光较弱时进行，避免拉弧。

3.使用

控制器是自动控制设备，安装好后就可以自动投入工作，不需要人工操作。平时，只需工作人员注意观察控制器面板上的表头和指示灯，即可根据说明书的说明判断出控制器的工作状态。需要观察的主要有：

（1）蓄电池电压。

（2）充电电流。

（3）放电电流。

（4）蓄电池是否已经充满。

（5）蓄电池是否已经放电等。

4.维护

控制器的维护也很简单，除擦拭清洁外，只需定期或不定期检查接线、工作指示及控制门限等即可。

2.3.4 逆变器

下面重点对离网太阳能光伏发电系统用的逆变器进行介绍。关于联网逆变器已在联网太阳能光伏发电系统中介绍过，因此不再重复说明。

2.3.4.1 逆变器的概念

通常把将交流电能变换成直流电能的过程称为整流，把完成整流功能的电路称为整流电路，把实现整流过程的装置称为整流设备或整流器。与之相对应的，把直流电能变换成交流电能的过程称为逆变，把完成逆变功能的电路称为逆变电路，把实现逆变过程的装置称为逆变设备或逆变器。

现代逆变技术是研究逆变电路理论和应用的一门科学技术。它是建立在工业电子技术、半导体器件技术、现代控制技术、现代电力电子技术、半导体变流技术、脉宽调制（PWM）技术等学科基础之上的一门实用技术，主要包括半导体功率集成器件及其应用、逆变电路和逆变控制技术三部分。

2.3.4.2 逆变器的作用

太阳能电池方阵在阳光照射下产生直流电，但是以直流电形式供电的系统有很大局限性。例如，日光灯、电视机、电冰箱、电风扇等大多数家用电器均不能直接用直流电源供电。绝大多数动力机械也是这样。另外，当供电系统需要升高或降低电压时，交流系统只需要加一个变压器即可，而在直流系统中升降压技术与装置则要复杂得多。因此，除特殊的用户外，在离网型光伏发电系统中都要配备逆变器。逆变器还具备有自动稳频稳压功能，可保

障光伏发电系统的供电质量。综上所述，逆变器已成为离网型光伏发电系统中不可或缺的重要设备。

光伏发电系统与公共电网连接共同承担着供电任务，是光伏发电进入大规模商业化发电阶段成为电力工业组成部分之一的重要方向，是当今世界光伏发电技术发展的主流。2006年以来，世界联网光伏发电系统的年安装容量已占到世界光伏电池组件总产量的70%以上。联网逆变器是联网光伏发电系统的最基本组成部件之一，必须通过它将光伏方阵输出的直流电能变换成为符合国家电能质量标准各项规定的交流电能后才能并入电网，允许并网。

2.3.4.3 逆变器的分类

逆变器的种类很多，因此可按照不同的方法进行分类：

（1）按逆变器输出交流电能的频率可以分为工频逆变器、中频逆变器和高频逆变器。工频逆变器一般是指频率为50～60 Hz的逆变器；中频逆变器的频率一般为400 Hz到十几千赫兹；高频逆变器的频率一般在十几千赫兹到1 MHz范围内。

（2）按逆变器输出的相数可分为单相逆变器、三相逆变器和多相逆变器。

（3）按逆变器输出电能的去向可以分为有源逆变器和无源逆变器。凡将逆变器输出的电能向工业电网输送的逆变器，统称为有源逆变器；凡将逆变器输出的电能输向某种用电负载的逆变器，统称为无源逆变器。

（4）按逆变器主电路的形式可以分为单端式（包括正激式和反激式）逆变器、推挽式逆变器、半桥式逆变器及全桥式逆变器。

（5）按逆变器主开关器件的类型可分为普通晶闸管（也称为可控硅SCR）逆变器、大功率晶体管（GTR）逆变器、功率场效应晶体管（VMOS-FET）逆变器、绝缘栅双极晶体管（IGBT）逆变器和MOS控制晶体管（MCT）逆变器等。一般也可将其归纳为“半控型”逆变器和“全控型”逆变器两大类。前者不具备自关断能力，元器件在导通后即失去控制作用，故称之为“半控型”，普通晶闸管（SCR）就属于这一类；后者则具有自关断能力，即元器件的导通和关断均可由控制极加以控制，因此称之为“全控型”，功率场效应晶体管（VMOSFET）和绝缘栅双极晶体管（IGBT）等均属于这一类。

（6）按逆变器稳定输出参量可以分为电压型逆变器（VSI）和电流型逆变器（CSI）。前者的直流电压近于恒定，输出电压为交变方波；后者的直流电流近于恒定，输出电流为交变方波。

（7）按逆变器输出电压或电流的波形可以分为正弦波输出逆变器和非正弦波（包括方波、阶梯波、准方波等）输出逆变器。

（8）按逆变器控制方式可以分为调频式（PFM）逆变器和调脉宽式

(PWM) 逆变器。

(9) 按逆变器开关电路工作方式可以分为谐振式逆变器、定频硬开关式逆变器和定频软开关式逆变器。

(10) 按逆变器换流方式可以分为负载换流式逆变器和自换流式逆变器。

2.3.4.4 逆变器的基本结构

逆变器的直接功能是将直流电能转变成为交流电能。逆变装置的核心是逆变开关电路，简称为逆变电路。该电路通过电力电子开关的导通与关断，来完成逆变的功能。电力电子开关器件的通断需要一定的驱动脉冲，这些脉冲可以通过改变一个电路来实现，通常称为控制电路或控制回路。逆变装置的基本结构除上述的主逆变电路和控制电路外，还有保护电路、辅助电路、输入电路、输出电路等。

2.3.4.5 逆变器的主要技术性能及评价选用

1.技术性能

表征逆变器性能的基本参数与技术条件内容很多。下面仅对评价逆变器时经常用到的部分参数进行说明。

(1) 额定输出电压。在规定的输入直流电压允许的波动范围内，它表示逆变器应能输出的额定电压值。输出额定电压值的稳定准确度有以下两条规定：

①在稳态运行时，电压波动范围应该有一个限定，例如，其偏差不超过额定值的±3%或±5%；

②在负载突变（额定负载的50%～100%）或有其他干扰因素影响的动态情况下，其输出电压偏差不应超过额定值的±8%或±10%。

(2) 输出电压的不平衡度。在正常工作条件下，逆变器输出的三相电压不平衡度（逆序分量对正序分量之比）应不超过一个规定值，一般以“%”表示，如5%或8%。

(3) 输出电压的波形失真度。当逆变器输出电压为正弦波时，应规定允许的最大波形失真度（或谐波含量）。通常以输出电压的总波形失真度表示，其值不应超过5%（单相输出允许10%）。

(4) 额定输出频率。逆变器输出交流电压的频率应是一个相对稳定的值，通常为工频50 Hz。正常工作条件下其偏差应该在±1%以内。

(5) 负载功率因数。它表示逆变器带感性负载或容性负载的能力。在正弦波条件下，负载功率因数为0.7～0.9（滞后），额定值为0.9。

(6) 额定输出电流（或额定输出容量）。它表示在规定的负载功率因数范围内，逆变器的额定输出电流。有些逆变器产品给出的是额定输出容量，其单位用“VA”或“kVA”表示。逆变器的额定容量是当输出功率因数为1（纯阻性负载）时，额定输出电压与额定输出电流的乘积。

（7）额定输出效率。逆变器的效率是在规定的工作条件下，其输出的功率对输入的功率的比值，以“%”表示。逆变器在额定输出容量下的效率为满负荷效率，在10%额定输出容量下的效率为低负荷效率。

（8）保护。

①过电压保护。对于没有电压稳定措施的逆变器，应有输出过电压的保护措施，这样可以使负载免受输出过电压的损害。

②过电流保护。逆变器的过电流保护，应该能保证在负载发生短路或电流超过允许值时及时动作，使其免受浪涌电流的损伤。

（9）启动特性。则表示逆变器带负载启动的能力和动态工作时的性能。逆变器应保证在额定负载下可靠启动。

（10）噪声。电力电子设备中的变压器、滤波电感、电磁开关及风扇等部件都会产生噪声。逆变器正常运行时，其噪声应不超过80 dB，小型逆变器的噪声应不超过65 dB。

2.评价选用

为了正确选用光伏发电系统用的逆变器，必须对逆变器的技术性能进行评价。依据逆变器对离网型光伏发电系统运行特性的影响和光伏发电系统对逆变器性能的要求，以下各项均是必不可少的评价内容。

（1）额定输出容量。额定输出容量表示逆变器负载供电的能力。额定输出容量值高的逆变器可带更多的用电负载。但当逆变器的负载不是纯阻性时，即输出功率小于1时，逆变器的负载能力将小于所给出的额定输出容量值。

（2）输出电压稳定度。其表征逆变器输出电压的稳压能力。多数逆变器产品给出的是输入直流电压在允许波动范围内该逆变器输出电压的偏差，通常称之为电压调整率。当负载由0%～100%变化时，高性能的逆变器应同时给出该逆变器输出电压的偏差，通常称为负载调整率。性能良好的逆变器的电压调整率应≤±3%，负载调整率应≤±6%。

（3）整机效率。逆变器的效率值表示自身功率损耗的大小，通常以“%”表示。容量较大的逆变器还应给出满负荷效率值和低负荷效率值。千瓦级以下的逆变器效率应为80%～85%。10 kW级以上的逆变器效率应为85%～95%。逆变器效率的高低对光伏发电系统提高有效发电量和降低发电成本有着很重要的影响。

（4）保护功能。过电压、过电流及短路保护是保证逆变器安全运行的最基本措施。完善的正弦波逆变器还具有欠电压保护、缺相保护等功能。

（5）启动性能。逆变器应保证在额定负载下可靠启动。高性能的逆变器可做到连续多次满负荷启动而不损坏功率部件。小型逆变器为了自身安全，有时采用软启动或限流启动方式。

以上是选择离网型光伏发电系统使用逆变器时缺一不可的、最基本的评价项目。其他诸如逆变器的波形失真度、噪声水平等技术性能，对大功率光伏发电系统和并网型光伏电站也十分重要。

当选用离网型光伏发电系统用的逆变器时，除依据上述五项基本评价内容外，还应注意以下几点：

（1）逆变器应该具有足够的额定输出容量和过载能力。逆变器的选用首先要考虑具有足够的额定容量，可以满足最大负载下设备对电功率的需求。对以单一设备为负载的逆变器，其额定容量的选取相对简单，当用电设备为纯阻性负载或功率因数大于0.9时，选取逆变器的额定容量为用电设备容量的1.1～1.2倍即可。在逆变器以多个设备为负载时，逆变器容量的选取要考虑几个用电设备同时工作的可能性，即负载同时系数。

（2）逆变器应具有较高的电压稳定性。在离网型光伏发电系统中均以蓄电池为储能设备。当标称电压为12 V的蓄电池处于浮充电状态时，端电压可以达到13.5 V，短时间过充电状态可达到15 V。蓄电池带负载放电结束时端电压可降至10.5 V或更低。蓄电池端电压的起伏可达标称电压的30%左右。这就要求逆变器具有良好的调压性能，才能保证光伏发电系统以稳定的交流电压供电。

（3）在各种负载下具有高效率或较高效率。整机效率高是光伏发电用逆变器区别于通用型逆变器的一个显著特点。10 kW级的通用型逆变器实际效率只有70%～80%，将其用于光伏发电系统时将带来总发电量20%～30%的电能损耗。光伏发电系统的专用逆变器，在设计中应特别注意减少自身功率的损耗，提高整机效率。这是提高光伏发电系统技术经济指标的重要措施之一。在整机效率方面对光伏发电专用逆变器的要求有：10 kW级以下逆变器，额定负载效率≥80%～85%，低负载效率≥65%～75%；10 kW级以上逆变器，额定负载效率≥85%～95%，低负载效率≥70%～85%。

（4）逆变器必须具有较好的过电流保护与短路保护功能。光伏发电系统正常运行过程中，因负载故障、人员误操作或外界干扰等因素而引起的供电系统过电流或短路是完全可能的。逆变器对外电路的过电流及短路现象最为敏感，是光伏发电系统中的薄弱环节。因此，在选用逆变器时，必须要求具有良好的对过电流和短路的自我保护功能。

（5）维护方便。高质量的逆变器在运行若干年后，会因元器件失效而出现故障，属正常现象。除生产厂家需有良好的售后服务系统外，还要求生产厂家在逆变器生产工艺、结构及元器件选型方面，具有良好的可维护性。例如，损坏的元器件有充足的备件或容易买到，或元器件的互换性好；在工艺

结构上，元器件容易拆装，更换方便。这样，即使逆变器出现故障，也可迅速恢复并正常工作。

2.3.4.6 光伏系统逆变器的操作使用与维护检修

1.操作使用

（1）应该严格按照逆变器使用维护说明书的要求进行设备连接和安装。在安装时，应该认真检查：线径是否符合要求；各部件及端子在运输中是否有松动；绝缘处是否绝缘良好；系统的接地是否符合规定标准。

（2）应该严格按照逆变器使用维护说明书的规定操作使用，尤其是在开机前要注意输入电压正常与否，在操作时要注意开关机的顺序正确与否以及各表头和指示灯的指示正常与否。

（3）逆变器一般都有断路、过电流、过电压、过热等项目的自动保护，因此在发生这些现象时，无须人工停机；自动保护的保护点，一般在出厂时已设定好，无须再行调整。

（4）逆变器机柜内有高压，操作人员一般不能打开柜门，柜门平时应该锁死。

（5）在室温超过30 ℃时，应该采取散热降温措施来防止设备发生故障，延长设备的使用寿命。

2.维护检修

（1）要定期检查逆变器各部分的接线是否牢固，查看有无松动现象，尤其应认真检查风扇、功率模块、输入端子、输出端子以及接地等。

（2）一旦报警停机不能马上开机，应查明原因并且及时修复后再行开机，检查应严格按逆变器维护手册的规定按步骤进行操作。

（3）操作人员必须经过专门培训，应达到能够判断一般故障的产生原因并能进行排除的水准，例如能够熟练地更换保险丝、组件以及损坏的电路板等。未经培训的人员，不得上岗操作使用设备。

（4）如发生不易排除的事故或事故的原因不清时，应做好事故的详细记录，并及时查看是否电线路的设计以及辅助或备用电源的选型和设计存在的问题等。软件设计由于牵涉复杂的辐射量、安装倾角以及系统优化的设计计算，一般都是由计算机来完成的；在要求不太严格的情况下，也可以采取估算的方法。

2.3.5 太阳能光伏发电系统的设计

2.3.5.1 太阳能光伏发电系统的设计

太阳能光伏发电系统的设计分为软件设计和硬件设计，软件设计先于硬件设计。软件设计包括：负载用电量的计算，太阳能电池方阵面辐射量的计算，太阳能电池组件、蓄电池用量的计算和两者之间相互匹配的优化设计，太阳能电池方阵安装倾角的计算，系统运行情况的预测和系统经济性的分析等。硬件设计包括：负载的选型及必要的设计，太阳能电池组件和蓄电池的选型，太阳能电池方阵支架的设计，逆变器的选型和设计以及控制、测量系统的选型及设计。大中型太阳能光伏发电系统，还要有方阵场的设计、防雷接地的设计、配电设备的低压配电线路的设计以及辅助或备用电源的选型及设计等。软件设计由于牵涉复杂的太阳辐射量、安装倾角以及系统优化的设计计算，一般均是由计算机来完成；在要求不太严格的情况下，也可以采取估算的方法。

太阳能光伏发电系统设计的总原则，是在确保系统质量和保证满足负载供电需求的前提下，确定使用最少的太阳能电池组件功率和蓄电池容量，尽量减少初始投资。系统设计者应当知道，在光伏发电系统设计过程中做出的每个决定都会影响造价。因为不适当的选择，有可能轻易地使系统的投资成倍增加，并且不见得就能满足使用要求。在做出要建立一个离网光伏发电系统的决定并开始行动之后，可按下述步骤进行设计：计算负载，确定蓄电池容量，确定太阳能电池方阵容量，选择控制器和逆变器等问题。

在设计计算中，需要的基本数据有：现场的地理位置，包括地点、纬度、经度和海拔高度等；安装地点的气象资料，包括逐月太阳总辐射量、直接辐射量及散射辐射量，年平均气温和最高、最低气温，最长连续阴雨天，最大风速及冰雹、阵雪等特殊气候情况等。气象资料一般无法做出长期预测，只能根据以往10～20年的平均值作为依据。但是很少有离网光伏发电系统建在太阳辐射数据资料齐全的城市，而偏远地区的太阳辐射数据可能并不类似最近的城市。因此，只能采用邻近某个城市的气象资料或类似地区的气象观测站所记录的数据进行推测，在类推时要把握好可能偏差的因素。要知道太阳能资源的估算会直接影响到系统的性能和造价。另外，从气象部门得到的资料一般只有水平面的太阳辐射量，无法换算为倾斜面上的辐射量。

1.负载用电量的计算

负载用电量的计算是离网太阳能光伏发电系统设计的重要内容之一。通常的方法是列出负载的名称、功率要求、额定工作电压和每天的用电小时数，交流负载和直流负载应分别列出。功率因素在交流功率的计算中可以不予考虑，然后将负载分类和按工作电压进行分组，计算每组的总功率，再选定系统工作电压，计算整个系统在这一电压下所要求的平均安培·小时数(A·h)，即可算出所有负载的每天平均耗电量之和。关于系统工作电压的选择，经常是选最大功率负载所要求的电压。在交流负载为主的系统中，直流系统电压应当考虑选用适合的逆变器输入电压。通常离网太阳能光伏发电系统，交流负载工作是220 V，直流负载是12 V或其倍数24 V、48 V等。从理

论上说，负载的确定是直截了当的，而实际上负载的要求通常却是不确定的。例如，家用电器所要求的功率可从制造厂商的资料上得知，但对它们的工作时间却并不知道，每天、每周和每月的使用时间很可能估算过高，使得其累计的结果会造成设计的光伏发电系统容量和造价上升。实际上，某些较大功率的负载可安排在不同的时间内使用。在严格的设计中，我们必须掌握光伏发电系统的负载特性，即每天24 h中不同时间的负载功率，特别是对于集中的供电系统，了解用电规律即可适时加以控制。

2.蓄电池容量的确定

系统中蓄电池容量最佳值的确定，必须综合考虑太阳能电池方阵发电量、逆变器的效率等。蓄电池容量C的计算方法有多种，通常可通过下式2-19算出。

$$C=\frac{DFP_0}{LUK_\alpha} \tag{2-19}$$

式中：

C——蓄电池容量，W·h；

D——最长无日照期间用电时数，h；

F——蓄电池放电效率的修正系数（通常取1.05）；

P_0——平均负荷容量，kW；

L——蓄电池的维修保养率（通常取0.8）；

U——蓄电池的放电深度（通常取0.5）；

K_α——包括逆变器等交流回路损耗率（通常取0.8）。

3.太阳能电池功率的确定

（1）确定平均峰值日照时数：将历年逐月平均倾斜方阵上的日总辐射量化成“MW/cm²”表示，除以标准日太阳辐照度，即为平均峰值日照时数（T_m）。其计算式2-20为：

$$T_m=\frac{I_t}{100} \tag{2-20}$$

（2）确定方阵的最佳电流：方阵应输出的最小电流I_{min}为：

$$I_{min}=\frac{Q}{T_m\eta_1\eta_2\eta_3} \tag{2-21}$$

式中：

Q——负载每天的总耗电量；

η_1——蓄电池的充电效率，通常取0.9；

η_2——方阵表面由于尘污遮蔽或老化引起的修正系数，通常取0.9；

η_3——方阵组合损失和对最大功率点偏离的修正系数，通常取0.9。

由方阵面上各月中最小的太阳总辐射量可算出各月中最小的峰值时数

（T_{min}），则方阵应输出的最大电流为I_{max}为：

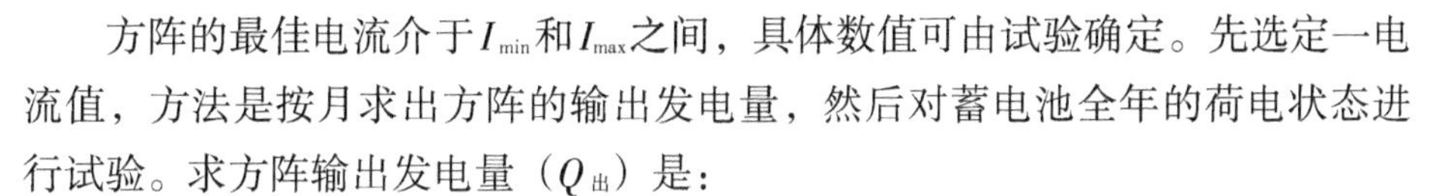

$$I_{max}=\frac{Q}{T_{min}\eta_1\eta_2\eta_3} \tag{2-22}$$

方阵的最佳电流介于I_{min}和I_{max}之间，具体数值可由试验确定。先选定一电流值，方法是按月求出方阵的输出发电量，然后对蓄电池全年的荷电状态进行试验。求方阵输出发电量（$Q_{出}$）是：

$$Q_{出}=INI_t\eta_1\eta_2\eta_3/100 \tag{2-23}$$

式中：

N——当月天数。

各月负载耗电量为：$Q_{负}=NQ$。两者相减，如$\Delta Q=Q_{出}-Q_{负}$为正，则表示该月方阵发电量大于用电量，能给蓄电池充电。若ΔQ为负，则表示该月方阵发电量小于耗电量，要用蓄电池储存起来的电能补充，蓄电池在此时处于亏损状态。如果蓄电池全年荷电状态低于原定的放电深度（一般≤0.5），则应该增加方阵的输出电流；如果荷电状态始终高于放电深度的允许值，则可以减少方阵输出电流。当然，一般也可以增加或减少蓄电池的容量。若有必要，还可以通过改变方阵倾角的方法得出最佳的方阵电流I_m。

（3）确定方阵工作电压：方阵的工作电压输出应该足够大，才能够保证全年有效地对蓄电池充电。因此，方阵在任何季节的工作电压须满足

$$U=U_f+U_d+U_i \tag{2-24}$$

式中：

U_f——蓄电池的浮充电压；

U_d——因阻塞二极管和线路直流损耗引起的压降；

U_i——温度升高而引起的压降。

可知，厂商出售的太阳能电池组件所标出的标称工作电压和输出功率最大值，都是在标准状态下测试的结果。由太阳能电池的温度特性曲线可知，当温度升高时，其工作电压有较明显下降，可用下面的公式2-25计算压降U_i

$$U_i=\alpha（T_{max}-25）U_\alpha \tag{2-25}$$

式中：

α——太阳能电池的温度系数（对单晶硅和多晶硅电池α=0.005，对非晶硅电池α=0.003）；

T_{max}——太阳能电池的最高工作温度；

U_α——太阳能电池的标称工作电压。

（4）确定方阵的功率：方阵功率（F）=最佳工作电流(I)×最佳工作电压(U)

这样，只要根据算出的蓄电池容量和太阳能电池方阵电流、电压及功率，参照厂商提供的蓄电池和太阳能电池组件性能参数，就可选取合适的组

件型号和规格。由此可以很容易地确定构成方阵的组件的串联数以及并联数。

光伏方阵对于光荫蔽十分敏感。在串联回路中，单个组件或部分电池被遮光，都有可能造成该组件或电池上产生反向电压，因为受其他串联组件的驱动，电流被迫通过遮光区域产生不希望有的加热，严重时可能会对组件造成永久性的损坏。通常可以采用一个二极管旁路来解决这个问题。

在选购太阳能电池组件时，如是按照一定方式来串联、并联构成方阵，设计者或使用者应向厂方提出，所有组件的*I*–*U*特性曲线必须要有良好的一致性，以免方阵的组合效率过低。一般要求光伏组件的组合效率应大于95%。

4.控制器的选型

根据光伏系统的功率、电压、方阵路数、蓄电池组数以及用户的特殊要求等确定选用的控制器类型。一般来说，家用太阳能光伏电源系统采用单路脉宽调制控制器；中小功率光伏电站采用多路控制器；通信和其他工业领域的光伏系统应采用具有通信功能的智能控制器，而大型光伏电站则应采用多功能的智能控制器。

5.逆变器的选型

根据光伏系统的直流电压确定逆变器的直流输入，根据负载的类型确定逆变器的功率和相数，根据负载的冲击性决定逆变器的功率余量。一般来说，农村离网光伏系统的负载种类很难准确预知，因此在选用逆变器时务必要留有较充分的余量，以确保系统具有良好的耐冲击性和可靠性。

6.备用电源的选用

离网光伏系统需配置备用电源时，一般都采用柴油发电机组。其功能：一是当阴雨天过长或负荷过重造成蓄电池亏电时，通过整流设备为蓄电池补充充电；二是当光伏系统发生故障导致无法送电时，由其直接向负载供电。一般来说，只有20 kW以上的中大型光伏电站和不允许断电的通信等的光伏系统才宜考虑配置柴油发电机组作为备用电源，其容量应该与负载相匹配。

7.数据采集系统的采用

其功能是采集、记录、存储、显示光伏系统所在地的太阳辐射量、环境温度和系统的运行数据并加以传播。一般只在大中型光伏电站和无人值守的通信、地震、气象站等的光伏系统中采用配置。

2.4 太阳房

2.4.1 太阳房概述

2.4.1.1 太阳房概述

1.综述

（1）太阳房定义。太阳房是一种俗称，其正规的技术名称为被动式太阳能采暖建筑。太阳房可以在冬季起到采暖作用，提高房屋的室内温度，同时兼顾夏季的降温。

按照国际上的惯用名称，太阳能供暖方式可分为主动式和被动式两大类。主动式是以太阳能集热器、管道、风机或泵、散热器和储热装置等组成的强制循环太阳能采暖系统。被动式则是通过建筑朝向和周围环境的合理布置，内部空间和外部形体的巧妙处理，以及恰当选择建筑材料和结构，使房屋在冬季能集取、保持、储存、分布太阳热能，来解决建筑物的采暖问题。

运用被动式太阳能采暖原理建造的房屋称之为被动式采暖太阳房，简称“被动式太阳房”或“太阳房”。如果说主动式太阳能采暖系统主要是暖通工程师的工作，那么被动式采暖太阳房则主要由建筑师设计，即通过建筑朝向，周围环境的布置，建筑平、立面构造，建筑材料选择等方面的合理设计，使建筑物达到在冬季最大限度利用太阳能采暖，而夏季又不至于太过炎热。

由于主动式太阳能采暖系统比较复杂，设备多，所以初次投资和经常维持费用都比被动式太阳能采暖高。法国曾对太阳能资源较丰富的奥台罗地区的太阳能采暖进行了经济比较，结论是：当太阳能利用率为60%时，主动式太阳能采暖系统的初次投资比被动式太阳能采暖高1倍。我国是发展中国家，从国情出发，应该优先发展被动式太阳能采暖。

（2）太阳房在我国的发展。建筑物内设置的供暖设施，无论是旧式的火炉，还是现代的暖气系统，都是为了满足房屋在寒冷的冬季能达到一定的热舒适度。阳光是人类赖以生存的基本三要素之一，自古以来，我们的老祖先在修建房屋时，就知道利用太阳的光能和热量。我国的传统民居，大都坐北朝南布置，北、东、西三面围以厚墙保温，南立面满开门窗，增加采光得热，这就是最早的太阳房。20世纪70年代席卷世界的能源危机促进了对太阳能的应用和研究，太阳能供暖技术也因此得到了迅速发展。

我国的第一栋被动式采暖太阳房建于1977年，地点在甘肃省民勤县，由甘肃省武威地区科委研究设计，这是一栋南窗直接受益结合实体集热蓄热墙

集取太阳得热的组合式太阳房。从1977—1987年，我国建成了实验性太阳房和被动式太阳能采暖示范建筑近400栋，总建筑面积近10万m^2，分布于北京、天津、甘肃、青海、河北、山东、内蒙古、新疆、辽宁、西藏、宁夏、河南、陕西等地区，几乎包括了我国北方采暖区的绝大部分地区。这些太阳房的建筑类型大部分为农村住宅，但也包括学校、办公楼、商店、宾馆、医院、邮电所、公路道班房和城市住宅等，几乎覆盖了除工业用建筑物以外的所有民用建筑，有单层建筑和多层建筑，还有带有我国典型地域特点的窑洞等。在这些太阳房中建成较早而又比较有特点的有天津武清区杨村的武清区人民政府招待所，山东济南市和潍坊市的多层住宅楼以及甘肃武威地区的公路道班房等。

在第一个10年的发展阶段中，有两个大的国际合作项目对我国的被动式太阳房开发应用起到了巨大的推动作用，一个是中德合作项目，另一个则是联合国援助项目。

在国家科技攻关计划中，多次列入了太阳能建筑的攻关项目。这些科研项目的攻关内容，涉及了被动式太阳房的各个领域，既有基础理论研究、模拟试验、热工参数分析、设计优化，又有材料、构件的开发和示范房屋及工程建设。在基础理论方面，通过对太阳房的传热机理进行分析，建立了太阳房的动态物理、数学模型，根据模型编制了模拟计算软件。利用计算软件及模拟试验验证，对影响太阳房的相关参数进行了灵敏度分析和优化计算，并在对已建成的试验和示范太阳房所做的大量试验、测试及工程实践的基础上，提出了优化设计方法。在材料、构件的开发方面，我国的科技工作者除创造了花格蓄热墙、快速集热墙等新型的采暖方式外，还对墙体、屋顶、地面的保温措施因地制宜地创造了多种多样具有中国特色的形式。如在农民住宅中，利用麦糠装在塑料袋中做顶棚保温材料等，既满足了需要，又降低了造价，并注意到了耐久性问题；又如在选用锯末、秸秆等有机保温材料时，用掺入10%的生石灰（体积比）先行予以钙化防腐处理的方法；特别是在利用中国建筑物结构较多的特性来解决被动式太阳房室温被动的问题上有所突破。另外，科技工作者还创造了结合中国国情的保温窗帘，门、窗密封，玻璃贴膜等技术。

在工程设计和技术方面，各省、各地区也有针对自己地域特点和居住习惯的设计及技术措施。为指导设计，还相继出版了一些被动太阳房实例汇编和设计图集。

从“六五”到“八五”的国家科技攻关项目中，有一个共同的特点就是十分重视被动式太阳房示范工程的建设，为各个不同地区的太阳房建设树立了样板。通过攻关还得到了适合中国太阳房的热性能试验、测试方法以及对

太阳房舒适性和经济性的评价方法。1993年由农业部组织编写的《被动式太阳房技术条件和热性能测试方法》通过了专家评议，为国内太阳房的质量性能评定提供了依据。

“六五”到“八五”的国家科技攻关项目，为被动式太阳房在我国的普及推广奠定了坚实的基础。当前，我国被动式太阳房已进入规模普及阶段。主要表现在以提高室内舒适度为目标，由群体太阳能建筑向太阳能住宅小区、太阳村、太阳城发展。特别是常规能源的相对缺乏，经济的相对落后，环境污染比较严重的西部地区，发展速度更为迅猛，有的地区的年平均递增率高达15%。各地还制订了推广太阳能建筑的阳光计划。

从全球环境保护的利益出发，相关的国际组织和金融机构加大了对中国太阳能应用项目的支持和合作。例如，1999年正式启动的世界银行和全球环境基金（GEF）向我国卫生部贷款、赠款的被动太阳能采暖乡镇卫生院试点项目。

经过广大科技工作者近三十年的努力，在引进、消化、吸收世界太阳能建筑技术的基础上，我国已经形成了具有中国特色的包括理论、设计、施工、试验及评价方法的整套被动式太阳能采暖技术。

2. 太阳房的供暖方式分类

被动式太阳能采暖系统的特点是不需要专门的集热器、热交换器、水泵（或风机）等主动式太阳能采暖系统中所必备的部件，只是依靠建筑方位的合理布置，通过窗、墙、屋顶等建筑物本身构造和材料的热工性能，用自然交换的方式（辐射、对流、传导）使建筑物在冬季尽可能多地吸收和储存热量来达到采暖的目的。简言之，被动式采暖系统就是根据当地的气象条件，在不添加附件设备的条件下，只在建筑构造和材料性能上下功夫，使房屋达到一定采暖效果的一种方法。

长期以来，各国人民积累了丰富而且成功的经验，从太阳能热利用的角度，创造了多种太阳房形式。归纳起来，按照太阳热量进入建筑的方式，被动式太阳能采暖可分为两大类，即直接受益式和间接受益式。直接受益式是太阳辐射能直接穿过建筑物的透光面进入室内。间接受益式是通过一个接受部件进行热能传输。间接受益的这种接受部件实际上是建筑组成的一部分或在屋面、墙面，而太阳辐射能在接受部件中转换成热能再由不同传热方式对建筑供暖。

目前常用的太阳房有如下五种类型，后四种均属间接受益式。

（1）直接受益式：利用向阳面窗户直接照射的太阳能。

（2）集热蓄热墙式：利用向阳面墙进行集热蓄热。

（3）附加阳光间式：在向阳面墙外设置透光温室。

(4) 屋顶集热蓄热式：利用屋顶进行集热蓄热。

(5) 对流环路式：利用自然循环作用进行加热循环。

2.4.1.2　太阳房各类供暖方式的基本工作原理

1. 直接受益式

这是被动式太阳房中最简单的一种形式，在房屋的向阳立面有较大面积的玻璃窗，即加大房间向阳面的窗。做成落地式大玻璃墙或增设高侧窗、天窗，让阳光直接照进到室内加热房间；窗扇的密封性要好，并且配有保温窗帘或保温窗扇（板），防止夜间从窗户向外的热损失。

在冬季晴朗的白天，阳光通过南向的窗（门）透过玻璃直接照射到室内的墙壁、地板和家具上，让它们的温度升高，并被用来储存热量；夜间，当室外和房间温度都下降时，墙和地面储存的热量通过辐射、对流和传导被释放出来。同时，在窗（门）上加设的保温窗帘或保温窗扇（板），可以有效阻止热量向室外环境的散失，使室温能够维持在一定的水平。

增加南侧开口面积可以在有日照时获得较多的太阳辐射热，但如果处理不好，则向外的散热损失也会增加。同时，室温波动较大，该类型更适用于仅需要白天采暖的办公室、学校等公共建筑物。这种形式太阳房的关键是如何提高窗的有效获热量，国外已研制出透明保温玻璃，这种玻璃透过太阳短波辐射的能力更强，对热镜也有研究，但造价高，目前还不宜实用，而后者还需要利用动力在有光照时将其吸出，消耗动力大。

2. 集热墙和集热蓄热墙式

在向阳面的墙体外覆盖一玻璃罩盖，玻璃罩盖和外墙面之间形成一层空气夹层，厚度在60～100 mm为宜。墙体采用具有一定蓄热能力的混凝土或砖砌体比较合适；玻璃罩盖后的墙体上可以贴保温材料（如聚苯乙烯板材），以及加贴一层金属板（铁皮、铝皮）吸热材料，金属板做成平板型或折板型以增加吸收面积，也可以不贴保温材料、不加吸热材料；墙的外表面或吸热材料表面涂成黑色或其他深色，以更多地吸收阳光。空气夹层设置位置有两种：一种是在玻璃板和金属板之间（吸热板前风道式），另一种则是在金属与保温材料之间（吸热板后风道式）。为了区别两者，可称贴有保温材料的为集热墙，未贴的为集热蓄热墙。

墙的上、下侧可开通风孔，风口处设置了可开关的风门，或完全不开通风孔。最早的集热蓄热墙始于法国，即著名的特朗勃墙。

集热墙的工作原理是：太阳光照射到南向、外面有玻璃罩的深色集热墙体上，集热墙吸收太阳的辐射热后，通过传导把热量传到墙内侧，再以对流和热辐射方式向室内供热。同时，在玻璃罩和墙体的夹层中，被加热的空气上升，由墙上部的通气孔向室内送热，而室内的冷空气由墙下部的通气孔进入夹层，如此形成向室内输送热风的对流循环，以上是冬天工作情况。夏天，关闭墙上部的通风孔，室内热空气随设在墙外上端的排气孔排出，使室内得到通风，达到降温效果。不开通风孔的集热墙，可以使进入夹层的灰尘减少；但由于墙内热空气不能和室内形成对流循环，因此与有孔集热墙相比，供热效果差一些。在有效厚度内通过传导同样可以向室内供热。由于金属板吸热后升温快，夹层空气也相应很快升温，所以空气温度高于集热蓄热墙的夹层空气温度。

集热蓄热墙的工作原理是：太阳辐射光透过玻璃照射到外墙表面，被吸收转换为热能，使其温度升高。一方面加热墙与玻璃之间的夹层中的空气升温后温度逐渐上升，热空气由上风口进入室内，热量经对流方式进入室内使室温升高，室内空气再由下风口进入墙与玻璃之间的空气通道而形成自然循环，在夜间则需关闭上、下风口，以防止逆循环；另一方面，被墙体吸收的太阳热量除加热夹层空气外，还有一部分热量加热蓄热墙体，并经热传导通过墙体达到墙的室内表面，再经辐射和对流方式进入室内。因为墙体没有贴保温材料，与集热墙相比，夹层空气的升温幅度稍低。集热蓄热墙式供暖方式使室内温度波动小，比较舒适，但玻璃夹层中间易进灰尘，不好清理，且立面不太美观。另外，由于蓄热墙体表面温度高，夜间无保温板时向外散热损失较大，净热效率在20%～25%。

为了满足居住者对舒适性和适用性的要求，现代建筑应提供供暖、空调、冷热水、照明等功能，而这些设施的使用，如要节约有限的常规能源，开发取之不尽、用之不竭的太阳能能源，就是目前以及今后世界建筑的发展方向之一——太阳能房，即用太阳能代替常规能源提供建筑物的各种功能要求。

太阳能房可分为三个发展阶段：

（1）被动式太阳房：太阳能向室内传递时不用任何机械动力，不需要专门的蓄热器、热交换器、水泵等设备，完全靠自然（辐射、传导、对流）的方式进行，简称“被动房”。可以说被动式太阳房就是依据当地的气象条件、生活习惯，在不添加附加设备的条件下，精心设计，通过建筑构造，利用材料的一些特性使房屋达到在冬季可取暖，保持、储存、分布太阳的热能；而在夏季又能遮蔽太阳辐射，散发室内热量，从而达到建筑物的舒适性的一种建筑方式。

（2）主动式太阳房：它是在太阳能系统中安装的常规能源驱动系统，如控制系统供调节用的水泵（风机）及辅助热源设备。它可以根据用户需要调节室温达到舒适的环境条件，主要通过太阳能集热器将收集的热量通过管道输送到室内，以满足生活用水及采暖用热的一种建筑方式。

（3）“零能建筑”：它是指建筑物所需的全部能源均来自太阳能电池等光电转换设备，常规能源消耗为零。这种房屋向阳的墙面、屋面等均设置了太阳能电池板，并与建筑物电网并网，产生的电能除了满足用户的照明、电器等需要外，还可以作为建筑供暖、空调用电，是完全利用太阳能来满足建筑物的一切功能要求的“百分百可再生能源住宅”。

2.4.1.3 **被动式太阳房的基本结构**

被动式太阳房在大多数情况下，集热部件与建筑围护结构融为一体，构造十分简单，例如南向窗户墙体既要作为房屋的采光部件及围护结构，又是太阳能系统的集热蓄热部件。这样既利用了太阳能，又是房屋结构的一部分，节约了费用。经测定，专门设计建造的太阳房与普通房屋比起来，太阳能供热率要高许多。按照采集太阳能方式的不同，被动式太阳房可以分为以下四种形式。

1.直接受益式

这是较早采用的太阳房，南立面是单层或多层玻璃的直接受益窗，利用地板和侧墙储热。

2.集热蓄热墙式

这是1956年由法国学者Trombe等提出的一种现已流行的方案，就是在直接受益式太阳窗后面筑起一道重型结构墙。此类形式的太阳房是阳光透过透明盖层后照射在集热墙上，该墙外表面涂有吸热率较高的涂层，其顶部和底部分别开有通风孔，并设有可控制的开启活门，是目前应用最广泛的被动采暖方式之一。

3.附加阳光间式

在居室南侧有一个玻璃罩着的阳光间，阳光间与居室空间由墙或窗隔开，其机理与集热墙式相同并且阳光间的温度一般不要求控制，可以用来养花或栽培植物。

4.屋顶池式

这种形式适合冬季不寒冷、夏季较热的地区，兼有冬季采暖、夏季降温的两种功能。一般可用装满水的密封塑料袋作为储热体，置于屋顶顶棚之上，其上再设置可水平推拉开合的保温盖板。太阳房也是房屋建筑的一种，所以它的基本构成和普通房屋是一样的，由围护结构、屋面、地面、采光部件、保温系统组成，但是它的各部件都具有双重作用。由于被动式太阳房是集热、蓄热、耗热的综合体，所以它的组成系统中还应具备以下几个方面：

（1）太阳能集热器：其主要作用是收集太阳热量。它的形式有两种：

①利用建筑自身的结构作为集热器，例如南向的窗户。

②独立于建筑构件，附加在建筑物的南墙上。

大多数集热器都采用玻璃罩，是因为玻璃能通过太阳辐射热而不能通过常温和低温物体表面的热辐射，所以一旦太阳能透过玻璃被屋内空间的物质吸收，那么这些物质辐射出的能量将不会穿透玻璃发散到外部空间。

（2）蓄热体：被动式太阳房的热工性能好坏也取决于建筑物对太阳能的蓄热性能，有日照时，房间的蓄热性能好，它就可以向室内放出一些热量，以减少室温的波动。

（3）分配系统：不需要专门设置，建筑自身的墙、地面等储热构件分别会以辐射、对流和导热的方式直接传递到用热房间。

（4）辅助加热设施：因为太阳能不可能提供完全能满足用热要求的100%能量，所以为了保证室内的设计温度，我们常会在被动式太阳房中设置辅助热源，例如煤气、煤炭、暖风机等都可作为辅助热源。

2.4.2 太阳房的总体设计

2.4.2.1 太阳房建造的前期条件

太阳房的设计应满足适用、经济、美观、坚固，建太阳房前应考虑当地太阳能的资源是否丰富，要看当地的气象条件、冬季的日照时间是否满足，太阳能的辐射强度有多大；其次要考虑在房屋的南向面有无其他建筑物的遮挡。如有遮挡，则要控制建筑间距，应在当地冬至日中午12点时，太阳房南面遮挡物的阴影不能投射到太阳房的窗户上。一般控制间距至少为前排房屋高的两倍，以及建筑物本身突出物（挑檐、突出外墙、外表面的立柱等）在最冷的1月份对集热面的遮挡，以防有效吸热量的减少。单层建筑物也可以采用屋顶开窗采光。另外，要根据不同房间对温度的不同需求合理布局建筑平面的内部组合，对主要居室或办公室应尽量朝南布置，并避开边跨；对没有严格温度要求的房间、过道，如储藏室、楼梯间等区域可布置在北面或边跨；对南北房间之间的隔墙，应区别情况核算保温性能；对建筑的主要入口，从冬季防风考虑，一般应设置门斗；对一些人员密集的太阳房或建在较高海拔地区的太阳房应核算换气数量，以保证太阳房内存有大量的新鲜空气。

2.4.2.2 建筑选址及建筑朝向选择

被动式太阳房是通过建筑朝向和周围环境的合理布置，内部空间及外部形状的灵活处理以及建筑物结构及材料的恰当选择，使其在冬季能够吸收并储存太阳能，供建筑物取暖，而在夏季又能遮挡太阳辐射，散发室内热量，从而使室内温度降低。所以在设计太阳房时，首先要明确它的位置。据统计，在冬季，太阳能中约90%是在上午9点到下午3点这段时间内得到的，所以应考虑太阳房周围环境对它的遮挡；另外建筑物的形状以及开窗的方位对建筑物的能耗也有很大影响，因为建筑物在不同朝向时接收到的日照量是不

同的。在城市建设的总体规划时，各类不同房屋的朝向都不同，但据有关资料，太阳房的朝向最好是南偏西10°左右，冬天建筑物南向的太阳能辐射光线要比夏天多了近两倍。太阳房的朝向对太阳房性能的好坏和后期维护管理有着直接影响，不同季节太阳的高度角会有所不同，所以太阳辐射能进入不同朝向的房屋的多少也不同。对于一个位于北纬35°的建筑物，在冬季的一天中，对各个方位上全天所得的太阳辐射能的大小进行估算，若水平面的太阳辐射能为1，则冬季照在南墙的辐射能为1.58，而在夏季南面墙的辐射能仅为0.12。由此结论可以得出，在被动式太阳房设计时，必须充分考虑利用南墙、南窗来获得更多的太阳能。当然对于不同用途与类型的建筑物，南向朝向可略有偏移。在农村住宅中，人们日出而作、日落而息，所以希望下午日照时间长些，太阳房可选南偏西10°～15°方向；而学校、办公楼等太阳房，人们希望早些有阳光照射进来，因此选用南偏东10°～15°方向。

2.4.2.3 被动式太阳房的形体设计及热系统选择

太阳房的形体变化对建筑的热损失影响很大。我国在1996年颁布了《建筑节能技术标准》，标准中对建筑形体系数有明确的规定：体型系数越小，建筑物的热损失就越少。太阳房的最佳形体设计应是沿东向西伸展的矩形平面，并且在此墙面上不要出现过多的凸凹变化。此外太阳房房间内部的安排应依据房间的用途来确定，应将主要房间如住宅的卧室、起居室和学生宿舍排在南向，并且尽量避开边缘区域，而将辅助房间如住宅的厨房、卫生间和教室的走廊等区域放在北向或边缘，对寒冷地区有上下水道的房间（如厕所）要注意水管在冬季的防冻问题。

在太阳房的设计中，还应考虑对集热系统的选择。选择时主要是考虑采用热水集热方式有利，还是利用热风集热方式有利。一般初看会认为热风集热系统较有利，但如果综合分析比较会发现，这两种方式其实各有优缺点。当然热风集热方式结构简单，价格便宜，系统也没有冻结和腐蚀的问题，但是它的管道连接部分价格太高，且集热器存在需要解决自身放热的问题，所以一般住户不建议采用热风采暖系统，只有一些类似于高校、商场、工厂等在夜间对太阳能供给率要求低的建筑中，或在一些气候严寒、冻结问题严重的地区可选用此形式。当然无论是热水集热还是热风集热，都应该尽可能减少系统的热交换次数，并且如果有供热需求时，应将供热和供热水系统结合起来，这样就可以共用集热器，缩短设备投资的回收年限。通常会用到的热系统主要有三种：

（1）热水集热、热水供暖系统。

（2）热水集热、热风供暖系统。

（3）热风集热、热风供暖系统。

事实上，在太阳房的主动和被动之间并无严格的界线划分，被动式太阳房的巧妙之处就在于它可以利用房屋自身的构造达到收集、储备太阳能，从而使得室内温度提高，并保持一段时间内的稳定，那么它可以做到冬季采暖、夏季调节室内温度和空气的作用，而这些都需要依赖房屋本身的形体和巧妙的构造，一个好的被动式太阳房应该满足构造简单、节约材料、房间热舒适性好、操作方便、节能效益巨大等方面的要求。

1.被动式太阳房的空间设计

主要是指处理被动式太阳房与外部环境的关系及处理房屋内各房间之间的组合关系的设计。

在被动式太阳房的空间设计方面，不仅局限于房间的平面组合，还应按不同高度要求对房间进行立体组合，为满足不同房间的使用需求，可以从以下几个方面进行考虑：

（1）在被动式太阳房的空间组合中，要解决好夏季降温和冬季保温的问题。夏季要求室内空气自然对流，尽量避免使用机械通风，冬季应注意门窗的严密性，减少冬季季风的影响，例如大门入口处可设置门斗将屋内外空间进行隔断。

（2）因为空气的密度是随温度的变化而改变的，温度高、密度小，气流就会向上流动；温度低、密度大，气流就会下降，那么就会导致房间内空气温度出现分层现象。就经验来看，层高大的房间不如层高小的房间让人感觉暖和，是因为层高大的房间其容积就大，耗能相对也较高。所以就采暖角度而言，房间容积小会有利于采暖。

（3）由于不同房间的用途不同，所以对温度的要求也不同：一般的住宅主要房间（卧室、起居室）对舒适性要求较高，室温会要求在16～18 ℃的范围内，而次要房间（厨房、厕所）对室温要求会偏低，实际工程中可以为了节约能源将这些房间布置在阴面。

（4）从被动式太阳房的方位布置来看，“坐北朝南”为人们一直以来的共识，当然如果不可能达到正南正北的方向，也可适当偏东或偏西，这样就可以保证在整个采暖期内有足够的日照，还可以避免在夏季有过多的日晒。当然夏季还应利用水平或垂直的遮阳方式，使得各墙面不受或少受日照（特别是西晒），也可采用一些内、外遮阳设备，例如冬季在集热窗、墙处设置可移动的保温装置，或者在建筑物前栽种落叶植物，都可以达到很好的遮阳效果。

（5）从被动式太阳房与周围环境的空间布置来看，主要是考虑遮挡。太阳房间的间距应大于或等于当地冬至日中午12时南面房屋高度乘以太阳水平影长率。当然，在具体工程实际中可能会受到空间场地的限制，不能达到预想间距，这时可以适当降低使其达到冬至日中午12时阳光射至太阳房南墙面集热玻璃面的下沿。

2.被动式太阳房的结构构造设计

（1）结构构造设计原则

①被动式太阳房结构构造设计在结构的选型上没有固定的模式，主要是综合建筑物的使用用途、抗震强度、经济指标等因素进行综合考虑，最主要的是必须考虑被动式太阳房的耗热问题，也就是围护结构周边热桥的影响，在热桥的部位应该采取保温措施，以使被动式太阳房的构造与保温达到协调、统一。具体热桥的重点部位包括外墙周边的混凝土梁（或圈梁）、柱、女儿墙与楼板相接的部位、屋面檐口、窗台板以及墙体内金属物的耗热。

②在被动式太阳房结构构造设计时必须考虑地面沿外墙应有保温措施，且保温材料延伸至地面冰冻线以下。

③太阳房常用的墙体结构形式是砖混结构勃土砖夹心墙，并设构造拉结钢筋，但这样会因钢筋的导热系数大而使墙体的耗热量增大。墙体应在外侧增设保温层，保温材料应设置均匀，不留空漏，不能受潮、变质和散发有害物质。

④被动式太阳房的门窗及南向集热窗，应设缝隙密封条来防止冷风渗透，同时也可以装设保温帘或其他保温隔热措施，所有夹板木门要求门内装岩棉板、聚苯乙烯泡沫板等保温材料来减少门窗散热量。

⑤被动式太阳房的屋面应加强保温。

（2）被动式太阳房的构造设计在室内的具体应用

我国城市的居民住宅一般都比较窄小，且大多数为楼房，所以不可能像平房那样宽敞且能开辟出很大面积的阳光间，但大多数楼房都有露天或封闭的阳台，这样的南向阳台作为一个独立的空间就可以改造为阳光间，当然如客厅、卧室等朝向为南，面积也很大的房间可以开设大落地窗用以采光，也可以当作简单的阳光间来调节室内的热舒适度。具体可采用如下两种方式：

①将阳台到房间的隔墙拆除，在阳台地面铺设吸热材料，落地玻璃密封阳台，内设不锈钢的防护栏杆，白天投射入室内的阳光由地面吸热，再以辐射和对流的方式传至房间各处，晚间用厚窗帘挂在玻璃上以减少热量向室外的散失，当然夏天时可开启窗户进行自然通风。

②当客厅和卧室都有较大面积时，可开设大面积的窗户，并在窗户前设花格墙或吸热屏来吸收热量，在晚上或夏天时也可设置窗帘来保温或遮挡阳光。这两种方式既可改善居住环境，又可最大限度地利用热能，但如何合理地应用还会涉及吸热材料的选择、集热墙的结构设计以及开窗面积大小等问题，应综合考虑并积极探索新的方式和方法。

（3）被动式太阳房的建筑材料选择

被动式太阳房在设计建造时应使太阳房尽可能多的接收到太阳辐射，并具备良好的蓄热功能，以使太阳房内昼夜的温度波动幅度减少，防止夏季过热现象的发生，同时还应提高太阳房围护结构的保温程度，来减少不必要的热损失。那么为了更好地解决这些问题，就应合理地选择被动式太阳房专用的建筑材料，这样才能使太阳房达到理想的热舒适效果。

①衡量被动式太阳房优劣的一个主要方面：是否能够获得足够的太阳辐射量，而太阳辐射是要经过太阳房的透光材料进入室内的。目前常用于被动式太阳房的透光材料有普通玻璃和复合增强透光材料（有机玻璃、聚苯乙烯）。这两者各有优缺点：普通玻璃经济合理，刚度大，透过率高，不受一般化学性物质的侵蚀，但易碎且不易加工成曲面；而复合增强透光材料具备很高的透光率，质量轻、抗压、抗拉强度高，但耐光老化性较差，长期受到室外气候侵蚀，性能会快速下降。

②太阳辐射能被房间吸收后，房间应有足够的保温性能，才能维持一定的温度。保温节能的重要环节就在于保温材料的选择。保温材料一般都是多孔、疏松、质轻的泡沫或纤维状材料，保温材料的导热系数越小，则透过其传递的热量越少，保温性能就越好。一般保温材料的导热系数处于0.05～1.10 W/(m·k）范围之内。目前主要有岩棉制品、石棉制品、玻璃棉制品、聚苯乙烯制品等常被用于被动式太阳房的保温材料。

③冬季采暖期的太阳房围护结构材料应具备较强的蓄热能力，这样才能解决太阳房在采暖期室内周期性昼夜温度波动较大的问题。建筑材料的蓄热性能取决于导热系数、比热容、容重和热流波动的周期，建筑材料的容重较大，蓄热能力就大，那么储存的热量就越多，所以就太阳房设计而言，围护结构中蓄热材料的要求是具有较高的体积热容量和导热系数。目前，我国被动式太阳房中常用的蓄热材料就是混凝土和砖石。同时，多年来人们在太阳房设计时除了会考虑建筑物围护结构所采用的建筑材料性能外，还利用材料的有效显热和潜热储存的方法来解决太阳房采暖过程中会出现的温度波动现象等问题。在显热储热系统中，显热储热通常用液体（水）和固体（岩石）两类材料，而潜热储存方式是利用储能密度高和温度波动小的储热材料。潜热储存是通过物质发生相变时需要吸收或放出大量热量的性质来进行热量的储存，所以也称相变储存，其常用材料主要有无机盐的水合物和盐水溶液。事实上在1981年，甘肃自然能源研究所在兰州市红古区试验点建造的一座被动式太阳房就以十水硫酸钠作为其相变储热材料了。当然从实际应用的情况来看，相变储热作为太阳房储热材料还没有真正能够大规模的应用，还处于不断探索与研究的阶段。

思考题

1. 太阳的主要组成成分是什么？太阳辐射是如何产生的？
2. 什么是太阳常数？
3. 太阳能热水器主要由哪些装置组成？各部分的作用又是什么？
4. 平板型集热器的结构是什么？
5. 闷晒式太阳能主要有哪几种形式？
6. 太阳灶抛物面反射器的聚光原理是什么？
7. 太阳能光伏发电的优点是什么？
8. 太阳能电池工作的原理和必备条件是什么？
9. 太阳能电池按照材料来划分可分为几类？各自的特点是什么？
10. 被动式太阳房主要有哪几种形式？各自的特点是什么？

参考文献

[1]赵晶，赵争鸣，周德佳. 太阳能光伏发电技术现状及其发展[J]. 电气应用，2007，26（10）：6-10.

[2]周四清，马超群，李林. 太阳能光伏产业可持续发展理论研究思考[J]. 科技进步与对策，2007，24（7）：88-90.

[3]张东海. 推动我国太阳能光伏发电产业化的对策建议[J]. 宏观经济研究，2007（12）：20-21.

[4]黄柯. 太阳能光伏电技术在建筑设计中的应用[J]. 建筑学报，2006（11）：22-25.

[5]崔岩，蔡炳煌，李大勇，等. 太阳能光伏系统MPPT控制算法的对比研究[J]. 太阳能学报，2006，27（6）：535-539.

[6]高超，冼海珍. 板式振荡流热管太阳能集热器的热性能研究[C]. 十一届研究生学术交流年会，2013.

[7]荣达，冼海珍，高超，等. 平板式振荡流热管太阳能热水器热性能测试[C]. 中国工程热物理学会传热传质学术会议，2012.

[8]唐小峰，冼海珍，高超，等. 倾角变化对振荡流热管热性能的影响[C]. 第十届研究生学术交流年会，2012.

[9]唐小峰，冼海珍，高超，等. 戊醇对振荡流热管热性能的影响[C]. 第十届研究生学术交流年会，2012.

第3章 生物质热利用

目前能源和环境问题仍然是全球关注的焦点。地球上能量的来源，一部分是地球形成之初集聚的核能与地热能，另一部分是与我们关系最为密切的，持续来自地球形成后的太阳辐射。自地球上的绿色植物诞生以来，绿色植物利用光能将吸收的二氧化碳和水合成为有机物和碳水化合物，即将光能转化为化学能并储存下来。碳水化合物是光能储藏库，生物质是光能循环转化的载体，此外，煤炭、石油和天然气也是地质时代的绿色植物在地质作用影响下转化而成的。

广义上的生物质，主要指的是有机物质，它包含世界上所有的动物、植物和微生物，也包括这些生物的排泄物和代谢物。也有人认为生物质是指可再生物质，包括农产品及农业废料、木材及其废料、动物废料、城镇垃圾及水生植物等。狭义上的生物质是指由光合作用而产生的有机物，是所有来自草本植物、藻类、树木和农作物的有机物。作为可再生资源的生物质能，能够在较短的时间内再生。

3.1 丰富的生物质资源

3.1.1 认识生物质资源

生物质是人类最早用来获取能源的物质。地球上生物质资源相当丰富，据美国康奈尔大学估算，全世界陆地和海洋所有生态系统中，每年有机物的总量为1 400亿～1 800亿t（干重），其中，陆地产约1 100亿t，占70%。生物质能源的年生产量远超过全世界总能源需求量，大约相当于现在世界能源消费总和的10倍。据估计，到21世纪中叶，采用新技术生产的各种生物质替代燃料将占全球总能耗的40%以上。世界上生物质资源不仅数量庞大，而且种类繁多，形态多样。它包括所有的陆生、水生植物，人类和动物的排泄物以

及工业有机废物等。目前，我国生物质的生产量达60亿t干物质，单农作物秸秆就达6亿t，约折合标准煤2.15亿t。对生物质的利用主要是采用直接燃烧的方式，这样不但燃烧效率低，浪费了大量能源，而且造成了严重的大气污染。因而，探索新型高效的生物质利用技术，开发出高品位的优质能源势在必行。

生物质的品种、生长周期、繁殖与种植方法、收获方式、抗病灾性能、日照时间与日照强度、环境温度与湿度、雨量、土壤条件等，是影响生物质所含能量多少的主要因素。植物通过光合作用对太阳能进行转换，植物通过光合作用直接转换太阳能的效率是很低的，植物光合作用的转化率为0.5%～5%，一般平均效率大约是0.5%。这离5%还是有很大差距，所以利用植物生产生物质能的潜力是很大的。

3.1.2 光合作用

生物质是一种通过阳光、空气、水以及土壤产生的可再生的和可循环的有机物质，是一种持续性资源，包括农作物、树木和其他植物及其残体。如果生物质不能通过能源或物质方式被利用，则会被微生物分解。因此，人类要有效地利用生物质能。

光合作用是指绿色植物或一些可以进行光合作用的细菌通过吸收光能，转化二氧化碳和水，制造有机物质并释放氧气的过程。目前，光合作用的反应过程一般用下式（3-1）表示：

$$CO_2+H_2O+\text{太阳能} \longrightarrow (CH_2O)+O_2 \tag{3-1}$$

光合作用的过程主要包括两个主要阶段。第一个是光反应阶段，该过程需要光能在叶绿体基粒的类囊体上进行。首先是水分子光解成氧和氢，释放出氧气，然后在光照下生物内部发生转化，把光能转变成活跃的化学能并贮存在高能磷酸键中。第二个阶段是不需要光能也能进行的暗反应阶段，该阶段的化学反应主要发生在叶绿体的基质中，首先是二氧化碳的固定，即二氧化碳与五碳化合物结合，形成三碳化合物，某些三碳化合物经过一系列复杂的变化，形成糖类等有机物，此时，活跃的化学能转变为糖类等有机物中稳定的化学能。

光合作用不仅是植物体内最重要的生命活动过程，也是地球上最重要的化学反应过程。因此，光合作用对整个生物界具有巨大的作用。光合作用是把无机物转变成有机物，每年约合成5×10^{11}t有机物，可直接或间接作为人类或动物界的食物。

人类生活中所利用的煤炭、天然气、木材等都是植物通过光合作用形成的。另外，绿色植物在维持大气中氧气和二氧化碳的平衡方面更是功不可

没。地球上由绿色植物每年大约释放出5.35×10^{11} t的氧气供其他生物消耗，同时也保证了大气中21%的氧气含量。

由此可见，光合作用是地球上规模最大的把太阳能转变为可贮存的化学能的过程，也是规模最大的将无机物合成有机物并释放氧气的过程。从物质转变和能量转变的过程来看，光合作用是地球生命活动中最基本的物质代谢和能量代谢过程。

3.1.3 常见的生物质资源

生物质按不同的角度，可以分为很多不同的种类。如按生物学角度分类，生物质可分两类，即植物性生物质和非植物性生物质，前者指的是植物体以及人类利用植物体过程中产生的植物废弃物。后者指的是动物及其排泄物、微生物体及其代谢物，人类在利用动物、微生物过程中产生的废弃物，包括废水和垃圾中的有机成分。按能源资源分类，生物质主要分为森林资源、农业资源、水生生物质资源和城乡工业与生活有机废物资源。归结起来，生物质资源种类繁多，分布甚广，常见的生物质主要有如下几种。

1. 薪柴和林业废弃物

薪柴和林业废弃物是以木质素为主体的生物质材料，曾是人类生存、发展过程中利用的主要能源，目前还是许多发展中国家的重要能源。有一些地方会种植一些能源植物，即直接制取燃料为目标的栽培植物，经过筛选、嫁接、驯化以及培育，以提高其产量、产能效率。如甘蔗、甜高粱、木薯等均是生产燃料酒精的重要草本植物。

2. 农作物秸秆、残渣和养殖场牲畜粪便

农作物秸秆是最常见的农业生物质资源。农作物残渣具有水土保持与土壤肥力固化的功能，一般不作为能源利用。传统上秸秆多用于饲料、烧柴等，目前是生物质气化和沼气发酵的重要原料；而牲畜粪便是一种富含氮元素的生物质材料，可作为有机肥加工的重要原料。干燥后可直接燃烧供热，与秸秆一起构成沼气发酵的两大主要原料。

3. 工业有机废弃物及污水

城市有机垃圾的利用早为世界各国所关注。直接焚烧供热、气化发电以及用于发酵生产沼气等技术已日趋成熟。其中城市污水是唯一属于非团体型的生物质能原料，通过发酵技术可在治理废水的同时获得以液体或气体为载体的二次能源。

3.1.4 生物质资源的特点

生物质资源主要具有以下几个重要特点。

1.洁净

生物质资源是一类清洁的低碳燃料，因其含硫、氮量都较低，同时灰分含量也很小，因此燃烧后硫、氮等氧化物和灰尘排放量都比化石燃料少得多，是一种清洁的燃料。绿色植物通过光能把二氧化碳和水作为反应物，在生物质能消耗利用时，二氧化碳与水蒸气又是过程的最终产物。

2.能源品位较低

生物质的化学结构多属于碳水化合物，即化合物中有较高的氧含量，而可燃性元素碳、氢所占比例远低于化石能源。因此生物质在利用前需要经过预处理及提高能源品位等过程，从而增加了生物质能利用的实际成本。

3.不受时间限制

生物质的产生不受地域和时间的限制。只要能够吸收光能，不管是陆地还是水中都能有生物质的产生。

3.2 生物质能

在人类学会用火以后，生物质能成为人类最早直接利用的能源。生物质能源的应用研究也伴随着人类文明的进步，经历了各种曲折。在今天，生物质能的利用，成为仅次于煤炭、石油和天然气的第四大能源，在整个能源系统中占有重要地位。自20世纪70年代以来，人们对石油、煤炭、天然气的储量和可开采时限做过多种的估算与推测都得出一致结论：化石燃料将有被开采殆尽的一天。居安思危，开发替代能源就显得非常必要和迫切。而生物质能成为未来可持续能源系统的一部分，已是大势所趋。世界各国在调整本国能源发展战略中，已把高效利用生物质能放在技术开发的一个重要位置，预计到21世纪中叶，人类对生物质燃料的消耗将占全球总能耗的40%以上。而据相关数据表明，仅2015年我国生物质发电装机即达到1300万kW。

现在，摆在人们面前的一个重要问题是如何高效开发利用生物质能。用可再生的生物质能制成的高品位可燃气体和液体，取代不可再生的化石燃料，让其在电力、交通运输、城市供热等方面发挥重要作用，使人类摆脱对有限的化石燃料资源的依赖，已成为摆在人类面前的一项重要任务。因此，科学地利用生物质能、开发各种化石燃料的替代能源将是能源发展的一个重要方向，其利用前景十分广阔。

3.2.1 生物质能的优点

生物质能具有以下优点。

1. 可再生性

生物质能通过植物的光合作用可以再生，与风能、太阳能等一样都属于可再生能源，资源丰富。据统计，全球可再生能源资源可转换为二次能源约185.55亿t标准煤，相当于全球油、气和煤等化石燃料年消费量的2倍，其中生物质能占35%，位居首位。

2. 种类多、分布广、便利用

首先是生物质能的种类繁多，可以利用农作物或其他植物中所含的糖、淀粉和纤维素等制造燃料乙醇，可以利用含油的种子制造生物柴油作为汽车燃油，可以利用人畜粪便发酵生产沼气，也可以直接把薪柴林以及木业、采伐加工残柴作为燃料或加工为其他燃料，还能把农作物秸秆和加工残物直接作为燃料，或经发酵生产沼气，再进行沼气发电。一些生活垃圾也可以加以利用，一些有机物制造成固形燃料，或经发酵生产沼气。

3. 能源可储存性好

薪柴和作物秸秆直燃的历史已然很悠久了，目前通过秸秆等农作物的废渣发酵生产沼气用于炊事和照明在农村也很普遍，人们利用甘蔗、玉米等制造燃料乙醇，用以代替车用汽油。另外，与太阳能、风能相比生物质能突出的优点是易储存。

4. 节能、环保

用生物质能代替化石燃料，不仅可永续利用，而且环保和生态效果突出，对改善大气酸雨环境，减少大气中二氧化碳含量，减轻温室效应都有极大的好处。

3.2.2 生物质能转化利用技术

相对于风能、水能、太阳能、海洋能，生物质能是唯一可存储和运输的可再生能源。在组织结构方面，生物质能与常规的化石燃料很相似，它们的利用方式也相似。生物质的转化利用途径主要包括物理转化、化学转化、生物转化等，生物质可以转化为二次能源，分别为热能或电力、固体燃料、液体燃料和气体燃料等。

1. 生物质的物理转化

生物质的物理转化主要是指生物质的固化。通常是在不添加任何黏结剂的情况下，将生物质粉碎成均匀的且粒径相同的颗粒状，通过一定的高压设备将其挤压成特定的形状。在挤压过程中会有一定的热量产生来增大黏结

力，在黏结力的作用下生物质中木质素便黏结成型，然后再将其进一步炭化，最后制成炭。通过这样的物理转化作用，使得生物质的使用效率大大提高。由于生物质形状各异，堆积密度小且较松散，所以解决了在运输和储存中使用不方便等问题。

2.生物质的化学转化

生物质的化学转化主要包括以下几个方面：直接燃烧、热解、气化、液化等。

（1）直接燃烧

生物质能利用的最原始、最传统的方法是直接燃烧法。在现实生活中，很多的电能量和热能量就是在这种直接燃烧的过程所产生的，但这种方法的能量利用率很低，也造成了能量的浪费。通过直燃来烧饭、加热房间的能量利用效率只能达到10%～30%，但随着高效装置的产生，也改变了生物质能利用效率低的现状，其能源的利用率基本上接近了化石燃料的利用效率。

（2）生物质的热解

生物质的热解是通过化学转化方法，将其转化为更为有用的燃料。它的原理是生物质经过在无氧条件下加热或在缺氧条件下不完全燃烧后，转化成高能量密度的气体、液体和固体产物。

在热解过程中通过改变反应条件，如降低反应温度、提高加热速率、减少停留时间可获得较多的液态产物；降低反应温度和加热速率可获得较多的固体产物；提高反应温度、降低加热速率、延长停留时间可获得较多的气体产物。由于液体产品容易运输和储存，国际上近来很重视这类技术。最近，国外也开发了新的热解技术，即瞬时裂解，制取液体燃料油，以干物质计，液化油产率可达70%以上，该方法是一种很有开发前景的生物质应用技术。

（3）生物质的气化

生物质的气化原理是以氧气、水蒸气或氢气作为气化剂，在高温下通过热化学反应将生物质的可燃部分转化为可燃气，如一氧化碳、氢气和甲烷以及富氢化合物的混合物等的过程。

通过气化，之前的固体生物质被转化成容易使用的气体燃料，以此用来供热等使用，而且这样的能量转换效率比直接燃烧有很大的提高。目前，气化技术是生物质能转化利用技术研究的重要方向之一。

（4）生物质的液化

生物质的液化是对生物质进行热化学转化的过程，其原理是在高温高压的条件，对生物质进行液化处理，生物质由固体变成高热值的液体。在液化过程中，生物质固态的大分子将转化为液态的小分子。

生物质的液化主要分为三个阶段：第一个阶段为分解阶段，即破坏生物质的宏观结构，使其分解为大分子化合物；第二个阶段是把大分子有机物溶解于反应介质中；第三个阶段为液化，在高温高压的条件下，将生物质水解或溶剂解，以获取液态小分子有机物。在相同的反应条件下，不同的生物质虽然所含化学成分不同，但它们液化的产物主要是液态的生物质油和气态的生物质残留物。

3.生物质的生物转化

生物质的生物转化通常是通过厌氧消化和发酵生产乙醇等工艺方法把生物质原料转变为气态和液态燃料的过程。

（1）厌氧消化

厌氧消化是指将富含碳水化合物、蛋白质和脂肪的生物质在厌氧条件下通过厌氧微生物的分解转化成甲烷等可燃的气体。转化过程可分为三个步骤：

①把不可溶复合有机物转化成可溶化合物；

②将可溶化合物再转化成短链酸与乙醇；

③在各种厌氧菌的作用下转化成沼气，其中含有50%～80%的甲烷，最典型产物为含65%的甲烷与35%的二氧化碳，是一种优良的气体燃料。

厌氧消化技术又依据规模的大小设计为小型的沼气池技术和大中型集中的禽畜粪便或者工业有机废水的厌氧消化工艺技术。

（2）发酵工艺

根据原料的不同，乙醇发酵工艺可以分为两类：一类是含糖类植物直接发酵产生乙醇；一类是将原料先酸解转化为可发酵糖分，再经发酵生产乙醇。

3.2.3 我国生物质能利用现状

1.我国生物质资源的利用与政策

一直以来，我国都是一个农业大国，拥有丰富的生物质资源。据统计仅秸秆每年就有6亿t，其中一半可作为能源利用。全国生物质能的可再生能量按热当量计算为2亿t标准煤，相当于农村耗能量的70%。历年垃圾堆存量也高达60亿t，年产垃圾近14亿t。我国现有2/3的城市被垃圾环带所包围，城市垃圾造成的损失每年高达250亿～300亿元。若采取新技术来利用生物质能，并提高它的利用率，不仅可以解决农民生活用能问题，还可用作各种动力和车辆的燃料。因此，推广生物质能利用新技术潜力巨大，前景广阔。

中国作为一个迅速崛起的发展中国家，要在保护环境的前提下，实现国民经济的持续增长，必须改变传统的能源生产和消费方式，开发低污染、可再生的新能源。与煤相比，生物质含灰少，含N、S也少，排放的SO_2和NO_2远小于化石煤料。因此，生物质能的利用已经成为新能源的一个重要方向。

随着《可再生能源法》和《可再生能源发电价格和费用分摊管理试行办

法》等法律、法规的颁布，生物质能的利用已越来越受到人们的重视，不少地方政府还制定了专门的优惠政策。目前秸秆发电、生活垃圾发电以及农村的中小型生物质制取燃气和沼气工程都呈快速增长趋势。国家《可再生能源中长期发展规划》中提出，到2020年，生物质发电总装机容量要达到3 000 MW，可见生物质能产业发展的潜力之大。不过，生物质能的利用是一门多学科的技术，它涉及化学、热学、微生物学、环境科学及经济学等，又加之它是一门新兴的生产技术，所以，目前所采用的一些生产技术尚不尽人意，有待于进一步开发。

2. 生物质能在农村能源中的地位

生物质在农村能源中的位置可谓是举足轻重。作为发展中国家的农业大国，农村人口占据了人口的40%以上，在农村能源消费水平低，能源供求矛盾一直十分突出。在农村生产用能需要供应商品能源，相当大的一部分生活用能要依靠当地的自然能源来解决，大多数农村可供利用的自然能源主要是生物质能、太阳能、水能和风能，其中以生物质能表现形式的资源量较大，覆盖面较广，适合农村分散用能的要求，就地转换方便，利用方式简单。传统的利用方式具有投资少、见效快等优点，特别在发展中国家的广阔农业区，生物质能在可再生能源中占有极重要的位置。

3.2.4 秸秆发电

1. 简介与背景

秸秆是一种低价易得的很好的清洁可再生能源，是最具开发利用潜力的新能源之一，具有较好的经济、生态和社会效益。

秸秆发电，就是以农作物秸秆为主要燃料的一种发电方式，可分为秸秆气化发电和秸秆燃烧发电。前者是将秸秆在缺氧状态下燃烧，生成高品位、易输送、利用效率高的气体，利用这些产生的气体再进行发电。但秸秆气化发电工艺过程复杂，难以适应大规模应用，主要用于较小规模的发电项目。秸秆直接燃烧发电是21世纪初期实现规模化应用唯一现实的途径。

秸秆发电是秸秆优化利用的最主要形式之一。随着《可再生能源法》和《可再生能源发电价格和费用分摊管理试行办法》等的出台，秸秆发电备受关注，呈快速增长趋势。秸秆是一种很好的清洁可再生能源，其有效利用对缓解和最终解决温室效应问题将具有重要意义。在经济社会高速发展的今天，能源和生态问题越来越引起人们的重视。没有能源，经济发展就失去了动力，人们生存空间就受到了限制。选择新型再生能源，减少环境污染，就成了人们追求的一个主要目标，而利用新型秸秆能源就是其中一项重要内容。

2. 工艺流程

20世纪90年代后，以煤为代表的化石燃料发电技术飞速发展，使整个发电厂的发电效率、蒸汽的温度和压力得到了大幅提高。对于秸秆燃烧发电设备，也同样取得了很大进展。但是相对于燃煤设备，秸秆燃烧发电设备的设计建设经验相对较少，而且秸秆还具有独特的特性，使其很难达到较高的蒸汽参数。尤其是秸秆中氯化物含量较高，增加了锅炉在高蒸汽压力下腐蚀的可能性。多数秸秆燃烧发电厂的发电效率只能达到30%左右。一般而言，秸秆发电厂在发电的同时都供热，以提高整个电厂的效率。

3. 主要优势

秸秆发电已经被认为是新能源中最具开发利用规模的一种绿色可再生能源利用方式，推广秸秆发电，具有以下重要意义：

（1）农作物秸秆量大，覆盖面广，燃料来源充足。

（2）秸秆含硫量很低。国际能源机构的有关研究表明，秸秆的平均含硫量只有0.38%，而煤的平均含硫量约达1%。且低温燃烧产生的氮氧化物较少，所以除尘后的烟气可不进行脱硫，烟气可直接通过烟囱排入大气。秸秆发电不仅具有较好的经济效益，还有良好的生态效益和社会效益。

（3）各类作物秸秆发热量略有区别，但经测定，秸秆热值约为15 000 kJ/kg，相当于标准煤的50%。其中麦秸秆、玉米秸秆的发热量在农作物秸秆中为最小，低位发热量为14.4 MJ/kg，相当0.492 kg标准煤。使用秸秆发电，可降低煤炭消耗。

（4）秸秆通常含有3%～5%的灰分，这种灰分以锅炉飞灰和灰渣的形式被收集，含有丰富的营养成分，如钾、镁、磷和钙，可用作高效农业肥料。

（5）作为燃料，煤炭开采具有一定的危险性，特别是矿井开采，管理难度大。农作物秸秆与其相比，危险性小，易管理，且属于废弃物利用。

4. 效益分析

（1）生态效益

主要有利于环境的改善。长期以来，农作物秸秆基本上是被作为废品处理。每到收获季节，大部分地区都会出现“村村点火，处处冒烟，秸秆遍地，烽烟四起”的局面，对生态环境造成极大的危害。现在将这些秸秆变废为宝，可以减少不必要的大气污染。另外，秸秆发电是国际上发达国家普遍推行的CDM（清洁发展机制）项目，装机容量为12 MW的生物质发电机组，年减排当量CO_2约3.85万t，可大幅降低全球温室气体排放，比燃煤火电清洁得多，极少有污染物（特别是SO_2）排放。可以说，秸秆发电使传统的单向线性经济“资源—产品—污染排放”转化为“资源—产品—再生资源”的循环经济。

（2）经济效益

主要有利于增加农民收入。生物质发电使生物秸秆变废为宝，根据有关人员调查，内地一个百万人口的县，可年产小麦、玉米、棉花及水稻等农作物秸秆100多万t，约相当于50万t标煤。1个装机容量为25 MW的机组，年耗生物质秸秆30万t以上，若按150元/t的价格计算，则当地农民年收入约4 500万元，再加上生物质秸秆的收、储、运工作，可给当地提供大量新的就业岗位。

（3）社会效益

主要有利于改善能源结构。中国的能源结构以煤炭为主，约占70%，为了响应世界的能源主题，建成资源节约型、环境友好型的和谐社会，相比于污染严重的燃煤发电，清洁型的秸秆发电成了能源需求的一个有效补充。随着秸秆发电在全国的推广应用，不但可以解决我国能源危机，改善能源结构，而且对污染控制、缓解环境压力、减排温室气体具有良好的作用。

3.3 生物质燃烧技术

3.3.1 生物质燃料的特性

1. 生物质的化学组成

生物质固体燃料是由多种物质混合而成的，包括可燃的、不可燃的无机矿物质及水分。其中，可燃质的主要成分是碳、氢和氧。

（1）碳

碳是生物质中主要可燃元素。在燃烧过程中，可与氧发生氧化反应，1 kg的碳完全燃烧时，可以释放出约3.4万kJ的热量。生物质中碳有两种存在形式，一部分是与氢、氧等化合为各种有机化合物，一部分以结晶状态碳的形式存在。

（2）氢

在碳之后，主要可燃元素就是氢，1 kg氢完全燃烧时，可以释放出14.2万kJ的热量。生物质中所含有的氢也有两种形式变化，一部分是与碳、硫等化合为各种可燃的有机化合物，受热时热解析出，且易点火燃烧，这部分氢被称为自由氢。另有一部分氢和氧化合形成结晶水，这部分称为化合氢，显然它不可能参与氧化反应，释放出热量。

（3）氧和氮

作为两种不可燃元素，其中氧在热解期间一部分被释放出来满足燃烧过程对氧的需求。由于氮是惰性气体，在一般情况下，氮不会发生氧化反应，而是以自由状态排入大气。但是在一定条件下（如高温状态），部分氮可与氧生成氮氧化物，污染大气环境。

（4）硫

硫是燃料中一种有害可燃元素，它在燃烧过程中可以与氧气反应生成有害气体二氧化硫和三氧化硫，而此种气体会对设备造成腐蚀，也会污染环境。生物质中硫含量极低，如果替代煤等化石能源，可以减轻对环境的污染。

（5）灰分

灰分是非可燃矿物质，在燃烧时经高温氧化分解形成的固体残渣，而且灰分影响生物质的燃烧过程。减少生物质的灰分含量，可以增加燃料的热值，使生物质燃烧时放出更高的温度。通常处理方法是将收获后的农作物秸秆在田中放置一段时间，植物秸秆经过雨水的清洗后，除去了部分灰分的同时氯和钾的含量也会降低，这样既减少了秸秆的运输量，又将秸秆对锅炉的磨损降到了最低，同时也减少了灰渣的处理量。

（6）水分

如同氧和氢，水分也是燃料中不可燃的部分。水分一般分为外在水分和内在水分，前者是指燃料表面的水分，可用自然干燥的方法去除；后者是指隐藏在燃料内部的水分，比较稳定。生物质水分的多少将影响燃烧的状况，含水率较高生物质的热值有所下降，导致起燃困难，燃烧温度偏低，阻碍燃烧反应的顺利进行。

2. 生物质原料的物理特性

生物质原料的物理特性，即原料的密度、原料的流动性、析出挥发后的残碳特性和灰熔点等，对生物质流化床气化工艺和气化工程的设计十分重要。

（1）密度和堆积密度

密度是指单位体积生物质的质量。衡量固体颗粒状物料密度的方法有两种：一是物料的真实密度，即我们通常所说的物质的密度，它是指去除颗粒间空隙的密度，需要用专门的方法进行测量；二是堆积密度，即包括颗粒间空隙在内的密度，一般在自然堆积的状态下测量。对固定床气化工艺用得更多的是堆积密度，它反映了单位体积物料的质量。

由于堆积密度的不同，生物质原料也分为两类：一类主要是木材、木炭、棉秆等，也称作“硬柴”，其堆积密度介于200～350 kg/m^3；另一类主要指农作物秸秆，也即所谓的“软柴”。秸秆的堆积密度远低于木材的堆积密度，如玉米秸的堆积密度是木材的1/4，麦秸的堆积密度还不到木材的1/10。一般来讲，堆积密度的大小直接影响着气化工艺；堆积密度越大越有利于生物质的气化。反之，堆积密度小则不利于生物质的气化。

（2）自然堆积角

自然堆积角是指自然堆积体的锥体母线与底面所形成的地夹角。自然堆积角体现了物料的流动特性。自然堆积角较大，说明物料颗粒的滚动需要较大的坡度，自然物料的流动性不好，形成的锥体较高。自然堆积角较小，说明物料颗粒的滚动需要很小的坡度，自然物料的流动性较好，形成的锥体较矮。自然堆积角的大小直接影响生物质在固定床气化炉中的形态特征。

（3）炭的机械强度

在加热生物质原料后，气化炉中的反应层只有剩余的木炭。这时，木炭的机械强度是一个关键点，会对反应层产生影响，前面提到的“硬柴”与“软柴”也将产生不同的影响。“硬柴”形成的木炭机械强度较高，相应的，其所形成的反应层孔隙率高而且均匀，可燃物析出挥发分后几乎保持原来的形状。“软柴”的机械强度低，可燃物析出挥发分后，在反应层中产生空洞，不能保持原有形状。

（4）灰熔点

灰分会受高温环境的影响由熔融状态形成附着在气化炉内壁上的灰渣，灰渣难以清除，而且会影响气化炉的效率。随着温度的升高，灰分会开始熔化，而这个熔化温度就叫灰熔点。灰熔点高低的影响因素主要是看灰的成分。同种类的生物质也可能因为环境或者产地的不同导致灰熔点也不同，不同种类的生物质的灰熔点也是不同的。由于木材灰含量较低，几乎不会对气化炉造成影响。但是当气化炉在气化秸秆类原料时，应将反应温度控制在灰熔点以下。

综上所述，各种生物质原料的化学成分数量的变化不大，但是它们的物理特性却有较大的差别。生物质作为燃料与煤相比有如下几个特点：

①生物质的挥发分比煤的挥发分高，煤的挥发分一般在20%左右，而生物质的挥发分则高达70%左右。另外，生物质的固定碳比煤的低，煤的固定碳在60%左右，而生物质的固定碳在20%左右。

②生物质原料中的含氧量比煤的高，所以在生物质干馏或者气化过程中产生的一氧化碳量比煤的高。

③木质类生物质含灰分比煤的低，只有1%～3%，相对来说秸秆类生物质灰分含量稍多一些，但是同煤相比其灰分含量仍然是较低的。

④生物质的发热值明显低于煤，一般只相当于煤的1/2～2/3。生物质的硫含量比煤低，有的生物质甚至不含硫。

3.3.2 生物质燃烧及特点

将生物质原料直接进行燃烧是最简单的热化学转化工艺。利用生物质燃

料燃烧时的一系列氧化还原反应，可以将生物质中的化学能转化为热能、机械能或电能而供人类生活利用。在生物质燃烧时会放出巨大的热量，其所产生的热气温度可达800～1 000 ℃。由于生物质燃料与化石燃料的不同，从而使得生物质的燃烧机理、反应速度以及燃烧产物等与化石燃料相比都有很大的不同，不同点主要体现为以下几点。

1.含碳量较少，含固定碳少

生物质燃料中含碳量最高的仅50%左右，相当于生成年代较少的褐煤的含碳量，特别是固定碳的含量明显比煤炭少。因此，与煤相比生物质燃料不抗烧，热值也较低。

2.含氢量稍多，挥发分明显较多

生物质燃料中的含氢量稍多，而其中的碳多数和氢结合成低分子的碳氢化合物，在一定温度下经热分解而析出挥发物，所以生物质燃料易被引燃，燃烧初期析出量较大，在空气和温度不足的情况下易产生有黑边的火焰，在使用生物质为燃料的设备设计中必须注意到这一点。

3.含氧量多

生物质燃料含氧量明显多于煤炭，而含氧量的增多使得生物质燃料热值低，易于引燃，因此，在燃烧过程中可相对地减少供给空气量。

4.密度小

生物质燃料相比于煤炭来说质地较软，密度明显地较煤炭低，质地比较疏松，特别是农作物秸秆和各种粪类，使得生物质燃料更容易燃烧和燃尽，使碳量充分利用，因此生物质灰烬中残留的碳量比燃用煤灰烬的碳量少。

5.含硫量低

比起煤来说，生物质的含硫量是很低的，生物质燃料含硫量大多是少于0.2%的，因此可以减去气体脱硫装置，这样不仅降低了成本，还减少了污染，有利于保护环境。

3.3.3 生物质燃烧的过程

足够的生物质燃料、足够供给的热量和适当的空气提供是实现生物质燃烧的三个要素。燃烧过程是燃料和空气间的传热、传质过程。生物质中的纤维素、半纤维素和木质素是燃烧时消耗的主要成分。纤维素和半纤维素是燃烧过程中最早释放出挥发分的两种物质，而木质素则是最后转变为了炭。生物质的直接燃烧反应是发生在炭化表面和氧化剂（氧气）之间的气固两相反应。

生物质燃料的燃烧机理是静态渗透式扩散燃烧。

（1）火焰的形成是生物质燃料在表面进行的可燃气体和氧气的放热化学反应。

（2）除了表面可燃挥发物燃烧外，还会形成较长的火焰，这是由于燃料表层部分的碳处于过渡燃烧区所导致的。

（3）虽然在燃料表面，还有较少的挥发分燃烧，但更主要的是燃烧会不断地向成型燃料的深层渗透。

（4）生物质燃料在层内进行燃烧，即碳和氧气在高温环境下结合形成二氧化碳，在生物质表面形成比较厚的灰壳，由于生物质的燃尽和热膨胀原因会导致灰层中有微孔组织或空隙通道甚至裂缝出现。

（5）当可燃物基本上燃尽的时候，燃尽壳的灰层会不断加厚，若没有其他的外部因素就会形成整体的灰球。灰球颜色暗红，表面没有火焰，就像农村的家里烧完的蜂窝煤块一样，这就是生物质燃料的整个过程。

3.4 农村省柴灶

我国有句俗话："开门七件事：柴、米、油、盐、酱、醋、茶。""柴"摆在第一位，可见在城乡人民生活中"柴"所占的重要地位。这里说的"柴"是泛指燃料的代名词，在农村里，经常用薪柴、秸秆、玉米芯、茅草等作为燃料，这些燃料都是放在灶膛里进行直接燃烧的。我们每天做饭用的灶更是离不开柴，可见"柴"与我们广大城乡人民的生活息息相关。

3.4.1 炉灶的演变

我国的劳动人民利用柴草作为燃料已经有很久的历史了。据书籍所载：在原始社会，没有发明火之前是一段生食时期，那时的人们直接吃生食。自从出现了钻木取火以后，人类就开始吃熟食了，即把狩猎来的动物架在火上烤烧。所以也有人说，真正的人类文明是在有火以后才出现的。用火烤熟的食物不仅有利于人的身体健康，同时火的使用也推动了社会的发展。之后随着陶器和铁器的发明，人们制作了陶罐和铁锅，也就出现了炉、灶、炕，用来做饭、烧水和取暖。至于在何时出现"垒土为灶"，目前尚未明确定性，还有待于考证。但在《神农本草》中提到了"灶心土"来做药，以此治病，也是现在医学书上所称的"伏龙肝"。从河南省淮阳县太昊陵出土的东汉时期（距今已有1800多年）的陶灶就是一例，属于连二灶，在一个锅台上有并排的两个陶罐，只有一个灶门和出烟口。后来又出现了风箱灶，通过利用强制通风，加强空气流通，从而加速柴草的燃烧速度，至今在我国的很多农村地方仍然有使用风箱的习惯。风箱不仅用在生活上的灶，还广泛地应用在生产上，比如农村铁匠用风箱来加速煤的燃烧，锻打一些日用品和小农具。

炕连灶是我国北方广大农户做饭、取暖的重要生活设施。当然，除了我国的东北、西北、华北之外，周边国家如朝鲜、蒙古等国家也是使用炕连灶比较普遍的。据文献记载，炕已经有了很久远的历史，在公元6世纪初叶，我国出现后魏时期观鸡寺的火炕，在7世纪末就出现了渤海炕（在今黑龙江省宁安一带），到12世纪末出现了女真炕，据说女真炕也就是现在东北炕的起源，到金代，华北也有了大炕。其中东北炕在很长时间都被记载为“坑”，直到18世纪才改成了炕。灶的出现，在我国大体上经历了四个阶段：

（1）原始灶。构造很简易，也就是三块石头上顶个锅。至今在野外野炊和个别边远的地区还能看到这种作业方式，而这也是灶的雏形。

（2）旧灶。比其原始灶，旧灶已经前进了一大步，旧灶是用砖、土坯或石头砌成一个框子，然后把锅坐在框子上，并在框子的一侧开了一个洞作为添柴口，这就是大家常说的典型老灶。至今在农村一些地方还可见到。在我国宁夏至今仍有地方用土夯实做成正方体或长方体的灶，在外表抹上草泥，再根据锅的大小进行掏洞，然后再掏出添柴口，这也属于老灶范畴。

（3）改良的灶，即在老灶的基础上加上了灶箅子和通风道，并在灶膛的后边加了烟囱，使烟从烟囱出去。改良的灶与老灶相比是前进了一步，但其热效率并没有显著的提高，也仅在12%～15%。

（4）省柴灶。省柴灶是在改良灶的基础上发展起来的，其结构更合理，操作也方便，关键是可以省柴省时间，因此深受广大农户的欢迎。

新中国成立以来，比较好的灶型在各地相继出现，1982年全国评选出14种农村优秀省柴灶，这14种省柴灶基本上代表了我国当前农村省柴灶的水平。灶的热效率可达30%以上，其中炕连灶的综合热效率可达60%左右。

如今省柴灶和炕连灶还有很多问题有待于研究和探讨，比如它们的燃烧机理，还有灶、炕中各个部位最佳的参数选择，以及它们合理的烟气流量和流速，适用于各种不同燃料灶的合理结构等都需要探讨。

3.4.2 灶的分类

作为炊事用具的灶和炉，在人们的思想中很难严格地区分开来，因为两者结构上大体相似，如炉箅，灶中的炉箅习惯上就叫炉箅、炉条等，其他的名称很多是通用的，只是外形有所不同而已。

1. 炉

取暖、做饭和冶炼等用的设备叫炉。

炉按用途分：民用炉、工业用炉。

炉按燃料分：电炉、煤炉、柴炉、煤气炉等。

以下我们着重介绍一下民用炉。目前的家庭用炉，一般是指能够移动的炊事或取暖的用具。所用的燃料除了煤以外，还有木柴、秸秆等。民用炉的

结构大体包括炉壳、炉箅、炉门、炉膛、透风口、烟囱等。

炉按炉壳体的材料可分为水泥炉、铸铁炉、陶瓷炉、铁皮炉、泥炉等。

（1）水泥炉

炉体用水泥、碎石混合灌注到模具中成型，按一般预制水泥构件方法进行养护，由于炉体是属薄壁壳体，加之受高温作用，水泥标号要求在400#以上，也有的地方使用矾土水泥，炉芯用耐火水泥制成，保温介质可用草木灰等材料。这种炉的优点是保温性能好，上火快，缺点是炉体容易产生裂纹。

（2）铸铁炉

炉体用生铁铸成，炉芯用耐火材料制成。这种炉多用在城镇居民家中，以烧原煤、煤球、蜂窝煤为主。

（3）陶瓷炉

炉体用陶土烧制而成，其内部结构与水泥炉大体相似。

（4）铁皮炉

炉体和保温圈均可用铁皮制成，燃烧室（炉膛）可用铸铁或耐火材料制作，保温介质可用珍珠岩或草木灰。

（5）泥炉

炉体的结构与水泥炉没有多大区别，壳体是硬泥制作，造价低廉，但移动不太方便。

以上五种炉子称作成型炉，适于工厂化生产，技术性能比较稳定。统一规格便于商品化，体积小，适合城镇郊区使用。

2.灶

用砖或土坯等垒砌成的生火做饭的用具叫灶。一般为固定的位置不能随意移动，如同炉一样，也多以柴草、秸秆为燃料，也有柴煤两用的，或者以煤、泥炭为燃料。

灶的基本结构包括灶体、灶门、灶膛、通风道、灶箅、烟囱等。灶的分类方法不一，本节重点介绍按通风形式分的几种灶。

（1）自拉风灶

靠烟囱的抽力，不加其他辅助设施。根据烟囱与灶门的相对位置不同，又分为前拉风灶和后拉风灶。

前拉风灶，灶门的上方就是烟囱，灶膛的容积比较大，灶门与炉箅之间的距离比较长，这种灶在江苏、浙江两省使用比较普遍，主要以稻草为燃料，如江苏大丰的省草灶就是这种类型。

后拉风灶，烟囱在灶膛的后部，灶门与灶箅之间的距离比较短。灶膛有的设拦火圈，有的没有拦火圈。这种灶使用范围比较广泛，如河南郸城灶等。

（2）风箱灶

在灶体的一侧装风箱（或小鼓风机），靠风箱强制通风助燃，主要用在多年使用风箱习惯的地区或烧煤地区。如陕西、山东、山西、福建、宁夏等地区。

风箱灶适合烧煤、锯末、碎柴等。我国广大农村做饭取暖多是以灶炕为主，主要优点是取材容易，造价便宜，很多是自己就可以垒砌，各地的形式不一，但燃料的浪费比较大，热能利用低，这正是我们要研究和解决的问题。

3.4.3 旧灶的弊病

旧灶具有一高（用火高度高），两大（灶门大、灶膛大），三无（无箅子、无通风道、无烟囱）的毛病，不仅造成燃料的大量浪费，而且还严重地损害人体健康。

农户旧灶的吊火高度一般在17～20 cm，有的竟高达28～30 cm，柴草点着以后，火的外焰燎不到锅底，灶膛里添的柴草不少，但是开锅很困难。灶门普遍偏大，福建农村有的灶门宽24 cm，高27 cm。由于灶门大，柴草可以成捆往灶膛里添，北方有的农户干脆用脚把柴草踢进灶门里，灶膛容积大，柴草燃烧火力不集中。没有灶箅和通风道，冷空气直接从灶门侵入灶膛，不但降低了灶膛温度，而且进入的空气也只能向柴草的燃气表层供气，速度慢而且混合不好，特别在灰渣中的残炭更不容易充分燃尽。有的旧灶没有烟囱设备，有时柴草很难点燃。广东有些地方做饭就拿一个竹筒子用嘴往灶膛里吹气，河南有些地方则用扇子扇风，满屋的烟气，厨房的墙壁油黑发亮。由于旧灶结构不合理，一方面使柴草不能充分燃烧，另一方面柴草释放出来的热量又不能充分利用，因此大有改革的必要。

旧灶一般存在着大灶膛、大灶门、大排烟口和无灶箅子的问题，因为这些问题，旧灶的排烟温度高、排烟热损失大、热损失多、热效率低，为了获取所需的供热量，只能用多烧柴来弥补，但同样也造成燃料的严重浪费和室外空气的污染。

3.4.4 省柴灶的设计

省柴灶的要求是省柴、省时间、安全卫生、使用方便。要达到这些就必须满足以下三个条件：一是燃料在炉膛里尽可能充分燃烧；二是释放出的热能尽可能充分利用；三是尽量延长烟气在炉膛内停留的时间。这就要由省柴灶的结构来保证，合理的确定灶的各部位参数。我国民族众多，生活习惯不同，各地燃料品种不一，因此省柴灶的设计要遵守因地制宜、经济高效的原则，要取得良好的热性能和方便用户使用，在结构上就应该力求准确。

1.燃料消耗量B_L的确定

燃料消耗按下式（3-2）计算：

$$B_L = \frac{Q_1}{Q_{net.v.ar} \times \eta_L} (kg/h) \tag{3-2}$$

式中：

B_L——每次做饭时需要的生物质量，kg/次；

Q_1——每次炊事所需要的热量（取一天中的最大值），kJ/kg；

$Q_{net,v,ar}$——柴草低位发热量，kJ/kg；

η_L——省柴灶设计的热效率，%。

根据资料介绍，目前我国农村五口之家要维持起码的生活水平，每天平均所需要的热量Q_1为118 800 kJ/d。

2.省柴灶的大小与高度的确定

灶体的大小，要根据使用锅的直径来定，用单锅的锅台面就小，多锅的锅台面就大，还要考虑到炊事人员操作的方便，同时要根据生活风俗习惯，力求美观，布局合理，不能使厨房太拥挤。如果这几者发生矛盾时，要征求用户意见，以偏重实用来考虑。根据用户的经济条件和要求，考虑锅台面上是否要铺瓷砖或水泥抹面，锅台面一定要保持清洁卫生。

灶的高度，主要依靠锅的深度、吊火高度、进风道的高度来确定，除此之外还要考虑主要炊事人员的操作舒适性，一般高度为65～80 cm。如果是炕连灶，其灶高度要受到炕的高度制约，不可能锅台超过炕。俗话说“七层锅台八层炕”，即锅台总比炕面低一砖，如果灶高于炕，则会影响烟气流通，灶门倒烟而不好烧。如果只考虑灶高度合适，而不管炕的高度就会给人们的生活带来不便，所以利弊要综合衡量。如果地面高度不够，再向地下挖洞。

3.灶膛

灶膛是砌好省柴灶的重要部位。省柴与否，热效率高低，很大程度取决于灶膛结构是否合理，取决于灶膛与其他部位的协调。

（1）吊火高度

吊火高度是指锅底中心与灶箅子间的距离。吊火高度是在砌筑灶膛之前首先要确定的重要参数。在此高度下，可使火焰外焰接触锅底。吊火高度与燃料种类和锅的大小有关，经过对多种省柴灶的测试综合，一般农村灶、锅的直径在500～600 mm，吊火高度：

①烧煤灶：120～140 mm；

②煤柴混烧灶：140～160 mm；

③烧柴灶：160～200 mm。

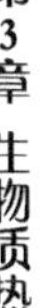

（2）燃烧室（炉膛，也叫炉芯）

一般指的是灶箅子上部到拦火圈下部之间的部位。灶膛采用保温材料砌筑，为弧形拱状，内壁光滑无裂痕。锅沿与灶体结合部位宽度不超过20 mm。烧柴草的炉膛要求底部稍大，为平底式；烧煤的炉膛要求底部稍小，炉箅子周围为碗状。炉膛可以设计成不同形状的结构，以保证燃料充分燃烧，有利于灶膛温度的提高及锅和烟气的传热。炉膛太大浪费燃料，火力分散；炉膛过小容纳的燃料少，加厚了燃料层，会影响通风，使燃料燃烧不充分。燃烧室的容积V_L一般可按下列公式（3-3）计算。

$$V_L = \frac{B_L \times Q_{net.v.ar} \times \eta_L}{q_{L\max}} (\mathrm{m}^3) \tag{3-3}$$

式中：

B_L——燃料消耗量，kg/h；

η_L——燃烧室设计的热效率，%；

$q_{L\max}$——燃烧室最大热熔强度，kJ/（h·m^3）；

$Q_{net.v.ar}$——燃料低位发热量，kJ/kg。

根据全国优秀省柴灶的统计数字，热容强度一般为25 000～40 000 kJ/(h·m^3)。一个五口之家灶的燃烧室容积，根据所燃烧料种类的不同，可定位0.015（硬柴）～0.025（草）m^3。燃烧室的形状基本有两种：一种是长方形，围着灶箅子的上方砌成宽为120～140 mm，高为60～80 mm的长方形，上口内缘与锅底间留有50～60 mm的间隙，这种燃烧室适合烧柴薪。另一种是圆筒形，这类燃烧器俗称炉芯。

4.烟囱的设计

目前农村使用的烟囱形式很多，人们也懂得烟囱是排烟用的，但对其中的奥妙却很少有人问津，普遍存在着烟囱放置的位置不对，烟囱的高度不够，横截面积不够等问题。因此，烟囱是设计省柴灶的一个重要参数。

不管烧什么燃料，烟囱都起很大作用。烟囱要有抽力，但抽力过大一方面会使冷空气过多进入灶膛而降低燃烧温度，另一方面增加了排烟热损失，这就是所谓“好烧、火旺、声大”，并不节省燃料的道理。空气进入量主要靠烟囱抽力大小来决定。

（1）烟囱抽力形成的原理

烟囱是用来使灶膛内产生负压以便吸入空气，进行燃烧。那么抽力是如何形成的呢？烟囱内的烟气温度高，其比容大，密度小，故作用在灶膛内的压力较小，而外界空气柱由于温度低，密度大，作用在灶膛内的压力就要大于烟柱的压力，所以抽力的形成是空气柱和烟气柱的压差产生的，烟气柱愈高产生的压差就愈大。烟囱的作用是产生抽力以克服灶膛内燃料层和风道阻

力，保证灶膛内空气的供应，同时将烟气中的烟尘和有害气体送入空气中。

（2）抽力的计算

若不考虑外界风力的影响，仅考虑其比容的不同，可按下式（3-4）计算烟囱抽力：

$$S = 9.81H(P_{bK}\frac{273}{273 + t_K} - P_{by}\frac{273}{273 + t_y})\ \text{(Pa)} \tag{3-4}$$

式中：

H——烟囱高度，m；

P_{bK}——标准状况下的空气密度，kg/m^3；

t_K——空气温度，℃；

P_{by}——标准状况下的烟气密度，kg/m^3；

t_y——烟气温度，℃。

从烟囱抽力公式中可以看到提高烟囱抽力必须从加高烟囱高度和提高烟气的温度入手。用加大烟囱高度来提高抽力，对矮烟囱的效果大，而对高烟囱的效果并不显著，所以我们说一般农户的烟囱高出房脊0.5～1 m也就够了，最重要的还是提高烟气温度，也就是提高烟气与室外大气的温差，据有关资料介绍，温差从40 ℃提高到50 ℃，则相当于提高烟囱高度有1 m左右。若考虑外界风力的影响，抽力的计算将更加复杂。

5.进风道的设计

通常把灶膛以下的空间称为进风道，也叫通风道。作用是向灶膛内供给适量的空气，以利空气中的氧气与柴草充分地混合以便燃烧。通风形式分为自然通风和强制通风。自然通风灶的通风道宽度不得小于炉箅子宽度，深度400 mm以上，长度根据锅的大小确定。强制通风灶要在通风道内炉箅子下方设集风室，通风管内径要光滑、严密。进风口长为200～240 mm，进风口实际面积要大于炉箅子有效通风面积的1.5倍以上。同时还起到贮存灰渣以及预热进入灶膛空气的作用。进风道的类型比较多，一般最常见的有以下几种：

（1）进风道的下底是平的。这是最常见的一种，砌筑容易，而且还起到贮灰及预热空气的作用。

（2）进风道的下底呈弧形或者是斜坡形。

这两种类型的进风道在江西和福建等地可见。其好处是进风的阻力比较小，增强了引风的效果，但贮存比较困难，砌筑比平形难。

北方农村的进风道多采用地下或半地下（在地面以下挖坑），俗称地风道。有的地风道就在灶门下边，也有的地风道与灶门方向垂直，这种地风道俗称异向通风道，该风道避免在添柴草时不小心把柴草掉进地风道而影响进风量。目前农村灶的进风道普遍偏大，弥补的办法是增设插板来调节和控制进风量的大小，或者在原有的基础上堵砌部分空间。

从各地的经验来看，进风道断面等于或略大于灶门断面即可。一般4～5口人家庭，灶进风道断面为12 cm × 12 cm左右就够了。

6.灶箅子的设计与安装

灶箅子有的地方叫炉箅子、炉栅、炉桥、炉排等。它是将燃烧的柴草架空，保证通风和燃料燃尽。空气由进风道经过箅子的空间进入灶膛与柴草混合，能不能混合均匀，这与箅子空隙总面积的大小有着直接关系。若箅子面积过小，空气供给不足，在烟囱抽力足够的情况下就会使空气流速加大，使进风阻力加大而影响进风量。若箅子面积过大，就会使灶膛温度降低，增加排烟损失。

箅子尺寸和安装位置，直接影响火焰在锅底分布和通风燃烧的效果。根据烟囱抽力大小以及锅的尺寸来设计和安装灶箅子。后拉风灶的箅子一般的安装位置是以锅脐为中心，箅子全长的1/5～1/3朝向烟囱，4/5～2/3背向烟囱。

箅子朝灶门方向一般要高于灶膛里面，安装呈12°～18°的夹角；当烟囱在灶门的上方（前拉风灶），这个夹角要小于12°，也可以平放；风箱灶的箅子一般都是平放的；烧草灶的炉条要横放于灶膛，这样放置柴草不易下漏，可以减少机械、不完全燃烧损失。烧煤灶与风箱灶炉条应顺放，便于清灰渣。炉条的间隙要根据不同燃料来定。烧煤的间隙宜窄，一般为5～6 mm；烧草的宜宽，一般为1 cm。箅子的间隙总面积与炉条总面积之比约为1∶1，若锅的直径为540～600 mm时，则箅子的整个面积约为0.02m²。

7.灶门的设计

灶门的作用是用来添加燃料，观察炉膛内的火势和燃料燃烧情况。灶门的大小、位置的高低都直接影响燃料燃烧的效果。灶门应低于出烟口3～4 cm，过高会出现燎烟。灶门大小尺寸一般为10 cm×10 cm，10 cm×12 cm，12 cm×12 cm，12 cm×14 cm。在农村多见的是12 cm×14 cm的灶门。烧草的灶门可略大一些，烧煤的灶门可小一些，集体用的大灶灶门最大也不宜超过18 cm×20 cm。因为过大的灶门会使大量冷空气吹向灶膛，降低灶膛温度，容易造成燃烧不充分，其次是灶膛内部热量随着灶门的扩大而增大热能的散失量。许多省柴灶在灶门都安装有活动的带有观察孔的挡板，这样可以防止热能从灶门散失掉，不但减少了冷空气的潜入，而且可以防止辐射热损失，从这方面看，灶门的里面应尽量光滑，挡板的导热系数应尽量小一些。例如挡板的里面可以涂上黑颜色，这样就可以减少辐射热损失。据有关试验证明，灶门无挡板，从灶门进入外膛的空气比从通过灶箅进入灶膛的空气还要多，所以灶门加设挡板是必要的。灶门也不能做得过小，过小则操作不方便，虽可省柴

但不省工，不便于推广。

8.二次进风

有的省柴炉灶在燃烧室外层安装有二次进风管，其目的是为了增补氧气。在控制一次进风量的条件下，配合二次进风可使燃料得到充分燃烧。二次进风应做到空气预热，以免降低灶膛温度而造成燃料燃烧不完全。应用二次进风的炉灶，燃烧室都属于圆筒形的。二次进风技术在省柴灶上的应用还处在摸索之中，还没有完全掌握一、二次进风量的配合规律，故在改灶实践中应用不多。

9.灶膛的保温设施

一般都会在比较好的省柴灶上加有保温措施，这样可以减少灶体散热和渗漏的热损失，以及灶体蓄热损失，即在灶膛和灶体之间添加一个保温层（一般为5 cm宽）。保温材料可以是方便得到的干煤灰渣、草木灰、稻壳灰、硅藻土等，有条件的也可掺入珍珠岩、碳酸铝纤维等，当前这些填充材料多用在烧柴炉上。

10.余热利用

提高热效率的有效方法是利用烟气余热。余热利用的方法很多，有一灶双锅，一灶多锅的连锅灶，有的在烟囱或回烟道安装水箱和水管来利用烟气余热，也有的在灶膛中安装水箱以代替燃烧室来提高热能利用率。水箱必须无锈蚀，因此所用的材料大多是铝合金的，也有的用镀锌、镀铁等，水管大多用铜管，成本较高。

一般认为余热利用，主要是利用排烟中所带走的热量，但应考虑不要影响主锅的热效率，有些余热利用装置在连续用火的条件可以提高综合热效率，但在不连续用火或者火量不大的情况下，就不一定有提高热效率的作用。同时应注意不能使原设计的烟囱或回烟道的横截面积减少而影响烟囱的抽力和烟气流通，造成省柴灶不好烧的后果。另外，要防止烟温的过分降低而使烟囱结露，沉积焦油（特别是寒冷地区）和减弱烟囱抽力的弊病。

3.5 灶连炕

3.5.1 炕的结构及传热原理

1.炕的结构

火炕取暖的效果和舒适度与火炕的结构有很大关系，广大农村使用的火炕常与灶相连，称灶连炕。这里先简单介绍炕的结构。

火炕的主要结构是进烟口、炕洞、垫土层、炕面、出烟口、烟囱、炕沿和炕墙。

（1）进烟口

炕的进烟口就是灶的出烟口。灶膛产生的大部分烟气从炕的进烟口进入炕洞。数量一般为一个，也有三个或四个的。

（2）炕洞

它是疏烟的必经之路，炕洞的形式和数量各地也不尽一样。

（3）垫土层

为了缩短炕洞的深度，减少炕洞的体积，一般新炕都有垫土层。

（4）炕面

炕洞以上支撑的平面。炕面的种类较多。

（5）出烟口

烟气经过炕洞后，从出烟口进入烟囱。

（6）烟囱

烟气由此通往室外。烟囱要有一定的横截面积和高度。

（7）炕沿

炕沿位于室内炕墙和炕面的交界处，一般为木质。

（8）炕墙

炕墙也叫炕围子，一船指在室内炕面下的一侧或两侧，其余部位以房屋的外墙和间墙所代替。

2.炕的传热原理

在灶连炕中，燃料首先在灶膛里充分燃烧，然后产生的热烟气被锅吸收一部分，其余部分的烟气进入炕洞，通过对流（从进烟口到烟囱）导热的方式，把热量传到炕面和炕墙，再扩散到室内空间。

前面已述，对于单灶的热损失主要是化学不完全燃烧和排烟损失。对于炕来说，除了这些之外，还和住房室内保温情况的好坏有关。如果室内保温不好，会把炕面和炕墙散发出来的热量消耗掉。另外，炕洞中的土也要吸收一部分热量。如果这些问题不很好解决，单靠火炕来取暖是达不到目的的。如果只考虑灶时，蓄热和散热是灶体的热量损失。而对于炕而言，蓄热和散热是有效的利用热量。

在炕洞的结构上进行合理摆布，有利于烟气流动，减少烟气流动的阻力，加强传热。由于从进烟口进入炕洞的高温烟气，先传导到炕面的炕头部位，因此不管怎么摆法，总是炕头热。如何减少炕头过热而炕梢过凉，也就是尽量缩短头梢的温差，这就需要把进烟口处的高温烟气迅速引到炕的中部或中部偏后的部位，以达到有效利用热量的目的。

要想使炕面温度比较均匀，就必须使炕洞烟气分布比较均匀才行。以往

的火炕多在炕头分烟（对着炕洞的进烟口挡放砖头或土坯），这种分烟方式实际上是加大了烟气流动的阻力，出现炕头过热，炕梢凉的现象。随着分烟砖的改革和应用，逐渐把从炕头分烟移到炕中和炕梢分烟，有些炕干脆就取消了分烟砖，力求减少炕头和炕梢的温差。

3.5.2　旧炕的弊病

北方农村的炕灶大多数是连在一起的，用灶烧火做饭，用炕取暖。由于北方寒冷的时间较长，所以燃料消耗多，灶门和灶膛的尺寸比南方还大，灶膛大到一次能容纳10 kg柴草。同时吊火也高，最高可达27 cm。没有箅子和进风道，空气供给不合理，这也造成了柴草的大量浪费。一些旧炕，结构不合理，前有落灰塘和分火砖，烟气从进烟口进入炕洞就受到阻力，使流速减缓，并且烟气容易形成涡流，加大烟气流动阻力。当进烟量大于排烟量时，灶门必然出现燎烟现象，而且旧炕的炕洞深，有的高达48 cm，炕洞砖摆得很密，流通截面小，换热面积小，不利排烟。

由于旧式炕连灶的结构不合理，炕面的温差大，室内气温低，不但浪费大量柴草，而且造成燃烧不完全，灶门燎烟、倒烟，满屋烟熏火燎，诱发腰腿疼痛，气管炎患者病情加重，同时还有一氧化碳中毒的反应，眼疾加重，严重影响人的身体健康。因此，要改变北方农村的环境和改善农民的卫生条件，就必须对旧式炕灶进行改造。

3.5.3　炕的分类

由于各地的生活风俗习惯不同，地理环境位置不同，炕的种类是比较多的，现综述如下。

1.按民族习惯分类

（1）汉族炕

一般宽度为1.8 m左右，高度0.5～0.7 m左右，长度按居室开间大小而定，一般为3 m长，最长的6 m左右。

（2）朝鲜族炕

炕的高度比汉族炕矮，一般为0.4 m高，个别还有0.3 m高的；炕宽，几乎满屋都是炕，炕面整洁明亮；炕洞结构一般比汉族炕合理。

2.按炕面的建筑材料分类

常见的有三种：

（1）砖炕

整个炕面铺砖，砖分一般建筑砖，也有炕面专用砖，通常有50 cm×50 cm，50 cm×63 cm，厚度5.5 cm，在炕面砖上面抹上水泥砂浆或草泥砂浆。

（2）土坯炕

整个炕面铺上土坯，其规格有50 cm×50 cm，50 cm×37 cm，炕洞也有用土坯砌的垛，也有用砖砌的垛，但炕面是土坯的。这种炕蓄热性能好，土坯熏好后又能做肥料。

（3）石板炕

整个炕面铺上石板，其上用2 cm左右厚的草泥砂浆抹平，以增加蓄热能力。

3.按灶炕连接方式分类

（1）灶连炕

在我国北方大部分地区都是这种形式，用灶做饭（灶的出烟口的高度比单灶高2～3 cm），用炕取暖。

（2）炕灶分开

在西北一些地区炕灶分设。灶砌在厨房里，在室内有炕，设有2～3个添柴洞，柴草、牲畜粪便添进洞里焖烟，这实际上是一种化学不完全燃烧，既费柴草又不卫生。

4.按与地面接触的形式分类

（1）落地式

目前使用火炕的地区绝大部分都是采用这种形式。与地面接触的部位填干土，其上是用砖或土坯摆炕洞。

（2）架空式

近年来在北方城市里出现了一种架空式火炕，与地面不直接接触。为减轻楼房楼底板的重量，有效地利用烟道余热，这样的火炕可双层（炕面和槽形支撑板）散热，提高热利用率。但架空火炕的缺点是凉得快，保温性差，为了解决这个问题，在灶的出烟口和烟囱增设插板。应做到熄火睡觉前把插板关严（切记千万不要停火后就立即关插板，免得一氧化碳中毒），中断炕内的热对流，减少炕洞内的热损失，达到保温效果。

在结构上要求火炕架空的部分装上拉门，需要往室内散热时，就可把拉门拉到一头，让火炕下的热量散到室内；在睡觉时，可把炕下的拉门全部拉上关严，让炕底下保持一定的温度。

总之，不论按什么形式分，都不外乎烟气在炕洞里的流动方向及流速的差别。

3.5.4　炕的结构形式

炕洞是烟气流动的必然通道，炕面的热量主要是由炕洞内的高温烟气通过热传导到炕面。因此炕洞的深浅、宽窄直接影响到炕面的温度，关系到炕

的采暖效果（是均匀受热还是局部过热等）。

炕洞的形式大体可归纳为四种，即横洞炕、竖洞炕、花洞炕和回龙炕。

1. 横洞炕

砖或土坯的长度方向与炕沿长度方向垂直。旧式横洞炕炕洞里的砖或土坯摆得很密，加大烟气流动的阻力，使得炕头过热，而炕梢凉，灶门燎烟比较严重。新的横洞炕去掉了炕头的分烟砖，从进烟口摆成一个通道（引洞）占炕长的1/3～1/2，在靠近进烟口部位适当摆密一些，形成一个通道，这样就可以从进烟口把烟气直接引到炕的中部再进行扩散，使炕头、炕梢的温度不均大有缓解。

2. 竖洞炕

竖洞炕也叫条洞炕、顺洞炕，砖或土坯的长度方向与炕沿长度方向平行。旧式条洞炕在炕洞里砖或土坯成条排列不断开，这种排列疏烟的速度比较快，停留时间短，对蓄热保温不利，烟气分布不均匀。

新式条洞炕把烟气引到炕中部后进行扩散，适当采取挡的办法，延长了烟气在炕洞里停留的时间，增大了烟气对炕面的接触面积，有利于炕的蓄热保温。

3. 花洞炕

花洞炕是竖洞炕与横洞炕两种炕型的综合体，在炕的前半部采取横洞式，从进烟口处摆成一个通道，通道两侧按横洞摆法，通道之后可设人字形的分烟砖，也可不设分烟砖，炕的后半部就按竖洞摆法，这样烟气很快通过通道，然后由于分烟砖的作用烟气迅速扩散，以提高炕梢的温度。

4. 回龙炕

回龙炕又称回洞炕或倒卷帘炕。所谓回龙就是烟气在炕洞里回旋，当烟囱和灶在一个间墙上或一侧的时候，搭的炕就是回龙炕。

回龙炕的灶可设两个出烟口，并设两个闸板，一个口直接与烟囱相通，一个口与炕相通。当不需要烧炕取暖时就可以关上通炕的烟口，打开直通烟囱的烟口，烟气就直接从烟囱排出室外。当需要用火炕时则关闭直通烟囱的烟口，打开通火炕的烟口，烟气进入炕洞再经烟囱排出室外。根据烟气流动的规律，在炕洞里砖或土坯的摆布可以灵活掌握。

这种炕的特点优于上述三种炕型，它可以做到冬暖夏凉。同时，夏天好烧。根据家庭人口的多少，炕可长可短有利于室内的摆布。如果人口少的家庭，炕就可以适当短些，又可增加一面炕墙，增大受热面。

3.5.5 高效预制组装架空炕

高效预制组装架空炕是辽宁省农村能源科技人员依据建筑结构学、流体

力学、热力学、气象学等学科反复研究、不断实践而研制成功的。其特点为炕内宽敞，排烟通畅，结构合理，炕温能做到按季节所需调解，温度适宜，不仅热效率高，而且外形美观，型为床式，深受广大农民群众的欢迎，被称为农民家中的“席梦思”。

1994年辽宁省技术监督局颁布了《高效预制组装架空炕连灶施工工艺规程》，使这项技术有了省级地方标准，从而保证了施工质量，促进该项技术的普及推广，国家将此标准升级为行业标准。高效预制组装架空炕连灶的综合热效率由过去的45%左右，提升到70%以上。每铺吊炕一年可节省1 382 kg秸秆或1 210 kg薪材，相当于691 kg标准煤。

该炕不是坐落在室内地面上，而是用砖垛或水泥柱把它架起来，它的结构特点是：

（1）炕像一个扁箱，中间用4垛砖或水泥柱将其从地面上支撑起来，炕面板与炕底板一般各用9块水泥预制板对接而成，炕面板与炕底板之间有4小垛面板支柱（通常用砖），取消了旧式炕的炕洞，代之的是一面宽大的空腔，由柴灶流向烟囱的烟气，在炕内受到的阻力很小，并且烟气与炕面板、炕底板充分接触。

（2）架空炕使烟气流通面积增加30%以上，有效地降低了烟气的速度。实测表明，通过呈喇叭状的进烟口的高温烟气，进入炕内空间，发生自由膨胀，烟气流速急剧下降，至炕体1～1.5 m处，可降至0.1 m/s，烟气扩散到整个炕体内部，保证了足够的换热时间和炕体受热均匀。

（3）炕面板比灶面略高，进烟口沿烟气流动方向向上倾斜，有利烟的流动。

（4）炕与维护墙接触的侧面添加保温材料，减少了传热损失。

（5）炕面抹泥厚度不等，炕头厚，炕梢薄。

架空炕的炕面与炕底均能向室内散热，维护墙侧面与地面的传热损失大大减少。据实测，在不增加任何辅助采暖和燃料耗量的情况下，比落地式火炕提高室温4～5 ℃。烟气在炕内与炕面板和炕底板充分接触，降低了排烟温度，从而提高了炕的热效率。省柴灶与架空炕相结合的炕连灶，综合热效率能提高为70%以上，而炕面各处温度较均匀。

3.6 沼气

3.6.1 发展沼气的意义

伴随着中国经济的高速发展，经济总量跃居世界第二，我国也已成为世界第二能源消费大国，能源供给不足逐渐成为制约我国经济可持续发展的主要问题，同时能源的利用方式也带来诸多环境问题。在这种背景下，党和政府非常重视可再生能源的开发，投入了大量的资金在可再生能源的开发和推广工作上。在我国农村地区，随着收入水平的提高，生活能源的需求呈现了快速增长的趋势。农村传统的能源种类主要有木柴（包括草和秸秆）、煤炭、液化气、电力等。其中，煤炭占据主导地位，木柴因来源限制，使用量正逐步渐少，液化气因输送成本问题，在农村使用量受到限制。

农村能源供给不足直接制约农村经济发展，形成对环境的破坏等一系列问题。不少农村特别是边远落后地区的农村长期存在“能源不足→采伐森林→生态系统的破坏→更大的能源不足”的恶性循环，为此国家投入巨大资金，退耕还林、限制牲畜规模等生态建设工程。但是几千年历史形成的农民传统生活中采伐自然植物的习惯及能源不足，已成为制约国家生态建设成果的原因之一。为此，为解决燃料不足、超载过牧问题，有必要给农牧民提供替代能源。

沼气是一种环境友好型的可再生能源，它不仅是传统的木材、秸秆等的替代能源，还可以代替非再生的煤炭、石油等资源。因此，大力发展沼气产业是优化我国农村能源消费结构的有力措施，是中国能源战略的重要组成部分。

人类最初认识沼气，仅仅认识的是它的能源功能，随着人类认识能力的提高和环境问题的日益凸显，沼气的生态功能和环卫功能越来越被重视，随着技术水平的提高和管理水平的提升，沼气已经成为连接种植业、养殖业、生活用能的纽带，成为实现燃料、肥料和饲料转化的最佳途径，起着回收农业废弃物能量和物质的特殊作用。一口新型高效沼气池，相当于一个家庭清洁能源制造中心，一个小型养殖场，一个有机肥生产车间，一个庭院粪污净化器，一棵摇钱树。通过它既可以为3～5口人的农家生产一日三餐的炊事燃料和晚间照明能源，又可以为农家生产庭园种植提供优质高效的有机肥料，还可以处理和净化庭院污染物，改变庭院“脏、乱、差”的卫生面貌，同时，通过和农业主导产业相结合，进行“三沼”综合利用，可以提高农产品的产量和质量，增加农民收入，引导农民脱贫致富奔小康。

沼气工程将畜牧业与种植业连接起来，形成了能源的充分利用和养分的循环，形成了“种植业（饲料）→养殖业（粪便）→沼气池→种植业（优质农产品、饲料）→养殖业”循环发展的农业循环经济基本模式。沼气工程将种植业产生的秸秆变成清洁的沼气能源，沼气还可以将畜牧业产生的粪便转化为沼气，而产生的沼渣可成为种植业优质无公害的肥料。因此，发展农村沼气是发展循环经济、显著节约资源的生产模式和消费模式，是建立节约型社会的必然要求。

3.6.2 厌氧消化有机废物产沼气原理

随着非可再生能源的即将耗尽，人类对可再生能源的需求和研究日趋紧迫，包括太阳能、风能及生物质能等，而农业废弃物是生物质能底物的主要来源。厌氧消化技术是将有机物质在厌氧的条件下稳定降解，同时产生清洁能源（二氧化碳和甲烷的混合气体）——沼气。

沼气发酵是由多种产甲烷细菌和非产甲烷细菌协同作用共同完成的。有机物首先被水解酸化类微生物作用，将纤维素、淀粉等水解成单糖，将蛋白质水解成氨基酸，脂类水解为甘油和脂肪酸；随后由产氢产乙酸菌群利用有机酸，氧化分解成乙酸、H_2和CO_2；最后由严格厌氧的产甲烷细菌群利用乙酸、H_2和CO_2等底物产甲烷。在完全混合发酵系统中，产甲烷菌群和非产甲烷菌群相互影响、相互促进，非产甲烷细菌为产甲烷细菌提供生长和产甲烷所必需的底物，创造适宜的氧化还原条件，并清除有毒物质的毒害作用；同时，产甲烷细菌为非产甲烷细菌的正向代谢解除反馈抑制，创造热力学上的优越条件，并且共同维持系统中的pH值。

水解阶段主要是使有机物中纤维素和木质素等，被具有一定功能的厌氧降解细菌产生的水解酶发生水解反应，通过酶的水解反应使共价键断裂，降解为糖、氨基酸及长链脂肪酸等。此外，一些兼性和好氧菌群消耗发酵系统的溶解氧，使氧化还原电位降低，为产酸和产甲烷过程提供适宜的环境。有机废物的水解过程是产甲烷过程的限速步骤，这一过程中，具有木质素、纤维素降解功能的微生物有很多，例如纤维单胞菌、瘤胃球菌属、拟杆菌属、醋弧菌属、小双菌属等都可产生纤维素酶降解富含纤维素类的有机废物。产酸发酵过程主要利用水解阶段产生的可溶性物质，由发酵类细菌的代谢作用产生短链挥发性脂肪酸，以及醇、H_2和CO_2等，这些物质为产甲烷前体。产酸发酵阶段可出现多种发酵途径，例如丙酸型、乙酸型、丁酸型等。主要的微生物类群有酿酒酵母、梭菌、醋杆菌、鼠孢菌及丁酸杆菌等。乙酸和CO_2是产甲烷主要的利用底物。

接下来是产乙酸过程，除乙酸以外的挥发性脂肪酸被转化为乙酸，Acetogens通过Wood-Ljungdahl途径或乙酰CoA的还原途径，完成这一产乙酸过程，如$CO_2+4H_2 \leftrightarrow CH_3COO^-+H^++2H_2O$。主要的微生物类群有鼠孢菌、梭菌、优杆菌、瘤胃球菌等。最后是产甲烷过程，是严格厌氧、自发进行放能的代谢过程，包括三种方式，乙酸利用型产甲烷过程、H_2转化型产甲烷过程，以及甲酸、甲醇型产甲烷过程。产甲烷菌种类很多，包括在4纲5目。其中甲烷鬃菌属、甲烷八叠球菌属是最为常见的产甲烷菌。

产甲烷细胞内没有细胞色素C，然而有其他细菌没有的专一性转甲基载体，如辅酶M等。甲烷呋喃（MFR）是作为C1载体的辅酶，是一种低分子量的辅酶。甲烷蝶呤结构类似维生素B_6，在产甲烷途径中，由甲烷蝶呤携带C1分子由甲酰水平转移到甲基。辅酶M是一种参与产甲烷甲基转移的酶，在细胞内的平均浓度为0.2～2 nmol/L，它是甲基基团的携带者，通过F430甲基还原酶在甲烷形成的最后将甲基还原为甲烷。F420是一切产甲烷菌细胞内含有的另一种独特的辅酶，它是一种低分子量（仅为630）的荧光化合物，被氧化时在波长420 nm处呈现蓝绿色荧光，并出现一个明显的吸收峰。F420被还原时则在420 nm处失去其吸收峰和荧光。因此，一般可采用荧光显微镜在厌氧条件下观察菌落产生的荧光作为鉴定产甲烷菌的方法。

3.6.3 沼气发酵的工艺条件

沼气发酵工艺是指从发酵原料到生产沼气的整个过程所采用的技术和方法。主要包括原料的收集和预处理，接种物的选择和富集，消化器的启动和日常的操作管理及其他相应的技术措施。有机物质转化为沼气，是多种微生物生命活动的结果。微生物维持生命活动需要多种条件，只有满足了这些条件，使沼气微生物始终处在良好的生存环境中，才有可能得到较高的沼气生产率。要保证沼气发酵正常进行，需具备以下条件。

1.充足的发酵原料

原料是供给沼气发酵微生物进行正常生命活动所需的营养和能量，是不断生产沼气的物质基础。农业剩余物、秸秆、杂草、树叶等，猪、牛、马、羊、鸡等畜禽的粪便，农、工业产品的废水废物（如豆制品的废水、酒糟和糖渣等），还有水生植物都是可用来进行沼气发酵的原料。很多研究都表明，沼气发酵需要在适宜的原料浓度条件下才能顺利进行，适宜的原料浓度不仅利于产气，而且还能提高发酵原料的利用率。沼气发酵原料浓度的表示方法比较多，有总固体浓度、挥发性固体浓度、COD浓度、BOD浓度、悬浮固体浓度等。为了确切表示固体或液体中有机物质的含量，一般采用总固体和挥发性固体来测定原料的有机质含量。原料由水分和总固体组成，总固体又包括挥发性固体和灰分。

总固体又称干物质，是指发酵原料除去水分以后剩下的物质。测定方法为：把样品放在105 ℃的烘箱中烘干至恒温时物质的重量就是该样品的总固体重量。

挥发性固体，是指原料总固体中除去灰分以后剩下的物质。测定方法为：将原料总固体样品在500～550 ℃温度下灼烧1 h，其减轻的重量就是该样品的挥发性固体含量，余下的物质是样品的灰分，其重量是该样品灰分的重量。

在沼气发酵中，沼气微生物只能利用原料的挥发性固体，而灰分是不能利用的。因此用挥发性固体重量来表示原料重量更确切些。一般用总固体重量表示原料重量计算比较方便。

沼气发酵的料液浓度范围比较宽，1%～30%的范围内都能产气。但如果水量过少，发酵原料过多，料液浓度过大，容易造成有机酸大量积累，就不利于沼气细菌的生长繁殖，同时也会给搅拌带来困难。如果水太多，发酵料液过稀，产气量少，也不利于沼气池的充分利用。根据各地多年实践，农村沼气池料液的干物质浓度控制在6%～12%这个范围内比较合适。一般情况下，沼气池投料启动时浓度可低一些，6%就可以。夏季和初秋池温高，原料分解快，浓度可低一些，保持在6%～8%就可以。冬季、初春池温低，原料分解慢，干物质浓度应保持在10%～12%。

沼气发酵原料因碳素、氮素含量不同可分为富碳原料和富氮原料。富碳原料碳素所占比例多在40%以上，如农作物秸秆、杂草、树叶等。这些原料发酵速度慢，产气周期长，有些表面覆盖蜡质、不易水解，入池前应进行必要的预处理。常用的原料预处理方法包括物理预处理、化学预处理和生物预处理。物理预处理包括切碎、研磨等方法，化学预处理包括酸碱浸泡、热处理等，生物预处理则主要是指发酵原料的好氧堆沤。富氮原料碳素所占比例在30%以下，碳氮比都小于25∶1，如人粪尿、禽粪 、豆制品废液等。富氮原料是沼气细菌赖以生存的营养来源，在沼气发酵过程中，易水解，产气快，入池前不需预处理。沼气发酵要求合适的碳氮比，一般情况下，保持(20～30)∶1的碳氮比相对比较适宜，这就要求在实际生产中对沼气发酵原料进行必要的合理搭配。具体搭配办法应参照不同原料的碳氮比情况进行。

2.严格的厌氧环境

沼气发酵微生物中，产甲烷菌属于专性厌氧菌，要求严格的厌氧环境。不产甲烷菌中多数也是专性厌氧菌，虽然也有一些好氧菌和兼性厌氧菌，它们需要一些氧气，但在沼气池投料时所带进的氧气已能满足它们的要求。在启动和整个发酵过程中不必再添加氧气，氧气对产甲烷菌不仅不会起到促进作用，相反会起到毒害、抑制作用，而且有机物的分解只有在无氧的情况下，才能产生甲烷，在有氧的情况下，只能产生二氧化碳。所以，沼气池必须要密闭，不漏水，不漏气，这是人工制取沼气的关键。如果密闭性能不好，不仅沼气细菌不能进行正常的生命活动，产生的沼气也容易漏掉。

3.发酵温度

沼气池内的发酵温度是影响沼气产生和产气率高低的关键因素。在一定范围，温度越高，沼气微生物的生命活动越旺盛，发酵越顺利，产气快，产

气率也高；温度低，沼气微生物活动力弱，原料的产气速率低，甚至长时间不产气。一般说来，沼气发酵可在较为广泛的温度范围内进行，在8～65 ℃范围内都能产气。寒冷地区冬季气温低，池内温度随之降低，如果低于8 ℃就不能正常产气，必须采取保温和增温措施，保证沼气微生物的正常活动，以利于正常产气。根据发酵温度的高低可分为常温发酵、中温发酵、高温发酵三种。高温发酵，最适宜的温度是50～60 ℃，每立方米池容，日产气2 m^3以上；中温发酵，最适宜的温度是30～35 ℃，每立方米池容，日产气0.4～0.9 m^3；常温发酵，最适宜的温度是10～30 ℃，每立方米池容，一般日产气量为0.1～0.25 m^3。一个高效稳定的沼气生产系统，除了提高发酵温度外，还必须保持反应器内温度恒定。研究发现在恒温厌氧发酵进行时，1 h内温度上下波动不宜超过2～5 ℃，短时间内温度升降5 ℃，沼气产量明显下降，波动幅度过大时，甚至会停止产气，这种影响对中温和高温恒温发酵尤为明显。

4.接种物

接种物是沼气发酵所需要的含有大量微生物的厌氧活性污泥，也称菌种。把沼气原料加入接种物的操作过程叫作接种。厌氧活性污泥是由厌氧消化细菌与悬浮物质和胶体物质结合在一起所形成的具有很强吸附分解有机物能力的凝絮体、颗粒体或附着膜。由于厌氧消化过程中有 H_2S 的生成，使厌氧活性污泥呈黑色，发育良好的污泥呈油亮的黑色。但在悬浮固体较多的消化器里，厌氧活性污泥呈絮状、黑色或灰黑色。城市污泥，湖泊、池塘底部的污泥，粪坑底部沉渣，老沼气池的沼液沼渣，屠宰场、食品加工厂的污泥，以及污水处理厂厌氧消化池里的活性污泥等都含有大量的沼气微生物，是良好的接种物。只有具备足够优良的接种物才能保证沼气发酵高效运行。新建的沼气池在启动时，要加入厌氧菌作为接种物，这是因为在一般的沼气发酵原料和水中，沼气微生物的含量很少，靠其自己繁殖，很难启动。所以，在新池装料前，要收集一定量的接种物。接种量通常是指接种物的干物质质量与发酵原料的干物质质量之比。一般情况下，在新池启动或旧池大换料时，加入接种物的数量应占到发酵料液总重量的10%～30%。具体用量取决于原料的种类和碳氮比，当以秸秆为主原料进行沼气发酵启动时，接种物用量在30%以上时，可以不加入粪便；接种物量在20%左右时，鲜粪与风干秸秆的比例应为1∶1左右；接种物用量在10%左右时，粪草比例应为2∶1，这样才能保证沼气池的正常启动。

5.适宜的酸碱度环境

在沼气发酵过程中，沼气微生物适宜在中性或微碱性的环境中生长繁殖，研究表明沼气发酵适宜的pH值为6.8～7.4，其中沼气发酵最适宜的pH值是7.0。pH值在6.4以下和7.6以上都会对产气产生抑制作用。pH值在5.5以下

时，产甲烷菌的活动完全受到抑制。一个正常发酵的沼气池，一般不需调节pH，靠其自动调节就可达到平衡。沼气发酵过程中，pH有其变化规律，初期由于酸菌活动，生成大量有机酸，形成酸积累，使得pH值下降，但只要池内有足够的菌种，就能快速转化有机酸，这样就能使下降的pH值回升到正常值。如果原料配制不当，且接种物质量又差，就可能导致有机酸大量积累，pH值下降而自身调节不了的现象。在日常管理中，可能会遇到pH值过高或过低影响产气的情况，此时便需要进行人为调节，通常有以下几种方法：

（1）取出部分发酵原料，再补充等量含接种物的新鲜富氮有机原料（如人畜粪便）和水，使发酵原料的浓度稍低些。

（2）向池中加入适量的草木灰、清石灰水或氨水，调节pH值。

（3）适当加入牛、猪粪便，并加水冲淡，此法可用于pH值过高时。

因此，要经常检查沼气池料液的酸碱度，检查的方法可用pH试纸蘸一些料液和标准试纸对比，如果pH值低于6.4或大于8.0，就要采取以上相应的方法进行调节。

6.有规律的持续搅拌

沼气池长期处在静止状态下，就会出现分层现象。一般会分为浮渣层、清液层、活性层、沉渣层四层。浮渣层发酵原料多，沼气菌种少，原料利用不充分。另外，浮渣过厚还会影响沼气进入气室。清液层水分多、发酵原料少，沼气细菌也少，不易产生沼气。活性层是厌氧微生物活动旺盛的场所，是产生沼气的重要部位。下部沉渣层虽然有沼气细菌，但多数原料已不具备产生沼气的条件。因此，只有通过搅拌，使发酵料液处于均匀状态，才能增加沼气细菌与发酵原料的接触机会，才能有效产气。沼气池如不经常搅动，对沼气产生的影响是很大的。有的沼气池原料加得不少，但产气量越来越小，一个重要的原因就是发酵液上层结了很厚的壳。经常搅动沼气发酵料液除能使沼气池内的原料与沼气细菌均匀分布，充分接触，提高消化速率外，还能使沼气池下部附着在有机颗粒上的微小甲烷气、二氧化碳气的气泡胀大溢出，上升到气室内。另外，搅拌还能有效防止浮渣层的形成和克服沼气池内温度高低不一的现象。当然，由于产甲烷菌具有宜静不宜动的特性，搅拌应有规律地进行。一般可在3～4天搅拌1次，不能天天连续不断地搅拌，否则既浪费精力，也不利于甲烷菌的生存。常见的搅拌方法有三种：

（1）机械搅拌：采用安装机械设备的办法进行搅拌。

（2）气体搅拌：利用动力将沼气压入料液中进行搅拌。

（3）液体搅拌：用人工或其他动力从水压间将沼气池下部料液抽出，再从进料口加入，使池内料液循环流动，收到搅拌效果。

7.添加剂和抑制剂

凡能促进有机物质分解并提高产气量的物质统称为添加剂。例如分别在沼气发酵液中添加少量的硫酸锌、磷矿粉、炼钢渣、碳酸钙、炉灰等均可不同程度地提高产气量 、甲烷含量及有机物的分解率，其中以添加磷矿粉的效果为最佳。添加过磷酸钙，能促进纤维素的分解，提高产气量。添加少量的钾、钠、镁、锌、磷等元素能提高产气率的原因为：

（1）促进沼气发酵菌群的生长。

（2）增加酶的活性，尤其是镁、锌、锰等二价金属离子是酶活性重要的组成成分。锰、锌等二价金属离子是水解酶的活化剂，能提高酶的活性和促进酶的反应速度，有利于纤维素等大分子化合物的分解。在发酵液中添加纤维素酶，能促进纤维素分解，提高稻草的利用率，使产气量提高34%～59%。如添加少量的活性炭粉末可以提高产气2～4倍。对微生物活动有抑制作用的物质称为抑制剂，如沼气池内挥发酸过高或氨态氮浓度过高都对沼气菌群有抑制作用。对沼气细菌具有毒害或抑制作用的毒性物质主要有各类剧毒农药、有机杀虫剂、抗生素、驱虫剂、重金属化合物，这些毒性物质即使微量，也可使正常的沼气发酵被完全破坏。故要防止农药或其他杀菌消毒的污水流入池内。

8.压力

沼气池内的气压与沼气发酵是有关系的。压强高，产气缓慢，反之则产气较快，但是压力如何影响产气及规律尚在实验研究中。据研究，压力对产气有较大的影响。例如，贮气的压力保持在981 Pa的比在6 867 Pa的总产气量高 15%。一般认为压力表上的读数越大越好，其实不然，实际压力表上的读数的大小并不能反映沼气产量的多少，且压力过高对产气量还会有负面影响。

3.6.4 沼气池的设计

1.户用沼气池

2016年国家对户用沼气池的设计建设制定了新的标准，即国家标准GB/T 4750—2016《户用沼气池设计规范》。标准规定了户用沼气池的设计规范及必要配套设施的设计要求、指标参数，适用于混凝土、砖混、工程塑料及玻璃纤维增强塑料等材料户用沼气池的设计建造和生产。对比较成熟的曲流布料沼气池、旋流布料沼气池、预制钢筋混凝土板装配沼气池等池型结构特点、工艺流程、设计原则、原料、施工要点做了详细的规范。

（1）池型各部位结构

①发酵间结构形状

一般宜选用相同体积用材较少，内外受力合理，有利料液流动，不易产生死角容积，方便加工、运输、施工和使用管理的结构形状。

②进、出料管内径

在200～300 mm范围，采用混凝土预制管时，内径不应小于250 mm，采用PVC管时，内径不应小于200 mm，进、出料流向原则上要求对直流出，特殊地形情况，若发酵间内部无有效导流装置，其进、出料管（口）水平投影夹角不小于120°。

③户用沼气池设置天窗口、活动盖

其形状可以根据池型和建造工艺的需要选择为圆形、椭圆形、正方形、长方形等形状，密封方式可为瓶塞式，平板式正盖（由上往下盖）、反盖（由下往上盖）。

④水压阀

水压式沼气池的水压间有效容积不小于日产气量的50%，按平面形状可分为圆形、椭圆形、正方形、长方形，可根据池型、建池地形因地制宜设计，在料液可排泄方向应设有溢流口。

⑤分离贮气浮罩沼气池

贮气浮罩有效容积不小于日产气量的50%。

（2）相关参数指标

①单位有效池容日产气量

当满足发酵工艺要求和正常使用管理的条件下，每立方米池容日产气量，南方不小于0.2 m^3，北方及高寒地区不小于0.15 m^3。

②气密性

水压式沼气池的池内设计最大贮气气压为12 kPa；分离贮气浮罩沼气池的池内设计最大贮气气压为6 kPa。沼气池建池完工，应进行气密性检验检测，压力为：水压池8 kPa；浮罩贮气池4 kPa，要求24 h漏损率小于3%。

③池内正常工作气压及最大气压限值

水压池正常工作气压≤8 kPa，池内最大气压限值≤12 kPa。浮罩贮气正常工作气压≤4 kPa，贮气压力最大限值≤6 kPa。

④强度安全系数k

混凝土水压式沼气池强度安全系数k≥2.65；工厂化生产的新材料沼气池按省级以上技术质量监督部门备案的企业生产标准设计，安全系数k≥1.3（空池上拱静荷载≥20 kN/m^2）。

⑤正常使用年限

户用沼气池主要构筑物设计使用年限25年以上。

⑥活荷载

混凝土现浇沼气池活荷载为2 kN/m²，工厂化生产的新材料沼气池按省级以上技术质量监督部门备案的企业生产标准设计。

⑦地基承载力及适用土质要求

地基承载力设计值应≥50 kPa。本规范适用于土质均匀、承载力达到要求的地质条件下建设户用沼气池的设计。特殊地基建池的设计按GB/T 4752的要求进行。

⑧池拱顶覆土厚度

池拱顶覆土最薄处厚度≥200 mm。

⑨最大投料量

最大投料量不大于水压式沼气池发酵间池容的85%。浮罩式沼气池最大投料量不大于发酵间池容的90%。

⑩发酵间

发酵间容积小于50 m³，宜选为6～12 m³。

以上规范主要适用于我国各地农村农户建池，选用时应综合考虑家庭人口、使用要求、发酵原料、产气率、地形、地质、地下水位、气候特点、建池条件和材料、施工技术等，应合理选定池形、池容和类型。

2.商用沼气池

（1）分类类别

根据商品化沼气池材料特性将其分为玻璃钢、塑料硬体、塑料软体（FBR）、增强水泥（GRC）和钢制5大类沼气池。其中，玻璃钢沼气池按不同工艺可分为手糊接触成型（J）、片状模塑料模压（SMC）、树脂传递模塑成型（S）和缠绕成型（C）4种类型；塑料硬体沼气池按不同塑料或塑料组合分为PP（聚丙烯），PE（聚乙烯），PP+PE，ABS和PVC（聚氯乙烯）5种；塑料软体沼气池分为软PVC+红泥、软PVC和PE+红泥3种。目前商品化沼气池市场以玻璃钢、塑料硬体和塑料软体沼气池为主，增强水泥和钢制沼气池较为少见。

（2）不同类别商用沼气池的特点

①玻璃钢沼气池

玻璃纤维增强塑料（玻璃钢）沼气池使用的主要材料为UP（不饱和聚酯树脂）、玻璃纤维布及填料，主要生产工艺有手糊成型和模压成型两种。优势：已经颁布了农业行业标准，生产技术较成熟，生产工艺和质量较统一；升温快，气密性好，产气率高。材料劣势：原材料成本较高，树脂市场价格受原油价格影响波动较大，生产成本易波动；如地下水位较高，沼气池易上浮；受生产工艺影响，设计局限性大，大多无活动盖，水压间设计普遍偏小，大多按池容产气率下限0.2 $m^3 \cdot d^{-1}$设计，池型设计水平有待提高；生产原料难以降解，沼气池废弃后不易回收，对环境造成二次污染。

②塑料硬体沼气池

塑料硬体沼气池采用的主要材料为PVC（聚氯乙烯）或ABS工程塑料，生产工艺为热合焊接、压制成型。优势：生产成本较低，升温快，气密性好。劣势：该沼气池材料硬度大，易被钝器损伤，受力强度有待提高；埋于地下，如地下水位高易上浮；沼气池暴露在空气或埋于泥土中，材料易被氧化、腐蚀而影响使用寿命。

③塑料软体（袋式）沼气池

塑料软体（袋式）沼气池（FBR）采用的主要材料为PVC（聚氯乙烯）塑料，生产工艺基本采用热合成型。优势：生产成本较低，升温快，气密性好，便于安装和运输，适宜于山区、不易挖坑的农户。劣势：该沼气池易被锐器刺破，材料易老化而影响使用寿命；池体本身不产生压力，需另加抽吸泵进行沼气输送，灶前压力不稳定又二次耗能；进、出料不方便，沼气池池型设计有待提高。

④增强水泥（复合材料或无机玻璃钢）沼气池

以玻璃纤维和砂石或其他材料作为骨料，浇筑硫铝酸盐水泥（早强水泥）制作成为沼气池。增强水泥（复合材料或无机玻璃钢）沼气池使用的主要材料为氯氧镁水泥（轻烧氧化镁粉和氧化镁）、玻璃纤维等，生产工艺基本为手工成型。优势：用材少，周期短，质量轻，水泥用量只有传统沼气池的15%～20%。劣势：该沼气池为手工成型，沼气池厚度、材料不均匀，产品质量难以统一、保证；由于自身材料决定，吸水性强，吸潮返卤、易变形，长期浸水易产生脱层、粉化、垮塌现象。目前此类沼气池绝大部分已报废停止使用。

⑤钢制沼气池

小型钢板焊接户用沼气池，有卧式和立式圆筒形，靠太阳能增温，可加装轮子便于移动，2009年前在东北地区推广过，接受太阳辐射后升温快，气密性好，夏季产气率高，冬季无法使用，可用作储粮。此类沼气池池型设计不合理，目前已停止推广。

商品化沼气池建池材料中，玻璃钢是相对适宜的建池材料，其次是PVC（聚氯乙烯）、PP（聚丙烯）和PE（聚乙烯）塑料；商品化沼气池具有气密性好、建设周期短、建池成本较低，建设质量、标准易于控制等优势，应因地制宜、循序渐进地推广。

3.6.5 沼气利用的模式

1.按照沼气利用的生态经济模式划分

一般可大体分为五种利用模式。

（1）庭院生态模式

该模式主要针对有畜禽养殖的农户。其工艺流程主要是以人畜粪污作为发酵原料进入沼气池发酵，产生的沼气作为农户日常生活用能，而发酵剩余物沼液、沼渣则作为农业肥料以高效利用，从而形成以沼气池为纽带的庭院生态循环系统。庭院生态模式的主要特点：

①家庭要有一定的养殖以保证沼气池的发酵原料；

②北方地区要做好沼气池的保温工作，使沼气池能够连续稳定地运转；

③沼液、沼渣就近利用，减少运输负担；

④每个村庄要设有沼气维护站点，提供燃气设备维修和抽渣车等配套服务。

（2）生态农业模式

该模式主要指有一定规模的畜禽养殖场建设沼气工程，从而形成以沼气工程为核心，集养殖、种植和能源为一体的生态农业生产发展模式。该模式主要特点：

①养殖场粪污作为原料入沼气池厌氧发酵，产生的沼气用于发电及炊事用能供给厂区及周围村庄。

②沼液、沼渣作为绿色有机肥料用于农田或温室种植。现已形成有地方特色的“猪—沼—果”“猪—沼—茶”“猪—沼—菜”“猪—沼—花”等农业生态模式。这些模式产生的经济、生态及社会等广泛的综合效益非常好。

（3）生活污水处理模式

农村生活污水已成为农村地区农业污染的一个主要污染源，针对农村地区污水性质和特点，研发出适合的污水沼气净化处理模式，具有处理效果好、投资少、运行费用低等特点，目前各地已有了大量工程实践。主要工艺技术有人工湿地处理、户用沼气池资源化利用技术、氧化塘处理、无动力厌氧微生物处理、微动力好氧微生物处理5种典型技术。

（4）农业废弃物处理模式

农副产品生产加工产生的废弃物可以作为厌氧发酵的原料，经过厌氧发酵及好氧技术处理变废为宝，进行资源化沼气利用，产生的“三沼”回收利用，从而实现废弃物生态化处理，资源化利用，并有效治理污染，保护生态环境，产生一定经济效益。

(5) 生活垃圾处理模式

填埋沼气的回收利用开始于20世纪70年代，国外每年从垃圾填埋沼气（LFG）中回收的能量相当于200万t的原煤资源，LFG回收用于发电占55%，锅炉占23%、熔炉和烧窑占13%，管道供气占9%。资料表明，1t垃圾在填埋场寿命期内可生产100～200 m^3的沼气，其热值一般为7 450～22 350 kJ/m^3，脱水后热值可提高10%，除去CO、H_2S及其他杂质组分后，又可将热值提高为22 360～26 000 kJ/m^3。农村生活垃圾沼气化处理模式是探索农村生活垃圾无害化、减量化处理的新模式，通过生态化处理将农村生活垃圾变成资源充分利用起来，既能改善农村生态环境，又能提高农民生活质量。该模式具有投资省、运行成本低、处理效果好等特点，适合于交通不便、运输成本高的农村乡镇等地。目前，国内对于餐厨垃圾厌氧消化技术的研究还处于完善阶段，工程化运用还较少，且厌氧消化反应较好氧反应更为复杂。

2.按沼气工程建设规模划分

沼气能源开发利用模式按沼气池建设规模为标准可分为户用型、小型、中型、大型和特大型沼气池。其中户用沼气池是小型沼气池的微型化，在全国建设规模最大，推广面最广的沼气能源利用模式。现重点介绍目前在农村普遍推广利用和工程建设面最广的户用型、小型两种沼气能源开发利用模式。

户用型沼气工程开发利用模式：户用型沼气池是以农村单个农户家庭为单位，以农作物秸秆、生活垃圾和人畜粪便为发酵原料，以产生生物能源满足农户用能和改善生产生活环境为目的的沼气池。这类沼气池的池容积按国家标准有6 m^3、8 m^3和10 m^3三种规格，结构简单适用，是小型沼气池的微缩模型。通过这种工程和方法获取的沼气能源，称为户用型沼气能源开发利用模式。户用沼气工程包括5个相互作用、相互影响的配套子系统，即发酵原料的计量和进出料系统，增温保温与沼气的净化、储存、输配和利用系统，计量设备系统，安全保护系统和沼渣、沼液的综合利用系统。按国家标准产气率，户用沼气池的产气率为0.2～0.25 $m^3/(m^3 \cdot d)$，一口10 m^3沼气池年产沼气量600 m^3左右。由于沼气池的产气量与发酵温度关联度很大，故建池地区的环境温度会影响沼气池的产气率。根据以往的使用经验，一口8 m^3的水压式沼气池，在南方年产气量约500 m^3，而在北方的年产气量却只能达到300 m^3左右，全国的平均年产气量约385 m^3。户用型沼气池以结构简单、易管理、投资小而深受农户的欢迎。在正常运行条件下，沼气池日可处理3～5头猪或2～3头牛的粪便与养殖污水。这类沼气池基本上能满足农户基本生活用能和农业的有机肥料需要。

小型沼气池开发利用模式：小型沼气池是指以农村小规模养殖农户为单位，主要以牲畜粪便为发酵原料，解决农村小户型养殖造成对周边环境和水

体的污染，以产生生物能源满足农户生活生产用能为目的的沼气工程，小型沼气池总体容积大于20 m^3，小于600 m^3。小型沼气工程包括的配套子系统有：发酵原料的预处理系统，进出料系统，增温保温、回流、搅拌系统，沼气的净化、储存、输配和利用系统，计量设备系统，安全保护系统和沼渣、沼液的综合利用系统。小型沼气池适用于农村小规模养殖专业户、农村集镇污水处理、农村学校污水处理等。

3.7 生物质气化及热裂解

3.7.1 生物质气化的概念及原理

气化是指将固体或液体转化为气体燃料的热化学过程。在气化过程的装置中，游离氧或结合氧与燃料中的碳进行热化学反应，生成可燃气。固体燃料气化过程的基础是碳的燃烧，这是因为碳是大多数固体燃料中有机质的主要组成成分，碳的燃烧是反应过程中一个最大的阶段。因此碳的燃烧阶段在整个燃烧气化过程起到了决定性的作用。热的主要来源是碳的燃烧，反应过程的其他各个阶段进行的质量取决于碳在燃烧过程中放热的状况。

生物质气化是在一定的热力学条件下，借助于空气（主要是空气中的氧气）、水蒸气的作用，使生物质的高聚物发生热解、氧化、还原反应，最终转化为一氧化碳、氢气等可燃气体的过程。

在气化过程中，燃料基本上要经过氧化、还原、干馏和干燥四个阶段，其主要的反应式为：

氧化阶段：

$$C + O_2 = CO_2 + 408.84\ kJ$$

$$2C + O_2 = 2CO + 246.44\ kJ$$

还原阶段：

$$C + CO_2 = 2CO - 162.41\ kJ$$

$$H_2O + C = CO + H_2 - 118.82\ kJ$$

$$2H_2O + C = CO_2 + 2H_2 - 75.24\ kJ$$

$$H_2O + CO = CO_2 + H_2 - 43.58\ kJ$$

固体燃料气化是气体（氧）和固体（碳）之间的多相反应过程，关于碳和氧之间的反应机理，至今仍是一个有争议的问题，关于气化反应机理，主要有三种学说：

（1）还原说，认为碳和氧的反应首先生成CO_2，而CO的存在是由于CO_2被燃料中的碳还原的结果。

(2) 一氧化碳说，认为CO是碳和氧反应的初生物，CO进一步氧化生成CO_2。

(3) 络合物说，认为碳和氧首先生成C_XO_Y络合物，由于温度等条件不同，这个络合物分解成不同比例的CO_2和CO，所以CO_2和CO是同时形成的。

3.7.2 生物质气化工艺技术

生物质资源在实际生活中大量且广泛的存在，如城市中的生活垃圾、农作物废弃物、畜牧场粪便污水等。

1. 城市生活垃圾

一般是指人们日常生活中所排放的含碳的有机物。目前，我国人均年产垃圾量约为503 kg。

2. 农作物废弃物

中国是一个农业大国，在农业生产中产生大量的农作物废弃物，这些废弃物在我国农村能源领域占据着十分重要的角色。据统计，我国每年产出农业废弃物大约40亿t，农作物秸秆年产出量大约为7亿t，其中稻草约为2.3亿t，玉米秸秆年产出量大约为2.2亿t，豆类和杂粮作物秸秆约为1亿t，花生、薯类蔓藤和甜菜等蔬菜残体约为1.8亿t。

3. 畜牧场粪便污水

根据2016年中国统计年鉴，2015年猪肉产量5 486.5万t，牛肉700.1万t，禽蛋2 999.2万t。猪、牛、鸡占全部畜禽养殖规模的比例非常高，其产生的粪便也是典型的畜禽粪便。根据相关方式估算，2015年全年排放粪便量（包括尿液量）达到65.54亿t，其中牛粪20.94亿t，猪粪35.61亿t，鸡粪3.93亿t。表3-1为典型畜禽类粪便（猪粪、牛粪和鸡粪）的主要生物质含量。

表3-1 三种畜禽粪便主要生物质含量

主要生物质	猪 粪	牛 粪	鸡 粪
有机碳	41.38%	36.78%	30.15%
粗有机物	63.72%	66.22%	49.48%

中国可用的固体生物质资源相当丰富，主要以农业废弃物和木材废物为主。但生物质分布分散，收集和运输困难。在中国目前的条件下，难以采用大规模燃烧技术，所以中小规模的生物质气化发电技术（200～5 000 kW）在中国有独特的优势。由于中国电力供应紧张，而生物质废弃物资源广、价格低廉，所以生物质气化发电的成本低，为每度电0.2～0.3元，已接近或优于常规发电，其单位投资为3 500～4 000元/kW，为煤电的60%～70%，所以具备进入市场竞争的条件。

从不同的角度，对生物质的气化技术可进行不同的分类。以燃气生产机理为标准，有热解气化和反应性气化两种分类；以气化剂的不同为标准，有干馏气化、空气气化、水蒸气气化、氧气气化、氢气气化；以气化反应设备的不同为标准，有固定床气化、流化床气化和气流床气化三种分类。像低热值燃气、中等热值燃气和高热值燃气三种不同热值的气化产品，是生物质在气化过程中由于使用不同的气化剂、采取不同的运行条件而得到的不同热值的燃气。

①空气气化

以空气为气化介质的气化过程中，通过氧化还原反应释放出大量的热量，这些热量可以作为热分解与还原过程的热量，由此使得整个气化过程形成一个自供热系统。由于空气中含有79%的氮气在气化过程中不参加任何气化反应，这部分氮气减少了燃气中可燃组分的含量，使燃气的热值在一定程度上降低，降低的热值平均立方米可达5 MJ。空气气化在所有气化过程中最简单，首先空气易取易得，在气化过程中不需要提供其他热源，是最易实现的气化形式，一系列的优点使得空气气化技术应用较普遍。

②氧气气化

向生物质燃料提供一定量的氧气，在氧气的作用下，让生物质燃料进行氧化还原反应，产生没有惰性氮气的可燃气体，与空气气化相比，氧气气化反应温度与反应速率都得到进一步的增强，反应器容积减小，热效率更进一步的提高，气化气热值是原来的两倍，这就是氧气气化。氧气气化产生的燃气热值与城市煤气产生的燃气热值没有什么差别，在相同的反应温度下，氧气气化与空气气化相比，耗氧量少，当量比降低，气体质量也进一步提高。在氧气气化中，氧气的供给量不能无所限制，既要兼顾生物质全部反应所需要的热量，又要避免生物质同过量的氧反应生成过多的二氧化碳。一氧化碳、氢气及甲烷等是氧气气化后生成的可燃气体的主要成分，按照热值的高低来分属于中热值气体，每立方米的热值大约是15 000 kJ。

③水蒸气气化

水蒸气气化是指水蒸气同高温下的生物质发生反应，它不仅包括水蒸气与碳的还原反应，还有一氧化碳与水蒸气的变换反应，各种甲烷化反应，及生物质在气化炉内的热分解反应等，其主要气化反应是吸热反应过程，因此，水蒸气气化的热源来自外部热源及蒸汽本身的热源，典型的水蒸气气化所得气体为中热值气体。水蒸气气化的反应温度不能过高，该技术较复杂，不宜控制和操作。水蒸气气化经常出现在需要中热值气体燃料而又不使用氧气的气化过程，如双床气化反应器中有一个床是水蒸气气化床。

④空气-水蒸气气化

将空气和水蒸气同时作为气化介质的气化过程就是空气-水蒸气的混合气化。理论上而言，氧气-水蒸气气化与单独的氧气气化或水蒸气气化相比，显得更为优越。首先，自供热系统取代外供热源，简化了气化过程；其次，水蒸气可以提供-定量的气化所需氧气，不但降低了氧气消耗，而且还能生成更多的氢气及碳氢化合物，再加上催化剂的加速反应，使得大部分一氧化碳变成二氧化碳，降低了气体中一氧化碳的含量，使气体燃料更适合于用作城市燃气。

⑤热分解气化

热分解气化是在完全无氧或只提供极有限的氧使气化不至于大量发生的情况下进行的生物质热降解，可描述成生物质的部分气化。它主要是生物质的挥发分在一定温度作用下产生挥发，生成四种产物：固体炭、木焦油和木醋液和气化气。

一般按热解温度可分为低温热解（600 ℃以下），中温热解（600～900 ℃）和高温热解（900 ℃以上），气化气为中热值气体。产物成分比例大致为木焦油5%～10%，木醋液30%～35%，木炭28%～30%，可燃气25%～30%。由于干馏是吸热反应，应在工艺中提供外部热源以使反应进行。

⑥氢气气化

氢气气化是使氢气同碳及水发生反应生成大量的甲烷，其反应条件苛刻，需在高温高压且具有氢源的条件下进行。其气化气属于高热值气化气，此类气化不常应用。

3.7.3 生物质气化系统

1.概述

生物质气化系统主要设备包括原料处理设备、气化炉（一般是下吸式固定床气化炉）、净化系统、储气柜和输配管网。生物质原料经过处理后，送入气化炉内，进行气化反应，产生可燃气体，之后经旋风分离器、喷淋净化器和过滤器等净化设备进行除尘、除焦油处理，洁净冷却的可燃气由罗茨风机送入储气柜，再由管网送入居民用户。

气化炉的定义：用来气化固体燃料的设备叫作气化炉。气化炉是生物质气化系统中的核心设备，生物质在气化炉内进行气化反应，生成可燃气体，生物质气化炉可以分为固定床气化炉和流化床气化炉两种类型，而固定床气化炉和流化床气化炉又有很多种形式。

2. 生物质气化炉分类

（1）固定床气化炉

所谓固定床气化炉是指气流通过物料层时，物料相对于气流来说，处于静止状态，因此称作固定床气化炉。一般情况下，固定床气化炉适用于物料为块状或是大颗粒的原料。固定床气化炉具有以下优点：

①制造简便，运行部件少。

②较高的热效率。

其缺点为：

①内部过程难于控制。

②内部物质容易搭桥形成空腔。

根据气化炉内气流运动的方向，固定床气化炉又可分为下吸式气化炉、上吸式气化炉、横吸式气化炉及开心式气化炉四种类型。

（2）流化床气化炉

生物质流化床气化炉的研究比固定床气化炉要晚许多。流化床气化炉有一个热砂床，生物质的燃烧和气化反应都在热砂床上进行。在吹入气化剂作用下，生物质颗粒、流化介质和气化介质充分接触，受热均匀，在炉内呈“沸腾”状态，气化反应速度快，产气率高，是唯一在恒温床上反应的气化炉。

在流化床气化炉中，一般采用砂作为流化介质（也可不用），由气化炉底部吹入，向上流动的强气流使砂和生物质物料的运行就像是液体沸腾一样漂浮起来。所以，流化床有时也称作沸腾床。流化床气化炉具有气、固接触，混合均匀的优点，是唯一在恒温床上反应的气化炉，反应温度一般为750～850 ℃。其气化反应在床内进行，焦油也在床内裂解。流化介质一般选用砂等惰性材料或非惰性材料（石灰或催化剂），可增加传热效率及促进气化反应。流化床气化炉适合水分含量大、热值低、着火困难的生物质原料，原料适应性较广，可大规模、高效利用。

按气化炉结构和气化过程，可将流化床气化炉分为单床气化炉、双床气化炉、循环流化床气化炉及携带床气化炉四种类型；如按气化压力，可将流化床气化炉分为常压流化床和加压流化床。

3. 流化床的基本原理

在一个底部带有多孔的圆柱形容器中加入一定量的颗粒状固体物料，当气体在底部通过多空栅向上吹时，气体在固体物料的空隙间通过。如果此容器是开口的，气体最终会从物料表面排出，在这种情况下就是“固化床”。增大气体吹入压力，使气体的流速以及对物料颗粒的作用力增加，这时，物料开始松散，有轻微摇动，并沿容器壁做有限的上升运动，这就是“膨胀床”。继续增加气体流速，便会出现一个临界点，即所有物料颗粒刚刚悬浮于上升气流中，在这点上，气体对固体颗粒的浮力等于颗粒重力。此时，在固体颗粒的任何一个断面上的压力降都等于流体和固体在该断面上的质量之和，每个颗粒不再依靠其他颗粒保持它的空间位置，可以在床层中自由运动，而且即使再大流速，断面上的压力降也保持不变，这时，便称固化床被流化态。在这个临界点上的气体流速被称作“临界流化速度”，临界流化速度的大小取决于气体及固体颗粒的物理性质。如用液体代替气体（称为液-固系统），并增加液体流速，便会产生一个特殊形式的流化床，称作“平滑流化床”。

4.流化床分类

因流化床气化炉供应生物质材料的方式不同，可将其分为鼓泡床气化炉、循环流化床气化炉、双循环流化床气化炉和携带床气化炉。

（1）鼓泡床气化炉

鼓泡床气化炉是最基本、最简便的气化炉，只设一个反应器，气化后所生成的可燃性气体直接进入净化系统，该类气化炉流化速度较慢，只适用于颗粒度较大的物料的气化。因此，存在飞灰和炭颗粒夹带严重等问题，因此一般不适用小型气化系统。

（2）循环流化床气化炉

循环流化床气化炉与鼓泡床气化炉相比，具有一定的优越性，循环流化床气化炉的气化出口处设有旋风分离器（又称袋式分离器），加快了循环流化床气化炉的流化速度。旋风分离器对产出的气体中的大量固体颗粒进行分离，固体颗粒经预热后重新返回流化床继续进行气化过程，碳素的转化率提高。循环流化床气化炉的反应温度通常控制在700～900 ℃，适用于颗粒度较小的物料的气化。

（3）双循环流化床气化炉

双循环流化床气化炉分为两个组成部分，即第一级反应器和第二级反应器。生物质在第一级反应器内发生裂解反应，所产生的可燃气被送至净化系统，而生成的炭颗粒被送至第二级反应器。在第二级反应器中炭进行气化燃烧反应，使床层温度升高，经过加热的高温床层材料返回第一级反应器，从而保障第一级反应器的热源，双循环流化床气化炉可提高对碳的转化率。

（4）携带床气化炉

携带床气化炉为一种从鼓式、循环及双床气化炉中派生出的新型气化炉，它能不使用惰性材料作为流化介质，而由气化剂直接吹动生物质，依靠气流输送原料。该气化炉要求原料被破碎成很小的颗粒，气化温度高至

1 100～1 300 ℃。产出气体中的焦油成分及冷凝物含量很低，碳转化率可达100%，然而这种气化炉运行温度高，易导致焦油与灰渣烧结，故这种气化炉选择何类适合的生物质进行气化较难掌握。

5.流化床气化的优点

（1）燃料适应性广

流化床类气化装置内采取气体与固体（燃料及热载体）产生高速度差的方式进行混合，加速热与质量的传递，使投入的燃料被迅速加热，从而使床内整体温度较均匀，消除“死区”，提高了反应速率。流化床气化原理首先应用于劣质煤的燃烧，经过较长时间应用，显示了较好的性能，并被扩大到物化性质差异较大的生物质燃料中，使密度与煤相近的成型生物质燃料也能在该类流化床气化炉上应用。

（2）燃料利用率提高

该类气化炉产生的燃气夹带出反应区的物质，经分离后被重新利用，使生物质的燃烧效率提高到94%，甚至更高。

（3）降低污染排放

固定床式气化系统排出的洗涤水废渣对环境的毒害不可忽视，如稻壳燃烧洗涤水中含有苯、萘及它们的衍生物等，而流化床式气化炉排出的生物质燃气的洗涤水，其芳香族化合物含量明显减少，显示了该类气化炉开发应用的潜力。

流化床气化炉多适用于连续运行，但因该类气化对环境有污染性，若应用于生物质的气化需将燃料进行处理，形成一定的规格小的材料，特别是对熔点低的生物质燃料，气化过程床温控制，由于所生成灰分、焦油的存在，以及烧结现象和氮氧化物的排放问题，因此在其应用上有一定难度。

3.7.4 生物质气化过程指标及影响气化的因素

1.气化过程的几个基本参数

（1）当量比

当量比指自供热气化系统中，单位生物质在气化过程中所消耗的空气量与完全燃烧所需要的理论空气量之比，是气化过程的重要控制参数。当量比大，说明气化过程所需要消耗的氧多，反应温度升高，有利于气化反应的进行，但燃烧的生物质份额增加，产生的CO_2量增加，使气体质量下降。理论最佳当量比为0.28，由于原料与气化方式的不同，实际运行中，控制的最佳当量比在0.2～0.28之间。

（2）气体产率

气体产率是指单位质量的原料气化后所产生气体燃料在标准状态下的

体积。

（3）气体的热值

气体热值是指单位体积气体燃料所包含的化学能。气体燃料的热值简化公式为：

$$Q_v = 126CO + 108H_2 + 359CH_4 + 665C_nH_m \quad (3-5)$$

式中

Q_v——气体热值，kJ/m^3；

C_nH_m——不饱和碳氢化合物的总和。

（4）气化效率

气化效率是指生物质气化后生成气体的总热量与气化原料的总热量之比。它是衡量气化过程的主要指标。

$$气化率（\%）= \frac{冷气体热值（kJ/m^3）\times 干冷气体率（m^3/kg）}{原料热值（kJ/kg）} \quad (3-6)$$

（5）热效率

热效率为生成物的总热量与总耗热量的比值。

（6）碳转化率

碳转化率是指生物质燃料中的碳转化为气体燃料中的碳所占的比例，即气体中含碳量与原料中含碳量之比。它是衡量气化效果的指标之一。

碳转化率公式为：

$$\eta_c = \frac{12CO_2 + CO\% + CH_4\% + 2.5C_nH_m}{22.4\times（298/273）}G_v \quad (3-7)$$

式中：

η_c——碳转化率，%；

G_v——气体（标准状态）产率，m^3/kg。

2. 生物质气化性能的评价指标

气化性能评价指标主要是气体产率、气体组成和热值、碳转化率、气化效率、气化强度和燃气中焦油含量等。对于不同的应用场所，这些指标的重要性不一样，因此气化工艺的选择必须根据具体的应用场所而定。大量试验和运行数据表明，生物质气化生成的可燃气体。随着反应条件和气化剂的不同而有差别。气体产率一般为1.0～2.2 m^3/kg，也有数据为3.0 m^3/kg。气体一般是含有CO、H_2、CO_2、CH_4、N_2的混合气体，其热值分为高、中、低三种。气化热效率一般为30%～90%，依工艺和用途而变。碳转化率、气化效率、气化强度由采用的气化炉型、气化工艺参数等因素而定。国内行业标准规定气化效率≥70%，国内固定床气化炉可达70%，流化床可达78%以上。

3. 生物质气化性能的影响因素

（1）原料

在气化过程中，生物质物料的水分和灰分、颗粒大小、料层结构等都对气化过程有着显著影响。

（2）温度和停留时间

温度是影响气化性能的最主要参数，温度对气体成分、热值及产率有重要影响。

（3）压力

采用加压气化技术可以改善流化质量，克服常压反应器的一些缺陷，可增加反应容器内反应气体的浓度，减小在相同流量下的气流速度，增加气体与固体颗粒间的接触时间。最为明显的就是以超高压为代表的超临界气化实验，压力已经达到35～40 MPa，可以得到含氢量高的可燃气体。根据中国材料学院山西煤炭化学研究所开展的废弃生物质超临界水气化制氢的研究数据可以看出，高压只需要较低的温度（450～600 ℃）就可达到热化学气化高温（700～1 000 ℃）时的产气量和含氢率。

（4）升温速率

加热升温速率显著影响气化过程第一步反应即热解反应，而且温度与升温速率是直接相关的，不同的升温速率对应着不同的热解产物和产量。

（5）气化炉结构

气化炉结构的改造，如直径的缩口变径、增加进出气口、增加干馏段成为两段式气化炉等方法，都能强化气化热解，加强燃烧，提高燃气热值。

（6）气化剂的选择与分布

气化剂的选择与分布是气化过程重要影响因素之一。空气-水蒸气作为气化剂，产气率为1.4～2.5 m^3/kg，热值为6.5～9.0 MJ/m^3，氢气体积分值提高到30%左右。上下两段的一、二次供风气化方式显著提高了气化炉内的最高温度和还原区的温度，生成气中焦油的含量仅为常规供风方式的1/10左右。

（7）催化剂

催化剂是气化过程中重要的影响因素，其性能直接影响着燃气组成与焦油含量。生物质气化集中供气技术是20世纪90年代以来在我国发展起来的一项新的生物质能源利用技术，它将农村丰富的固体生物质原料转化为使用方便而且清洁的可燃气体，用作居民的炊事燃气。在高效利用秸秆资源，减轻环境污染，促进农民生活方式进步等方面起到积极的作用，近几年来已经逐渐成为我国农村能源利用的一项新兴技术，正在逐步推广之中。

4. 生物质气化集中供气系统的设计

（1）设计原则

①对建设气化站的村庄进行现场勘察，了解当地生物质资源的种类和产量，确定供气范围及可能的发展规模，进而初步查看气化站站址的位置及周围环境的情况。

②根据村庄居民数量及其他需要供气的对象，确定生物质燃气供应负荷。

③根据用气负荷，估算当地的生物质原料的品种和数量能否满足要求，并进行设备选型及初步设计。

④了解村庄布局、地形走势和当地的气象和地质情况，确定当地最低温度的冻土层深度，以确定管网走向，埋管深度等，并进行管路水力计算，确定管路直径，绘制设计施工图纸。

⑤编制设计文件、提供站内平面布置图及该区集中供气系统的工程预算。

（2）供气热流量（负荷）计算用气定额

由于各地居民生活水平和生活习惯、每户人口的多少、地区气候条件的不同，居民生活用气量也有很大差别。因此，各地区应根据当地实际情况确定用气指标，参考已建的气化站供气及用户耗气经验来确定用气定额。以北京地区农村一个三四口之家为例，夏季每天用气量为4 m^3左右，冬季因采暖兼炊事，每天用6～7 m^3燃气。

（3）生物质燃气计算流量

生物质燃气设计流量的大小，直接关系到小区秸秆气管网的经济性和供气的可靠性。一般应按用户所有燃气用具的额定流量和同时工作系数确定。计算公式如下：

$$Q = K\sum nq \tag{3-8}$$

式中：

Q——生物质计算流量，m^3/h；

K——生物质用具同时工作系数；

$\sum nq$——全部用具的额定流量，m^3/h；

n——同一类型的灶具数；

q——灶具的额定流量，m^3/h。

（4）同时工作系数

同时工作系数K反映秸秆气用具同时使用的程度，它与用户的生活规律、燃烧器的热效率以及地区的气候条件等因素有关。一般来说，用户越多，用具的同时工作系数越小。表3-2表示多个用户装有一台双眼灶情况时的同时工作系数，从表中数据可以看出，小区居民用户越多，灶具的同时工

作系数越低。

表3-2 居民生活用燃气双眼灶同时工作系数

相同燃具数N	同时工作系数K	相同燃具数N	同时工作系数K
15	0.56	90	0.36
20	0.54	100	0.35
25	0.48	200	0.345
30	0.45	300	0.34
40	0.43	400	0.31
50	0.40	500	0.30
60	0.39	700	0.29
70	0.38	1 000	0.28
80	0.37	2 000	0.26

经验公式：

在进行计算管径时，为了简化计算，通常采用经验公式：

$$Q=0.316K\sqrt{d^5\Delta p/SLK_1} \tag{3-9}$$

式中：

Q——燃气计算流量，m³/h；

d——管道内径，cm；

Δp——压力降，Pa；

S——当量密度，即空气密度为1时的秸秆气密度， kg/m³；

L——管道计算长度，m；

K——依管径而异，不同管径的K值列于表3-3中；

K_1——管段局部阻力，K_1=1.1。

表3-3 不同管径的K值

D/mm	15	19	25	32	38	50	57	100	125	150
K	0.46	0.47	0.48	0.49	0.50	0.52	0.57	0.62	0.67	0.77

（5）管网水力计算

管网水力计算的目的是确定管网中各管道的直径和压力损失。燃气自储气柜出发，输送到用户，与管道摩擦会产生沿程压力损失，通过阀门、弯头等会产生局部压力损失。而燃气输配管网既要保证燃气输送到用户时仍有足够的压力维持燃气的稳定燃烧，又要使离气化站远的用户与离气化站近的用户一样得

到均衡的燃气供应。因此管网水力计算是燃气输配系统设计的重要环节。

从管网水力计算公式可以看出，在相同管径下，允许压力降越大，则管道的通过能力也越大。因此，利用大的压力降输送和分配燃气，可以节省管路的投资。但是对低压燃气管路来说，压力降的增加是有限度的。

(6) 满足灶具额定负荷要求

低燃气管路直接与用户燃具连接，管路末端的燃气压力必须保证灶具的正常燃烧。根据这一原则来确定燃气的主管、支管、引入管、室内管的压力降，同时还应考虑储气柜后的水封及阀门的阻力损失，经过详细计算，最后确定储气柜的最低输气压力。

3.7.5 燃气输配管网的设计

1.管网形式和敷设方式的选择

以自然村为单元的生物质气化集中供气燃气管道一般选择枝状管网，主管路尽量沿着负荷中心延伸。干、支管线根据负荷的分布和村庄内街道的布局，由主管上引出，应考虑干管的负荷均匀。

为降低工程造价，管网经常采用塑料管的浅层直埋敷设方式，地下燃气管道沿街巷布置。只在碰到一些特殊地形和障碍物时，如穿越河流、铁路、公路时部分采用钢管制的架空燃气管道。一些村庄的道路已经完全硬化，或隐蔽工程较多，不允许开挖管沟时应采用架空的钢制燃气输送管网，此时的造价可能升高一倍左右。

2.管路走向和布线

在设计农村燃气输配系统时，既要保证系统的安全可靠运行，又要尽力保证设计的经济合理。要使输配系统具有较高的经济指标，选择合理的管道定线方案是十分重要的。在设计过程中，要综合考虑很多因素，如燃气用户和负荷的分布情况，还有村庄内的地形地貌和变化情况以及街道的交通情况和路面结构情况，此外还有线路上所遇到的障碍物情况、土壤性质、腐蚀性能和冰冻线深度等。考虑完外部因素还要考虑管材的订货情况，如大管径的塑料管道是否容易购买，施工和运行管理方便与否等因素。通常提出几种方案通过管路计算后进行比较，择优选取技术经济合理、安全可靠的方案。这类方案的数目通常不太多，所以比较几个方案并不困难。在管网系统原则上选定后，要进行管网水力计算，确定管径和各管段的具体位置，确定燃气管道的平面布置和纵断面布置。

(1) 管道的平面布置。管道一般沿街道的一侧敷设，当横穿街道的支管过多，或输配气量大而又买不到大口径的塑料管道时，也可采用双侧敷设。布置时应考虑道路规划情况，尽可能避免在现有和已规划的主要干道下敷设。

为了保证在施工和检修时互不影响，也为了避免由于漏出的燃气影响其他管道的正常运行和发生事故，甚至逸入建筑物内，地下燃气管道与建筑物、构筑物以及其他各种管道之间应保持必要的水平净距离。

由于塑料管受持续应力及环境温度变化的影响较敏感，为避免使用温度高于设计温度时造成强度明显下降，埋地塑料管与供热管之间的水平净距离不应小于表3-4的规定。

（2）管道的纵断面布置。在决定地下管道纵断面布置时，主要考虑管道的基础情况、冰冻情况和管道上部受压力的情况。

地下燃气管道的地基宜为原土层，凡可能引起不均匀沉降的地段，如泥浆、硬石等，应对其地基进行处理，或在布置时避开。地下燃气管道埋设深度宜在土壤冻线以下，以防止结冰时对燃气管的压迫和融冰时造成基础松动。为使管道受力均匀，管顶覆土的厚度应满足以下要求：埋设在车行道时，不得小于0.8 m；埋设在非车行道时，不得小于0.6 m；埋设在水田下时，不得小于0.8 m。

表3-4　埋地塑料管与供热管之间的水平净距

供热管种类		水平净距/m	注
T < 150 ℃直埋供热管道	供热管	3.0	燃气管埋深小于2 m
	回水管	2.0	
T < 150 ℃	热水供热管沟	1.5	
	蒸汽供热管沟	1.5	
T < 280 ℃	蒸汽供热管沟	3.0	

生物质燃气中含有水分，当温度下降时水分会凝结出来，因此不论是干管还是支管，都应设计成一般不小于0.004的坡度，让水顺畅地流向集水器。布线时，最好能使管道的坡度和地形相适应，在管道的最低点应设集水井。

燃气管道穿越主要干道时，宜敷设在套管或地沟内，套管直径应比燃气管道直径大100 mm以上。套管或地沟两端应密封。燃气管道不得在地下穿过房屋或其他建筑物，也不得在堆积有易燃易爆材料和具有腐蚀性液体的场地下面穿越，并不得与其他管道或电缆同沟敷设或上下并置。燃气管道与其他各种构筑物以及管道相交时，应保持最小净距。

（3）燃气管路要穿越铁路、沼泽以及河流时，燃气管道应用钢管。一般可以采用地上跨越（架空敷设），或地下穿越。在农村的居民区，很少有大型铁路和河流，在遇到小的铁路支线和小河流时，一般采用地上跨越，最好采用单跨结构，在得到有关部门同意时，也可利用已建的道路桥梁。架空敷设

时，管道支架应采用难燃或不燃材料制成，并在任何可能的负载情况下，能保证管道的稳定与不受破坏。

3. 管路材料

用于输送燃气的管材种类很多，根据生物质燃气的性质、煤气输送系统的压力及施工条件，在满足机械强度、抗腐蚀和气密性的条件下，可以选用如下的管材。

（1）钢管。常用具有承载压力大、可塑性好、便于焊接的钢管，如普通无缝钢管和焊接钢管。钢管与铸铁管材相比，壁较薄，节省金属用量，但耐腐蚀性较差，应采取可靠的防腐措施。

低压流体输送用焊接钢管，是燃气工程中用得最广泛的钢管（水、煤气钢管），管径一般为6～150 mm，有镀锌管和非镀锌管两种。大口径钢管有直缝焊接管和螺旋卷焊管。钢管的材质以低碳钢和低合金钢为主。

（2）铸铁管。其抗腐蚀性能比钢管强很多。燃气输配管道用的铸铁管一般采用铸模浇铸或离心浇铸方式制造出来的。灰铸铁管的抗拉强度、抗弯曲、抗冲击能力和焊接性能均不如钢管好，而且壁厚较大，使金属耗量增加。

选用铸铁管时，常用普压连续铸铁直管、离心铸造承插直管及管件，直径为75～1 500 mm，壁厚为9～30 mm，气密性试验压力可达到0.3 MPa。

（3）塑料管。塑料管材在生物质气化集中供气系统中最常用。其特点是密度小、弹性好、不需要采取防腐措施。因塑料管壁与气体流体的摩擦小，因此流动阻力小。塑料管的软化温度很低，加热后很容易改变形状，冷却时又有恢复原有形状的趋势，所以可以进行简单的承插连接，特别适合于农村的施工条件。但是由于塑料管的机械强度较低，所以敷设时需对管沟进行处理，以保证管道的平直和坡度，在道路下敷设和穿越建筑、河流等时应采取专门的防护措施。塑料管不能架空敷设，只能埋设在地下，因为暴露在阳光中的塑料管，受紫外线照射时容易老化。一般来说塑料燃气输送管的造价只有钢管的1/3～1/2，所以现在城市燃气系统中也在大量使用塑料管材，已有寿命超过30年的塑料管网仍在正常使用。

塑料管的最大工作压力为0.3 MPa，最高工作温度为38 ℃。市面上有各种聚乙烯、聚氯乙烯、聚丙烯的塑料管道产品。在行业标准中规定了用作燃气输送时必须采用中、高密度聚乙烯管。

4. 管道在地下敷设

（1）管沟。浅层直埋是生物质气化集中供气系统一般选用的地下管道敷设方式。敷设前，先进行管沟施工。管道沟槽应按设计所确定的管位及埋深开挖，但不能挖太深造成管基扰动。若管基为松散软土时，需要铺厚土层夯实后达到沟底设计标高。沟槽深度与设计标高偏差应小于20 mm，中心水平线偏差小于50 mm，管沟中心线坡度及坡向应符合设计规定。

由于塑料管的强度低，必须采用适当防护措施。敷设时应将沟底夯实，管道就位后周围和上部填入密实的砂层，再用土覆盖后夯实。这样整个管道表面可以均匀受到地面的震动和压力。

（2）管道的连接。钢管通常可以用螺纹连接、焊接连接和法兰连接等连接方式。螺纹连接一般用于室内管道管径较小的情况；焊接连接主要是用于室外管道，如燃气主、干、支管等；在设备与管道连接处常以法兰连接为主。

室内管道多采用三通、弯头、变径接头、活接头等螺纹连接管件，施工安装十分方便。为了防止漏气，螺纹连接时，螺纹之间必须缠绕麻丝和聚四氟乙烯等适量的填料。

5.管路附件

为保证管网的稳定安全运行和检修，需在管路的适当地点设置一些必要的管路附件，包括调节阀、切断阀、集水器等。此外，架空敷设的钢管还要加设管道补偿器以补偿温度变化时管道的伸缩。

（1）阀门。它是用来启闭管道通路或调节管道流量的设备，集中供气系统的压力不大，但对阀门的严密和密封性要求较高。常用的有闸阀、旋塞阀、球阀等。

（2）集水器。生物质燃气是一种含有水分的湿燃气，在输送过程中随着温度的降低，所含的水分会冷凝下来。为及时排除管道中的冷凝水，管道敷设时应有一定坡度，在管道的最低处设集水器，将汇集的水集中排出。集水器通常安装在燃气主管上，其间距一般不大于300 m。集水器有两种形式，即自动集水器和手动集水器。

（3）放散管。它是一种专门用来排放管道中的空气或燃气的装置。在运行时利用放散管排空管内的空气，可以防止在管道内形成爆炸性的混合气体。在管道或设备检修时，也是利用放散管排空管道内的燃气。放散管一般设置在燃气管道的末端或是管道容易聚集燃气而吹扫不尽的部位。放散管设在管井中，在进行放散时，临时接管的高度应高出地面不小于10 m，比周围10 m以内的管道和设备高出4 m。

生物质气化集中供气系统由燃气发生系统、燃气输配系统、用户燃气系统三个系统组成。燃气发生系统主要由原料预处理设备、气化器、燃气净化器和燃气输送机等设备组成，该系统的核心部分是气化器、燃气净化器和燃气输送机组成的生物质气化机组。该系统将固体生物质原料转变成干净的燃气，其基本工作过程是在气化器中进行一系列热化学反应，将生物质燃料转变为粗燃气，粗燃气含一氧化碳、氢气等可燃成分，然后在净化器中除去粗燃气中含有的灰尘和焦油等杂质，再将燃气冷却至常温，由燃气输送机提升压力，将燃气充入储气柜。所有的设备放置在气化站机房内，需要经过专门培训的工人进行管理和操作。

3.7.6 燃气输配系统

燃气输配系统：由储气柜、输气管网和管路附属设备组成。在输配系统中，储气柜用来储存一定量的燃气，防止外界燃气负荷发生变化，燃气不够时，储气柜用来保持稳定供气。储气柜为输气管网和用户提供了恒定的压力，保证了燃气输配的均衡和用户燃气灶具的稳定燃烧。输气管由主、干、支管等形成一个管网结构，输气管网将储气柜中的燃气分配到系统所及的用户。管路上还要设置阀门、阻火器、集水器等附属设备来保证管网稳定运行，为保证管网的安全问题，输气管特意设置在地下。

用户燃气系统：包括用户室内燃气管道、阀门、燃气计量表和燃气灶。用户打开阀门，将燃气引入燃气灶并点燃，就可以方便地获得炊事能源。

储气柜：储气柜是燃气输配系统中的关键设备，它的作用是：

（1）储存燃气，用以补偿用气负荷的变化，保证燃气发生系统的平稳运行。

（2）为燃气管网提供一个恒定的输配压力，保证燃气输配均衡，使管网内所有的燃气灶都能按照额定压力正常燃烧。燃气输配系统中常用的储气柜有两类，即低压湿式储气柜和低压干式储气柜。

储气柜的附属安全装置：储气柜是整个集中供气系统中造价最大的设备，运行时充满可燃气体，必须加装必要的附属装置来保证它的安全运行。在储气柜的入口应设置截断阀门和安全水封，防止气化机组停止产气时气柜中的燃气倒流回机组和站房。储气柜的出口应设置截断阀门和水封器或阻火器，作用分别是管网检修时阻断气体和在管网发生事故时阻断回火传至气柜。

1.气化站设备选型

设备选型主要是选择气化机组的型号、台数以及储气柜的容积。

气化机组应选择比较成熟的产品。根据用气量的大小和机组的规格参数，使经济运行负荷为品牌标注的最大产气能力的80%～85%。应该注意，由于生物质原料的性质并不稳定，原料的腐烂程度、含水量、粒度、含土量以及铡草机是否锋利都会影响原料质量，所以有时气化机组的产气能力会达不到品牌能力，留有一定余地是十分必要的。

农村生物质气化集中供气系统的用气负荷集中在一日三餐的炊事时间，高峰时燃气流量很大，而平时零星用气量很小，这是燃气供应系统的一种特殊情况。系统的燃气负荷实际上是由气化机组和储气柜联合承担的。储气柜是系统中最昂贵的设备，一般占整个气化工程投资的1/3。应该在确定运行方

式的基础上，进行经济比较，综合考虑气化机组的容量和储气柜容积。例如当选择较小的气化机组时，就需要选择很大的气柜容积，以便在炊事的间隔时间储存燃气，高峰时弥补气化机组产气的不足，在经济比较时发现这是不合算的。根据经验，推荐按以下方法选择气化机组容量，即以气化机组承担高峰燃气负荷的1/2～2/3，剩余负荷由储气柜承担。

2. 气化站的选址

气化站是原料贮存和燃气生产的场所，又是易燃易爆物较多的场所，在村庄的布局中要考虑它的特殊性。在选址时，应该考虑方便原料的运输和燃气供应，选址地质条件稳定，土建工程量小，雨季不致长期积水，还应该注重考虑安全。一般遵循以下原则：

（1）符合村庄建设总体规划的要求，气站周围不得有民房或其他建筑。

（2）气化站宜布置在村镇生活区、办公区，并且主要建筑物布局在夏季最小频率风向的上风侧。

（3）气化站建设用地，必须坚持科学、合理、节约用地的原则，尽量利用坡地、荒地，不占用耕地。

（4）站区总平面布置既要满足使用、环保、防火等要求，又要做到分区明确、流程合理、布局紧凑。

（5）供气站选址应充分进行方案论证，应符合当地城镇规划，项目区域应具有丰富的生物质原料，居住相对集中，燃气输配管网易于施工安装。

（6）气化站建筑覆盖率应小于占地面积的50%。

（7）气化站应与居民区保持规定距离，远离易燃易爆、危险品仓库及铁路、公路等。气化站附近具备生产所需的水源和电源。

（8）气化站应有绿化设计，绿化覆盖率应符合国家相关规定及当地规划要求。

（9）气化站应配备消防设施。

3. 气化站的分类

气化站的规模按日供气能力划分为三类：

（1）一类3 001～5 000 m^3/d。

（2）二类1 001～3 000 m^3/d。

（3）三类500～1 000 m^3/d。

4. 气化站的布置

气化站的构成主要包括原料贮存加工场、燃气生产车间、工具间、工人值班室等。其中原料贮存加工场包括原料集中贮存场和干料棚，主要用于提供生产所需要的合格原料；燃气生产车间内布置有气化器、燃气净化器、燃气输送机等主要生产设备，车间外部布置有储气柜，有时还要布置燃气净化

工艺所需的循环水池（可与消防水池统一布置）。

燃气生产车间面积小于等于300 m²时，采用耐火等级为三级的单层建筑。车间面积大于300 m²时，采用耐火等级为二级的单层建筑。燃气生产车间应通风良好，通风口不应少于两个。

气化站一般布置在村外，其防火间距应符合下列规定：燃气生产车间与民宅的防火间距不小于25 m，燃气生产车间与集中贮料场的防火间距不小于15 m，燃气生产车间与储气柜的防火间距不小于10 m，储气柜与集中贮料场的防火间距不小于25 m，储气柜与民宅的防火间距不小于25 m，集中贮料场与民宅的防火间距不小于30 m。

气化站房内应通风良好，光线充足，房顶要开天窗，以利于排烟；操作空间和行走通道内不得堆放杂物；应至少有两个大门；站房内有可靠的水源和电源。

5.气化站内对建筑的要求

气化站内的气化间、原料加工间、储气柜属于乙类厂房，建筑耐火等级不应低于二类，原料储藏、净化、原料加工间的火灾危险类别为甲类。

气化间与原料储存间层高为4.8 m，气化净化间、原料加工间、机修间、机房等，宜采用砖混结构，原料储存间易采用轻钢结构，以防风雨。

6.气化站生产设施建筑面积的确定

气化站生产设施建筑面积可参照表3-5确定。

表3-5　气化站生产设施建筑面积指标（m³）

建设规模	一类	二类	三类
气化、净化间	324～540	108～324	72～108
原料加工间	216～360	90～216	54～90
原料储藏间	600～1 000	200～300	100～200
储气柜	200～250	150～200	100～150
机房（含变配电间）	36	36	36
污水处理	36	36	36

7.气化站的安全

（1）原料的贮存

生产燃气需要的生物质原料体积很大。根据当地场地条件，可以选择集中贮存，也可以分散贮存。集中贮存的优点是便于管理和方便使用，缺点是料场占地较大和存在安全隐患。分散贮存的优点是料场占地较小，管理费用较低，缺点是原料保存不好，容易腐烂，有时不能及时得到供应。

集中贮存时，集中贮存料场与储气柜、站房之间应采取隔离措施。设置高度不小于2 m的非燃烧实体围墙。原料保存应保证通风干燥、不发生霉变和腐烂。由于贮存过程中含有损耗，所以原料总贮量应比全年总消耗多出20%才能保证全年的原料供应。为防止场地积水造成原料腐烂，场地的地面标高应比周围地面高出100 mm。原料应无碎石、铁屑等硬质杂物，无霉变，水分<20%。

（2）储料场的防火

储料场堆放数量较多的干燥生物质原料，为了杜绝火源，除了不允许闲人进入、不允许在场内吸烟外，也不得放置其他易燃物品。原料场内原料应分别堆垛存放，各垛之间留有消防通道。在储料场应设有消防水池，其容积不应小于20 m^3，还应配备小型干粉灭火器，备用沙土及铁锹等简易消防器材。每80 m^2配备一个小型干粉灭火器。

（3）气化车间

在罗茨风机或水环式真空泵的前面，净化系统处于微负压，在此区域应防止空气泄漏进入设备和管道内，形成可燃混合气；在罗茨风机后面为正压区，要防止燃气向外泄漏，造成操作人员中毒或引发火灾。气化站投入运行前应按规程对气化设备及管道进行气密性试验，所有设备、管道连接处、密封门、放液口等均应保证密封性良好，特别是运行后经常开启的排灰密封门，必须经常检查隔断水封器内的水位高度，判断气柜内的燃气能否倒流回机组。在燃气生产车间，按照建筑面积，每50 m^2设置一个干粉灭火器，但不少于两个。

（4）储气柜和燃气管道的防腐

生物质气化集中供气系统中的气化设备、储气柜和部分金属管道长期与酸性的焦油、水等接触，必须采取相应的防腐措施，以保证安全运行和延长设备寿命。燃气输配管网使用塑料管道会大大减轻防腐的工作量。

8.有关试验和要求

燃气输配系统设计建设完成后，必须开展室外生物质燃气管路的强度及气密性试验，室内生物质燃气管道的强度和气密性试验。

气化机组生产净化过程的污水应根据污水成分采取相应处理措施，处理后的污水必须达到国家允许的排放标准。

3.8 生物质热裂解

3.8.1 生物质热裂解技术

生物质热裂解是生物质在缺氧情形下发生的不完全热降解，以生成炭、可冷凝液体和气体产物的过程。热解是一种不可缺少的热化学转换过程，不仅因其是能产生高能量密度产物的独立过程，更因其是气化和燃烧等过程必须经历的步骤，同时热解特性对热化学的反应动力学及相关反应器的设计和产物都会产生影响。

通常热解与气化方式区分并不严格，只不过热解所需的反应温度比气化较高，气化目的是为了气体产物的产量最大化，而热解更注重炭和液体的生成。

生物质热裂解条件是：500～650 ℃的温度、每秒104～105 ℃的高加热速率和小于2 s的极短气体停留时间。在该种条件下将生物质直接热解，产物经快速冷却，使中间液态产物分子在进一步断裂生成气体之前冷凝，得到高产量的生物质液体油。生物油存储和输运简易，不需要产品就地消费，这成为该技术最大的优点，得到了国内外的广泛关注。

生物质热裂解反应产生的生物油，可以制成燃料油和化工原料，但需要经过进一步的分离和提取后才可制得；气体可以作为工业或民用燃气，根据其热值的高低可单独使用，也可与高热值气体混合使用；生物质炭还可用作活性剂等。

在热裂解反应过程中，会发生一系列复杂的化学反应、热量传递和物质传递。热量首先被传递到颗粒表面，再传递到颗粒的内部。

生物质颗粒的加热是在热裂解过程中由外至内逐层进行的，一旦加热后便迅速分解成炭和挥发分。挥发分由可冷凝气体和不可冷凝气体组成，可冷凝气体经过快速冷凝得到生物油。一次裂解反应生成了生物质炭、一次生物油和不可冷凝气体。在多孔生物质颗粒内部的挥发分还将进一步裂解，形成不可冷凝气体和热稳定的二次生物油。挥发分气体的裂化分解还没有完成，还要进行二次裂解反应，当挥发分气体离开生物颗粒的同时，也穿越了周围的气相组分，再进一步进行裂化分解。生物质热裂解过程最终形成生物油、不可冷凝气体和生物质炭。

反应器内的温度越高且气态产物的停留时间越长，二次裂解反应就越严重。为了得到高产率的生物油，需快速去除一次热裂解产生的气态产物，以抑制二次裂解反应的发生。

与慢速热裂解产物相比，快速热裂解的传热过程发生在极短的原料停留时间内，强烈的热效应导致原料极迅速地多聚化，不再出现一些中间产物，直接产生热裂解产物，而产物的迅速淬冷使化学反应在所得初始产物进一步降解之前终止，从而最大限度地增加了液态生物油的产量。

1.生物质热解过程

一般生物质热裂解液化的过程包括物料的干燥、粉碎、热裂解、产物炭

和灰的分离、气态生物油的冷却和收集等步骤。

（1）干燥

为了避免原料中过多的水分被带到生物油中，对原料进行干燥是必要的。一般要求物料含水率在10%以下。

（2）粉碎

为了提高生物油产率，必须有很高的加热速率，故要求物料足够小。不同的反应器对生物质粒径的要求也不同，旋转锥所需生物质粒径小于200 μm，流化床要小于2 mm，传输床或循环流化床要小于6 mm，烧蚀床由于热量传递机理不同，可以采用整个的树木碎片。采用的物料粒径越小，加工费用越高，因此，物料的粒径需在满足反应器要求的同时，与加工成本综合考虑。

（3）热裂解

热裂解生产生物油技术的关键在于要有很高的加热速率和热传递速率、严格控制的中温以及热裂解挥发分的快速冷却。只有满足这样的要求，才能最大限度地提高产物中油的比例。在目前已开发的多种类型反应工艺中，还没有最好的工艺类型。

（4）炭和灰的分离

实现炭分离的同时也分离了灰，因为几乎所有生物质中的灰都存在于产炭中。生物油的部分应用需要炭，再加上要实现炭与生物油的分离较困难，而且炭在二次裂解中起催化作用，在液体生物油中存在的炭容易产生不稳定因素，因此，对于要求较高的生物油生产工艺，必须快速彻底地将炭和灰从生物油中分离。

（5）气态生物油的冷却

热裂解挥发分由产生到冷凝阶段的时间及温度影响着液体产物的质量及组成，热裂解挥发分的停留时间越长，二次裂解生成不可冷凝气体的可能性越大。为了保证油产率，需快速冷却挥发产物。

（6）生物油的收集

生物质热裂解反应器的设计除需保证温度的严格控制外，还应在生物油收集过程中避免由于生物油的多种重组分的冷凝而导致反应器堵塞。

2.反应机理

通过对国内外热裂解机理研究的归纳概括，现从以下三个角度对反应机理进行分析。

（1）从生物质组成成分分析

生物质主要由纤维素、半纤维素和木质素三种主要组成物以及一些可溶于极性或弱极性溶剂的提取物组成。生物质的三种主要组成物常被假设独立地进行热分解，半纤维素主要在225～350 ℃分解，纤维素主要在325～375 ℃分解，木质素在250～500 ℃分解。半纤维素和纤维素主要产生挥发性物质，而木质素主要分解成炭。生物质热裂解工艺开发和反应器的正确设计都需要对热裂解机理进行良好的理解。因为纤维素是多数生物质最主要的组成物（如在木材中平均占43%），同时它也是相对简单的生物质组成物，因此纤维素被广泛用作生物质热裂解基础研究的实验原料。最为广泛接受的纤维素热分解反应途径模式如式（3-10）所示。

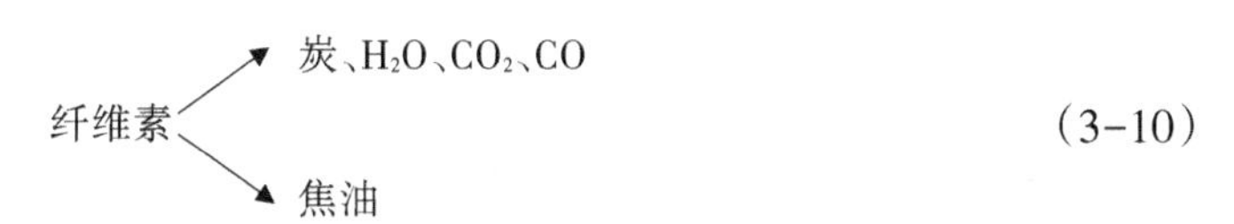

（3-10）

很多研究者对该基本图式进行了详细的解释。Kilzcr（1965）提出了一个很多研究所广泛采用的概念性的框架，其反应因式如式3-11所示。

从式（3-11）中明显看出，低的加热速率倾向于延长纤维素在200～280 ℃范围所用的时间，结果以减少焦油为代价增加了炭的生成。

200～280 ℃ 纤维素 → “脱水纤维素”+水 $\xrightarrow[\text{经一些有序的竞争反应}]{\text{（放热）}}$ 炭+水+CO+CO_2等

纤维素 → 280～340 ℃ （主要是左旋）葡聚糖焦油

（3-11）

图中的过程可分析为：纤维素经脱水作用生成脱水纤维素，脱水纤维素进一步分解产生大多数的炭和一些挥发物。与脱水纤维素在较高的温度下的竞争反应是一系列纤维素解聚反应产生左旋葡聚糖焦油。根据实验条件，左旋葡聚糖焦油的二次反应或者生成炭、焦油和气，或者主要生成焦油和气。例如纤维素的闪速热裂解把高升温速率、高温和短滞留期结合在一起，实际上排除了炭生成的途径，使纤维完全转化为焦油和气；慢速热裂解使一次产物在基质内的滞留期加长，从而导致左旋葡聚糖主要转化成炭。纤维素热裂解产生的化学产物包括CO、CO_2、H_2、炭、左旋葡聚糖以及一些醛类、酮类和有机酸等，醛类化合物及其衍生物种类较多，是纤维素热裂解的一种主要产物。

近年来，一些研究者相继提出了与二次裂解反应有关的生物质热裂解途径，其分解反应途径如式（3-12）所示。

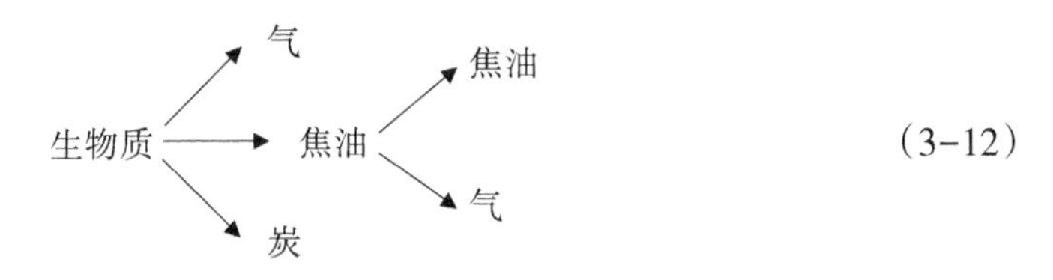

（3-12）

（2）从反应进程分析

生物质的热裂解过程分为三个阶段：

①脱水生物质物料中的水分子受热后首先蒸发气化。

②挥发物质的分解析出物料在缺氧条件下受热分解，随着温度升高，物料中的各种物质相应析出。物料虽然达到着火点，但由于缺氧而不燃烧，不能出现气相火焰。

③炭化随着深层挥发物质向外层的扩散，最终形成生物质炭。

（3）从物质、能量的传递分析

首先，热量传递到颗粒表面，并由表面传到颗粒的内部。热裂解过程由外至内逐层进行，生物质颗粒被加热的成分迅速分解成炭和挥发分。其中，挥发分由可冷凝气体和不可冷凝气体组成，可冷凝气体经过快速冷凝得到生物油。一次裂解反应生成了生物质炭、一次生物油和不可冷凝气体。在多孔生物质颗粒内部的挥发分将进一步裂解，形成不可冷凝气体和热稳定的二次生物油。同时，当挥发分气体离开生物颗粒时，还将穿越周围的气相组分，在这里进一步裂化分解，称为二次裂解反应。生物质热裂解过程最终形成生物油、不可冷凝气体和生物质炭。反应器内的温度越高且气态产物的停留时间越长，二次裂解反应则越严重。为了得到高产率的生物油，需快速去除一次热裂解产生的气态产物，以抑制二次裂解反应的发生。

与慢速热裂解产物相比，快速热裂解的传热过程发生在极短的原料停留时间内，强烈的热效应导致原料迅速降解，不再出现一些中间产物，直接产生热裂解产物，而产物的迅速淬冷使化学反应在所得初始产物进一步降解之前终止，从而最大限度地增加了液态生物油的产量。

3.影响生物质热裂解过程及产物组成的因素

生物质热裂解产物主要由生物油、不可冷凝气体及炭组成。普遍认为，温度、固相挥发物滞留期、颗粒尺寸、生物质组成及加热条件是影响生物质热裂解过程和产物组成的几个重要因素。提高温度和固相滞留期，有助于挥发物和气态产物的形成。随着生物质直径的增大，在一定温度下达到一定转化率所需的时间也增加。因为挥发物可与炽热的炭发生二次反应，所以挥发物滞留时间可以影响热裂解过程。加热条件的变化可以改变热裂解的实际过程及反应速率，从而影响热裂解产物的生成量。

（1）温度的影响

研究表明温度对生物质热裂解的产物组成及不可冷凝气体的组成有着显著的影响。一般地说，低温、长滞留期的慢速热裂解主要用于最大限度地增加炭的产量，其质量产率和能量产率可分别达到30%和50%；温度小于600 ℃的常规热裂解时，采用中等反应速率，其生物油、不可冷凝气体和炭的产率基本相等；闪速热解温度在500～650 ℃范围内，主要用来增加生物油的产量，其生物油产率可达80%；同样的闪速热裂解，若温度高于700 ℃，在非常高的反应速率和极短的气相滞留下，主要用于生产气体产物，其产率可达80%。D. S. S. COTT（1988）采用输送及流化床两种不同反应器，以纤维素和枫木木屑为原料进行了试验，用于考察温度在快速热裂解中的作用，在气相滞留期为0.5 s，热裂解温度为450～500 ℃条件下，两种物料、两种反应器得到一致的结果。结果表明，对上述任何一种反应器，如果生物质颗粒加热到500 ℃的时间比固相滞留期小得多，或如果温度达到500 ℃之前，生物质颗粒失重率小于10%，那么对于给定的物料和给定的气相滞留期，生物油、炭及不可冷凝气体的产量仅由热裂解温度决定。

A.G.LIDEN和D.S.S.COTT（1988）报道了采用Waterloo流化床反应器生物质闪速热裂解技术产物分布及温度之间的关系，如图3-1所示。

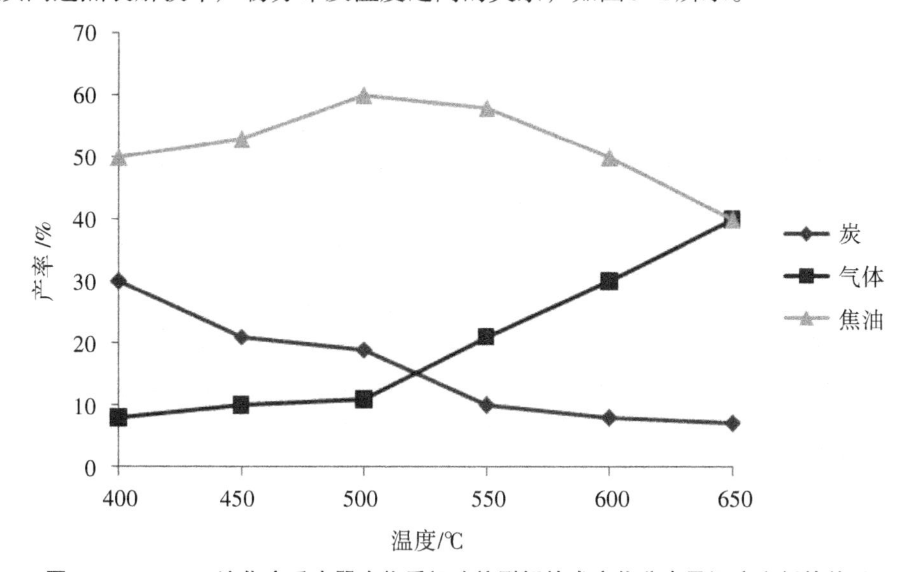

图3-1　Waterloo流化床反应器生物质闪速热裂解技术产物分布及温度之间的关系

图示表明，随着温度的升高，炭的产率减少，不可冷凝气体产气率先缓慢增加后加速增加，焦油呈先增后减的趋势。为获得最大生物油产率，有一个最佳温度范围，其值为400～600 ℃。

通过实验表明，随着设定的热裂解温度的提高，炭产率减少，不可冷凝气体产气率增大，一个明显的极值点，当热裂解温度为600 ℃时，生物油产率为70%。因此，为获得最大生物油产率要选择合适的热裂解温度。

（2）生物质物料特性的影响

生物质种类、粒径、形状等特性对生物质热裂解行为及产物组成有着重要影响。如木材特性即木材的密度、导热率、木材的种类对其热裂解过程影响，这种影响是相当复杂的，它将与热裂解温度、压力、升温速率等外部特

性共同作用，影响热裂解过程。由于木材是各向异性的，这样形状与纹理将影响水分的渗透率，影响挥发产物的扩散过程。木材纵向渗透率是横向渗透率的50 000倍。这样在木材热裂解过程中大量挥发产物的扩散主要发生在与纹理平行的表面，而垂直方向的挥发产物较少，在不同表面上热量传递机制差别会较大。在与纹理平行的表面，通常发生气体对固体的传递机理，但在纹理垂直的表面上，热传递过程是通过析出挥发分从固体传给气体。在木材特性中，粒径是影响热裂解过程的主要参数之一，因为它将影响热裂解过程中的反应机制。研究人员认为粒径1 mm以下时，热裂解过程受反应动力学速率控制，而当粒径大于1 mm时，热裂解过程中还同时受传热和传质现象控制。如果粒径大于1 mm，那么颗粒将成为热传递的限制因素。当上述大的颗粒从外面被加热时，颗粒表面的加热速率远大于颗粒中心的传热速率，这样在颗粒的中心发生低温热裂解，产生过多的炭。有研究表明，随着生物质颗粒粒径的减小，炭的生成量也减少。因此，在闪速热裂解过程中，所采用生物质粒径应小于1 mm，以减少炭的生成量，从而提高生物油的产率。

（3）其他反应条件的影响

①固体和气相滞留期。在给定颗粒粒径和反应器温度条件下为使生物质彻底转换，需要很小的固相滞留期。

木材加热时，固体颗粒因化学键断裂而分解。在分解初始阶段，形成的产物可能不是挥发分，还可能进行附加断裂形成挥发产物或经历冷凝和聚合反应而形成高相对分子质量产物。上述挥发产物在颗粒的内部或者以均匀气相反应，或者以不均匀气相与固体颗粒和炭进一步反应。这种颗粒内部的二次反应受挥发产物在颗粒内和离开颗粒的质量传递率影响。当挥发物离开颗粒后，焦油和其他挥发产物还将发生二次裂解。在木材热裂解过程中，反应条件不同，粒子内部和粒子外部的二次反应可能对热裂解产物与产物分布产生中等强度和控制的影响。所以为了获得最大生物油产量，在热裂解过程中产生的挥发产物应迅速离开反应器以减少焦油二次裂解的时间。因此，为获得最大生物油产率，气相滞留期是一个关键的参数。

②压力。其大小可以通过影响气相滞留期而影响二次裂解，最终影响热裂解产物产量分布。在300 ℃氮气下，以纤维素热裂解为例说明了压力对炭及焦油产量的影响。在一个大气压下，炭和焦油的产率分别为34.2%和19.1%，而在200 Pa下分别为17.8%和55.8%。由于二次裂解的结果，在较高的压力下，挥发产物的滞留期增加，二次裂解较大，而在低的压力下，挥发物可以迅速地从颗粒表面离开，从而限制了二次裂解的发生，增加了生物油产量。

③升温速率。纤维素热裂解机理表明，升温速率低有利于炭的形成，而

不利于焦油产生。因此，以生产生物油为目的的闪速裂解都采用较高的升温速率。

4. 生物质热裂解液化技术研究及开发现状

生物油同热裂解气体和原生物质相比，在贮存、运输和利用方面具有巨大的优势，自20世纪70年代后期开始，国外众多研究机构和公司在生物质热裂解制油领域开展了大量的研究工作，并开发出不同种类的快速或闪速热裂解工艺和反应器。欧洲在近期也开始关注生物质直接生产燃料油技术。1996年在英国签订的第四个《无化石燃料公约》中包含了快速热裂解的内容，提高了欧洲对于这项技术的认识，并使其对这项技术产生了极大的兴趣。在北美，一些规模达到200 kg/h的快速热裂解商业与示范工厂正在运行。

国内在这方面的研究尚处于起步阶段。近年来，沈阳农业大学、中国科学院广州能源研究所、大连理工大学等单位在生物质热裂解方面开展了研究工作。尤其是沈阳农业大学从1993年起与荷兰合作，并于1995年从荷兰根特大学生物质能技术集团引进一套生物质喂入率为50 kg/h的旋转锥反应器生物质闪速热裂解液化中试设备，开展了一系列研究。由此可见，中国越来越重视生物质热裂解液化技术的研究。

生物质热裂解液化反应器类型多样。大部分热裂解工艺能够达到65%～75%的产油率，但至今还没有被普遍认为是最好的热裂解液化反应器。

快速热裂解反应器最主要的特点是：非常高的加热及热传导速率，可以提供严格控制的反应中温，热裂解蒸汽得到迅速冷凝。目前，有传输床和循环流化床系统用于商业化生产调味品。流化床是理想的研究开发设备，在许多国家得到了广泛的研究并已达到了小型示范试验厂的规模。

目前，生产生物质液体燃料的技术还不成熟，所以国内外正在加大力度进行深入研究和开发。研究主要集中在以下几个方面：

（1）寻求更合适的原料，一方面降低原材料成本，另一方面提高生物质燃料的产率。

（2）开发更经济高效的转化技术和设备。

（3）改善生物油的使用性能。

（4）开发有价值的生物油副产品。

3.8.2 国内外热解气化技术的发展概述及展望

热解气化是一种热化学反应技术，它通过气化装置的热化学反应，可将低品位的固体生物质转换成高品位的可燃气。自1839年世界上第一台上吸式气炉问世以来，气化技术已有170多年的历史；但较大规模应用生物质热解气化技术，则始于20世纪30～40年代。第二次世界大战期间，为解决石油燃料的短缺，用于内燃机的小型气化装置得到广泛使用。从20世纪70年代初开始，受石油危机影响，这一技术有了新的发展。在20世纪40年代初期，我国部分地区曾以木炭和木块为燃料经气化驱动民用车辆，50～60年代初期，我国部分城乡曾以木质燃料气化驱动内燃机，取代柴油和汽油，用于驱动汽车和提水发电设备。现在热解气化作为矿物能源的补充能源更加受到各国重视。

国外生物质气化装置一般规模较大，多用作气化发电，生物质燃气区域供热，水泥厂供气与发电联产，生物质气化合成甲醇或二甲醚以及生物质气化合成氨，以前两者最为主要。如在美国，生物质能发电的总装机容量已经超过10 000 MW，单机容量达到10～25 MW。1999年，瑞典的供热和热电联产所消耗的能源中，26%是生物质能。我国的生物质气化主要是以户用和取暖为主，同时我国也在积极研究生物质气化发电技术。我国生物质能资源极为丰富，随着农村整体经济实力增强，对高效能的洁净气化能源的需求增加，生物质能必将与太阳能、风能、地热等一起被列为农村能源开发与利用的重点。同时应考虑到生物质原料的分散性，不易收集，建议发展中小规模的生物质高效气化系统，努力降低焦油含量。另外，应考虑到生物质原料的季节波动性，建议气化技术应该适应多种原料，特别是劣质原料。对于生物质资源比较丰富、相对集中且电力比较紧张地区，建议优先发展供气与发电联产模式；对于经济发达的农村，可考虑发展生物质气化集中供气与生物质燃气空调联合模式。相信生物质气化技术在我国的应用前景将是无可限量的。

思考题

1.什么是燃烧三要素？

2.为什么要用低位发热量作为计算炉灶热效率的依据？

3.省柴灶的热量传递方式有哪几种？

4.造成省柴灶热损的因素有哪些？

5.什么叫二次进风？

6.为什么过烟道与烟囱的距离越近越好？

7.生物质气化裂解有何意义？分析它们有哪些优缺点？

8.生物质气化与裂解的区别有哪些？

9.催化剂对生物质气化的影响是怎么产生作用的？

10.不同的管道连接方法有什么优缺点？

11.未来生物质气化裂解技术的发展会是怎样的？

参考文献

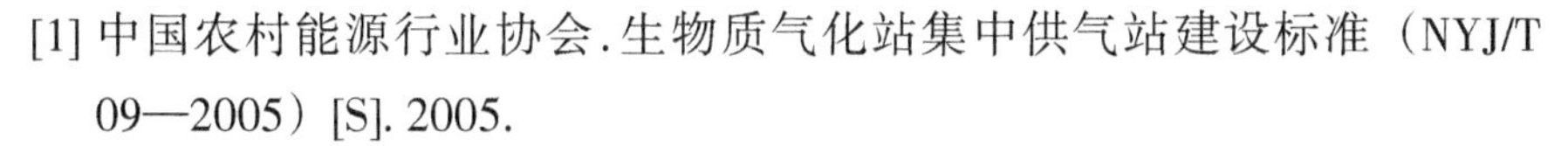

[1] 中国农村能源行业协会.生物质气化站集中供气站建设标准（NYJ/T 09—2005）[S]. 2005.

[2] 中国农村能源行业协会.秸秆气化供气系统技术条件及验收规范（NY/T 443—2001）[S].2001.

[3]袁振宏，吴创之，马隆龙，等.生物质能利用原理与技术[M].北京：化学工业出版社，2005.

[4]贾振航.新农村可再生能源实用技术手册[M].北京：化学工业出版社，2009.

[5]马隆龙，吴创之，孙立，等.生物质气化技术及其应用[M]. 北京：化学工业出版社，2003.

[6]吴创之，马隆龙.生物质能现代化利用技术[M]. 北京：化学工业出版社，2003.

[7]汪洋.潜力无穷的生物质能[M].兰州：甘肃科学技术出版社，2014.

[8]景伟，成林虎.生物质气化技术概况及展望[J].科技视界，2012（17）：50-53.

[9]刘茹飞，陈刚，王明超，等.我国典型禽畜粪便资源化技术研究[J].再生资源与循环经济，2017，10（3）:37-39.

[10]钟浩，谢建，杨宗涛，等.生物质热解气化技术的研究现状及其发展[J].云南师范大学学报，2001，21（1）:41-45.

[11]陶思源.关于我国农业废弃物资源化问题的思考[J].理论界，2013（5）:28-30.

[12]孙立，许敏.生物质热解气化技术及农村集中供气系统的初步研究[J].山东能源，1991（4）：6-11.

[13]徐嘉，严建华，肖刚，等.城市生活垃圾气化处理技术[J].科学通报，2004，20（6）:562-563.

[14]张小东，刘敏.秸秆气化技术及其应用浅析[J].科技情报开发与经济，2007，17（23）:151-152.

[15]张金魁.省柴灶[M].北京：中国林业出版社，1986.

[16]冉毅，彭德全.商品化沼气池分类及与传统沼气池比较分析[J].中国沼气，2012，30（5）:51-54.

[17]乔光华，杜哲.内蒙古自治区奶业经济运行状况分析[J].中国畜牧杂志，2012，48（12）：8-11.

[18]何荣玉，闫志英，刘晓风，等.秸秆干发酵沼气增产研究[J].应用与环境生物学报，2007，13（4）:583-585.

[19]朱建明，袁西海，周建方.沼气实用技术指南[M].河南：河南科学技术出版社，2008.

[20]万仁新.生物质能工程[M].北京：中国农业大学出版社，1995.

[21]周曼，邹志勇.沼气利用模式现状及发展新方向[J].宁夏农林科技，2012，53（08）:136-138.

[22]何周蓉，张红丽.农村沼气能源开发利用模式分析[J].资源开发与市场，2013，29（6）:637-640.

[23]中华人民共和国国家质量监督检验检疫局，中国国家标准化管理委员会.户用沼气池设计规范（GB/T 4750—2016）[S]. 2016.

第4章 风力发电技术

4.1 风与风能

4.1.1 风的特征

风是地球上的一种自然现象，它是由太阳辐射热引起的。太阳照射到地球表面，使地球表面各处受热不同，产生不同的温差，从而引起大气的对流运动形成风。

集结的水蒸气（云）凝结成水时，体积将会缩小，周围水蒸气前来补充，就形成风，风是一个表示气流运动的物理量。它不仅有数值的大小（风速），还具有方向（风向），因此风是向量。风向是指风的来向。地面风向用16方位表示，高空风向常用方位度数表示，即以0°（或360°）表示正北，90°表示正东，180°表示正南，270°表示正西。在16方位中，每相邻方位间的差值为22.5°。风速单位常用m/s、knot（海里/小时，又称“节”）和km/h表示，其换算关系如下：

1 m/s = 3.6 km/h　　　　1 knot = 1.852 km/h

1 km/h = 0.28 m/s　　　　1 knot = 0.5 m/s

风速是空气在单位时间内移动的水平距离，以m/s为单位。大气中水平风速一般为1.0～10 m/s，台风、龙卷风有时达到102 m/s，而农田中的风速可以小于0.1 m/s。风速的观测值有瞬时值和平均值两种，一般情况下我们习惯使用平均值，不仅测量的时候方便，也方便我们计算。风的测量多用电接风向风速计、轻便风速表、达因式风向风速计，以及用于测量农田中微风的测风仪等仪器进行；也可根据地面物体征象按风力等级表估计。

根据风对地上物体所引起的现象将风力的大小分为13个等级，称为风力等级，简称风级，而人们平时在天气预报时听到的“东风3级”等说法指的

是“蒲福风级”。“蒲福风级”是英国人蒲福于1805年根据风对地面（或海面）物体影响程度而定出的风力等级，共分为0～17级。

表4-1　风力等级的划分方法如下

风级	风名称	风速/m·s⁻¹	风速/km·h⁻¹	陆地上的状况	海面现象
0	无风	0～0.2	<1	静,烟直上	平静如镜
1	软风	0.3～1.5	1～5	烟能表示风向,但风向标不能转动	微浪
2	轻风	1.6～3.3	6～11	人面感觉有风,树叶有微响,风向标能转动	小浪
3	微风	3.4～5.4	12～19	树叶及小树枝不息,旗帜展开	小浪
4	和风	5.5～7.9	20～28	吹起地面灰尘纸张和地上的树叶,树的小枝微动	轻浪
5	清劲风	8.0～10.7	29～38	有叶的小树枝摇摆,内陆水面有小波	中浪
6	强风	10.8～13.8	39～49	大树枝摆动,电线呼呼有声,举伞困难	大浪
7	疾风	13.9～17.1	50～61	全树摇动,迎风步行感觉不便	巨浪
8	大风	17.2～20.7	62～74	小树枝折断,人向前行感觉阻力甚大	猛浪
9	烈风	20.8～24.4	75～88	建筑物有损坏(烟囱顶部及屋顶瓦片移动)	狂涛
10	狂风	24.5～28.4	89～102	陆上少见,见时可使树木拔起将建筑物损坏严重	狂涛
11	暴风	28.5～32.6	103～117	陆上很少,有则必有重大损毁	风暴潮
12	台风	32.6～36.9	118～133	陆上绝少,其摧毁力极大	风暴潮
13	台风	37.0～41.4	134～149	陆上绝少,其摧毁力极大	海啸
14	强台风	41.5～46.1	150～166	陆上绝少,其摧毁力极大	海啸
15	强台风	46.2～50.9	167～183	陆上绝少,其摧毁力极大	海啸
16	超强台风	51.0～56.0	184～202	陆上绝少,范围较大,强度较强,摧毁力极大	大海啸
17	超强台风	≥56.1	≥203	陆上绝少,范围最大,强度最强,摧毁力超级大	特大海啸

注：本表所列风速是指平地上离地10 m处的风速值。

在一定的时间范围内，某风向出现的次数占各风向出现的总次数的百分比，称作风向频率。

在陆地上观测风向用16个方位（海上用32个方位）。

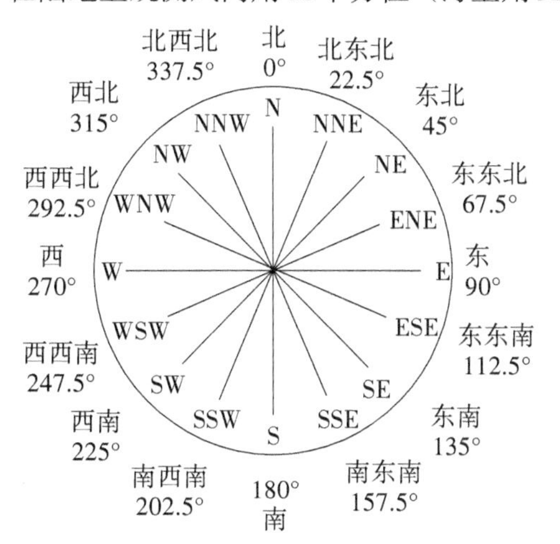

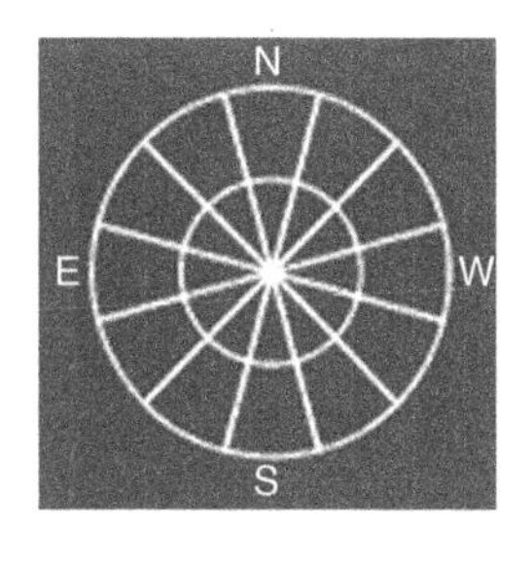

图4-1 海陆风向方位图

风玫瑰图——一个给定地点一段时间内的风向分布图，通过它可以得知当地的主导风向。最常见的风玫瑰图是一个圆，圆上引出16条放射线，它们代表16个不同的方向，每条直线的长度与这个方向的风的频度成正比，可以反映风能资源的特性。根据风能玫瑰图（能量密度玫瑰图）即可以看出哪个方向的风具有能量的优势。

4.1.2 风能

风的形成是空气流动的结果，空气流动形成的动能称为风能，风能是太阳能的一种转化形式。空气流速越高，动能越大。空气的流动是由于不同区域空气的密度或者气压不同引起，大气压差是风产生的根本原因。

我们通常把1 s通过面积为A的空气所具有的动能，称之为风所具有的功率。把1 s通过1 m^2面积的空气所具有的动能，称之为风能密度，两者是评价风能资源的重要参数。

风廓线是指受到地表面植被、建筑物等的摩擦影响，越靠近地表面，风变得越弱。植被、建筑物等的粗糙程度称为地表面粗糙长度，地表面粗糙长度越大，风就越弱。

风速随高度的变化：

$$\frac{V_H}{V_0}=\left(\frac{H}{H_0}\right)^a \tag{4-1}$$

式中：

V_H——高度H处的风速，m/s；

V_0——参照高度H_0处的风速，m/s；

H——离地面高度，m；

H_0——参照高度，一般H_0为10 m；

a——考虑地面粗糙度影响的指数。

表4-2　a的取值范围

地面状态	a的取值范围
平滑（海面、沙、雪地）	0.10～0.13
一般不平滑（短草地、庄稼地、乡村）	0.13～0.20
不平滑（树林、市郊）	0.20～0.27
非常不平滑（城区、高大建筑）	0.27～0.40

风的形成乃是空气流动的结果，风能利用主要是将大气运动时所具有的动能转化为其他形式的能。

在赤道和低纬度地区，太阳高度角大，日照时间长，太阳辐射强度强，地面和大气接受的热量多，温度较高；在高纬度地区，太阳高度角小，日照时间短，地面和大气接受的热量小，温度低。这种高纬度与低纬度之间的温度差异，形成了南北之间的气压梯度，使空气做水平运动，风应该沿着水平气压梯度方向吹，即垂直于等压线从高压向低压吹。地球在自转，使空气水平运动发生偏向的力，称为地转偏向力。这种力使北半球气流向右偏转，南半球向左偏转。所以地球大气运动除受气压梯度力外，还要受地转偏向力的影响。大气真实运动是这两个力影响的结果。

实际上，地面风不仅受这两个力的支配，而且在很大程度上受海洋、地形的影响，山隘和海峡能改变气流运动的方向，还能使风速增大，而丘陵、山地因摩擦大使风速减少，孤立的山峰却因海拔高使风速增大。因此，风向和风速的时空分布较为复杂。

海陆差异对气流运动也有一定的影响，在冬季，大陆比海洋冷，大陆气压比海洋高，风从大陆吹向海洋。夏季相反，大陆比海洋热，风从海洋吹向内陆。这种随季节转换的风，我们称为季风。所谓的海陆风也是在白昼时，大陆上的气流受热膨胀上升至高空流向海洋，到海洋上空冷却下沉，在近地层海洋上的气流吹向大陆，补偿大陆的上升气流，低层风从海洋吹向大陆称为海风，在夜间（冬季）时，情况相反，低层风从大陆吹向海洋，称为陆风。在山区由于热力原因引起的白天由谷地吹向平原或山坡，夜间由平原或山坡吹向谷地，前者称为谷风，后者称为山风。这是由于白天山坡受热快，温度高于山谷上方同高度的空气温度，坡地上的暖空气从山坡流向谷地上方，谷地的空气则沿着山坡向上补充流失的空气，这时由山谷吹向山坡的风，称为谷风。夜间山坡因辐射冷却，其降温速度比同高度的空气较快，冷空气沿坡地向下流入山谷，称为山风。当太阳辐射能穿越地球大气层时，大气层约吸收2×10^{16} W的能量，其中一小部分转变成空气的动能。因为热带比极带吸收较多的太阳辐射能，产生大气压力差导致空气流动而产生“风”。至于局部地区，例如，高山和深谷在白天，高山顶上空气受到阳光加热而上升，深谷中冷空气取而代之，因此，风由深谷吹向高山；在夜晚，高山上空气散热较快，于是风由高山吹向深谷。另一个例子，在沿海地区，白天由于陆地与海洋的温度差形成海风吹向陆地；反之，晚上陆风吹向海上。

风能作为一种清洁能源，我们怎样对其进行有效的预报呢？我国蕴含着丰富的风能资源，但目前我国在风能预报方面的研究还很薄弱。几乎没有可用于风电场风能的客观、定量化的预报方法。风能预报，实际上最重要的是对风场的合理准确预报，进而得到风电量预报。国际上风能预报的方法有统计预报、动力预报（包括降尺度预报和集成预报）以及风电量预报。

风能利用的前景广阔，但在风能利用中有两个问题需要特别注意：一是风力机的选址，二是风力机对环境的影响。

风能的利用并不是一帆风顺的，在此过程中也出现了一些问题。无论是哪种用途的风力机，选择设置地点都是十分重要的。选址合适不但能降低设备费用和维修成本，还能避免事故的发生。除了考虑设置地点的风况外，还应考虑其他自然条件的影响，例如雷击、结冰、雾霾和沙尘等。

人们通常认为风能利用对环境是无污染的，但是随着人们对环境保护的认识越来越广，需要考虑到风能利用时风力机对环境的不良影响，这种影响主要反映在以下几个方面：

（1）风力机的噪声。

（2）对鸟类的伤害。

（3）对景观的影响。

（4）对通信的干扰。

4.1.3 常用的风能公式

风能的利用就是将流动空气拥有的动能转化为其他形式的能量。

1.流动空气所具有的动能

$$E=\frac{1}{2}mv^2=\frac{1}{2}\rho Avtv^2=\frac{1}{2}\rho Atv^3 \tag{4-2}$$

式中：

ρ——空气密度，kg/m^3；

A——迎风面积，m^2；

v——观测到的风速，m/s；

t——所用的时间，s。

2. 风能功率

风在单位时间垂直截面A所做的功：

$$W=\frac{E}{t}=\frac{1}{2}A\rho v^3 \tag{4-3}$$

式中：

ρ——空气密度，kg/m^3；

A——迎风面积，m^2；

v——观测到的风速，m/s。

3. 风能密度

风在单位时间垂直通过单位面积所做的功：

$$W=\frac{E}{At}=\frac{1}{2}\rho v^3 \tag{4-4}$$

式中：

ρ——空气密度，kg/m^3；

v——观测到的风速，m/s。

4. 空气密度

ρ 修正是由大气压力与气温及海拔高度等因素对风资源测试的数据要进行修正，所有数据均应修正到标准状态。

（1）温度对空气密度修正

$$\rho=\rho_0(K+15)/(K+t) \tag{4-5}$$

式中：

ρ_0——标准空气密度，$\rho_0=1.226$，kg/m^3；

K——绝对温度，$K=k+273.16\,K$，其中k为K对应的摄氏温度；

t——当地大气温度，标准状态为15 ℃（海平面）。

（2）大气压力对空气密度修正

$$\rho=\rho_0\times P/101.325 \tag{4-6}$$

式中：

P——当地大气压力，kPa。

（3）海拔高度对空气密度修正。随着海拔的增高，气压降低，空气温度也降低

$$\rho_m=\rho_0-1.194\times10^{-4}H_m \tag{4-7}$$

综合效应的近似表示式如下：

$$\rho_m = \frac{P}{RT} \tag{4-8}$$

式中：

P——当地大气压力，Pa；

T——年均气温，$T = 273.16 + t$，K

R——气体常数，$R = 278$ J/（kg·K）；

4.2 我国风能情况

4.2.1 我国风能资源的分布情况

从区域分布来看，我国风能主要分布在以下几个地区。

1. 东南沿海及其岛屿是我国最大风能资源区

该地区，有效风能密度大于等于200 W/m²的等值线平行于海岸线，沿海岛屿的风能密度在300 W/m²以上，有效风力的出现时间百分率达80%～90%，大于等于8 m/s的风速全年内出现的时间为7 000～8 000 h，大于等于6 m/s的风速也有4 000 h左右。但从这一地区向内陆，则丘陵连绵，冬季强大的冷空气南下，很难长驱直下，夏半年台风在离海岸50 km时风速便减少到68%。所以东南沿海仅在由海岸向内陆几十公里的地方有较大的风能，再向内陆则风能骤降。在不到100 km的地带，风能密度降至50 W/m²以下，反而是全国风能最小的区域。但在福建的台山、平潭和浙江的南麂岛、大陈、嵊泗等沿海岛屿上，风能反而都比较大。其中台山风能密度为534.4 W/m²，有效风力出现时间百分率为90%，大于等于3 m/s的风速全年累计出现7 905 h。换言之，平均每天大于等于3 m/s的风速有21.3 h，是我国平地上有记录的风能资源最大的地方之一。

2. 内蒙古和甘肃北部是我国仅次于东南沿海的风能资源区

这一地区，终年在西风带控制之下，而且又是冷空气入侵首当其冲的地方，风能密度为200～300 W/m²，有效风力出现时间百分率为70%左右，大于等于3 m/s的风速全年有5 000 h以上，大于等于6 m/s的风速在2 000 h以上，从北向南逐渐减少，但不像东南沿海梯度那么大。风能资源最大的为虎勒盖地区，大于等于3m/s和大于等于6 m/s的风速的积累小时数分别可达到7 659 h和4 095 h。这一地区的风能密度虽然比东南沿海小，但其分布范围广，是我国连成一片的最大风能资源区。

3. 黑龙江和吉林东部以及辽东半岛沿海风能也较大

风能密度在200 W/m²以上，大于等于3 m/s和大于等于6 m/s的风速全年累计时数分别为5 000～7 000 h和3 000 h。

4. 青藏高原、三北地区的北部和沿海地区为风能较大区

这个地区（除去上述范围），风能密度在150～200 W/m^2，大于等于3 m/s的风速全年累计为4 000～5 000 h，大于等于6 m/s的风速全年累计为3 000 h以上。青藏高原大于等于3 m/s的风速全年累计可达6 500 h，但由于青藏高原海拔高，空气密度较小，所以风能密度相对较小，在4 000 m的高度，空气密度大致为地面的67%。也就是说，同样是8 m/s的风速，在平地为313.6 W/m^2，而在4 000 m的高度却只有209.3 W/m^2。所以如果仅按大于等于3 m/s和大于等于6 m/s的风速的出现小时数计算，青藏高原应属于最大区，而实际上这里的风能却远较东南沿海小。从三北北部到沿海，几乎连成一片，包围着我国大陆。大陆上的风能可利用区也基本上同这一地区的界限相一致。

5. 四川盆地和塔里木盆地等为我国最小的风能区

有效风能密度在50 W/m^{2}以下，可利用的风力仅有20%左右，大于等于3 m/s的风速全年累计时数在2 000 h以下，大于等于6 m/s的风速在150 h以下。在这一地区中，尤以四川盆地和西双版纳地区风能最小，这些地区全年静风频率在60%以上，如绵阳为67%，巴中为60%，阿坝为67%，恩施为75%，德格为63%，耿马孟定为72%，景洪为79%。大于等于3 m/s的风速全年累计仅300 h，大于等于6 m/s的风速仅20 h。所以这一地区除高山顶和峡谷等特殊地形外，风能潜力很低，无利用价值。

6. 在上述地区（4和5以外）的广大地区为风能季节利用区

有的在冬、春季可以利用，有的在夏、秋季可以利用。这一地区，风能密度在50～100 W/m^2，可利用风力为30%～40%，大于等于3 m/s的风速全年累计在2 000～4 000 h，大于等于6 m/s的风速在1 000 h左右。

若主要考虑有效风能密度的大小和全年有效累积小时数，也可以按照以下区划指标体系划分：

（1）风能丰富区（“Ⅰ”区）：年平均有效风能密度大于200 W/m^2，3～20 m/s风速的年累积小时数大于5 000 h。

（2）风能较丰富区（“Ⅱ”区）：年平均有效风能密度在150～200 W/m^2，3～20 m/s风速的年累积小时数在4 000～5 000 h。

（3）风能可利用区（“Ⅲ”区）：年平均有效风能密度在50～150 W/m^2，3～20 m/s风速的年累积小时数在2 000～4 000 h。

（4）风能贫乏区（“Ⅳ”区）：年平均有效风能密度在50 W/m^{2}以下，3～20 m/s风速的年累积小时数在2 000 h以下。

我国土地广袤，资源丰富，拥有多种多样的地形和气候，因此，我国风能利用形成了以下特点：

（1）风能资源季节分布与水能资源互补。中国风能资源丰富但季节分布不均匀，一般春、秋和冬季丰富，夏季贫乏。水能资源丰富，一般南方雨季大致是3月到6月，或4月到7月，在这期间的降水量占全年的50%～60%；在北方，不仅降水量小于南方，而且分布更不均匀，冬季是枯水季节，夏季为丰水季节。丰富的风能资源与水能资源季节分布刚好互补，大规模发展风力发电可以在一定程度上弥补我国水电冬、春两季枯水期发电电力和电量的不足。

（2）风能资源地理分布与电力负荷不匹配。沿海地区电力负荷大，但是其风能资源丰富的陆地面积小；北部地区风能资源很丰富，电力负荷却很小，给风电的开发带来经济性困难。由于大多数风能资源丰富区，远离电力负荷中心，电网建设薄弱，大规模开发需要电网延伸的支撑。

4.2.2 我国西北地区风能利用情况

我国位于亚洲大陆东部，濒临太平洋，季风强盛，内陆还有许多山脉，地形复杂，又因为青藏高原耸立在我国西部，改变了海陆影响所引起的气压分布和大气环流，增加了我国季风的复杂性。冬季风来自西伯利亚和蒙古等中高纬度的内陆，那里空气十分严寒干燥，冷空气积累到一定程度，在有利高空环流引导下，就会暴发南下，俗称寒潮，在此频繁南下的强冷空气控制和影响下，形成寒冷干燥的西北风侵袭我国北方各省、直辖市、自治区。每年冬季总有多次大幅度降温的强冷空气南下，影响我国西北、东北和华北，直到次年春夏之交时才会离去。夏季风为来自太平洋的东南风、印度洋和南海的西南风，东南季风影响遍及我国东半部，西南季风则影响西南各省和南部沿海，但风速远不及东南季风大。热带风暴是太平洋西部和南海热带海洋上形成的空气涡漩，是破坏力极大的海洋风暴，每年夏、秋两季频繁侵袭我国，登陆我国南海之滨和东南沿海，热带风暴也可能在上海以北登陆，但次数很少。

虽然我国经济发展迅速，但是却存在地区发展不平衡的问题，西部地区的经济相对于中东部而言还是比较落后的。西部地区在我国经济发展中具有极其重要的战略地位，西部地区发展对促进全国经济持续快速发展，加强各民族团结，实现各民族共同进步，保持党和国家的长治久安都具有重大的政治、经济和社会意义。而大力发展风能正是可以处理好西部地区经济增长和环境保护的结合点。大多数人认为，到2020年我国风电装机的保守估计是8 000万kW，一般估计是1亿kW，乐观的估计为1.5亿kW。而2015年以后达到平均每年安装1 500万kW，2020年后每年保持11%以上的增长率，至2030年我国风电累计装机可以为2.7亿kW左右。在这种情景下，风电在全国电力容量中的比重超过13%，可以满足全国将近7%的电力需求。2030年后大部分的水资源将被开发，风电能够以其良好的社会和环境效益、日渐成熟的技术、逐步降低的发电成本成为我国电力建设的重要形式。我国在2050年的风电装机预计可以达到4亿～5亿kW，这已经达到了我国可供开发风能资源的近50%，基本可以认为已经趋于饱和，届时风电将成为火电、水电之后的第三大发电电源。风力发电已经在节约能源，缓解我国电力供应紧张的形势，降低长期发电成本，减少能源利用造成的大气污染以及温室气体减排等方面崭露头角，并开始有所作为。2005年2月28日全国人大通过了《中华人民共和国可再生能源法》，自2006年1月1日起施行。推动风能等可再生能源的利用，实现经济可持续发展已经达成共识。由此可见，风力发电蕴含着巨大的市场容量，它是一种取之不尽、用之不竭的可再生、无污染并可就地取用的环境友好型能源。

我国风能资源丰富的地区主要分布在西北、华北和东北的草原和戈壁，以及东部和东南沿海及岛屿，西部地区的风能资源占全国风能资源的50%以上。风能利用较好的地方主要集中在甘肃、新疆、青海等地。

甘肃省，简称甘或陇，位于黄河上游，地域辽阔，大部分地区位于中国地势二级阶梯上。东接陕西，南邻四川，西连青海、新疆，北靠内蒙古、宁夏并与蒙古人民共和国接壤。东西蜿蜒1 600 km，纵横45.37万km^2，占我国国土总面积的4.72%。

甘肃位于西北内陆，海洋温湿气流很难到达，成雨的机会不多，大部分地区气候干燥，属大陆性很强的温带季风气候。冬季寒冷漫长，春夏界线不分明，夏季较短，气温高，秋季降温快。省内年平均气温在0～16 ℃之间，各地海拔不同，气温差别较大，日照充足，日温差大。全省各地年降水量在36.6～734.9 mm，大致从东南向西北递减，乌鞘岭以西降水明显减少，陇南山区和祁连山东段降水偏多。受季风的影响，降水多集中在6～8月份，占全年降水量的50%～70%。全省无霜期差异较大，陇南一带一般在280天左右，甘南高原最短，只有140天。海拔多数地方在1 500～3 000 m之间，年降雨量约300 mm（40～800 mm）。

甘肃处于黄土高原、青藏高原和内蒙古高原三大高原的交叉地带。境内地形复杂，山脉纵横交错，海拔相差较大，高山、盆地、平川、沙漠和戈壁等兼而有之，是山地型高原地貌。甘肃地貌复杂多样，山地、高原、平川、河谷、沙漠、戈壁交错分布。从这几个方面看，风能资源总体上是河西西部最好，河西中东部、陇中北部、陇东北部次之，甘南高原、黄河谷地等区域风能资源相对较差。春季是风能资源利用的最佳季节，午后和夜间是风能资源利用最佳时段。随着海拔高度的增加，大部分地方风能资源明显提高。在

70 m高度上，平均风功率密度在200 W/m^{2}以上的技术开发量为31 089万kW；平均风功率密度在250 W/m^{2}以上的技术开发量为28 604万kW；平均风功率密度在300 W/m^{2}以上的技术开发量为23 634万kW；平均风功率密度在400 W/m^{2}以上的技术开发量为4 530万kW。酒泉市现已建起中国第一个千万千瓦级超大型风电基地，为中国最重要的风电基地。

《风电发展“十二五”规划》提出在甘肃重点开发酒泉瓜州、玉门、肃北及民勤等地区的风能资源。“十二五”时期，建设酒泉千万千瓦级风电基地二期工程；启动民勤百万千瓦级风电基地建设。2015年，甘肃省累计风电装机容量达到1 100万kW以上。本项目投资建设符合《风电发展“十二五”规划》的要求，从实施产业政策的角度来看，该项目具有可行性。

新疆风能资源丰富区主要集中在以下几大风区，包括达坂城风区、阿拉山口风区、十三间房风区、吐鲁番小草湖风区、额尔齐斯河河谷风区、塔城老风口风区、三塘湖风区、哈密东南部风区、罗布泊风区。这些风区的中心地带年平均风功率密度在200 W/m^{2}以上，有效风速的小时数在5 500 h以上。有效风速小时数是指3～25 m/s各级风速出现的小时数之和，它表征着风力发电机可能正常运行的时间。新疆这几大风区包括了新疆年平均功率密度150 W/m^{2}以上的所有区域。理论上新疆全年可提供风电27 673亿kW·h，风能资源蕴藏量极为丰富，是全国风能资源最丰富的地区。

在以上几大风区中，达坂城风区的风能利用比较突出。达坂城风力发电站是在乌鲁木齐去吐鲁番的途中，沿着路南而行，在通往丝绸之路重镇达坂城的道路两旁，有上百台风力发电机擎天而立，在博格达峰的背景下，在广袤的旷野之上，形成了一个蔚为壮观的风车大世界。这里就是目前我国最大的风能基地——新疆达坂城风力发电站。

这片位于中天山和东天山之间的谷地，西北起于乌鲁木齐南郊，东南至达坂城山口，是南北疆的气流通道，可安装风力发电机的面积在1 000 km^{2}以上，同时，风速分布较为平均，破坏性风速和不可利用风速极少发生。一年内，12个月均可开机发电。达坂城风力发电厂年风能蕴藏量为250亿kW·h，可利用的总电能为75亿kW·h，可装机容量为2 500 MW，目前这里的总装机容量为12.5万kW，单机1 200 kW。

从1985年新疆就开始了对风力发电的研究、试验和推广工作。1986年，从丹麦引进了第一台风力发电机，在柴窝堡湖边竖立起来，试运行成功，为新疆风能资源的利用和开发奠定了基础。1988年，利用丹麦政府赠款，新疆完成了达坂城风力发电站第一期工程。这是新疆最早的风力发电厂，也是全国规模开发风能最早的实验场。1989年10月，达坂城风力发电站并入乌鲁木齐电网发电，当时无论是单机容量和总装机容量，均位居全国第一。此后，

达坂城风力发电站不断扩大，雄居全国首位。达坂城风力发电站处在天山和昆仑山之间，每年冬天都会形成巨大的风口，为发电带来良好的经济效益。目前达坂城风力发电站已经从国外引入30 kW的大型机组，进一步提高运行效率。因为风能是可再生、无污染的能源，国家大力支持，加上西北电网和内地电网的合并、联网，为风能发电提供了良好的契机。

青藏高原作为四大高原之一，地势比较开阔，冬季东南部盛行偏南风，东北部多为东北风，其他地区大多为偏西风，夏季大约以唐古拉山为界，以南盛行东南风，以北为东至东北风。我国幅员辽阔，陆地总长约2万km，还有约18 000 km的海岸线，边缘海中有岛屿5 000多个，风能资源丰富。我国现有风电场场址的年平均风速均达到6 m/s以上。一般可将风电场分为三类：年平均风速6 m/s以上时为较好，7 m/s以上为好，8 m/s以上为很好。一般可按风速频率曲线和机组功率曲线，估算国际标准大气状态下该机组的年发电量。我国相当于6 m/s以上的地区，在全国范围内仅限于较少数几个地带。就内陆而言，大约仅占全国总面积的1/100，主要分布在长江到南澳岛之间的东南沿海及其岛屿，这些地区是我国最大的风能资源区以及风能资源丰富区，包括山东、辽东半岛、黄海之滨，南澳岛以西的南海沿海、海南岛和南海诸岛，内蒙古从阴山山脉以北到大兴安岭以北。

根据全国气象台部分风能资料的统计和计算，中国风能分区及占全国面积的百分比见表4-3。

表4-3　中国风能分区及占全国面积的百分比

指　　标	丰富区	较丰富区	可利用区	贫乏区
年有效风能密度/$W \cdot m^{-2}$	>200	150～200	50～150	<50
年≥3m/s累计小时数/h	>5 000	4 000～5 000	2 000～4 000	<2 000
年≥6m/s累计小时数/h	>2 200	1 500～2 200	350～1 500	<350
占全国面积的百分比/%	8	18	50	24

太阳辐射的能量到地球表面约有2%转化为风能，风能是地球上自然能源的一部分，我国风能潜力的估算如下：风能理论可开发总量（R），全国为32.26亿kW，实际可开发利用量R'，按总量的1/10估计，并考虑到风轮实际扫掠面积为计算气流正方形面积的0.758倍，故实际可开发量为：$R'=0.785R\div10=2.53$亿（kW）。

中国属于能源进口大国，利用可再生能源是当务之急，特别是在中国风资源丰富的广大的农村地区，如果我们可以把这部分能量很好利用起来，将会在很大程度上降低化石能源的开采和使用量，利用可再生能源也符合我国稳定健康发展的经济方式，我国政府应该加大对风电设备的购买补贴，包括太阳能电池板的补贴，如果全国农村家用电能做到一半自给，每年可以节约电能20亿度以上。

4.2.3 利用风力发电的优点与不足

风力发电是指把风的动能转为电能。风是一种可再生的能源，利用风力发电非常环保，且能够产生的电能相当可观，因此越来越多的国家在风力发电方面更加重视。

风很早就被人们利用主要是通过风车来抽水、磨面等，而现在人们感兴趣的是如何利用风来发电。风是可再生的能源之一，而且它取之不尽、用之不竭。对于缺水、缺燃料和交通不便的沿海岛屿、草原牧区、山区和高原地带，因地制宜地利用风力发电，非常适合，大有可为。海上风电是可再生能源发展的重要领域，是推动风电技术进步和产业升级的重要力量，是促进能源结构优化的重要举措。我国海上风能资源丰富，加快推进海上风电项目建设，对于促进沿海地区治理大气雾霾、调整能源结构和转变经济发展模式具有重要意义。

风能是最具发展潜力、最具活力的可再生能源之一，使用清洁，成本较低，取之不尽。风力发电具有装机容量增长空间大，成本下降快，安全、能源永不耗竭等优势。风力发电在为经济增长提供稳定电力供应的同时，也可以有效降低空气污染、水污染和全球变暖问题。在各类新能源的开发中，风力发电是技术相对成熟并具有大规模开发和商业开发条件的发电方式。风力发电可以减少化石燃料发电产生的大量污染物和碳排放。大规模推广风电可以为节能减排做出积极贡献。在全球能源危机和环境危机日益严重的背景下，风能资源开始受到普遍关注。风力发电规模化发展给风力发电装备制造业提供了广阔的市场空间和发展前景。风能是可再生能源，有利于可持续发展，有利于环境保护。随着风电技术的日趋成熟，风电成本越来越低，可以和其他能源形式进行竞争。

风电场虽然占了大片土地，但是风力发电机基础使用的面积很小，不影响农田和牧场的正常生产。多风的地方往往是荒滩或者山地，建设风电场的同时也开发了旅游资源。

风力发电的优点：

（1）储量丰富。风能是太阳能的一种转换形式，是取之不尽、用之不竭的无污染、零排放的可再生清洁能源。根据估算，太阳至少还可以像现在这样照射地球60亿年左右。因此，只要有太阳就会有风。

（2）无污染。在利用风能转换为电能或机械能的过程中，叶轮只能捕捉风的动能的一部分，不消耗任何矿物或植物燃料，没有化学反应，不产生任何有害气体和废料，不污染也不破坏生态环境。

（3）可再生。风能是靠空气的流动而产生的。这种能源依赖于太阳的存在，只要太阳存在，那么就可不断地、有规律地形成气流，因而周而复始产生风能，可以连续利用。被利用过的风在经过一段路程之后会自动恢复（适当减弱）。

（4）就地取材，无须运输。在边远地区，如高原、山区、岛屿、草原等地区，由于缺乏煤、石油和天然气等资源，给生活在这一地区的人民群众带来很多不便，而且由于地区偏远、交通不便，即使从外界运输燃料也十分麻烦。因此，利用风能发电可就地取材，无须运输，具有很大的优越性。

（5）无成本。风能是自然存在的，无须花费资金，其他矿物燃料或植物作为能源必须消耗资金，因此只要风力资源较好，就应该充分利用。

（6）适应性强、发展潜力大。从经济上看，小型风力机组可结合我国资源的实际分布情况，在风力发电机额定输出功率不变的条件下，选择额定风速适当的风力发电机组，充分利用风能资源。这样可以最大限度地利用我国辽阔地域的风能，这一区域占全国国土面积的76%。因此，在我国发展小型风力发电，潜力巨大，前景广阔。

风力发电的不足有以下几个方面：

（1）能量密度低。由于风能来源于空气的流动，而空气的密度比较小，每立方米空气的质量只有1.226 kg，因此，风力的能量密度很小，只有100～300 W/m^2，太阳能的能量密度为1 kW/m^2。一般必须增大扫风面积来获取足够的风能。

（2）不稳定性。由于气流时刻变化，风时有时无，时大时小，不同的季节变化都十分明显。小型风力发电机组工作时采用了蓄能装置，可以将不稳定的电能储存起来变成随时可以取出、较为稳定的电能供用户使用；而大型并网风力发电机组是靠大容量的电力系统所牵制着，小的电力波动一般不会对大电网产生影响，但电网容量有限时，必须限制风力发电机组的容量比例。

（3）地区差异大

由于地形、地貌、高度、纬度、地面粗糙度以及障碍物、气温、气压等不同，因此，风力资源的地区差异很大。两个近邻的区域，由于地形的不同，其风速可能相差较大，在选择装机地点时（也就是选址）应该详细了解当地风力资源的情况，对于风电场要对所选的风场做连续一年的风资源实际勘测，并对当地风资源状况进行认真实际的评估。

（4）可利用范围有限。风能密度在50 W/m^{2}以下的风能贫乏地区，不可利用风能（当地年平均风速<3 m/s的地区），不适合推广小型风力发电机组的应

用。经常出现灾害性风的地区，风速大于30 m/s以及超级台风的地区不宜装小型风力发电机组，如果需要，装机时必须提高设计风速与抵抗大风能力，由于加大机械强度，增加建设材料消耗等原因，使制造、安装、运行维护成本大大增加。

(5) 特殊天气环境的风资源有时不可利用，经常出现覆冰、浮雪、冻雨的地区会严重影响风力发电机组的运行，严重时损坏设备。如果当地风力资源有相当的利用价值，在安装风力发电机组后的运行期间，出现具有破坏性的大风天气时，必须采取有效的保护措施，如叶片加热除冰，顺桨抗台风(飓风或超级台风)，设计独立圆筒形塔架，小型机组可采用放倒机头保护。

今后风电设备行业将迎来行业的高峰期，这种趋势让众多的兆瓦级风电企业获得了更多的机会，也是越来越多的上市公司风电业务能够获得大量兆瓦级订单的主要原因。业内人士普遍认为，国内风电产业的繁荣是没有疑问的，问题是繁荣背后存在很多隐患需要去认真梳理并寻求解决的办法。问题主要有两方面：一是兆瓦级风机质量问题，二是兆瓦级风机的国产化率问题。

由于近年来国内涉足风电的企业太多，而且大多是购买外国的技术来生产的，产品下线后很短时间就开始进行规模化生产，并且签下大额订单，没有经过充分的测试，风机质量很难保证。现在有一些国产兆瓦级风机已经出现问题了，达不到标准，返修率很高，如果这些风机投入生产，隐患会很大，对企业来说，未来的维护成本会很大。风电企业现在多关注风机什么时候下线，这样可多签订单，对于技术开发重视程度不够，而国内兆瓦级风机的零部件生产商非常不完善，依赖进口，短缺现象严重，成本也很高。

我国风电技术存在的主要问题可以概括为以下几个方面：

(1) 核心技术水平和自主创新能力仍然比较低下，制约我国风电产业自主化发展。

①技术层次：目前我国商业化风电机组机型基本上都是在技术引进和消化吸收的基础上，通过企业外部采购零部件整装所实现的批量化生产，二次创新还局限在材料的选用和局部工艺改进上。

②人才层次：缺乏高水平的技术研发平台，没有形成掌握风电整机总体设计方法的核心技术和人员队伍。研发人员缺乏是新能源产业发展面临的普遍问题，特别是系统掌握风电理论并具有风电工程设计实践经验的复合型人才，一定程度上影响了产业的发展步伐。不能形成具有国际先进水平的自主研发能力和自主知识产权技术。

③管理层次：轻视前期科学计算合理设计，不按科技工程规律行动的问题。

总体上看，我国风电设备制造业仍处于从“技术引进和消化吸收”转向

"自主创新"的初期阶段。

（2）大批兆瓦级新型风电机组产品匆忙投入规模化生产运行，质量和运行可靠性问题突出，增加了技术和经济风险。据中国水电顾问公司的不完全统计，2005年年底全国风电装机容量（126万kW）中，至少有2.5万kW因机组质量问题一度不能发电，其他尚有相当数量的机组因质量问题未能实现预期发电量，已安装的风电设备没有发挥应有的效益。

（3）产业链上下游不协调，合格可靠的关键零部件生产供应能力相对低下，对我国在近期有效形成兆瓦级的先进风电机组产能构成明显制约。目前我国风电设备制造业投资和产能结构很不平衡，国内众多企业一拥而上进入风电制造业并集中于整机研制，而齿轮箱零部件研制配套的研发投入和产能则明显不足，导致产业上下游不协调，而且电控系统和轴承等关键零部件目前还依赖进口。

（4）行业缺乏总体发展战略、深度协作和资源整合，产业发展仍然混乱、效率低下。目前，我国风电技术研究和开发队伍相当薄弱和分散，公共技术产业服务体系尚未建立，缺乏对风电技术和产业的系统性、战略性的发展路径研究和全局性、前瞻性引导，缺乏充分必要的行业协作和资源整合，详细的中长期发展目标、路径、机制、投入资源尚不清晰。由于缺乏纵向深度协作整合，产业效率相对低下。我国风电整机制造企业在零部件供应链上大都采用"专业化协作模式"，且受目前薄弱技术能力和低层次购销合作方式的限制，实质上大部分仍处于"总装模式"水平，致使风电机组整机和零部件制造企业都对风电机组系统缺乏全面深入的理解和上下游之间的高效协作。另外，风电整机产品缺乏型谱化、标准化和清晰的技术路线，加大了零部件制造企业市场风险和投资疑虑，机型繁杂也增加了零部件企业的研发成本和整体市场的服务和维修成本。

（5）全球的风电设备技术和产业发展迅速，未来国际技术产业竞争压力仍然很大。目前，数家国际领先的风电机组制造企业已经占据全球的风电市场的绝大部分份额。3 MW左右的变桨变速恒频风电机组已成为国际主流风电设备产品，更大单机容量机型和更先进的技术正处于试验示范中。

4.3 风力发电行业的现状

4.3.1 我国在风力发电方面颁布的政策

针对近几年国内风电产业发展较快的状况，我国政府近期对风电产业的发展目标做了调整。

风电是“十一五”规划中对发展目标唯一做出修订的可再生能源类别。与此同时，为了给风电产业长期发展提供良好的外部环境，自2005年起，国家相继出台了《可再生能源法》《可再生能源发电有关管理规定》《可再生能源发电价格和费用分摊管理试行办法》《可再生能源电价附加收入调配暂行办法》《可再生能源中长期规划》《节能发电调度办法（试行）》《可再生能源十一五规划》等扶持风电政策，但是从风力发电的行业发展来看，这些法律法规还不够完善。因此，2015年国家又出台了以下鼓励风电行业发展的政策：

（1）发改投资〔2014〕2999号《关于不再作为企业投资项目核准的前置条件事项的通知》。

（2）国能安全〔2015〕1号《国家能源局关于加强电力企业安全风险预控体系建设的指导意见》。

（3）国能新能〔2015〕14号《国家能源局关于取消第二批风电项目核准计划未核准项目有关要求的通知》。

（4）国能监管〔2015〕18号《国家能源局关于取消新建机组进入商业运营审批有关事项的通知》。

（5）国能新函〔2015〕25号《国家能源局关于请提供可再生能源补贴资金缺口的函》。

（6）财税〔2015〕74号《关于风力发电增值税政策的通知》。

（7）国能新能〔2015〕82号《国家能源局关于做好2015年度风电并网消纳有关工作的通知》。

（8）国能新能〔2015〕134号《国家能源局关于印发“十二五”第五批风电项目核准计划的通知》。

（9）国能新能〔2015〕163号《国家能源局关于进一步完善风电年度开发方案管理工作的通知》。

（10）国能综新能〔2015〕306号《国家能源局综合司关于开展风电清洁供暖工作的通知》。

（11）发改运行〔2015〕518号《国家能源局关于改善电力运行，调节促进清洁能源多发满发的指导意见》。

目前国内扶持政策主要涉及以下几项内容。

1.支持风电设备国产化

为鼓励国内风电设备产业发展，在1996年当时的国家计委就出台了“乘风计划”。该项计划以市场换取技术为策略，提出以一定的风力发电机订单为报酬，采取中外合资共同合作方式引进技术，在“十五”期间，实现大型风力发电机风机国产化率60%～80%以上的宏大目标。为鼓励国内企业开发、制造大功率风力发电机，2007年4月财政部发布通知规定，从2008年1月1日起，我国国内企业为开发、制造单机额定功率不小于1.2 MW的发电机组而进口的关键零部件、原材料，所缴纳的进口关税和进口环节增值税实行先征后退。8月20日，国家财政部发布《风力发电设备产业化专项资金管理暂行办法》（简称《办法》），明确了中央财政安排风电设备产业化专项资金的补助标准和资金使用范围，提出将对风力发电设备制造商给予直接的现金补贴。《办法》规定，政府将对符合支持条件的50台兆瓦级风电机组按照600元/kW的标准予以补助，其中，整机制造企业和关键零部件制造企业各占50%。

2. 风电全额上网

2006年国家发改委颁布的《可再生能源法》要求电网公司全额收购新能源发电量。此后颁布的《可再生能源发电有关管理规定》明确，大型风电场接入系统工程由电网企业投资，并根据国家发改委《可再生能源发电价格和费用分摊管理试行办法》和《可再生能源电价附加收入调配暂行办法》，风电场接网费用纳入可再生能源电价附加给予补偿。

3. 风电特许权招标

2003年国家发改委开始推行风电特许权开发方式，即通过招投标确定风电开发商和上网电价。目前国内的风电项目招标已经先后进行了5期，通过招标综合考虑风电项目投标商的融资能力、财务方案、技术方案、机组本地化方案、上网电价等因素，有力地培育了国内风电产业发展。

4. 强制风电发电目标

根据国家有关可再生能源发电配额规定，2010年和2020年，权益发电装机总容量超过500万kW的投资者，所拥有的非水电可再生能源发电权益装机容量应分别达到其权益装机总容量的3%和8%以上。

5. 风电价格分摊和补偿

《可再生能源发电价格和费用分摊管理试行办法》确定了风电项目的价格分摊机制。相关规定，风电与常规电源上网的电价之差在全国用电量中进行分摊。据统计，2006年度可再生能源电价附加补贴金额合计2.6亿元，包括38个发电项目的支付补贴电量和补贴金额，涉及装机容量141.4万kW。其中，受补贴的风电项目占133万kW，比例达95%；获补贴2.27亿元，占87%。

（6）税收财政支持

我国政府对可再生能源电力技术的增值税、所得税实行减免优惠制度，其中风电的增值税税率从正常的17%降到8.5%，风力发电项目的所得税税率由33%降到15%。

4.3.2 风力发电的发展

1.风能利用的开端

我国开始利用风能作为动能大约是在13世纪中期。现在我们所说的风能利用主要是指风力发电。采用风力涡轮机发电的设想始于1890年丹麦的一项风力发电计划，到1918年丹麦已经投入运行了120台风力发电机。风力发电规模化发展应用还是在20世纪90年代以后，风力发电的装机容量开始以每年平均20%以上的速度增长，已成为世界上各种能源中增长最快的一种。

2012—2016年年均复合增长率为5%。2016年全球风电产业依然增长强劲，新增装机容量为5.5万MW。2017年中国和印度对于风电产业的政策支持以及欧洲和北美风电产业的稳定增长，将会促使全球风电产业的持续上升，预计全球风电新增容量将近6万MW。

2016年中国的风电新增装机容量为23 370 MW，占全球新增装机量的42.8%，依然居全球首位，其他排名前十的国家依次为美国、德国、印度、巴西、法国、土耳其、荷兰、英国、加拿大，新增装机容量分别8 203 MW、5 443 MW、3 612 MW、2 014 MW、1 561 MW、1 387 MW、887 MW、736 MW、702 MW，分别占全球总新增容量的15.0%、10.0%、6.6%、3.7%、2.9%、2.5%、1.6%、1.3%和1.3%。

我国风电开发的空间十分巨大。目前，风力发电只占在全国电力装机总容量的1.2%。根据国家发改委的长期产业规划，2020年，风力发电将占全国电力总装机的2%。

2.风力发电机组的定义

风力发电机组是将风能转换为电能的装置。它是由风轮、发电机（包括传动装置）、调向器（尾翼）、塔架、限速安全机构和储能装置等构件组成，大中型风力发电系统还有自动控制系统。实际使用时还需配备蓄电池组、充电控制器、用电器才能构成风力可发电系统，用常规的家用电器设备时还需配置逆变器。

常用的风力发电机组都是：水平轴型、两或三叶片、上风向、小功率风力发电机组，叶轮旋转面垂直于风向，尾翼自动调向。调速限速为上仰、侧偏、离心变距或失速方式。

大型风力发电机的头部利用电力驱动（主动）调向或有电动、气动、液压变距控制，以及刹车装置，为了叶轮与发电机的特性匹配常安装增速装置。为吸收更多的风能，叶轮中心安装的较高，由独立塔筒支撑，控制柜实现与电网连接运行与控制。

3.风力发电机组的分类

（1）结构类型

根据风力机轴的空间位置可将风力机组分为水平轴风力发电机组和垂直轴风力发电机组。

①水平轴风力发电机组指风轮围绕一个水平同轴旋转，风轮的旋转平面与风向垂直，这种机型是最常见的，机头部分位于塔架、塔筒或立杆上面，安装高度可随当地风资源状况、环境以及机组容量的大小来决定。

②垂直轴风力发电机组指风轮的旋转轴垂直于地面或气流方向，其优点是可以接受来自任何方向的风，因此当风向改变时，无须对风，因此不需要安装调向装置。发电机安装在机架下部，便于维修，国外也常见用于较低位置的风场，用来提高风电场的利用率，但也可独立运行，国内用得较少。

（2）性能类型

根据风力发电机组的性能可分为高速型、中速型与低速型风力机三大类。

①高速型风力机指叶轮的高速性系数 λ（叶尖速度比）为6以上，叶轮转速较高，常见为2～4枚流线型叶片，小型机组可实现叶轮与发电机轴直接耦合（连接），大中型机组要经过增速箱实现叶轮与发电机的特性匹配。此类机组多用于发电。

②中速型风力机指叶轮的高速性系数 λ（叶尖速度比）为3～4，常见为3～8枚流线型叶片，多用于两用机，发电、提水或机械功率输出用。

③低速型风力机指叶轮的高速性系数 λ（叶尖速度比）为2以下，常见为多叶片风轮，转速低、转矩大，多用于提水或转变为机械功率输出（碾米、磨面）。

（3）动力学类型

根据动力学可将风力发电机组分为升力型与阻力型风力机两种。

①升力型风力机指利用风能吹过转子时对转子产生的升力带动转子转动，形成扭矩叶轮旋转产生机械能，叶轮的空气动力效率 C_p 较高（0.3～0.5），风力发电用的风力机全部采用升力型叶轮。

②阻力型风力机指在逆风方向装有一个阻力装置，当风吹动阻力装置时推动阻力装置旋转，因此能使叶轮旋转，但叶轮的气动效率太低，没有太大的使用价值，常用于计量仪器的传感器或风帆助航。

（4）运行方式

根据运行方式可分为并网型风力发电机组（大型风力发电机组）与独立运行机组（也称离网型风力发电机组或称家用型机组）。

①并网型风力发电机组：多为大型风力发电机组（600 kW以上），发电后直接传输到电网，不需要储能设备，是一种高效、低成本、低维护费的清

洁能源设备。

②离网型风力发电机组：一般也称小型户用风力发电机组（100 kW以下），是一种独立运行也可小机群联合运行的发电设备，发电后将电能储存在蓄电池供用户使用，特别适用于无电的山区、牧区、沿海、岛屿及专业户使用。这种类型机组输出功率较小，一般为100 W、200 W、300 W、500W、1 000 W，最大2～10 kW。由于结构简单、工作可靠，在无电地区深受广大农、牧民的欢迎，我国已安装运行的这类机组达16万多台，由于光电技术及设备的发展，小型风力发电机组已进入风光互补的应用范畴，使系统工作更合理、更可靠、更能有效地充分利用可再生的清洁能源。其他形式的能源设备均可与小型风力发电机组配合，而组成风/柴互补、风/燃气互补等多种形式，发挥各自的优势，取得更明显的经济与社会效益。

4.离网型（小型）风力发电的概况

（1）行业发展的六个阶段

我国是风能开发和利用较早的国家之一，早在1000多年前就开始以风能作为动力进行磨面、提水和航海。1967年江苏兴化和盐城等地仍有3万台风力竹木帆布式提水机组在使用。近10年来我国的风能开发利用有了更大的发展，我国小型风力发电行业兴起和发展大体经历了六个阶段。

①老式风车应用阶段

这一时期各地群众在农具技术革新热潮中，为了摆脱原始的劳动方式和改善生活条件而研制了许多类型的风力机，主要用于发电或提水。与此同时，古老而具有中国特色的立轴风力机走马灯式风车在江苏、吉林等地仍然在使用。1959年仅江苏还在运行的风力提水机组约20余万台，这些机组都是农民自制的竹木结构布篷传统简易风车，主要用于提取海水制盐、农田灌溉。后来由于我国能源结构的变化和技术进步，这一时期的风力机至今已保留，但对风力机的风轮形式以及控制方式所做的大量理论探索和实践，对后来风力机械的研究起到了一定的借鉴作用。

②现代风力机械起步阶段

在这一阶段，原八机部、水利电力部组织有关科研单位重点探讨我国牧区及沿海地区风力资源状况、需求及科研重点，并投入资金进行产品开发。根据当时牧区需要，有关单位研制30 W、50 W、100 W及1 kW、2 kW、10 kW、12 kW、18 kW、30 kW风力发电机组和6 m、7 m、8 m直径的风力提水机组。其中30 W、50 W、100 W、2 kW风力发电机组投入了小批量生产，满足了牧民的需求，受到牧民的欢迎。在这一阶段，研究单位与生产企业合作从自行设计到仿制国外机组，研制成功几种小型发电机组和风力提水机组，为以后我国风机机械的研制工作积累了丰富的经验。

③科研攻关和示范应用阶段

1978年原国家科委在国家重点科技攻关项目中投入150万元，专项用于风力发电机组和风力提水机组的开发和研制，包头电机厂等单位分别研制了50 W、150 W、500 W、3 kW的风力发电机组及5 m直径的风力发电机组。同时，原机械部在科研和新产品计划中拨专款支持开发了50 W、100 W、200 W、500 W风力发电机组。主要研究单位是原机械部呼和浩特畜牧机械研究所，生产企业是内蒙古动力机场和内蒙古商都牧机厂，这些产品是以后在我国推广使用的主要机型。从此小型风力发电组和风力提水机组的研制工作得以稳定、健康的发展。

为逐步推广，原国家科委、机械部、电力科技公司、农电司还在几个地区开展了风能利用的中间试验，如在内蒙古西苏旗、四子王旗、赛罕塔拉等地建立了100 W级风力发电组的三个应用示范点，积累了实际使用经验，为小型风力发电机组的大批推广做了充分准备，并在嵊泗和笠山建立了风力发电实验站，分别对国内外产品及科研样机做安装和运行及性能试验、设备改进、技术研究、人员培训和技术交流。

④技术成熟和实用推广阶段

1984年由原国家科委、能源部、机械部共同组织召开了“全国小型风力发电工作座谈会”，制定了有关政策，拟订了联合攻关计划；明确了技术鉴定、示范和推广的重要性；同时国家计委在国家“七五”科技攻关计划中继续支持风力机械的研制和开发，继续对100 W、200 W、300 W风力发电机组进行完善，并结合引进国外的技术或样机研制了500 W、1 kW、2 kW、5 kW、10 kW、55 kW风力发电机组及其相关技术和6 m、7 m直径的风力提水机组。其中1 kW风力发电机组是以补偿贸易的方式引进美国桑森堡公司的技术，2 kW风力发电机组是测绘仿制澳大利亚的样机，5 kW、10 kW风力发电机组是以许可证方式引进法国埃尔瓦特公司的技术，55 kW风力发电机组是测绘仿制丹麦维斯塔斯公司的样机技术。这几个型号的机组除55 kW外都已批量生产。

1984年初，内蒙古自治区确定在全区十个牧业镇进行新能源民办公助试点工作，扩大了示范成果，并从1986年开始对牧民购买风力发电机组实行补贴政策，其他如甘肃、青海、宁夏、新疆等地也在推广应用环节，及时制定了扶持政策。这些政策进一步促进了我国小型风力发电机组的推广使用。从此，我国小型风力发电机组进入了成熟发展和实用推广阶段。

⑤调整、巩固，走向稳步发展的阶段

进入20世纪90年代后，我国小型风力发电机组的销售出现了波动。由于内蒙古自治区政府对离网型风力发电机组减少了补贴经费，加之国内的原材料和配套蓄电池价格上涨，风力发电机组售价提高，使机组在一段时期销售量有所下降，一些风力发电机组的生产厂，由于产品质量不过关，销售量减少或利润太少而导致亏损，逐渐停止了风力发电机组的生产。与此同时，内蒙古天力风力机械厂等少数企业，不断改进，提高了产品质量，并认真做好售后服务。扩大了销售渠道和应用范围，成为我国小型风力发电机组生产的主导企业。

⑥更新换代，扩大应用范围，多品种生产阶段

随着我国西部大开发的推进，人民生活水平的提高，用电量的增加，加上政府有关部门的支持，如国家计委“光明工程”的实施，国家科技部推出的科技型中小企业技术创新基金项目以及农业部推出的“农村小型公益设施建设补助资金农村能源项目”等，促进了小型风力发电产业的发展。1998年以后小型风力发电机组产量有大幅度增长，行业得到迅速发展。

（2）小型风力发电行业现状

根据研制、生产单位不完全统计，到2010年底，从事中小型风力发电机组的生产企业超过百家，其中主要生产企业38家。在这38家企业当中又有部分企业在整个行业中占有重要位置，其中包括扬州神州风力发电机有限公司、宁波风神风电科技有限公司等。

2012年7月，国家发布了《“十二五”国家战略性新兴产业发展规划》，规划提出：积极开展绿色能源和新能源区域应用示范建设，努力建成完善的绿色能源利用体系；在可再生能源丰富和具备多元化利用条件的中小城市及偏远农牧区、海岛等，示范性建设分布式光伏发电、风力发电、沼气发电、小水电“多能互补”的新能源微电网系统。推进新能源装备的产业化。到2015年，建成世界领先的新能源技术研发和制造基地，这为中小型风电产业描绘了令人兴奋的蓝图。在标准制定和合格评定方面，小型风力发电机组国家标准已经到达送审阶段，其他相关标准也在积极筹划更新。作为我国第三方质量保证的龙头机构的中国质量认证中心，正致力于我国中小型风电领域质量保证模式建立和实施，经过两年的努力，在相关行业协会、标准化委员会、测试试验室和相关企业的共同努力下，以GB/T 19068.1—2003《离网型风力发电机组第一部分：技术条件》为基础，完成了离网型风力发电机组等产品的认证模式研究，并且制定了相应的认证实施规则，迈出了保证我国小型风力发电产业健康发展的第一步。只要我们坚持秉持质量是产业健康发展基础的理念，并积极肩负起健康发展新能源的社会责任，通过教学、科研、生产、质量保证和应用等各环节对科技部《风力发电科技发展“十二五”专项规划》和国家能源局《风电发展“十二五”规划》的有效实施，我们一定能在“十二五”期间迎来我国中小型风力发电的春天。

2010年生产的中小型风力发电机组共有19个品种，单机容量分别为：100 W、150 W、200 W、300 W、400 W、500 W、600 W、800 W、1 kW、2 kW、3 kW、4 kW、5 kW、10 kW、20 kW、25 kW、30 kW、50 kW、100 kW。年生产能力达20多万台，2010年统计的31个主要制造企业共生产中小型风力发电机组145 418台，生产的设备装机总容量130 060.6 kW，总产值123 118万元，总销售量134 626台，销售装机容量120 178.3 kW，销售额109 317万元，利税14 265.73万元。据协会秘书处历年统计，从1983年到2010年底，我国各生产厂家累计生产各种中小型风力发电机组达768 389台。这9年期间，小型风力发电机组产量、产值、容量、利税都得到了较快的发展。从增长率角度分析，2010年，产量比上年增长28.4%，销售量比上年增长34.2%，产值增长25.3%，利税增长90.3%。

出口创汇及出口国家：据对22个出口生产企业统计，2010年出口100 kW以下中小型风力发电组共46 080台，占总销售量的34.2%。出口装机容量62 155.5 kW，外汇收入6 984.92万美元，出口到107个国家和地区。

资产及从业人员：据34个生产企业报表统计，2010年从事中小型风力发电机组生产的职工数为2 504人，技术人员769人，占职工总数的30.7%。其中工程师以上308人，占技术人员总数40%。固定资产原值55 803.95万元，净值39 723.37万元，注册资金40 864万元。到2016年，各项指标都有不同程度的增长。

产品出厂价格：由于各生产企业技术水准、生产规模、制造工艺以及出厂配套件不同，因此，同一机型出厂价格差异较大。

2012年国际经济发展呈现低迷状态，我国经济发展缓慢，市场压力加大。中小型风能产业由于占据战略性创新性产业和可再生能源产业的背景，才使得本行业在经济复杂的情况下，没有像其他产业经济一样的大幅度下滑。国家在一系列产业发展规划中，虽然把中小型风电产业列入其中，但依然没有出台明确性的补贴规定；国内局部地区对中小型风电较小的补贴政策，不能拉动中小型风电产业在近年中的持续发展形势。

2012年中国农机工业协会风能设备分会对国内几家重点中小型风电制造企业进行了大致了解，除少数企业有较大增长业绩外，大部分企业都存在市场缩小，销售业绩下降的现象。当前中小型风电面临着国家支持政策少、融资有难度、市场不严格、标准不完整、产品质量和售后服务存在漏洞、测试方法不合理、认证进展缓慢等问题与难点。这些问题与难点的存在对行业发展形成了一定的障碍，要解决上述问题已经成为行业内需要研究和解决的重点。

(3) 小型风力发电行业的发展趋势

①陆上风电继续保持快速稳定增长

为保证风电产业稳定健康发展，2012年7月，国家能源局发布了《风电发展“十二五”规划》。根据该规划，到2015年，风电发电量在全部发电量中占比将超过3%，陆上风电总装机容量达到9 900万kW，形成3～5家具有国际竞争力的整机制造企业和10～15家优质零部件供应企业；到2020年，风力发电在全部发电量中比重超过5%，累计并网陆上风电装机达17 000万kW。

②海上风电将成为风电行业新的增长点

根据国家能源局《可再生能源“十二五”规划》，我国海上风电并网装机将在2020年达到30 GW。以此来推算，2015年至2020年复合增速为89.01%。海上风电的预计增速将会超过风电行业整体装机预计增速。中国近海区域风力资源丰富，与远在“三北”地区的陆上风电相比，海上风电可以更便捷、低成本地为东部沿海地区提供有效能源的补充。尽管我国海上风电的技术标准和整体产业体系均有待进一步提高，但海上风电仍然将成为未来数年中具有一定潜力的发展方向。

③ 产业集中化仍为总趋势

2014年，全国累计装机容量前十名制造商容量比例之和为79.43%，金风科技、联合动力、明阳风电、远景能源、湘电风能这五家企业占据了55%以上的市场份额。

截至2014年末，我国的风电累计装机容量已经达到114 609 MW。据MAK预测，基于国内2010年之前以2年质保、之后以3～5年质保期为主的趋势，2014年末应有47 GW风电装机容量已满质保合约。随着未来3～5年内更多政策相继出台，风机技术与质量不断提升，出质保程序将渐渐严格规范，2020年末成功出质保容量占比将大幅提升至94%。研究报告显示，目前我国运行维护风场的费用在每年5亿美元左右，到2022年，预计年运行维护费用将增至30亿美元。风电机组出质保容量提高，对于风电装备更换维修的需求将相应提高。另外，随着风机技术的不断提高，为提高现有风力发电机组的发电效率，对现有风电机组的预测性运维和主动改造的工作需求也将逐渐增长。

运行风力发电机组的更换维修和主动改造业务规模的增加将为风力发电机组零部件制造商提供更多的就业机会。随着出质保装机容量的快速提升，该业务规模也将呈现持续增长趋势。

④特高压输电有望解决远距离跨区输送的难题

由于我国风能资源与能源需求的地域不匹配，在输电通道有限的情况下，风力发电设施建设的规划也受到影响。特高压输电具有远距离、大容

量、低损耗的突出优势，其线路建设正逐步上升至国家战略层面。由国家发改委和能源局牵头制定的12条“西电东送”线路将2017年完成，其中包括4条特高压交流输电线路，5条特高压直流线路和3条500 kV输电通道。而按照国家电网的规划，到2020年我国要建成“五纵五横”特高压支撑网架和27项特高压直流工程。这些特高压输电线路的建成将缓解风力发电资源和建设集中地区的风电就地消纳困难的问题，降低弃风率，促进相关地区风电装机容量的上涨。

5.我国风力发电的展望

无论是从世界还是我国的发展趋势看，风电发展的前景都很广阔。我国风电市场将会长期快速发展的条件有以下几个方面。

（1）国家能源政策完善

我国政府长期坚持以煤为主的能源政策开始发生根本性的变化，2007年年底出台的《中国能源政策白皮书》，首次在能源发展战略中剔除了以煤为主的提法，专注于多元化发展，强调优先发展清洁能源和低碳能源。上述思路已经体现在《中华人民共和国能源法》之中。稳定的政策，为包括风电在内的可再生能源的发展提供了政策基础。

（2）气候变化的推动

中国是世界上唯一的一个建立了以政府首脑为组长的应对气候变化的国家领导小组；全国上下对气候变化密切关注；各级政府都在制定积极应对气候变化的行动方案；发展低碳经济成为各级政府转变经济增长方式的重要选择；在有条件的地区，风力发电成为重要的发电技术，内蒙古、河北、甘肃、江苏等地都提出了建立千万千瓦级别超级风电基地的设想。

（3）风电技术成熟

风电在所有的低碳能源技术中最为成熟，最具市场竞争力，尤其是随着石油、天然气和煤炭的价格上扬，风电成本的稳定性和可预见性逐步被投资商认可。业内人士普遍认为，目前，风电的经济性已经优于石油和天然气发电以及核电，最迟到2020年风电的成本将可以与煤电相竞争。

4.4　小型风力发电技术

4.4.1　小型风力发电概述

小型风力发电机最初是由它可以为家用电器产生多少电能或者可以满足各种家庭电力需求这一特点而定义的。在目前市场上，一台功率大约200 W的电视机，假设电池可以完全供应和得到平稳需求的电能，根据估算，一台

180 W风力发电机能够提供电视机工作4 h/d的电能。一个普通美国家庭每年消耗电能11 496 kW·h。在这个假设下，需要一个10 kW风力发电机来满足所有电能消耗。相比之下，一个欧洲家庭需要一个4 kW风力发电机，一个普通中国家庭只需要一个1 kW大小的风力发电机。

国际电工委员会（IEC）针对小型风力发电机组的最新标准IEC 61400-2定义小型风力发电机组，适用于风轮扫掠面积小于200 m²，将风能转换为电能的系统（产生的电压低于1 000 V交流或1 500 V直流的小型风力机），这相当于单机功率40～50 kW。目前，世界上各个国家都进行了市场研究，在起草可再生能源法律或制订财政援助计划等项目时都建立了他们对于小型风机的定义。在五大小型风机国家对小型风机的定义中，小型风机最大容量范围的差异在15～100 kW间变化。例如在英国，由于各方的兴趣，小型风机的定义甚至在国家风能协会、英国可再生能源和MCS认证机构之间都有所不同。

小型风力发电机组是一种利用风能发电的装置，它由风轮、发电机、回转体、尾翼、立杆、底座、拉线、地锚、输出电缆等构成。实际应用时必须使其构成一个系统。发电系统的构成是由风力发电机组、控制器、蓄电池、直流用电器构成。用交流家用电器的系统还要配备逆变器。根据安装地点的风能资源情况，以及用户的用电负荷和用电要求，合理选购小型风力发电机组的类型和配置，以期获得最佳效益。无论是国内、国外，只要有风能资源的农、牧、渔、山区、海岛这些无电地区均可选用，尤其是驻军部队、边防哨所、观测站、雷达站、微波站、管道输送中间站、气象站、各种通信信号站或集体户用等都适用本装置，可向用户提供稳定的电源。如果当地太阳日照比较好，还可配置一定数量的光伏电池，使系统互补，运行更加稳定、安全、供电量明显增加。

风力发电机组配套的控制逆变器，除了可以将蓄电池的直流电转换成交流电的功能外，还具有保护蓄电池的过度充电时的泄荷，过放、过载和短路保护蓄电池及逆变器等功能，以延长蓄电池的使用寿命。

小型风力发电机组还可以多台联合运行，构成小机群方式，有利于灵活安装及系统功率扩大的要求。功率在千瓦级以上的机组也可采用并网式运行，是一种提供绿色能源有效的方法，可称为节能型机组。

4.4.2 风力发电机组的分类

1. 按轴的位置分类

按照风力发电机风轮轴的位置分，可分为水平轴风力发电机和垂直轴风力发电机。

（1）水平轴风力发电机：水平轴风力发电机的风轮围绕一个水平轴旋

转，风轮轴与风向平行，风轮上的叶片是径向安装的，与旋转轴垂直，并与风轮的旋转平面成一角度（称为安装角）。风轮叶片数目为1～10片（大多为3片、5片、6片），它在高速运行时有较高的风能利用率，但启动时需要较高的风速。

（2）垂直轴风力发电机：垂直轴风力发电机的风轮围绕一个垂直轴旋转，风轮轴与风向垂直。其优点是可以接受来自任何方向的风，因而当风向改变时，无须对风。

2. 按功率分类

按风力发电机的功率可分为大、中、小、微型风力发电机。功率<1 kW为微型风力发电机，1～10 kW为小型风力发电机，功率在10～100 kW的称为中型风力发电机，功率在100 kW以上的称为大型风力发电机，更大的如兆瓦级。但是随着单机容量的突破，1 MW及以上的逐渐被称为中、大型风力机。小型的风力机单机容量几百千瓦。

3. 按风力发电机的功率分类

（1）微型风力发电机，其额定功率为50～1 000 W。

（2）小型风力发电机，其额定功率为1.0～10.0 kW。

（3）中型风力发电机，其额定功率为10.0～100.0 kW。

（4）大型风力发电机，其额定功率大于100 kW。

4. 根据动力学分类

（1）阻力型风力发电机：在逆风方向装有一个阻力装置，当风吹向阻力装置时推动阻力装置旋转，旋转能转化为电能。风力发电机不能产生高于风速很多的转速，风轮转轴的输出扭矩很大。常用于扬水、拉磨等动力。

（2）升力型风力发电机：风能吹过转子时对转子产生升力带动转子转动。由于升力的作用，风轮圆周的速度达到风速的几十倍，现代风力发电机组几乎全是此类型。

5. 根据转子受力风向划分

（1）顺风型风力发电机：发电机在转子前面，转子自然顺风受力产生能量。

（2）逆风型风力发电机：发电机在转子后面，转子由外力调节，始终保持迎风受力从而产生能量。

6. 根据叶轮转速是否恒定分类

（1）恒速风力发电机：优点是设计简单可靠，造价低，维护量小，可直接并网；缺点是气动效率低，结构负荷高。

（2）变速风力发电机：优点是气动效率高，机械应力小，功率波动小，成本效率高，支撑结构轻；缺点是功率对电压降敏感，电气设备的价格较高，维护量大。

7.按风力发电机的运行方式分类

（1）独立运行风力发电机：风力发电机输出的电能经蓄电池蓄能，再供用户使用。这种方式可供边远农村、牧区、海岛、边防哨所等电网达不到的地区使用。一般单机容量在几百瓦到几千瓦。

（2）并网运行风力发电机组：在风力资源丰富地区，按一定的排列方式安装风力发电机组，称为风力发电场。发出的电能全部经变电设备送到电网。这种方式是目前风力发电的主要方式。

（3）风力同其他发电方式互补运行：主要有风力-柴油互补方式运行，风力-太阳能电池发电联合运行，风力-抽水蓄能发电联合运行等。这种方式一般需配备蓄电池，以减少因风速变化导致的发电量的突然变化所造成的影响，减少化石燃料的使用量，降低有害气体的排放，降低了开采、运行、维护的成本，节约了一次能源，同时还转变了经济发展的方式。

4.4.3 风力发电机组的选择

这里所说的风力发电机的选型与供电，主要是针对小型、独立运行的风力发电机而言。

小型风力发电机选型依据：第一要适用，第二要安全可靠，第三要物美价廉。

1.根据当地的风能资源来选择风力发电机

风轮的输出功率与风速的立方成正比。这就是说，当风速值有较小的变化时，输出功率将产生较大的变化。因此选择风力发电机要考虑使其设计风速值适合当地的风能资源，尽量与之吻合。这样，一可以充分利用当地的风能资源，二可以充分发挥风力发电机的能量输出，提高利用效益。例如，在某风能可利用区，每天4 m/s的风大约有15 h。一台设计风速为7 m/s的100 W风力发电机，日均发电量约为279.8 W。若选择一台设计风速为6 m/s的100 W风力发电机，其日均发电量约为444.44 W。

从上面的粗略计算，我们可以看出，选择风力发电机的设计风速与当地的风能资源达到最大的吻合，可以提高风力发电机的能量输出。

2.根据家用电器的用电量来选择风力发电机

不言而喻，购置风力发电机组的目的是为了解决用电。估计家用电器的用电量，可以用电器设备铭牌标定的电功率（W）乘以平均每天使用的时间(h)，即为它的平均日耗电量。常用家用电器日耗电量的参考值见表4-4。

表4-4 常用家用电器日耗电量参考值

家用电器	表称功率/W	平均日使用时间/h	日用电量/kW·h
电灯	80	6	0.48
卫视接收设备	30	6	0.18
彩色电视机	80	6	0.48
音响	30	2	0.06
洗衣机	120	0.25	0.03

根据家用电器平均日耗电量，把全年用电情况按月绘出用电量曲线，同时，根据当地风能资源情况，把风力发电机全年发电情况按月绘出电能输出曲线。为了满足用户需要，应保证发电量大于用电量；但是超值太多也会造成投资浪费。

4.4.4 风力发电机系统内部部件的功能

目前，我国推广应用最多的小型风力发电机，其机型是水平轴高速螺旋桨式风力发电机，因此，我们将重点介绍它的基本结构和特性。水平轴高速螺旋桨式风力发电机大致由以下几个部分组成：风轮、发电机、回转体、调速机构、调向机构（尾翼）、刹车机构、塔架。

1. 风轮

风轮是风力机最重要的部件，它是风力机区别于其他动力机的主要标志。风轮的作用是捕捉和吸收风能，并将风能转变成机械能，再由风轮轴将能量送给传动装置，下面以水平轴升力型风力机的风轮为例来说明风轮功率的计算。

风以速度V吹向风轮时，风轮转动。设旋转着的风轮其扫掠面积为A，空气密度为ρ，在1 s内流向风轮的空气所具有的动能为：

$$N_V=\frac{1}{2}mV^2=\frac{1}{2}\rho AV^3 \tag{4-9}$$

若风轮的直径为D，则

$$N_V=\frac{1}{2}\rho AV^3=\frac{1}{2}\rho\frac{\pi D^2}{4}V^3=\frac{\pi}{8}D^2\rho V^3 \tag{4-10}$$

这些风能不可能全部被风轮捕获。

风轮捕获风能并将之转换成机械能，再由风轮轴输出功率N（称之为风轮功率）。N与N_V之比，称为风轮功率系数（或风能利用系数），用C_p表示，即

$$C_p = \frac{N}{N_V} = \frac{N}{\frac{\pi}{8}D^2 \rho V^3} \tag{4-11}$$

$$N = \frac{\pi}{8}\rho D^2 V^3 C_p \tag{4-12}$$

式中 C_p 的值为0.2～0.5。

2. 发电机

(1) 发电机的种类

小型风力发电机所用的发电机，可以是直流发电机，也可以是交流发电机。目前，小型风力发电机用的发电机大部分是三相交流发电机。由于产生磁场的形式不同，三相交流发电机有永磁式和励磁式，它们所产生的三相交流电都要通过整流二极管整流后输出直流电。为便于安装和维修，现在很多小型风力发电机采用交流发电机时，将整流器安装在控制器中。

交流发电机与直流发电机相比，具有体积小、重量轻、结构简单、低速发电性能好等优点。尤其是对周围无线电设备的干扰要比直流发电机小得多，因此适合小型风力发电机使用。

(2) 发电机的构造

交流发电机主要由转子、定子、机壳和硅整流器组成。

①转子：做成犬齿交错形的磁极。永磁式发电机的转子磁极由永久磁铁制成。励磁式发电机的转子磁极由两块低碳钢制成。在磁极内侧空腔内装有励磁线圈绕组，当通入励磁电流时，便可产生磁场。

②定子：由铁芯和定子线圈组成。铁芯由硅钢片制成，在铁芯槽内绕有三组线圈，按星形法连接，发电机工作时线圈内便产生三相交流电。

③机壳：是交流发电机的外壳，由金属制成，它包括壳体和前后端盖。如果将整流器装在发电机中，装有整流器的端盖也叫整流端盖。

④整流器：由六个硅整流二极管组成桥式全波整流线路。它的作用是将三相交流转变为直流，可以很方便地将它储存在蓄电池中。现在，很多生产厂家采用整体封装的整流桥模块，简化了电路，提高了可靠性、降低了成本。

(3) 发电机的功率

发电机的额定功率是指发电机在额定转速下输出的功率。由于风速不是一个稳定值，因而发电机转速会随风速而变化，因此输出功率也会随风速变化。当风速低于设计风速时，发电机的实际输出功率将达不到额定值；当风速高于设计风速时，实际输出功率将高于额定值。

3. 回转体

回转体是小型风力发电机的重要部件之一。其作用是支撑安装发电机、风轮和尾翼调速机构等，并保证上述工作部件按照各自的工作特点随着风速、风向的变化在机架上端自由回转，小型风力发电机回转体的结构和安装方式种类各异。其中，偏心并尾式回转体目前在我国应用比较广泛。

4. 调速机构

由于自然界的风具有不稳定性、脉动性，风速时大时小，有时还会出现强风和暴风，而风力发电机叶轮的转速又是随着风速的变化而变化的，如果没有调速机构，风力发电机叶轮的转速将随着风速的增大而越来越高。这样，叶片上产生的离心力会迅速加大，以至损坏叶轮。另外，随着风速增大，叶轮转速增高的同时，风力发电机的输出功率也必然增大，而风力发电机的转子线圈和其他电子元件的超载能力是有一定限度的，是不能随意增加的。因此风力发电机若要有一个稳定的功率输出，就必须设置调速机构。

5. 调向机构

为什么要设置调向机构呢？大家知道，风力发电机是靠风的能量发电的，而风轮捕获风能的大小与风轮的垂直迎风面积成正比。也就是说，对于某一个风轮，当它垂直风向时（正面迎风）捕获的风能就多；而当它不是正面迎风时，所捕获的风能相对就少；当风轮与风向平行时，就捕获不到风能。所以，风力发电机必须设置调向机构，使风轮最大限度地保持迎风状态，以获取尽可能多的风能，从而输出较大的电能，调向机构对于小型风力发电机来说，一般采用“尾翼调向”。尾翼主要用在小型风力发电机上，由尾翼梁、尾翼板等组成，一般安装在主风轮后面，并与主风轮回转面垂直。其调向原理是：风力发电机工作时，尾翼板始终顺着风向，也就是与风向平行。这是由尾翼梁的长度和尾翼板的顺风面积决定的，当风向偏转时尾翼板所受风压作用而产生的力矩足以使机头转动，从而使风轮处在迎风位置。

6. 刹车结构

小型风力发电机的手刹车机构的用途是使风轮临时性停车（停止旋转）。如遇到特大风时可紧急使风轮停转，检修风力发电机和为了使风力发电机有计划地停止转动等，通过手刹车机构使风轮刹车，或使风轮偏转与尾翼板平行。为了简化结构，有些小型风力发电机没有设置手刹车机构，但为实现临时停车，大多在尾翼端部系一根尼龙绳摆动尾翼，使风轮偏转离开迎风位置。手刹车机构一般都是钢丝绳牵拉式。小型风力发电机手刹车钢丝绳的牵拉方式有杠杆原理牵拉、绞轮原理牵拉。

7. 塔架

为了让风轮在地面上较高的风速带中运行，需要用塔架把风轮支撑起来。这时，塔架承受两个载荷：一个是风力发电机重力，向下压在塔架上；一个是阻力，使塔架向风的下游方向弯曲。塔架所用材料是木杆或铁管，也可以采用钢材做成的桁架结构。不论选择什么样的塔架，目的是使风轮获得较大风速，同时还必须考虑成本。引起塔架破坏的载荷主要是风力发电机的重量和塔架所受到的阻力，因此，要根据实际情况来确定。

4.5 风电场选址及运行

4.5.1 风能资源评估

1. 资料收集及分析

从地方气象台收集气象、地理及地质数据资料。整理该地区10年以上(最好为30年)的风速、温度、气压平均值及极值，以及极端天气情况。

2. 风能资源普查分区

以整理得到的气象数据为依据，按标准划分风能区域及其风功率密度等级，初步确定风能可利用区。

3. 风电场宏观选址

根据风能资源普查结果并结合现场踏勘，对初选的风能可利用区的地形地貌、地质、交通、电网及其他外部条件进行评估比较，结合选择最合适的区域。

4. 风电场风况观测

气象站提供的气象数据只反映较大区域内的风气候。为满足微观选址对代表性风速和风向的需要，要在初选区域内树立不少于2座测风塔进行不短于1年的测风，内容包括风速、风向、温度、气压。测风仪应安装在测风塔的10 m、30 m、50 m、70 m高度甚至更高。

5. 风力发电机组微观选址

在宏观选定的场址内，根据地形地质条件、外部因素和测风塔实测风能资源分析结果，对风电机组具体位置进行定位排布。风能资源评估参数：

(1) 平均风速

依据该地区多年的气象站数据及测风塔一年的测风数据（每10 min间隔的风速数据），计算得到年平均风速大于6 m/s（合4级风）的地区才适合建设风电场。极端风速：较长时间内给定取样时间下风速的最大值。风电行业表征极端风速的方式有最大风速和极大风速。最大风速：给定时段10 min内的平均风速的最大值。极大风速：给定时段内的瞬时（一般取3 s均值）风速的最大值。风电行业最关心的时间段为50年，即通常所说的50年一遇。

50年一遇极端风速是基于历史统计数据得出的一个统计数值，这其中引入了概率的概念。50年一遇是指可能发生，并不一定发生，当然也并不是一定不发生。

（2）风廓线

因为气体的黏性及地表的粗糙度的不同，风速沿高度方向是变化的，符合对数和指数分布规律。

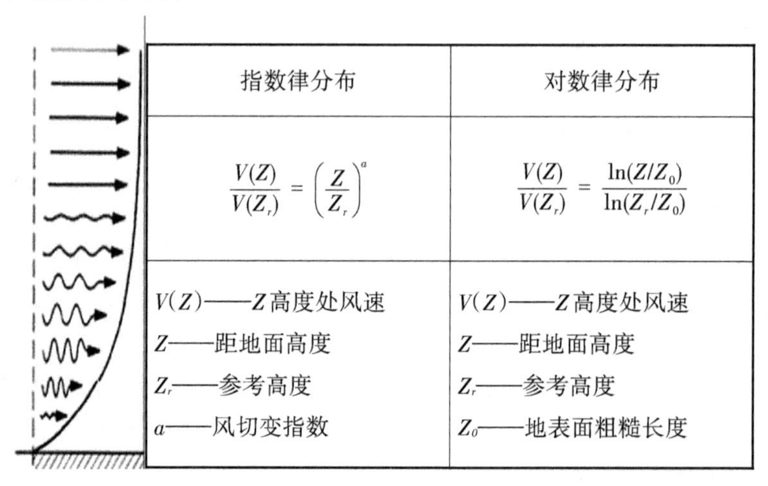

指数律分布	对数律分布
$\frac{V(Z)}{V(Z_r)}=\left(\frac{Z}{Z_r}\right)^a$	$\frac{V(Z)}{V(Z_r)}=\frac{\ln(Z/Z_0)}{\ln(Z_r/Z_0)}$
$V(Z)$——Z高度处风速 Z——距地面高度 Z_r——参考高度 a——风切变指数	$V(Z)$——Z高度处风速 Z——距地面高度 Z_r——参考高度 Z_0——地表面粗糙长度

图4-2　指数及对数分布图

（3）风功率密度

与风向垂直的单位面积中风所具有的功率。它和空气密度和风速有关。风功率密度越高，该地区风能资源越好，风能利用率越高。

$$D_{wp}=\frac{1}{2n}\sum_{i=1}^{n}(\rho)\left(v_i^3\right) \tag{4-13}$$

式中：

D_{wp}——平均风功率密度；

n——在设定时段内的记录数；

ρ——气密度；

v_i——第i次记录的风速值。

（4）风能密度

在设定时间段与风向垂直的单位面积中所具有的能量。

$$D_{WE}=\frac{1}{2}\sum_{j=1}^{m}(\rho)\left(v_j^3\right)t_j \tag{4-14}$$

式中：

D_{WE}——风能密度；

m——在设定时间段内的记录数；

ρ——空气密度；

v_j——第j次记录的风速；

t_j——第j次记录风速发生的时间。

（5）主要风向分布

风向及其变化范围决定风电机组在风场中确切的排列方式。风电机组的排列方式很大程度地决定各台机组的出力。因此，主要盛行风向及其变化范围要准确。

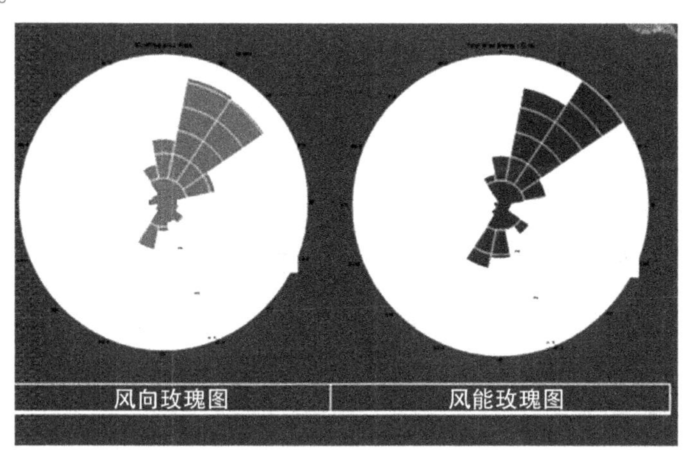

图4-3　风向及风能玫瑰图

（6）年风能可利用时间

一年中风力发电机组在有效风速范围（一般取3～25 m/s）内的运行时间。一般年风能可利用小时数大于2 000 h的地区为风能可利用区。

（7）湍流

短时间（风资源评估一般取10 min）内的风速流动。湍流产生的原因：

①当空气流动时，由于地形差异造成的与地表的摩擦；

②由于空气密度差异和气温变化的热效应导致空气气团的垂直运动。

4.5.2　风能资源评估常用软件介绍

随着数值模拟技术的快速发展，由于资料分析法在资料的时空分辨率方面具有一定局限性，越来越多的高分辨率气象模式及流体力学计算软件被应用到风电场微观选址工作中。目前，最常用的风电场微观选址及风资源评估的软件有：WAsP，GH WindFarmer，WindPro 和 WindSim。

1.WAsP

WAsP软件由丹麦RISΦ实验室开发，是基于比较平坦的地形设计的，可以由一个测风塔推算周围100 km²范围内的风能资源分布。WAsP软件对风能资源评估适用于区域面积小，地形相对平坦地区。

WAsP可以计算定风机的发电量，可以生成风资源栅格文件，实际应用中往往和其他软件配合使用。WAsP的工作界面如图4-4所示。

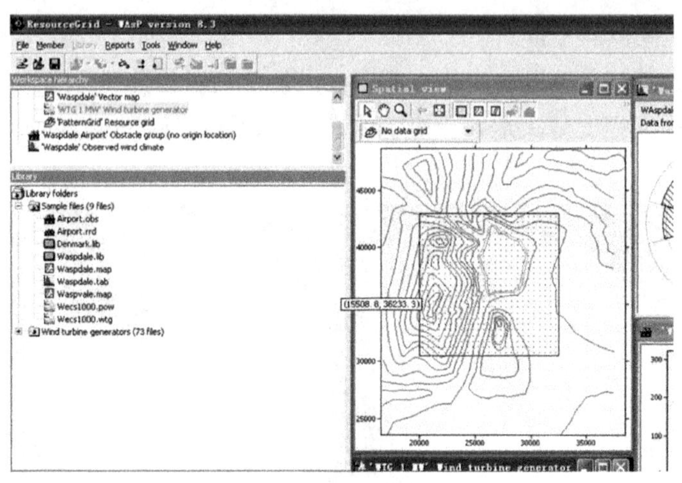

图4-4　工作界面图

WAsP的主要功能可由以下四部分组成：

（1）原始数据的分析

原始数据的分析主要是指气象数据的分析，可对任何时间序列气象数据进行分析。将原始数据编辑成直方图表，即为WAsP气象数据输入。原始数据还可依韦伯分布参数来进行分析。通过人为定义上下限，WAsP将所输入的风速风向进行归类。风速分为四个等级：静风（无风）、有效风、超限风、读数错误。主要是有效风力区域内的统计值参与计算，单位m/s。风向分为12个等分，自北向东顺时针计算，每一等分为30°，称为一个扇区，在整个计算过程中，所有的考虑因素都是依照该分类来定方位并进行计算。

（2）风图谱数据的产生

表示风速的直方图表可以转换成图谱数据组。该直方图表可从原始数据分析中得出，或者可直接由标准的气象表输入，在风图谱数据组中，观察和测量风按照场地的特殊地形条件关系而得到“净化”，呈现其真实量。

（3）风气候估算

应用由WAsP计算产生的风图谱数据组（或由其他途径产生的），通过进行产生风图谱的逆运算步骤可估算出任何特殊点的风气候。风气候按韦伯分布参数及风的扇区分布情况而估算。

（4）潜在风能估算

通常可计算平均风的总能量值。此外，还可估算出风力机的实际年平均产量，这由给WAsP提供相应风力机的标准功率曲线而计算。

2. GH WindFarmer

GH WindFarmer是有效的风电场设计优化软件工具。它综合了各方面的数据处理、风电场评估，并集成在一个程序中快速精确地计算处理。用户可以通过GH WindFarmer自动有效地进行风电场布局优化，使其产能最大化并符合环境、技术和建造的要求。GH WindFarmer可生成高质量风电场环境影响评估文档，包括噪音、阴影闪烁、视觉影响、雷达、累积影响。风电场的视觉影响可以通过采用动态或静态视觉图像、虚拟漫游或集锦照片的方式演示。GH WindFarmer的工作界面如图4-5所示。

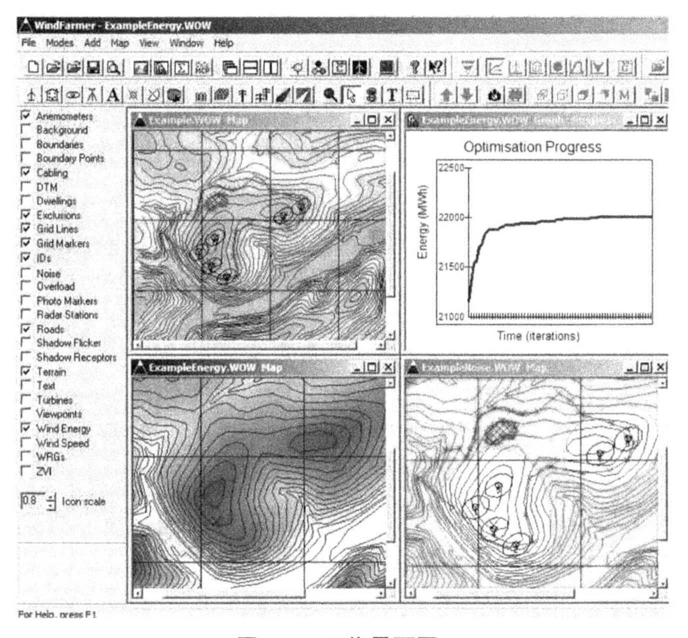

图4-5　工作界面图

GH WindFarmer有中文、英文、德文、法文等语言版本，全球24 h具有技术支持。

GH WindFarmer 作业文件的后缀为.WOW。一个新的作业文件开始时，将是完全空白的，如作业文件向导中的说明所示，逐步载入各种不同的文件。一般可以载入或保存作业文件。一个完整的作业文件“DEMOSITE.WOW”已经保存在\WindFarmer\Demodata目录下。

GH WindFarmer需要定义工作区域的范围，各点位置可以使用参考坐标表示。一般可以使用下列四种方法中的任何一个或者是四种联合使用，实现这一目标。

一旦完成风电场设计，可以使用“文件”菜单来进行保存，文件格式为*.WOW文件（GH WindFarmer作业文件），包含该风电场的所有信息，并可以在以后修改时打开该文件。如果需要，在控制面板的“参数选择”页中，对“保存时压缩WOW文件”一项的复选框打钩，用压缩格式来进行保存。虽然需要更长的时间去保存和重新打开该压缩的作业文件，但是这样将减少WOW文件的存储大小。在默认状态下，压缩文件的选项是关闭的。

GH WindFarmer包含以下几个功能模块：

（1）基础模块：是GH WindFarmer的核心，具有所有设计风电场必需的基本功能，主要包括：地图处理、风电场边界定义、风机工作室、风电场尾流损失模型、电量计算选项、自动设计优化、噪音影响模型、电量、风速、噪音和地面倾斜地图、多个风电场独立和累积分析、与WAsP和其他风力流动模型软件的连接界面。

（2）可视化模块：用于在实际建造前模拟和演示风电场的视觉效果，包括视觉影响区域分析、虚拟现实、虚拟漫游、集锦照片等。

（3）MCP+模块：提供了所有测量风力数据的评估工具，测量数据的时间序列可以输出成图形和文件并与长期风资源数据形成关联。

（4）紊流强度模块：提供了高级用户先进的风力流动、风机性能和风机负载模型。

（5）金融模块：可以对风能项目设计规划阶段进行金融评估，用户可以采用自己的金融模型或软件中自带的金融模型。

（6）电力模块：用于设计风电场的电力规划，包括对于变压器、电力电缆的超载检查和计算电力损耗。

（7）阴影闪烁模块：计算所给出的布局图和地形图中所产生的阴影闪烁，确定风机产生的阴影闪烁机理和时间间隔。

3.WindPro

WindPro是丹麦EMD公司开发的风电场规划设计软件，经过二十多年的发展，WindPro已成为使用最广泛、用户界面最友好的风能资源评估与风电场设计软件之一。WindPro是基于对象的模块化软件，除了基本的BASIS模块外，用户可根据需要和预算自由选择模块。

WindPro以WAsP为计算引擎，相对于单独使用WAsP，WindPro与WAsP联合使用具有许多优点：方便灵活的测风数据分析手段，用户可以方便地剔除无效测风数据，并对不同高度的测风数据进行比较，寻求相关性，评价测风结果；考虑风机尾流影响的风电场发电量计算，并提供多种尾流模型；风机实际位置的空气密度计算，自动修正标准条件下的风机功率曲线；风电场规划区域的极大风速计算；几乎涵盖了市场上所有风机，并不断更新的风机数据库，包括功率曲线、噪声排放及可视化信息等。此外，WindPro还能实现短期测风数据的长期相关性分析；详尽的计算报告；兼容多种数字化资源文件，如卫星照片、SRTM等高线数据等，为描述规划风电场外围15 kM的粗糙度与等高线提供了便利。

4.WindSim

WindSim软件是挪威一家公司设计的，基于计算流体力学方法对风电场选址及风资源评估的软件。WindSim软件包括六个模块：地形处理模块、风场计算模块、风机位置模块、流场显示模块、风资源计算模块和年发电量计算模块。其中，风场计算模块适用计算流体力学商用软件Pheonics的结构网格解算器部分。WindSim软件采用计算流体力学软件来模拟场址内的风场情形，可以计算出相对复杂地形下的风场分布情况，因此，WindSim软件可以用于相对复杂地形条件下的风电场选址及风资源评估。CFD的风电场模型如图4-6所示。

图4-6　基于CFD的风电场模型

WindSim提供了三种不同的求解器，即孤立的、耦合的、并行的求解器，其中耦合求解器与WT中的求解器，即Migal相同，并且单就求解器而言，WindSim提供了更多的选择。用户还可以选择采用孤立求解器，其计算速度比耦合求解器慢一些，但需要的内存也更少，并且计算也更稳定，这对于硬件资源不强，希望在笔记本或普通台式机上实现快速分析的客户具有重要的意义。此外，WindSim还提供了Restart选择，使用户能充分利用以前的计算结果，相对于WT，这是明显的优势。

4.5.3　风电场微观与宏观选址

风电场宏观选址过程是从一个较大的地区，对气象、地质等条件综合考虑，选择一个风能质量好、具有利用价值的小区域的过程。需要考虑经济、技术、环境、地质、交通、生活、电网用户等问题。

宏观选址主要按如下条件进行：

1. 选取风能质量好的地区

（1）年平均风速较高。

（2）风功率效度大。

（3）风频分布好。

(4) 可利用小时数高。

2. 风向基本稳定

主要有一个或两个盛行风向（指出现频率最多的风向）。某一地区基本上只有一个或两个盛行风向且几乎相反，这种情况对布机有利。也有虽然风况较好，但没有固定的盛行风向的地区，这种情况布机复杂。

3. 风速变化小

尽量不要有较大的风速日变化和季节变化。

4. 风垂直切变小

要考虑因地面粗糙度引起的不同风速廓线。在风机高度范围内，如风垂直切变非常大，对机组运行十分不利。

5. 湍流强度小

风机上游障碍物产生的无规则的湍流会使机组产生振动、受力不均。所以选址时尽量避开粗糙地面和高大建筑物。一般轮毂高度应高出障碍物8～10 m以上，距障碍物的距离为5～10倍障碍物高度。

6. 避开灾难性天气频发地区

灾害性天气包括台风、龙卷风、雷电、沙暴、覆冰、盐雾等，对风电机组具有破坏性。选址时要参考地区气象站对历年灾害性天气出现频度的统计，在机组选型和选址上采取措施。

7. 尽量靠近电网

要考虑电网现有容量、结构及其可容纳的最大容量，以及风电场的上网规模与电网是否匹配的问题；风电场应尽可能靠近电网，从而减少电损和电缆铺设成本。

8. 交通方便

要考虑所选定风电场的交通运输情况，设备供应运输是否便利，运输路段及桥梁的承载力是否适合风电设备运输车辆。

9. 对环境不利影响小

为保护生态，选址时尽量避开鸟类飞行路线，候鸟及动物停留地带及动物巢穴，尽量减少占用植被的面积。

10. 地理情况

要选择在地貌单一地区，扰流影响小。要考虑所选区域内的土质是否适合挖掘建设施工。要有该地区详细的水文地质资料并依照工程设计标准评定。要远离人口密集区、地震带、火山频发区，及具有考古意义、军事意义等特殊地区。

微观选址工作主要任务：对风电场所在区域内进行现场勘察，利用计算软件对风电场内的风电机组布置进行计算，满足风电场总体装机容量以及风电机组装机台数要求，给出各个风电机组的具体位置坐标，从而指导下一步的勘测设计等工作。

现场考察工作主要包括：了解风电场场区地质条件，地形地貌，测风塔位置，场地条件，场区内树林、农田、房屋等分布情况。

在已确定开发建设的场区内，风电场宏观选址后，根据风能资源勘测评估分析结果，充分利用风能分布较优的位置，在风能最大点初步布置机位，然后再结合地形地貌特点考核机位，以规避农田、林地、湖泊及其他地面障碍物。同时考查机组施工安装条件的选择是否合理，如吊装空间、吊装设备摆放及进出道路、设备堆放等，经过综合经济技术比较，最终确定风力发电机组的微观位置。

风力发电机组的布置，要充分考虑各方面的影响因素，有以下几点：

（1）风力发电机组垂直于主导风能方向排列。

（2）充分利用风电场的土地。

（3）尽量减小风力发电机组之间的相互影响、满足风电机组之间行、列距的要求。

（4）综合考虑风电场地形、地表粗糙度、障碍物等，将其影响降到最低。

（5）合理利用风电场的测站定正后的测风资料。

（6）考虑风电机组之间的相互影响后尽量缩短机组之间的距离，从而减少所需电线路的长度。

（7）风机尽量布置在风资源最好且便于施工的地区。

（8）尽量避免对现有植被的破坏。

（9）尽量避开防护林及农用土地。

（10）尽量考虑与周边风电场和风电机组相互避让。

（11）充分考虑机组之间尾流对机组发电量的相互影响。

目前，国内微观选址通常采用国际上较为流行的风电场设计软件WAsP及GH WindFarmer进行风况建模，建模过程如下：

①根据风电场各测站定正后的测风资料、地形图、粗糙度，利用轮毂高度的风资源栅格文件，满足精度及高度要求的WindFarmer软件的三个输入文件，包括：轮毂高度的风资源栅格文件、测风高度的风资源栅格文件及测风高度的风资源的风频表文件。

②采用关联的方法在GH WindFarmer软件中输入WAsP软件形成的三个文件，输入三维的数字化地形图，地形复杂的山地风电场应采用1：5000地形图，输入风电场空气密度下的风机功率曲线及推力曲线，设定风机的布置范围及风机数量，设定粗糙度、湍流强度、风机最小间距、坡度、噪声等，考虑风电场发电量的各种折减系数，采用修正PARK尾流模型进行风机优化

排布。

根据优化结果的坐标，利用GPS到现场踏勘定点，根据现场地形地貌条件和施工安装条件进行机位微调，并利用GPS测得新的坐标，然后将现场的定点坐标输入GH WindFarmer中，采用黏性涡漩尾流模型对风电场每台机器发电量及尾流损失精确计算。

4.5.4 地形气候对风电场的影响

当利用风能的可能性确定下来以后，就必须具体地选择一个安置风力机的最佳位置。因为风能密度与风速三次方成正比，风力机发电的性能和经济效果就依赖于具体安装场地的风速，应使风力机尽量地得到地形所加强的局地风速。风电场选址问题包括社会、经济、技术和环境等方面，但在选址中需考虑的地形、气候问题主要包括以下5个方面，如地形对风的影响、海陆的影响、风速随高度变化的影响、风机间距的影响、障碍物的影响等。

1. 地形对风的影响

风能与风的立方成正比，当风速为原来的两倍时，则功率为原来的八倍。由于风的局地性相当大，这就愈来愈需要气象学家为风力发电机所要选的位置提供中、小尺度的气候分析。运用气象规律认真选好场址，对推广风能利用所产生的经济效果是非常显著的。小地形的影响也是不能忽视的，一旦利用风能的地区确定后，就必须对当地的局地小气候进行分析，将风机位置安装在受地形影响风速增强的地点。

2. 海陆的影响

海面比起伏不平的陆地表面摩擦阻力小，所以在气压梯度力相同的条件下，海面风速比陆地上风速要大。现在国际选择风力机位置有两种倾向，一是选择在较高的山脊，一是选在海滩上。一方面风力机位置可不占用良好的土地，另一方也是主要原因，即这些地方风力较大。

3. 风速随高度变化的影响

风力发电机最好安装在地面较平滑，障碍最小和最少的地方。若因条件所限不得不设在粗糙的地面上，则发电机的设置高度就应比光滑地表上高度要高。此外假设若要使给定的风力机达到最大的出力，唯一的办法是增加塔架高度，所以有人说增加风机动力输出最廉价的方法就是增加更高的塔架。

4. 风机间距影响

发展风力机群（风车田）必须研究风车之间的最小距离，即考虑风扫过风车后，在多远之后才恢复到原来的速度，以防止各个风车的相互影响。各风车的间隔至少应有6倍叶轮直径长度的距离，而以6～8倍叶轮直径长度的距离时为理想。此外，大气湍流造成风的间断性也应该考虑，这对水平轴风车有损坏作用。

5. 障碍物的影响

当风由空旷地吹向森林时，在森林的迎风面，一部分气流进入林内而减弱，另一部分气流被林墙阻挡，在林子前面形成涡流，由于气流方向的改变风速相应减低。在森林的背风面，由林冠上方向下滑动的气流，一部分在林后滑动，形成弱风区，一部分经过一定距离之后才着陆。气流遇到密度稀疏林带时，一部分从上面越过，另一部分透过林带，在背风面形成弱风区，最低风速出现在距林缘3～8倍的树高。

4.6 风力发电机组常见故障及维护

风力发电机组常见故障及维护见表4-5。

表4-5 风力发电机组常见的机械故障及处理方法

故　障	原　因	诊　断	处理方法
风力发电机剧烈抖动	1.拉索松动 2.尾翼固定螺丝松动 3.定桨距风轮叶片变形 4.定桨距风轮叶片有卡滞现象		1.紧固拉索 2.拧紧松动部位 3.更换桨叶 4.拆卸、润滑保养，重新安装
风轮转速明显降低	1.风电机长久不润滑保养 2.发电机轴承损坏 3.风轮叶片损坏		1.润滑、保养 2.更换轴承 3.修复和更换叶片
调速、调向不灵	1.机座回转体内油泥过多 2.机座回转体内有沙土等异物 3.风力发电机曾经倒塌,塔架上端变形		1.润滑、保养 2.清除异物,润滑、保养 3.校正塔架上端
风轮不平衡，引起风立机转动时轻微来回摆动，而发出砰砰声	1.导流罩松动 2.发电机轴承磨损 3.叶片结冰或损坏	1.检查导流罩的紧固件是否松动,螺栓孔是否变大 2.检查轴承密封周围是否有过量的润滑脂或密封圈是否损坏	1.拧紧或调换零件 2.如果导流罩的螺栓孔变大,则可用环氧树脂把垫圈粘到螺孔上
电池电压太高	控制器调节电压值设定得太高	电池过充电,控制器电压表指示出电池电压,将检测值与使用说明书进行对照	与生产厂家售后服务部门取得联系,了解调压步骤

续表4-5

故　障	原　因	诊　断	处理方法
电池达不到充满电状态	1.控制器调节电压值设定得太低 2.负载太大	1.用密度计检查电池组的密度，再与制造商提供的推荐值进行比较 2.拆除最大的负载。如果电池组达到较高充电状态，则可断定为系统负载太大	与生产厂家售后服务部门取得联系，咨询解决办法
风轮转动，但控制器上表明正常工作的指示灯不亮	控制器电路出现故障	1.按照说明书检查控制器电路板上的电压输出点有无电压输出 2.检查电压输入点有无电压输入，此电压应与蓄电池电压相同	测试后与生产厂家售后服务部门取得联系，进行诊断与处理
风轮转动，但控制器上的黄指示灯不亮	1.隔断开关断开 2.控制器出现故障	1.按照说明书检查隔断开关是否可靠接通 2.按照说明书检查控制器的输入交流电压，如果此时风速高于6.7 m/s，而有交流电压，则表明控制器不工作	关掉开关，与生产厂家售后服务部门取得联系，进行诊断与处理
风轮转动，但控制器上表明蓄电池已满的指示灯亮	蓄电池充满	按照使用说明书，用万用表检查蓄电池电压是否达到最高调节电压	与生产厂家售后服务部门取得联系，处理故障

思考题

1. 如果在海南、广州等地建设小型风力发电机效果将会怎么样？

2. 在西北地区建设并网型风力发电机与离网型风力发电机相比哪个效果比较好？都有什么异同点？

参考文献

[1]于丽洁. 探讨西北地区风能开发研究[J]. 三角洲， 2014（4）：61-62.

[2]郭洪漱. 提高小型风力发电系统年发电量的方法[J]. 沈阳工业大学风能技术研究所，2001（6）：35-36.

[3]吴双群，赵丹平. 风力发电原理[M]. 北京：北京大学出版社，2011.
[4]赵丹平，徐宝清. 风力机械设计理论及方法[M]. 北京：北京大学出版社，2011.
[5]郭新生. 风能利用技术[M]. 北京：化学工业出版社，2009.
[6]Tony Burton. 风能技术[M]. 武鑫，译. 北京：科学出版社，2009.
[7]姚兴佳. 风力发电机组原理与应用[M]. 北京：机械工业出版社，2009.
[8]贾振航. 新农村可再生能源实用技术手册[M]. 北京：化学工业出版社，2009.
[9]李俊峰，施鹏飞，高虎. 2010中国风电发展报告[M]. 海口：海南出版社，2010.
[10]李军军，吴政球，陈波. 风力发电及其技术发展综述[M]. 北京：中国电力出版社，2011.
[11]吴聂根，程小华. 变速恒频风力发电技术综述[J]. 微电机，2009，42（8）：69-73.
[12]沙非，马成廉，刘闯. 变速恒频风力发电系统及其控制技术研究[J]. 电网与清洁能源，2009，25（1）44-47.
[13]李珊珊，何凤有，昌现钊. 变速恒频交流电机风力发电技术[J]. 电机与控制应用，2008，35（4）13-15.
[14]陈永祥，方征. 中国风电发展现状、趋势及建议[J]. 科技综述，2010（4）：14-19.
[15]张明峰，邓凯，陈波，等. 中国风电产业现状与发展[J]. 机电工程，2010，1（27）：1-3.
[16]董萍，吴捷，陈渊睿，等. 新型发电机在风力发电系统中的应用[J]. 微特电机，2004，32（7）：39-42.
[17]魏伟. 风力发电及相关技术发展现状和趋势[J]. 电气技术，2008（12）：5-10.
[18]包耳，胡红英. 风力发电的发展状况与展望[J]. 大连民族大学学报，2011，13（1）：24-27.
[19]仲昭阳，王述洋，徐凯宏. 风力发电的现状及对策[J]. 林业劳动安全，2008，21（3）：34-37.
[20]兰立君. 风力发电及其关键技术研究[J]. 能源技术，2005（26）：148-153.
[21]施鹏飞. 2005年中国风电产业回顾和未来5年的展望[J]. 中国电力，2006，39（9）：16-18.

第5章　热泵技术

5.1　热泵

5.1.1　热泵的定义

热泵是一种以消耗部分能量作为补偿条件从而使热量从低位能源转移到高位能源的节能装置。顾名思义，热泵可以把不能直接利用的低位热能（如空气、土壤、水中所含的不能直接利用的热能、太阳能、工业废热等）转换为可以利用的高位热能，从而达到节约部分高位能（如煤、燃气、油、电能等）的目的。

由此可见，热泵的定义涵盖了以下几点内容：

（1）热泵虽然需要消耗一定量的高位能，但所供给用户的热量却是消耗的高位能与吸取的低位能的总和。也就是说，应用热泵，用户获得的热量永远大于所消耗的高位能。因此，热泵是一种节能装置。

（2）热泵既遵循热力学第一定律，在热量的传递与转换过程中，遵循着守恒的数量关系；又遵循热力学第二定律，热量不可能自发地从低温物体转移至高温物体而不发生任何变化。因此，热泵是一种依靠高位能拖动，迫使热量由低温物体传递给高温物体的能量利用装置。

5.1.2　热泵的低位能源

1. 空气

空气是热泵空调的一种主要低位热源。空气源热泵装置的安装和使用较为方便，目前的产品主要有家用热泵空调器、商用单元式热泵空调机组和风冷热泵冷热水机组。有时也可利用建筑物内部排出的热空气作为热泵的低位热源，当建筑物内某些生产设备、照明设备的散热量较多，达到一定的散热量需排除时，此时可将这些热量作为热泵的低位热源加以利用。这样不仅可以减少加热新风的热负荷，同时与采用室外空气作为低位热源相比还能提高制热系数。

国外常常采用“采暖度日数”（Heating Degree Days）来反映一个地区冬季供暖的需求。采暖度日数是采暖期间室温与室外空气日平均温度之差的累计值。日本学者提出，当采暖度日数 < 3 000时用空气源热泵是可行的。我国除寒冷地带以外，很大一部分地区的大气温度是可以满足热泵制热工况的要求的。

空气源热泵也有其一定的局限性。一是热源的补充问题。当室外温度降低时，空调热负荷会随大气温度的降低而增加，相反地，热泵的制热系数却会随着大气温度的降低而降低，因此，热泵的供热能力就会愈低。为了弥补热泵的这种供需不平衡现象，就需要利用其他辅助热源给热泵补充热量。二是要解决除霜问题。冬季空气温度很低时，空气源热泵的室外换热器的表面温度低于0 ℃且低于空气的露点温度时，空气中的水分就会在换热器表面凝结成霜，导致空气源热泵的制热系数和运行的可靠性降低。因此，空气源热泵需要定期除霜。但是定期除霜不仅需要消耗大量的能量而且会影响空调系统的正常运行。三是需要注意噪声问题。由于空气的比热容较小，为了获得足够的热量，其蒸发器所需的风量就会变大，因而风机的容量增大，导致空气源热泵装置的噪声变大。另外，在沿海地区使用的热泵，其室外换热器的肋片选材以铜片为好，并且应该做专门的防蚀镀层，以减少含有腐蚀性成分的空气对其造成的损害。

2. 水

地表水（江河水、湖水、海水等）、地下水（深井水、泉水、地热水等）、工业废水和生活废水都可以用作热泵的低位热源。水用作热源有两个优势：一是水有较大的比热容且其传热性能好，所以换热设备的体积紧凑；二是水温一般来说比较稳定，因而热泵的运行工况较为稳定。利用水作为热泵的低位热源时，不仅要配备取水装置和水处理设施，而且应考虑换热设备和管路系统的腐蚀问题。

（1）地表水

用地表水作为热泵的热源有两种方式。一种方式是用泵将水抽送至热泵机组的蒸发器，经过换热之后重新返回水源；另一种方式是在地表水水体中设置换热盘管，将管道与热泵机组的蒸发器连接成回路，换热盘管中的媒介水在水泵的驱动下就会循环经过蒸发器。在采用地表水时，应尽可能减少对河流或湖泊造成的生态影响。

我国的地表水资源非常丰富，如果能利用江、河、湖、海的水作为热泵的低位热源，其经济效益是相当可观的。地表水相对于室外空气来说算是高质量低位热源，只要地表水冬季不结冰，均可作为低位热源使用。例如：武汉长江1月份的平均水温为6.7 ℃，武汉东湖1月份的平均水温为3.1 ℃，不存在结冰问题。冬季水温相比空气温度明显更加稳定，有利于热泵稳定运行。

海洋是一个巨大的能量储存库，占据整个气候系统总热量的95.6%。据估算，到达地表的太阳辐射能约有80%为海洋表面所吸收。海洋水温随深度增加昼夜变化的幅度减小，15 m以下无昼夜变化，140 m以下无季节性变化。赤道及两极地带海洋水温年温差不超过5 ℃，而温带海洋水温年温差为10～15 ℃。海洋水温在垂直方向上，水温波动幅度从表层向下层衰减很快，在2000 m以下水温几乎没有变化。海洋表层水温的分布主要取决于太阳辐射和洋流性质。等温线大体与纬线平行，低纬水温高，高纬水温低，纬度平均每增高1°水温下降0.3 ℃。

选用地表水作为热泵的低位热源时，应注意地表水的特性对热泵机组运行的影响。第一，江河水流量的变化较大时会引起水位幅度大的变化，取水构筑物在枯水期内也要能保证热泵机组的需水量。第二，江河水温的变化将会影响到热泵机组的运行工况，水温变化范围应保证在热泵机组正常运行的工况范围内。第三，江河水含沙量大的情况下，要采取防沙处理措施。第四，海水含盐量高且海洋生物丰富，热泵系统要有防腐和清除的手段。第五，在湖水中采热时，要防止热污染破坏湖泊的生态平衡。

（2）地下水

地下水温度变化主要受气候和地温的影响，尤其是地温。因土壤的隔热和蓄热作用，深井水的水温随季节变化较小，对热泵的运行十分有利。深井水的水温一般比当地年平均气温高1～2 ℃。我国东北地区深井水温为10～14 ℃，华北地区为14～18 ℃，华东地区为19～20 ℃，西北地区为18～20 ℃，中南地区为19～21 ℃。因此，无论从水质还是水温来说地下水都适宜作为热泵的低位热源。对于地下热水，还可先作为供热的热媒再作为热泵的低位热源，实现地下热水的梯级利用，提高能量利用率。

（3）生活废水

我国城市生活废水的排放量巨大。2006年全国废污水排放总量达731亿t，第三产业和城镇居民生活污水占1/3。根据国家发改委、建设部、环保局对全国城镇污水处理及再生利用的要求，城市污水集中处理率将会年年增高，为城市生活废水作为热泵站的热源创造了基本条件。

洗衣房、浴池、旅馆等排出废水的温度一般都在30 ℃以上，用这些废水作为热泵的低位热源，可以使热泵具有较高的制热系数。与此同时，为了使热泵能够连续运行而避免供热量波动就必须储存热泵用水量的2～3倍的生活废水。此外，需要注意的问题是如何保持换热设备表面的清洁。由于热泵热源使用生活废水只吸纳和释放热量，因此，水温改变但水质没有改变。所以必须按照国家《污水综合排放标准》（GB 8978—1996）的规定，经处理并达到一、二级排放标准后方可排至相应标准的水域和海域。

（4）工业废水

工业废水的数量非常可观，大有利用的前景。如各种设备用过的冷却水热量巨大，有的设备冷却水的温度甚至达到80 ℃，可以利用热泵回收这些废水的热量并将其用于供热。对于温度较高的冶金钢铁工业废水，可直接作为供热的热媒或作为吸收式热泵的驱动能源。

3. 土壤

地表浅层土壤相当于一个巨大的集热器，土壤热源是一种人类可利用的可再生能源，同时也是热泵的一种良好的低位热源。土壤的持续吸热率一般在20～40 W/m^2。土壤的蓄热性能好，温度波动小。土壤温度的年变化是指一年中每个月的平均温度变化，一般来说，从地表到地下15 m的表层，土壤全年平均温度略高于气温。土壤越深则其温度年变化就越小，我国大部分地区15 m以下的土壤就进入常温层，约等于当地年平均气温。土壤温度的变化较空气温度的变化有滞后和衰减的特点。由于土壤温度有延迟性，当室外空气的温度最低时，土壤层内却具有较高的温度，并且土壤层内温度能保持较稳定。所以把土壤作为热泵的低位热源，与空气源相比更能与建筑物热负荷较好地匹配，这对于空气调节是非常有利的。

土壤热源也有一些缺点：土壤的热导率比水小，地下盘管换热器的传热系数小，需要较大的传热面积，因此地下盘管换热器的体积较大，导致占地面积较大；由于地下盘管换热器在土壤中埋得较深，所以在土壤中埋设管道的成本较高且运行中发生故障不易检修；用盐水或乙二醇水溶液作为中间载热介质时，增大了热泵工质与土壤之间的传热温差和管内介质的流动阻力，影响热泵循环的经济性。

4. 太阳能

太阳以电磁波的形式向外辐射能量，它的辐射波长范围从0.1 nm以下的宇宙射线直至无线电波的绝大部分，可见光（波长400～780 nm）只占整个电磁辐射波的很小部分。地球只接受太阳总辐射量的22亿分之一，即有1.73×10^{17} W到达地球大气层上缘。由于穿越大气层时会有一定的衰减，因此，最后仅有8.5×10^{16} W的能量到达地球表面。但太阳辐射强度最多不超过1000 W/m^2，属于低密度能源，且受天气阴晴影响。因此，利用太阳能需要较大的设备投资。

我国太阳能资源十分丰富，陆地表面每年接受的太阳辐射能约为50×10^{18}

kJ。根据接受太阳能辐射强度的大小，全国大致上可分为五类地区：

（1）一类地区的全年日照时数为3 200～3 300 h，辐射量在6 600～8 400 MJ/（m²·a），相当于225～285 kg标准煤燃烧所发出的热量。主要包括青藏高原、甘肃北部、宁夏北部和新疆南部等地，其中拉萨是世界著名的阳光城。

（2）二类地区的全年日照时数为3 000～3 200 h，辐射量在5 852～6 680 MJ/（m²·a），相当于200～225 kg标准煤燃烧所发出的热量。主要包括河北西北部、山西北部、内蒙古南部、宁夏南部、甘肃中部、青海东部、西藏东南部和新疆南部等地。

（3）三类地区的全年日照时数为2 200～3 000 h，辐射量在5 016～5 852 MJ/（m²·a），相当于170～200 kg标准煤燃烧所发出的热量。主要包括山东、河南、河北东南部、山西南部、新疆北部、吉林、辽宁、云南、陕西北部、甘肃东南部、广东南部、福建南部、江苏北部和安徽北部等地。

（4）四类地区的全年日照时数为1 400～2 200 h，辐射量在4 190～5 016 MJ/（m²·a），相当于140～170 kg标准煤燃烧所发出的热量。主要是长江中下游、福建、浙江和广东的一部分地区。

（5）五类地区的全年日照时数为1 000～1 400 h，辐射量在3 344～4 190 MJ/（m²·a），相当于115～140 kg标准煤燃烧所发出的热量。主要包括四川、贵州两省。

5.1.3 热泵的驱动能源和驱动装置

目前运行的热泵大部分都是由电能驱动的。除了电驱动热泵之外，还可以利用石油、天然气的燃烧热以及蒸汽或热水来驱动热泵，故称为热驱动热泵。电能属于二次能源，而煤、石油、天然气属于一次能源。电能是由一次能源转变而成的，在转换过程中会有一定的损失。因此，当热泵的驱动能源不同时，必须用一次能源的利用率来评价热泵的效率。

1. 电动机

电动机是一种方便可靠、技术成熟和价格较低的原动机。家用热泵均采用单相交流电动机，中、大型热泵一般采用三相电动机。如果采用变频器调节电动机转速，既可减小起动电流，又能方便地实现热泵的能量调节。热泵也可采用直流电动机驱动，直流电动机可以实现无级调速且启动转矩大，适用于热泵频繁启动和调速的工作过程。

全封闭式压缩机或半封闭式压缩机的电动机和压缩机是装在一个壳体中的。当温度较低的气体制冷剂通过电动机时会起到一定的冷却作用，从而可提高电动机的工作效率，同时也增加了电动机的使用寿命。另外，电动机又可使气体制冷剂获得过热而实现干压缩过程，提高热泵装置运行的安全性。

2.燃料发动机

按热机工作原理划分，燃料发动机可以分为内燃机和燃气轮机，其效率一般都在30%以上。当电力短缺而有燃料可以利用时，使用燃料发动机对城市的能源平衡有着积极的意义。

内燃机可用液体燃料或气体燃料，根据采用的燃料不同可以分为柴油机、汽油机、燃气机等。如果充分利用内燃机的排气和气缸冷却水套的热量，内燃机驱动的热泵就可以得到比较高的能源利用系数，从而达到显著的节能效果。另外，一般还可以利用内燃机排气废热对风冷热泵的蒸发器进行除霜。

燃气轮机（燃气透平）的功率较大，常用在热电联产与区域供冷供热工程中。在热电联产系统中，一次能源的综合利用效率可达80%～85%。燃气轮机以天然气为燃料，发电供建筑物自用（包括驱动热泵的用电），废热锅炉回收燃气轮机高温排气的热量产生蒸汽，蒸汽可作为蒸汽轮机的气源，蒸汽轮机产生动力驱动离心式制冷机。蒸汽轮机的背压蒸汽还可用作吸收式制冷机的热源或用来加热生活热水。

3.燃烧器

燃烧器是使得热驱动热泵能够达到良好使用性能的最重要的部件。燃烧器由燃料喷嘴、调风器、火焰监测器、程序控制器、自动点火装置、稳焰装置、风机、燃气阀组等组成。

液体、气体燃料的主要成分是烃类，燃料燃烧时的几个关键过程包括燃料与空气的充分混合、加热和着火、燃尽等。燃烧器就是组织燃料与空气混合及充分燃烧，并实现要求的火焰长度、形状的装置。燃烧器的质量和性能对吸收式热泵的安全运行至关重要。因此，对燃烧器的基本要求是：

（1）在额定的燃料供应条件下，应能通过额定的燃料并将其充分燃烧，达到需要的额定负荷。

（2）具有较好的调节性能，即在热力设备由最低负荷至最高负荷时，燃烧器都能稳定地工作，而且在调节范围内应使燃烧器获得较好的燃烧效果。

（3）火焰形状与尺寸应能适应燃烧室的结构形式。

（4）燃烧完全、充分，即尽量降低不完全燃烧造成的热损失。

（5）减少运行时的噪声和烟气中的有害物质。

（6）有利于实现自动化控制。

5.1.4 热泵的节能效益

随着中国人居环境的改善和人民生活质量的提高，公共建筑和住宅的供热和空调已成为普遍的需求，造成建筑能耗占全社会总能耗的比例很大且持

续增长。据统计，2001年中国建筑能耗已达到3.76亿t标准煤，占总能耗的27.6%。有国外资料统计，办公楼中仅空调系统耗能量就占总耗能量的35%左右，商住楼中仅空调系统耗能量就占总耗能量的25%左右。所以空调系统节能始终是建筑环境与设备领域中的重要研究课题之一。

评价热泵的节能作用时，不仅要看其数量上的收益，而且还要看其质量上的效果。因为任何实际的能量利用过程都存在量的守恒性和质的贬值性，所以合理做到按质用能才是热力学原理上的节能。热泵从低温热源吸取的低位热能不仅从数量上减少了高品位能量的消耗，而且避免了这些在数量上相等的高品位能因温度的降低所造成的做功本领的损失。也就是说热泵在质的方面防止了能量的降级或贬值，这就是为什么目前在大城市的重要建筑物中广泛采用热泵技术的重要原因。从综合的经济效益与社会效益看，热泵在中国的发展具有广阔的空间。

5.1.5 热泵的环境效益

当今全球面临的环境问题主要有：CO_2、甲烷等产生的温室效应，二氧化硫、氮氧化合物等酸性物质引起的酸雨；氯氟烃类化合物引起的臭氧层破坏等。目前，空调冷热源中采用的能源基本属于矿物能源，矿物燃料燃烧过程会产生大量CO_2、NO_x等有害气体和烟尘，造成环境污染和地球温度上升。中国环境保护问题伴随着工业化、城市化、现代化过程的推进将变得十分突出。

热泵技术就是一种有效节省能源、减少CO_2排放和大气污染的环保技术。把热泵作为空调系统的冷热源，可以把自然界中的低温废热转变为暖通空调系统可利用的再生热能，这就为人们提出了一条节约矿物燃料进而减少温室气体排放，提高能源利用率进而减轻环境污染的新途径。所以，许多国家把热泵技术作为减少CO_2、NO_x等有害气体和烟尘排放量的有效方法。随着热泵技术的进一步提高和推广，采用热泵供热可以使全世界CO_2排放量减少16%。热泵的广泛应用可以带来良好的环境效益。

综上所述，热泵的发展不仅与国民经济总体发展及热泵本身技术进展有关，还与能源的结构，供应、环境保护及可持续发展密切相关。为此，暖通空调工作者应加强有关热泵空调方面的研究工作，积极推广和使用热泵空调技术。

5.1.6 国内外热泵技术的现状及发展趋势

热泵的理论研究起源于法国科学家卡诺在1824年发表的关于卡诺循环的论文。在这个理论基础上，1852年英国教授汤姆逊（W. Thomson）首先提出一种热泵设想，那时称为热量倍增器。

20世纪20～30年代热泵的应用研究不断拓宽。1927年英国人霍尔丹（Haldane）在苏格兰安装试验了一台用氨作为工质的封闭循环热泵，用于家庭的采暖及加热水。1931年美国南加利福尼亚安迪生公司的洛杉矶办公楼里的制冷机被用于供热，这是大容量热泵的最早应用，供热量为1 050 kW，制热系数为2.5。1937年在日本的大型建筑内安装了两台采用194 kW透平式压缩机带有蓄热箱的热泵系统，以井水为热源，制热系数为4.4。1938—1939年瑞士苏黎世议会大厦安装了夏季制冷冬季供热的大型热泵采暖装置，该装置采用离心式压缩机，R12作为工质，以河水作为低温热源，输出热量为175 kW，制热系数为2，输出水温为60 ℃。

20世纪40～60年代热泵技术进入了快速发展期。欧洲1937—1941年期间各种热泵装置应用于学校、医院、办公室和牛奶场。20世纪40年代后期出现许多更加具有代表性的热泵装置的设计，1940年美国已安装了15台大型商业用热泵，并且大都以井水为热源。到1950年已有20个厂商及十余所大学和研究单位从事热泵的研究，各种空调与热泵机组相继面世。1950年前后美、英两国开始研究采用地盘管的土壤热源热泵。1957年美军决定在建造大批住房项目中用热泵来代替燃气供热，使热泵的生产形成了一个高潮。20世纪60年代初，在美国安装的热泵机组已达近8万台。然而在这段时间内，由于美国的冬夏两用热泵机组产品增长速度过快造成制造、安装、维修及运行等方面没有跟上，出现了美国热泵发展史上重大的挫折，直至20世纪70年代中期热泵产量才获得了恢复。尽管如此，在此期间，全世界范围内还是扩大了热泵的应用。

20世纪70年代以后热泵技术进入了成熟期。美国1971年年产8.2万台热泵装置，到1976年达30万台，1977年跃升为50万台。而日本后来居上，1977年产量已超过50万台。据报道，1976年美国已有160万套热泵在运行，1979年约有200万套热泵装置在运行。1994—1995年美国土壤源热泵的应用从10%上升到30%，至1996年美国的空气源热泵年产量就达114万台。日本1996年热泵型房间空调器年产量达700万台，商用热泵空调器产量达75万台。1992—1994年，国际能源机构的热泵中心对25个国家（其中包括经济合作发展组织的美、日、英、法、德等16国和中国、巴西、捷克等9国）在热泵方面的技术和市场状况进行了调查和分析。全世界已经安装运行的热泵已超过5 500万台，已有7 000个工业热泵在使用，近400套区域集中供热系统在供热。全世界的供热需求量中由热泵提供的近2%。

中国热泵的发展与应用相对于工业发达国家有一段明显的滞后期，但起点较高，有些研究项目达到了当时的世界先进水平。早在20世纪50年代初，天津大学、同济大学的一些学者已经开始从事热泵技术的研究工作，为我国

热泵事业开了个好头。1965年我国第一台制热量为3 720 W的热泵型窗式空调器在上海研制成功，我国第一台水源热泵空调机组在天津研制成功。1965年哈尔滨建筑工程学院徐邦裕教授等首次提出应用辅助冷凝器作为恒温恒湿空调机组的二次加热器的新流程，并与生产厂家共同开始研制利用冷凝废热作为空调二次加热的立柜式恒温恒湿热泵式空调机。20世纪70年代初我国第一例采用热泵机组实现的恒温恒湿工程在黑龙江省安达市完成，现场实测的运行效果达到（20±1）℃，（60±10）%的精度要求。1978—1988年我国热泵应用工作全面启动，暖通空调、制冷界大力研究和开发适合国情的热泵装置和热泵系统。我国家用热泵空调器开始由1980年年产1.32万台快速增长到1988年年产24.35万台。在20世纪80年代，我国热泵系统在各种场合的应用研究有许多进展，成功地用于木材干燥、茶叶干燥、游泳池或水产养殖池冬季加热等方面的工程中。1984年由上海、开封、无锡等地的科技人员联合试制了双效型吸收式热泵机组。

1989—1999年期间，我国热泵行业紧跟国民经济飞速发展的时代潮流，在理论研究、实验研究、产品开发、工程应用等方面取得可喜成果。1995年开始生产变频空调器。1996年空调器产量达645.9万台，其中热泵型空调器占65%。1989—1999年热泵专利总数为161项。我国的新产品不断涌现，20世纪90年代中期开发出井水源热泵冷热水机组，20世纪90年代末又开发出污水源热泵系统。1995年以后，空气源热泵冷热水机组的应用范围由长江流域开始扩展到黄河流域。20世纪90年代中期我国一些大中城市的现代办公楼和大型商场建筑中开始采用闭式环路水源热泵空调系统，到1997年国内采用水环热泵空调系统的工程共52项。全国各省市几乎均有热泵应用工程实例，热泵装置已成为暖通空调中的重要设备之一。到1999年，全国约有100个项目，2万台水源热泵机组在运行。

20世纪90年代逐步形成了我国完整的热泵工业体系。热泵式家用空调器厂家约有300家，空气源热泵冷热水机组生产厂家约有40家，水源热泵生产厂家约有20家，国际知名品牌热泵生产厂商纷纷在中国投资建厂。

进入21世纪后，我国热泵技术的研究不断突破创新。热泵理论研究工作比以前显著地加大了深度与广度，对空气源热泵、水源热泵、土壤源热泵和水环热泵空调系统等进行了深入系统研究。热泵的变频技术、热泵计算机仿真和优化技术、热泵的CFCs替代技术、空气源热泵的除霜技术、一拖多热泵技术等都取得了实质性的进展。2000—2003年热泵专利总数为287项，年平均为71.75项，是1989—1999年专利平均数的4.9倍。我国的同井回灌热泵系统、土壤蓄冷与土壤耦合热泵集成系统、供寒冷地区应用的双级耦合热泵系统的创新性成果均处于世界领先地位。

5.1.7 热泵的分类

目前工程界对热泵系统的称呼尚未形成规范统一的术语，热泵的分类方法也就不尽相同。例如有的国外文献把热泵按低温热源所处的几何空间分为大气源热泵（Air Source Heat Pump，ASHP）和地源热泵（Ground Source Heat-Pump，GSHP）两大类。地源热泵又进一步分为地表水热泵（Surface-Water Heat Pump，SWHP）、地下水热泵（Ground Water Heat Pump，GWHP）和地下耦合热泵（Ground-Coupled Heat Pump，GCHP）。国内文献则把地源热泵系统分为三类，分别称为地表水地源热泵系统、地下水地源热泵系统、地埋管地源热泵系统。如果按工作原理对热泵分类，可以分为机械压缩式热泵、吸收式热泵、热电式热泵和化学热泵。如果按驱动能源的种类对热泵分类，可以分为电动热泵、燃气热泵、蒸汽热泵。由此看来分类方法不相同对热泵的称呼也会有差异。

在暖通空调专业范畴内，对热泵机组分类按热泵机组换热器所接触的载热介质分类，对热泵系统分类按低位热源分类。

1.按热泵机组换热器所接触的载热介质分类

（1）空气-空气热泵

这种单元式热泵被极广泛地应用于住宅和商业建筑中。在该种热泵中，流经室外、室内换热器的介质均为空气。一般可通过电动或手动操作的四通换向阀来进行换热器功能的切换，以使房间获得热量或冷量。在制热循环时，室外空气流过蒸发器而室内空气流过冷凝器；在制冷循环时，室外空气流过冷凝器而室内空气流过蒸发器。

（2）空气-水热泵

这是热泵型冷水机组的常见形式，制热与制冷功能的切换是通过换向阀改变热泵工质的流向来实现的。与空气-空气热泵的区别在于有一个换热器是工质-水换热器。冬季按制热循环运行时，工质-水换热器是冷凝器，为空调系统提供热水作为热源用。夏季按制冷循环运行时，工质-水换热器是蒸发器，为空调系统提供冷水作为冷源用。

（3）水-空气热泵

这类热泵流经室内换热器的介质为空气，流经另一个换热器的介质为水。根据水的来源有以下几种情况：

①地下水。如井水、泉水，来自大地耦合式换热器的水。

②地表水。如湖水、池水、河水、海水。

③内部热水。如现代建筑中空调水环回路产生的内部热水，卫生或洗衣废热水。

④太阳能热水。如太阳能集热器的热水。

（4）水-水热泵

这种热泵采用的换热器均是工质-水换热器。制热或制冷运行方式的切换可用换向阀改变热泵机组的工质回路来实现，也可以通过改变进出热泵机组蒸发器和冷凝器的水回路来完成。

（5）土壤-水热泵

这种热泵采用了一个埋于地下的盘管换热器和一个工质-水换热器，制热或制冷运行方式的切换可用换向阀改变热泵机组的工质回路来实现。

（6）土壤-空气热泵

这种热泵与土壤-水热泵的区别在室内的换热器是工质-空气换热器。制热或制冷运行方式的切换可用换向阀改变热泵机组的工质回路来实现。

2.按低位热源分类

（1）空气源热泵系统

当把空气-空气热泵机组或者空气-水热泵机组应用于空调系统中时，就形成了空气源热泵系统，习惯上常见的"空气源热泵"可以理解是对空气源热泵系统的简称。工程中一般是把空气-水热泵机组置于建筑物楼顶。

（2）水源热泵系统

水环热泵空调系统是一个以回收建筑物内部余热为主要特点的热泵供暖、供冷空调系统，常用于内区房间需要供冷而外区房间需要供热的大型建筑物中。在循环水环路中还配有一台空气-水热泵机组，以保持水环路中的循环水温在一定范围以内。当水环路中水的温度由于水-空气热泵机组的放热（制冷运行时）较多使其温度超过一定值时，这台空气-水热泵机组制冷运行可将水环路中热量排放出去；当环路中水的温度由于水-空气热泵机组的吸热（制热运行时）较多而使其温度低于一定值时，这台空气-水热泵机组制热运行时可对循环水进行加热。

（3）土壤源热泵系统

土壤源热泵系统主要由三部分组成：室外地热能交换器、水-空气热泵机组或水-水热泵机组、建筑物内空调末端设备。一般情况下室外地热能交换器采用土壤-水地埋管换热器，所以土壤源热泵系统也称地耦合地源热泵系统。

5.2 地源热泵技术

5.2.1 地源热泵的定义

地源热泵系统作为一种利用浅层地热能，冬季系统从地源吸收热量向建

筑物供暖，夏季系统从室内吸收热量释放到地源中实现室内空调制冷的暖通空调新技术，是建筑节能领域上广泛采用的高效节能技术。

1912年，瑞士的专家首次提出“地源热泵”的概念，而这项技术的提出始于英、美两国。北欧国家主要偏重于冬季采暖，而美国则注重冬夏联供。由于美国的气候条件与中国很相似，因此研究美国的地源热泵应用情况，对我国地源热泵的发展有着借鉴意义。

5.2.2 地源热泵的分类

地源热泵系统按照循环方式不同可分为闭环系统和开环系统两种。闭环系统的地源热泵由于通常都将换热器埋入地下，吸收土壤热量或向土壤放出热量，因此其性能系数将受到土壤的热容量、传热系数以及换热方式的限制。同时敷设地下换热站设备占地面积大、投资多，现阶段在我国推广还比较困难。开环系统的热泵利用地下含水层的蓄热（冷）特性，在冬季和夏季分别作为热泵的热源和冷源，因为投资和运行费用大幅度降低，使其既可用于小型工业和民用冷热空调，又可用于大型集中供热制冷空调系统。

通常按所取的冷热源不同，可将地源热泵系统分为地下水源热泵系统、地表水源热泵系统和土壤源热泵系统三大类。

1. 地下水源热泵系统

地下水源热泵系统的热源是从水井或废弃的矿井中抽取的地下水，经过换热的地下水可以排入地表水系统，但对于较大的项目通常要求通过回灌井把地下水回灌到原来的地下水层。最近几年地下水源热泵系统在我国得到了迅速发展，但是应用这种地下水源热泵系统也受到许多限制。由于这种系统需要有丰富和稳定的地下水资源作为先决条件，因此在决定采用地下水源热泵系统之前，一定要做详细的水文地质调查，并先打勘测井，以获取地下温度、地下水深度、水质和出水量等数据。地下水源热泵系统的经济性与地下水层的深度有很大关系，如果地下水位较低，不仅成井的费用增加，运行中水泵的耗电将降低系统的效率。虽然理论上抽取的地下水将回灌到地下水层，但目前国内地下水回灌技术还不成熟，在很多地质条件下回灌的速度大大低于抽水的速度，从地下抽出来的水经过换热器后很难再被全部回灌到含水层内，造成地下水资源的流失。

2. 地表水源热泵系统

地表水源热泵系统的主要热源是池塘、湖泊或河溪中的地表水。在靠近江河湖海等大量自然水体的地方利用这些自然水体作为热泵的低温热源是值得考虑的一种空调热泵的形式。当然，这种地表水热泵系统也受到自然条件的限制。此外，由于地表水温度受气候的影响较大，与空气源热泵类似，当

环境温度越低时热泵的供热量就越小，而且热泵的性能系数也会降低。此外，这种热泵系统的换热对水体中生态环境的影响有时也需要预先加以考虑。地表水源热泵系统的地表水换热器可以是开环系统，也可以是闭环系统。

3. 土壤源热泵系统

土壤源热泵系统是利用地下岩土中热量的闭路循环的地源热泵系统。它通过循环液（水或以水为主要成分的防冻液）在封闭地下埋管中的流动，实现系统与大地之间的传热。在冬季供热过程中，流体从地下收集热量，再通过系统把热量带到室内。夏季制冷时系统逆向运行，即从室内带走热量，再通过系统将热量送到地下岩土中。

5.2.3 地源热泵的发展

1. 世界热泵发展历史

1946年，美国第一台地源热泵系统在俄勒冈州的波兰特市中心区安装成功。

1973年，美国俄克拉荷马大厦安装了地源热泵空调系统，并且进行全面的系统研究。

1978年，美国能源部（DOE）开始对地源热泵投入了大量的科技研发基金。

1979年，美国俄克拉荷马州能源部成立了地源热泵系统科技研发基金会。

1987年，国际地源热泵协会（IGSHPA）在俄克拉荷马州大学成立。

1988年，美国俄克拉荷马商务部开始对地源热泵进行商务推广。

1993年，美国环保署（EPA）大力宣传地源热泵系统，加深美国民众对地源热泵的认识。

1994年，美国政府第一套地源热泵空调系统在俄勒冈州国会大学安装，地源热泵从此在美国政府、军队、电力公司等得到了大量应用。

1998年，美国环保署（EPA）颁布法规，要求在全国联邦政府机构的建筑中推广应用地源热泵系统。美国总统布什在他的得克萨斯州宅邸中也安装了地源热泵空调系统。全球75%的地源热泵系统安装在北美地区。

2000年，地源热泵在世界26个国家中共安装了50万台装置，总装机5 273 MW热量，是1995年的2.84倍，合计每年增长23.3%，占世界人的直接利用总装机容量的34.8%，首次超过了地热供暖的份额（21.5%）。从地源热泵利用的能量来说，2000年达6 465 GW · h，五年内增长了59.2%，合计每年增长9.7%，它在地热直接利用的能量中占12.2%，尚未超过地热供暖的份额(22.5%)。

2005年，世界上33个国家已安装了130万台地源热泵装置，总装机

15 723 MW·t，是2000年的2.98倍，合计每年增长24.4%，占世界地热直接利用总装机容量的56.5%，已经是地热供暖份额（14.9%）的3.8倍。从地源热泵利用的能量来说，2005年达到24 076 GW·h，是2000年的3.72倍，合计每年增长30%。它在地热直接利用的能量中已占到最大份额（33.2%），已远远超过了地热供暖的份额。

2. 中国地源热泵发展历史

1997年，美国能源部（DOE）和中国科技部签署了《中美能效与可再生能源合作议定书》，其中主要内容之一是“地源热泵”项目的合作。

1998年，国内重庆建筑大学、青岛建工学院、湖南大学、同济大学等数家大学开始建立了地源热泵实验台，对地源热泵技术进行研究。

2006年1月，国家建设部颁布《地源热泵系统工程技术规范》。

2006年9月，沈阳被国家建设部确定为地源热泵技术推广试点城市，到2010年底，实现全市地源热泵技术应用面积约占供暖总面积的1/3。

2006年12月，建设部发布《“十一五”重点推广技术领域》。作为新型高效、可再生能源新技术的水源热泵技术被列入目录。

“十二五”期间，中国预计将完成地源热泵供暖（制冷）面积3.5亿m^2左右，届时整个地热能开发利用的市场规模总计将超过700亿元。

到2015年，基本查清全国地热能资源情况和分布特点，建立国家地热能资源数据和信息服务体系。全国地热供暖面积达到5亿m^2，地热发电装机容量达到10万kW，地热能年利用量达到2 000万t标准煤，形成地热能资源评价、开发利用技术、关键设备制造、产业服务等比较完整的产业体系。

到2020年，地热能开发利用量达到5 000万t标准煤，形成完善的地热能开发利用技术和产业体系。

3. 我国地源热泵发展现状

地源热泵在我国的发展现状既有飞速发展的好势头，又显示出目前主要在城市和工业区的发展。因此，对于地源热泵的发展，兼具潜力和障碍。

（1）近十年来飞速发展

我们现在已经具备了地源热泵发展所需的各项条件。我国有相当丰富的浅层地热能资源，国土地理位置主要在温带，无论浅层地下水或土壤中的温度，利用100～200 m深度就足够我们消耗。不像地处寒带的挪威和瑞典，为了利用热泵，将取热的钻孔钻到了400 m深度。

（2）目前主要在城市和工业区

目前地源热泵的应用和发展主要是在大城市和工业区。从2007年末的地源热泵供暖3 600万m^2来看，沈阳有1 800万m^2、北京有1 100万m^2，这两个城市就占了全国应用的80%。地源热泵在天津也有较大的应用，但主要是对

常规地热地板供暖的二次回水再次提取热量，扩大供暖。地源热泵在许多省市、自治区的首府都有应用，但只有少量小面积的别墅应用可纳入农村地区，其他都在大中城市和工业区。

（3）农村发展的潜力和障碍

我国广大农村地区经济相对落后，但居住的人口比例很大，原有的生活水平和供暖条件很差。随着经济发展和生活水平的提高，供暖需求逐步提上议程，相比于传统的锅炉供暖，地源热泵的节能减排优势使农村房屋供暖的发展大有潜力。

5.2.4 地源热泵的特点

1.地源热泵技术属于可再生能源利用技术

地源热泵是一种利用土壤所储藏的太阳能资源作为冷热源进行能量转换的供暖制冷空调系统技术。地表土壤和水体形成了一个巨大的太阳能集热器，收集了47%的太阳辐射能量，比人类每年利用的500倍还多（地下的水体通过土壤间接接受太阳辐射能量）；同时它又是一个巨大的动态能量平衡系统，地表的土壤和水体自然地保持能量，接受和发散相对的平衡。地源热泵技术的成功使得利用储存于其中的近乎无限的太阳能或地能成为现实。如果实行冬夏连用，地源热泵的系统将具有更高的稳定性，从而能够实现理论上的可再生。

2.高效节能

地源热泵是一种经济有效的节能技术。地源热泵机组的高效率在供暖模式上用能效系数*COP*来表示，它是输出能量与输入能量（电能）之比，目前热泵机组的*COP*值达到了4左右，也就是说，消耗1 kW·h电能，用户可得到4kW·h热量或冷量，热泵的效率是400%。而我们知道，空调机（空气-空气热泵）的效率是200%左右，电的效率是100%，燃油锅炉的效率是90%，燃煤锅炉效率是55%，由此可知，热泵的效率是最高的。那为什么热泵的效率这么高呢？因为它除了消耗电能以外，还从低（常）温的岩土层或地下水中吸取了大量的能量。

3.经济可行

地源热泵利用浅层地热能一般只需要钻50～100 m深度的钻孔，有的地方或许需要200 m深，但比起常规地热井要钻1 000～3 000 m来说，就变得经济、简易得多。

4.环境效益显著

地源热泵机组在运行时，不需要消耗水也不会污染水，没有任何污染。可以建造在居民区内，没有燃烧，没有排烟，也没有废弃物，不需要锅炉，

不需要冷却塔，也不需要堆放燃料废物的场地，而且不用远距离输送热量。环保效益显著。

5. 一机多用

地源热泵系统可以供暖、供冷，还可以供生活热水，一机多用，一套系统可以替换原来的锅炉加空调的两套装置或系统，特别是对于同时有供热和供冷要求的建筑物来说更为方便。

6. 普遍适用

地源热泵系统不仅节省了大量的能量，而且用一套设备可以同时满足供热、供冷、供生活用水的要求，减少了设备的初投资。地源热泵可应用于宾馆、居住小区、公寓、厂房、商场、办公楼、学校等建筑，小型的地源热泵更适合于别墅住宅的采暖、空调。

7. 维护费用低

地源热泵系统的运动部件要比常规系统少，因而在一定程度上减少了维护，其系统不是埋在地下就是安装在室内，无须暴露在风雨中，从而避免了室外恶劣气候的影响；机组紧凑、节省空间，也可免遭损坏，更加可靠，延长寿命；自动控制程度高，可无人值守、远程管理，无须雇佣人员看管。

5.2.5 地源热泵的形式

地源热泵系统按其循环形式可分为闭式循环系统、开式循环系统和混合循环系统。对于闭式循环系统，大部分地下换热器是封闭循环，所用管道为高密度聚乙烯管。管道可以通过垂直井埋入地下46～61 m深，或水平埋入地下1.2～1.8 m处，也可以置于池塘的底部。在冬天，管中的流体从地下抽取热量，带入建筑物中，而在夏天则是将建筑物内的热能通过管道送入地下储存；对于开式循环系统，其管道中的水来自湖泊、河流或者竖井之中的水源，在以闭式循环相同的方式与建筑物交换热量之后，水流回到原来的地方或者排放到其他的合适地点；对于混合循环系统，地下换热器一般按热负荷来计算，夏天所需额外的冷负荷由常规的冷却塔来提供。

5.2.6 地源热泵的工作原理

在自然界中，水总是由高处流向低处，热量也总是从高温传向低温。人们可以用水泵把水从低处抽到高处，实现水由低处向高处流动，热泵同样可以把热量从低温传递到高温。

所以热泵实际上是一种可以提升热量的装置，工作时它本身消耗很少一部分电能，却能从环境介质如水、空气、土壤等提取4～7倍电能的装置，提升温度进行利用，这也是热泵节能的原因。

地源热泵是热泵的一种，是以大地或水为冷热源对建筑物进行冬暖夏凉的调控，地源热泵只是在大地和室内之间“转移”能量。利用极小的电力来维持室内所需要的温度。

在冬天，假如1 kW的电力，就可将土壤或水源中4～5 kW的热量送入室内。在夏天，过程相反，室内的热量被热泵转移到土壤或水中，使室内得到凉爽的空气，而地下获得的能量将在冬季得以利用。如此周而复始，将建筑空间和大自然联成一体，以最小的代价获取了最舒适的生活环境。

热泵机组装置主要有：压缩机、冷凝器、蒸发器和膨胀阀四部分组成，通过让液态工质（制冷剂或冷媒）不断完成：蒸发→压缩→冷凝→节流→再蒸发的热力循环过程，从而将环境里的热量转移到水中。

制冷原理：在制冷状态下，地源热泵机组内的压缩机对冷媒做功，使其进行汽-液转化的循环。通过冷媒-空气热交换器内冷媒的蒸发将室内空气循环所携带的热量吸收至冷媒中，在冷媒循环的同时再通过冷媒-水热交换器内冷媒的冷凝，由水路循环将冷媒所携带的热量吸收，最终由水路循环转移至地下水或土壤里。在室内热量不断转移至地下的过程中，通过冷媒-空气热交换器，以13 ℃以下的冷风的形式为房供冷。

制热原理：在制热状态下，地源热泵机组内的压缩机对冷媒做功，并通过四通阀将冷媒流动方向换向。由地下的水路循环吸收地下水或土壤里的热量，通过冷媒-水热交换器内冷媒的蒸发，将水路循环中的热量吸收至冷媒中，在冷媒循环的同时再通过冷媒-空气热交换器内冷媒的冷凝，由空气循环将冷媒所携带的热量吸收。地源热泵将地下的热量不断转移至室内的过程中，以35 ℃以上热风的形式向室内供暖。

5.2.7 地源热泵的应用方式

根据应用的建筑物对象，地源热泵可分为家用和商用两大类；根据输送冷热量方式，地源热泵可分为集中系统、分散系统和混合系统。

1. 家用系统

用户使用自己的热泵、地源和水路或风管输送系统进行冷热供应，多用于小型住宅、别墅等户式空调。

2. 集中系统

热泵布置在机房内，冷热量集中通过风道或水路分配系统送到各房间。

3. 分散系统

用中央水泵，采用水环路方式将水送到各用户作为冷热源，用户单独使用自己的热泵机组调节空气。一般用于办公楼、学校、商用建筑等，此系统可将用户使用的冷热量完全反应在用电上，便于计量，适用于独立热计量要求。

4.混合系统

将地源和冷却塔或加热锅炉联合使用作为冷热源的系统，混合系统与分散系统非常类似，只是冷热源系统增加了冷却塔或加热锅炉。

5.2.8 地源热泵存在的问题

目前地源热泵技术存在的最大不足是“土壤热不平衡”的问题。

南方地区夏季供冷量大于冬季供热量，较多是向地下注入热量；而北方地区冬季供热量大于夏季供冷量，较多是从土壤中吸热，长年运行后将会导致土壤的温度不平衡，系统效率降低，影响周围生态。

夏热冬冷地区的夏季供冷量往往大于冬季供热量，多出的热量可通过冷却塔散去，也可通过余热回收系统，用于供应生活热水，从一定程度上缓解土壤热不平衡的问题。另外，地源热泵应用会受到不同地区、不同用户及国家能源政策、燃料价格的影响；一次性投资及运行费用会随着用户的不同而有所不同；采用地下水的利用方式，会受到当地地下水资源的制约，而且必须要有足够的面积用于打井和埋管；设计及运行中对全年冷热平衡有较大要求，要做到夏季往地下排放的热量与冬季从地下取用的热量大体平衡。

5.3 水源热泵

5.3.1 水源热泵的定义和工作原理

水源热泵技术是利用地球表面浅层水源如地下水、河流和湖泊中吸收的太阳能和地热能而形成的低温低位热能资源，并采用热泵原理，通过少量的高位电能输入，实现低位热能向高位热能转移的一种技术。

地球表面浅层水源如深度在1 000 m以内的地下水、地表的河流、湖泊和海洋中，吸收了太阳照射到地球的一部分辐射能量，并且水源的温度一般都十分稳定。水源热泵机组工作原理就是在夏季将建筑物中的热量转移到水源中，由于水源温度低，所以可以高效地带走热量；在冬季，则从水源中提取能量，由热泵原理通过空气或水作为载冷剂提升温度后送到建筑物中。通常水源热泵消耗1 kW的能量，用户可以得到4 kW上的热量或冷量。

水源热泵系统由三部分组成：低位能量采集系统，提升系统和高位能量释放系统，也就是热（冷）源换热系统、水源热泵机组和末端系统三部分，末端部分的换热介质可以是水或空气。从学术角度来说，当利用的对象都是水体和地层（含水地层）蓄能，而且都是以水作为热泵机组的冷热源供给载

体时，都可以将之归类为水源热泵系统。

5.3.2 水源热泵系统的分类

1.地下水源热泵系统

地下水源热泵系统，可分为把地下水供给水–水热泵机组的中央系统和把地下水供给水–空气热泵机组（水环热泵机组）的分散系统。根据其与建筑物内循环水与地下水的关系，又可分为开式环路地下水热泵系统和闭式环路地下水热泵系统。在开式环路地下水热泵系统中，地下水直接供给水源热泵机组；在闭式环路地下水源热泵系统中，使用板式换热器把建筑物内循环水与地下水分开。地下水由配备水泵的水井或井群供给，然后排向地表（湖泊、河流、水池等）或者排入地下（回灌）。大多数家用或商用系统一般采用间接闭式供水，以保证设备和管路不受到地下水矿物质及泥沙的影响。

2.地表水源热泵系统

地表水热泵系统按形式也可分为开式环路系统和闭式环路系统。开式环路系统是将水通过取水口从河流或湖泊中抽出，并经简单污物过滤装置处理，直接送入机组作为机组的热源，从热泵排出的水又排回到河流或湖泊中。闭式环路系统是通过中间换热器将地表水与机组冷媒水隔开的系统形式。由于地表水体是一种很容易采用的能源，开式系统的费用是水源热泵系统中最低的。

如果是直接抽取地表水利用，则要根据地表水水质的不同采用合理的水处理方式。地表水的水质指标包括水的浊度、硬度以及藻类和微生物含量等。对于浊度和藻类含量都较低的湖水、水库水可采用砂过滤或Y形过滤器过滤等方式处理。对于藻类和微生物含量较高的地表水需要经过杀藻消毒及混凝过滤等处理。对于浊度较高的江河水需要经过除砂、沉淀、过滤等处理。直接利用的地表水水质标准需要达到《城市污水再生利用城市杂用水水质》(GB/T 18920—2002)。

3.海水源热泵系统

海水的热容量比较大，其值为3 996 kJ/（m^3·℃），而空气只有1.28 kJ/（m^3·℃)，因而海水非常适合作为热源使用。一般来说，海水源热泵供热、供冷系统是由海水取水构造物、海水泵站、热泵机组、供热与供冷管网、用户末端组成。

海水取水构造物为系统安全可靠地从海洋中取海水；海水泵的功能是将取得的海水输送到热泵系统相关的设备（板式换热器或热泵机组)；热泵机组的功能是利用海水作为热源或热汇，制备供暖与空调用的热媒或冷媒水；供热与供冷管网将热媒或冷媒输送到各个热用户，再由用户末端向建筑物内各房间分配冷量与热量，从而创造出健康而舒适的工作与居住环境。

4. 污水源热泵系统

污水源热泵形式繁多。根据热泵是否直接从污水中取热量，可分为直接开式和间接闭式两种。间接闭式污水源热泵是指热泵低位热源环路与污水热量抽取环路之间设有中间换热器，吸取污水中热量的装置；而直接开式污水源热泵是指城市污水可以通过热泵换热器，或热泵的换热器直接设置在污水池中，吸取污水中热量的装置。

间接闭式污水源热泵比直接开式的运行条件要好一些，热泵一般来说没有堵塞、腐蚀、繁殖微生物的可能性，但是中间水-污水换热器应具有防堵塞、防腐蚀、防繁殖微生物等功能。间接闭式污水源热泵系统复杂、设备（换热器、水泵等）多，因此，在供热能力相同的情况下，间接闭式系统的造价要高于直接开式系统。

在同样的污水温度条件下，直接开式污水源热泵的蒸发温度要比间接闭式高2～3 ℃，因此，在供热能力相同的情况下，直接开式污水源热泵要比间接闭式节能7%左右。但是要针对污水水质的特点，设计和优化污水源热泵的污水/制冷剂换热器的构造，其换热器应具有防堵塞、防腐蚀、防繁殖微生物等功能，通常采用水平管（或板式）淋水式、浸没式换热器，污水干管组合式换热器。由于换热设备的不同，可组合成多种污水源热泵形式。

5. 水环热泵系统

水环热泵系统是一种由数量众多、形式各异的水源热泵机组，通过一套两管制水环路并联连接的热泵系统。当房间需要供暖时，设在该房间的水源热泵机组按供热模式运行，水源热泵机组从两管制水系统中吸取热量，向房间送热风；当房间需要供冷时，则按制冷模式运行，水源热泵机组向两管制水系统中排放热量，向房间送冷风。当整个系统中有一部分房间需要供冷而另一部分房间需要供暖时，则按制冷模式供冷的水源热泵将向两管制水系统排放热量；而按制热模式供暖的水源热泵机组，从两管制水系统中吸取热量。排热和吸热同时在两管制水系统中发生，从而达到有效利用房间内余热的目的，实现热回收。

5.3.3 水源热泵的发展及其优缺点

1. 国内水源热泵的发展

中国最早在20世纪50年代，就曾在上海、天津等地尝试夏取冬灌的方式抽取地下水制冷，天津大学热能研究所吕灿仁教授就开展了我国热泵的最早研究，1965年研制成功国内第一台水冷式热泵空调机。目前，国内的清华大学、天津大学、重庆建筑大学、天津商学院等大学都在对水源热泵进行研究。其中清华大学的多工况水源热泵经过多年的研究已形成产业化的成果，建成数个示范工程。与国外相比，中国的水源热泵的研究和应用才刚刚起步，在热泵机组的优化设计和工程应用上还存在较大差距。

目前，世界特别看好中国的市场。美国能源部和中国科技部于1997年11月签署了《中美能源效率及可再生能源合作议定书》，其中主要内容之一是“地深热泵”，该项目拟在中国的北京、杭州和广州3个城市各建一座采用地源热泵供暖空调的商业建筑，以推广运用这种“绿色技术”，缓解中国对煤炭和石油的依赖程度，从而达到能源资源多元化的目的。

在未来的几年中，中国面临着巨大的能源压力。一方面，中国的经济要保持较高速度的增长，另一方面，必须考虑环保和可持续发展问题。所以要求提高能源利用效率，要求能源结构调整，能源利用效率提高。我国会鼓励各种节能设备和技术的推广，能源结构调整的方向从以煤为主转为以燃气，直至以电为主。在中国的能源消耗中，建筑耗能的比例相当高。为了适应市场要求和参加国际竞争，我们必须加快中国品牌的水源热泵的产业化研究开发。

2.水源热泵技术存在的问题以及应注意的问题

水源热泵作为一种新型的制冷供暖方式，从技术的角度来讲，尤其是热泵机组的角度上来看应当是相当成熟的。但考虑到中国的国情，以及将水源热泵作为一个整体的系统来推广应用时，还存在一些问题。

（1）水源使用政策

能源利用率提高，会促进各种节能设备和技术的推广，而水源热泵正是适应市场要求和参加国际化竞争的产业化产品。但是水源热泵系统作为一种高效、节能、环保型产品，并不是在任何条件下都可以应用的。我国目前为了保护有限的水资源，制定了《中华人民共和国水法》，各个城市也纷纷制定了自己的《城市用水管理条例》。这些政策均强调用水审批，用水收费，而审批的标准中对类似水源热泵技术的要求没有规定，所以水源热泵很容易被用水指标所限制。即使通过了用水审批，由于有些地方将水源的抽取和排放两次收费，可能导致水费上升、地下水热泵的经济性变差。所以，水源热泵的推广需要政府从可持续发展的角度，综合能源环保和资源各个方面考虑，调整水源热泵水源使用的政策，确定水源如何管理和收费，才能促使水源热泵的大规模发展。

（2）水源的探测开发技术和费用

水源热泵的应用前提之一就是必须了解当地水源的情况。在使用水源热泵的前期，必须对工程场区的水文地质条件进行勘察，了解各类水源的性质、水量及其分布、水温及其分布、水质及其动态变化情况等；同时，对于地下水水源热泵系统，还应进行水文地质试验，考察场地是否适合打井和回灌。这些前期探测开采技术的提高和费用的降低，会极大地推动水源热泵机组的应用。

（3）地下水的回灌技术

水源热泵若利用地下水，必须考虑水源的回灌问题。对于回灌技术，必须结合当地的地质情况来考虑回灌技术方式。对不同地区的地质结构了解不够，制约了水源热泵机组的推广使用。建议在采用回灌技术时应综合考虑以下问题：回灌水水量与水温，回灌水水质，回灌水对地下水的影响，用回灌技术是否使地下水位保持相对平衡状态，会不会引发局部地面沉降，对邻近建筑造成危害等。在使用水源热泵系统的过程中，争取做到抽灌两用井，确保井水回灌量，及时对井的抽水、回灌进行监测等来确保水源热泵系统正常运行。

（4）地下水的水质处理

地下水不适宜直接被热泵系统使用时，须采取相应的技术措施对地下水水质进行处理。如安装除砂器与沉淀池，使用净水过滤器或电子水处理仪，或使用板式换热器将水源和热泵机组隔离开。当前，许多工程由于水质处理不够，导致热泵系统效率下降或发生故障。

（5）地下管井的审批、设计及施工

推广地下水源热泵需要进一步做打井审批部门的工作。由于打井的有关审批部门对此项新生事物还存有疑虑，如抽出的地下水能否真正得到回灌，较高的回水温度是否会引起其他问题等。因此，打井能否得到批准成为系统实施一个关键问题，需要进一步做工作来消除打井审批部门的疑虑。管井的质量也是地下水水源热泵系统成败的一个关键要素，其设计和施工应由专业队伍来完成，坚决做好每一工艺环节。一口优质井通常可以使用20年，如果成井质量不好，不仅影响井的寿命，还会影响取水和回灌效果，进而影响整个热泵系统的正常运行及制冷、制热效果。在热源井施工完毕后还应及时洗井，洗井结束后还应进行抽水试验和回灌试验，保证水量、水温、水质符合设计要求。

（6）水源热泵机组的整体设计

水源热泵系统的设计以及节能应作为一个整体系统来考虑，不偏不倚。如果水源热泵机组可以做到利用较小的水流量提供更多的能量，但系统设计对水泵等耗能设备选型不当或控制不当，也会降低系统的节能效果。同样，空调系统末端的设计应与机组相匹配，否则也会使整个系统的效果变差，或者使得整个系统的初投资增加。因此，应注重整个系统的节能设计。根据目前水源热泵技术的应用现状和存在问题，在实现资源与环境可持续发展的今天，大力发展水源热泵技术，进而实现不同系统形式的合理配置规模范围，还需针对水源热泵不同系统形式的特殊性及其特点，开展以下几个方面的关键技术研究：

①不同形式的水源热泵换热系统关键技术研究。重点研究高效换热器的设计技术以及水源热泵的成井技术，取水技术及回灌技术，井的维护与保养技术，取水温度的计算方法以及全年能耗分析软件开发等相关内容。

②高效可靠专用分布式水源热泵机组开发。研究不同系列和规格的专用水-水热泵机组，水-空气机组和水-（水+空气）机组；研究水源水侧以较大温差运行，高*COP*容量可调式的节能高效长寿命水源热泵机组。

③防堵防蚀取水、高效取能技术及设备的开发研究。重点研究不同水体的水质净化实现方式，特别是污水防堵塞取水技术及设备的研发；海水防藻类防蚀取水技术及设备的研发。在此基础上，还应研究不同水源规划和取水管线规划设计技术。

④基于全生命周期的水源热泵技术评价指标体系的研究。研究不同水源热泵技术的适应性条件与评价方法；研究不同地区不同需求情况下，水源热泵的技术经济评价指标体系，确定其合理应用区域范围；研究不同水源热泵系统的生态评价体系，包括抽水和回灌方式及回灌水质、水量、水温等各要素对地下生态环境的影响，可能产生的地下地质结构的变化，以及可能造成的地下污染及其影响；研究污水、海水及地表水热能开发利用环境生态影响评价与对策。

⑤太阳能与水源热泵耦合关键技术及系统的研发。

⑥开展国家级的水源热泵工程示范，同时进行跟踪测试和评价，不断开展工程推广应用以实现产业化。

水源热泵利用地表水作为冷热源，夏季水体温度比环境空气温度低，所以制冷的冷凝温度降低，使得冷却效果好于风冷式和冷却塔式，冬季水体温度比环境空气温度高，热泵循环的蒸发温度提高，能效比也提高，不存在空气源热泵的冬季除霜等难点问题。在利用水源热泵时应注意以下几个方面：

①在采用水源热泵技术时，前期的水文分析尤为重要，必须根据地下水源实际情况，进行可行性的研究分析。适用的原则：水量充足、水温适当、水质良好、供水稳定、回灌可靠。因此，前期认真、科学的水文地质勘探工作是非常必要的。

②水源热泵中央空调主机是冷热源的核心，它的质量好坏直接影响整个系统的可靠性和使用效果。建议选用国内外有良好信誉的厂家，尤其是技术质量优、生产历史久、售后服务好的知名品牌。

③水源热泵的关键技术在于水井。水井的成井工艺极为重要，必须要求是大口径钢制管井。法国CIAT在水井方面有独到的技术和经验，在实际使用

时可比传统方式节省部分井水用量，并能够成功实现同抽同灌。

④由于水源热泵中央空调系统使用率极高。因此对设备的性能、质量要求也比较高，各种辅助设备和材料的合理匹配也是获得良好效果的基础。中央空调系统是一项长期使用、可靠性要求高的工程，必须可以长期可靠运行，保证使用效果。

3.水源热泵技术的价值链分析

在供热行业原料购入、热力生产、热力输配和热力销售四个增值环节中，水源热泵供热系统在热力输配和热力销售两个环节上与传统供热方式并没有什么差别，因此仅针对原料购入和热力生产两个环节进行对比。

（1）原料购入

水源热泵的生产原料与传统供热方式大不相同，传统供热方式是通过初级化石能源的燃烧，将化学能转换成热能向外供热。因此其主要生产原料是煤炭，而水源热泵是以外界输入的有用能为动力，通过热力转换过程，将自然界的低位热能或者工业废热转换为城市供热系统能够利用的能级加以利用向外供热的。水源热泵系统最主要的生产原材料是自然界的低位热能或者工业废热，拥有这类能量的水体我们称作水源或热源，在供热系统中有将近65%～80%的能源输入是依靠水源提供的。由于这些水源中蕴含的能量属于可再生或者再回收性质的能源，因此，在水源热泵供热系统中仅考虑这些资源的稳定性和可靠性，不用考虑其费用。

（2）热力生产

由于水源热泵供热系统利用回收废热或者自然界的可再生低位能源作为热源，因此整个系统的供热效率比较高。根据有关数据，水源热泵系统初级能源利用率为0.8～1.18，热电联产供热为0.83，而锅炉房供热仅有0.67；在系统火用效率对比中水源热泵的火用效率为7.1，仅次于热电联产供热7.7，远远高于锅炉房供热3.8。水源热泵系统采用自然界低位热能或工业废热作为供热热源，利用自然界中水体的自然循环或工业水循环来平衡能量流动。该项技术充分利用了自然界和工业设施向外排放的免费能量，在节约能源，高效用能，降低城市环境污染方面表现突出。

4.我国水源热泵供热技术的发展战略

当前热泵技术在西方国家应用广泛。在我国，目前煤电价格比大约为850，可见，国内的煤电价格机制导致了水源热泵供热技术节能环保但不出效益，降低用电价格是水源热泵在供热市场推广必须突破的瓶颈。目前，国内标准煤价格大约在550元/t。如果要保证水源热泵供热系统在城市供热市场中和锅炉房供热系统获利能力相同，水源热泵供热系统的用电价格应该降到0.38元/kW·h至0.26元/kW·h，而目前在我国，这一价格基本接近发电企业的上网电价，也就是说将电价降低到这种程度只有利用发电企业直接供电才能够做到。因此，我国在水源热泵供热系统的发展战略方向上应该转换思路，把以往看重海水利用的研究重点转变到寻找降低用电价格的解决方案上来。同时水源热泵远期发展应该侧重产品革新，根据之前针对水源热泵同各种供热方式的比较数据来看，采用吸收式热泵或者利用内燃机或工业汽轮机输出机械功驱动的热泵在节能、环保和能源成本上都能够同传统直接燃煤供热方式竞争。从我国能源战略看，大连市将引进天然气作为煤炭的主要替代能源以减轻城市的环境压力，未来我国将形成城市中心以天然气等清洁能源为主，城市周边以煤为主的能源利用分布格局。依照我国未来的城市能源发展方向，应该在城市中心区大力推广燃气热泵供热系统，实现污染物零排放，在不大幅增加供热成本的前提下，保证城市中心区的环境质量，提高能源利用效率。在城市周边的热电厂的区域大力推行大型蒸汽锅炉、热泵联合供热，利用大型锅炉产生的蒸汽拖动小型汽轮机或者直接利用蒸汽为水源热泵提供驱动，同时充分回收废热提高能源效率，降低供热成本，维护城市环境。从供热市场的发展来看，应该随着我国城市建筑用能格局的变化及时地调整水源热泵系统的长远发展方向，发展基于水源热泵技术的冷热联供系统，实现多元化发展。和采暖需求相比，我国的城市制冷需求属于高端消费性需求，具有对产品质量要求严格、产品价格高等特点。水源热泵系统完全符合制冷高端市场的环保、清洁和多种能源联合供应的需要，高端供冷市场的高价格也会使水源热泵系统在实施冷热联供后大幅提升利润率。因此应该考虑水源热泵系统的互用性，结合我国的发展，寻找合适的时机引入集中供冷，充分发挥水源热泵系统多用的特性，为我国城市配套设施提升一个新高度。总之，只有从市场和行业的角度才能制定出统一的发展战略。

5.水源热泵技术在国内的发展前景展望

水源热泵技术具有设备能效系数高，运行成本低和安全、可靠等优点，又具有分散空调调节灵活、方便，便于管理和收费等优点。目前我国的较发达城市深圳、广州、上海、南京、北京、大连等公共建筑（办公楼、商住楼、商场等）和住宅建筑上已经在大量的使用，并且效果显著。随着能源和环境问题日益突出，可以预见，水源热泵空调技术在不久的将来必将会成为我国各大中小城市公共建筑竞相发展的主流方向。

6.水源热泵的特点

由于水源热泵技术利用地表水作为空调机组的制冷、制热源，所以其具有以下优点。

（1）水源热泵属可再生能源利用技术

水源热泵是利用了地球水体所储藏的太阳能资源作为冷热源，进行能量

转换的供暖空调系统。其中可以利用的水体，包括地下水或河流、地表的部分的河流、湖泊以及海洋。地表土壤和水体不仅是一个巨大的太阳能集热器，收集了47%的太阳辐射能量，比人类每年利用能量的500倍还多（地下的水体是通过土壤间接地接受太阳辐射能量），而且是一个巨大的动态能量平衡系统，地表的土壤和水体自然地保持能量接受和发散相对的均衡。这使得利用储存于其中的近乎无限的太阳能或地能成为可能。所以说，水源热泵是利用可再生能源的一种技术。

（2）水源热泵运行效率高、费用低、节能

水源热泵机组可利用的水体温度冬季为12～22 ℃，水体温度比冬季室外环境空气的温度高，所以热泵循环的蒸发温度提高，能效比也提高；而夏季水体为18～35 ℃，水体温度比环境空气温度低，所以制冷的冷凝温度降低，使得冷却效果好于风冷式和冷却塔式，机组效率提高。据美国环保署EPA估计，设计安装良好的水源热泵，平均来说可以节约用户30%～40%的供热制冷空调的运行费用。设计良好的水源热泵机组与电采暖相比，可减少70%以上的电耗。

（3）水源热泵运行稳定可靠

水体的温度一年四季相对稳定，特别是地下水，其波动的范围远远小于空气的变动，是很好的热泵热源和空调冷源。水体温度较恒定的特性，使得热泵机组运行更可靠、稳定，也保证了系统的高效性和经济性。不存在空气源热泵的冬季除霜等难点问题。

（4）水源热泵环境效益显著

水源热泵机组的运行没有任何污染，可以建造在居民区内，没有燃烧，没有排烟，也没有废弃物，不需要堆放燃料废物的场地，且不用远距离输送热量。水源热泵使用电能。电能本身为一种清洁的能源，但在发电时，消耗一次能源并导致污染物和二氧化碳温室气体的排放。所以节能的设备本身的污染就小。设计良好的水源热泵机组的电力消耗，与空气源热泵相比，相当于减少30%以上；与电供暖相比，相当于减少70%以上。水源热泵技术采用的制冷剂，可以是R22或R134A、R407C和R410A等替代工质。

（5）一机多用，应用范围广

水源热泵系统可供暖、供冷，还可供生活热水，一机多用，一套系统可以替代原来的锅炉加空调的两套装置或系统。特别是对于同时有供热和供冷要求的建筑物，水源热泵有着明显的优点。它不仅节省了大量能源，而且用一套设备可以同时满足供热和供冷的要求，减少了设备的初投资。水源热泵可应用于宾馆、商场、办公楼、学校等建筑，小型的水源热泵更适合于别墅住宅的采暖、空调。

（6）控制灵活方便

水源热泵的温度自控装置组合在热泵机组中，无须另设控制中心或控制室，用户根据自己的愿望，可灵活地控制室温和风机转速。这种方式不仅适合于公共建筑，对不同年龄、不同职业和不同生活要求居住的住宅建筑来说，这就显得更为重要了。

（7）热计量简单，便于管理

水源热泵系统便于进行热计量，物业公司只要根据用户的耗电量就可向用户收费，用户可根据具体情况，不用不收费，少用少收费，用多少收多少，是解决当前采暖、空调收费难的一项重要举措，大大地方便了物业的管理。

7.水源热泵的制约因素

水源热泵机组由于工况稳定，所以可以设计简单的系统，部件较少，机组运行简单可靠，维护费用低；自动控制程度高，使用寿命长，可达到数年以上。当然，像任何事物一样，水源热泵也不是十全十美的，其应用也会受到制约：

（1）可利用的水源条件限制

水源热泵理论上可以利用一切的水资源，其实在实际工程中，不同的水资源利用的成本差异是相当大的。所以在不同地区是否有合适的水源成为水源热泵应用的一个关键。能否找到合适的水源就成为使用水源热泵的限制条件，且水源要求必须满足一定的温度、水量和清洁度的条件。目前的水源热泵利用方式中，闭式系统一般成本较高；而开式系统能否寻找到合适的水源就成为使用水源热泵的限制条件。

（2）水层的地理结构问题

对于从地下取水回灌的使用，必须考虑到所用的地质结构，确保可以在经济合理的条件下打井找到合适的水源，同时还应保持用水回灌得以实现。

（3）水源热泵投资的经济性

由于受到不同地区、不同用户及国家能源政策、燃料价格的影响，水源的基本条件不同，一次性投资及运行费用会随着用户的不同而有所不同。所以在不同地区不同需求的条件下，水源热泵的投资经济性会有所不同。

水源热泵的运行效率较高、费用较低，但与传统的供热供冷方式相比，在不同的需求条件下，其投资经济性会有所不同。据有关资料介绍，通过对水源热泵冷热水机组、空气源热泵、溴化锂直燃机、水冷冷水机组加燃油锅炉四种方案进行经济比较，水源热泵冷热水机组的初投资最小。

（4）整体系统的设计

水源热泵系统的节能作为一个系统，必须从各个方面考虑，如果水源热泵机组可以做到利用较小的水流量提供更多的能量，但系统设计对水泵等耗能设备选型不当或控制不当，也会降低系统的节能效果。同样，若机组提供了高的水温，但设计的空调系统的末端未加以相应的考虑，也可能会使整个系统的效果变差，或者使得整个系统的初投资增加。所以，水源热泵的推广应用，需要各个专业各个领域的人来共同努力，共同配合，从政府政策、主机设计制造、系统的设计和运行管理等方面来共同参与。

5.3.4 水源热泵机组的变工况性能

水源热泵机组制造厂商提供的机组性能规格一般都是名义工况下的性能参数。在实际使用时，水源热泵机组的运行大多会偏离名义工况。

对制冷空调系统的变工况研究以往仅限于对各部件性能曲线的简单叠加上。这种简单叠加不能准确反映出各个状态参数与机组制冷或制热量的变化关系。但是对水源热泵机组的变工况特性研究需要从理论上建立水源热泵机组变工况模型，从而进行理论分析和科学计算等，对今后水源热泵机组及其空调系统的优化设计等其他方面的研究具有积极的参考价值。

水源热泵机组的变工况特性研究涉及的主要部件有：压缩机、冷凝器和蒸发器。由于机组节流装置的内容积相对整个水源热泵机组来说是很小的，因此节流装置对机组的影响很小，可忽略不计。研究水源热泵机组压缩机的变工况特性，需要建立其数学模型。由于目的在于选用合适的压缩机，以利于水源热泵机组的优化设计，因此对机组性能有影响的参数，使之能与该机组的其他部件匹配。因此，要对水源热泵机组压缩机的实际循环进行分析。

1. 压缩机的变工况特性

水源热泵机组的实际循环与理论循环的差别主要由两大因素组成：

（1）系统中的制冷剂与外界进行的热交换。

（2）流动阻力。

2. 冷凝器、蒸发器变工况特性

水源热泵机组的运行特点：开停机不频繁，机组大部分时间处于稳定运行状态，机组开停机时对冷凝器进行按过热区、两相区和过冷区分段处理就显得无足轻重，可以不予考虑；如果是从整体上进行冷凝器的研究，则不必考虑冷凝器的具体结构，因此冷凝器内制冷剂的汽、液相变化从整个机组运行的宏观角度来看，也可以忽略，从而简化冷凝器的建模。我们可以尝试采用以下方法建立冷凝器的数学模型，假设：

（1）冷凝器的总换热系数为一常数，且等于水源热泵机组在标准工况下冷凝器的换热系数。

（2）传热管外制冷剂的流动为一维均相流动，不考虑压降。实际制冷剂

的流动是复杂的分相流动，而且实际冷凝器内管外侧由于结构布置上的原因，导致流速分布不均，会对换热造成一定影响，这与具体装置有关。

(3) 管内冷却水的流动也看作是一维流动，且不考虑压降。

(4) 管壁热阻忽略不计。与管内、外侧的换热热阻相比，管壁径向热阻很小，管壁的轴向热阻对换热影响也不大，均可忽略不计。由于忽略了冷凝器内的流动压降，可不必考虑动量方程；稳定流动可使得质量方程自动满足。因此，只需考虑能量方程。目前，蒸发器数学模型主要有动态集中参数模型、稳态分布参数模型和稳态集中参数模型。

5.3.5 影响水源热泵系统运行性能的因素

影响水源热泵系统运行效果的重要因素有水源的水量、水温、水质和供水稳定性。

1. 水流量

水流量对热泵机组的制冷（热）量有着直接的影响。在制冷工况下，当冷凝器中的水流量增大时，由于换热系数增大，致使冷凝压力降低，制冷量增加；但当水流量增大到某一数值时，此时水流量对换热系数影响不大，所以冷凝压力基本不变，制冷量趋于恒定。在制热工况下，当蒸发器内水流量增大时，换热系数同样增大，蒸发压力增大，制热量增加。

水流量的大小也会影响水源热泵机组的*COP*值。在制冷工况下，冷凝器中水流量增加时，冷凝压力下降，使压缩机的压缩比减小，输入功率降低，*COP*值增大；但当水流量增大到某一数值时，*COP*值增加的梯度趋缓。在制热工况下，蒸发器内水流量增加时，则*COP*值增加。这是因为蒸发压力增加时，虽然吸入压缩机的蒸汽比体积增加导致工质的质量流量增加，但压缩比减小又使得单位质量压缩功率下降，最终使得压缩机输入功率增加的幅度较制热量增加的程度小，所以*COP*值增加。

2. 水温

水温是影响水源热泵效率的主要因素。夏季热泵用地下水作为冷却水，水温越低越好；冬季地下水作为热泵热源，温度越高越好。但蒸发温度不能过高，否则会使压缩机排气温度过高，压缩机内润滑油可能会炭化。综合考虑以上因素，地下水温度20 ℃左右时水源热泵机组的制冷和制热将处于最佳工况点。

水温是水源热泵机组*COP*值的制约因素。在制冷工况下，当冷凝器的进水温度升高时，冷凝压力增大，使制冷量下降，压缩机的输入功率增大，*COP*值下降。在制热工况下，当蒸发器的进水温度升高时，使蒸发压力增大，制热量增加，但压缩机的输入功率缓慢增加，*COP*值增大。当进水温度增加到一定数值后，进水温度对*COP*值的影响不大。

3. 水质

水质直接影响水源热泵机组的使用寿命和制冷（热）效率。对水质的基本要求是：澄清、稳定、不腐蚀、不滋生微生物、不结垢等。水中对水源热泵机组的有害成分有：铁、钙、镁、二氧化碳、溶解氧、氯离子、酸碱度等。

（1）结垢

水中以正盐和碱式盐存在的钙、镁离子容易在换热面上析出沉淀，形成水垢，严重影响换热效果，从而影响水源热泵机组的效率。水中Fe^{2+}以胶体的形式存在，Fe^{2+}容易在换热面上凝聚沉淀，促使碳酸钙析出结晶加剧水垢生成，Fe^{2+}遇到氧气发生氧化反应，生成Fe^{3+}，在碱性条件下转化为呈絮状物的氢氧化铁沉淀而阻塞管道，影响机组的正常运行，而且水中游离二氧化碳的变化，也会造成碳酸盐结垢。

（2）腐蚀性

溶解氧对金属的腐蚀性随金属而异。对钢铁，溶解氧含量大则腐蚀速率增加。铜在淡水中的腐蚀速率较低，但当水中的氧和二氧化碳含量较高时，铜的腐蚀速率增加。在缺氧的条件下，游离二氧化碳会引起铜和钢的腐蚀。氯离子也会加剧系统管道的局部腐蚀。

（3）混浊度与含砂量

地下水的混浊度高会在系统中形成沉积，阻塞管道，影响机组的正常运行。地下水的含砂量高会对机组、管道和阀门造成磨损，严重影响机组的使用寿命，而且混浊度和含砂量高还会造成地下水回灌时含水层的阻塞，影响地下水的回灌。

（4）油污

来自设备安装时的油类残余物、泵与风机润滑系统泄露的油污，会影响换热设备的换热效果，影响缓蚀剂的使用效果，减少机组的使用寿命。

5.4 空气源热泵技术

5.4.1 空气源热泵概述

空气源热泵是一种利用高位能使热量从低位热源空气流向高位热源的节能装置。它是热泵的一种形式。顾名思义，热泵也就是像泵那样，可以把不能直接利用的低位热能（如空气、土壤、水中所含的热量）转换为可以利用的高位热能，从而达到节约部分高位能（如煤、燃气、油、电能等）的目的。

空气源热泵热水器是新一代节能型热水器，它是利用空气中的能量来产

生热能，能全天24 h大水量、高水压、恒温提供不同的热水需求，同时又能消耗最少的能源完成上述要求的热水器，制热效率是电热水器的2～3倍，在发达国家使用比例高达80%。在2009年9月1日起实施的国家标准GB/T 23137—2008《家用和类似用途热泵热水器》的引导下，我国空气源热泵热水器产品才开始发展，市场份额在2009年初不足3%，2010年刚超过5%。

在家高效制取生活热水的同时，能够像空调一样释放冷气，满足厨房的制冷需求，并且可以在阳台、储物间、车库等局部空间达到除湿的作用，防止物品发霉变质或者快速晾干衣物。随着经济的发展，人们对生活质量的要求也越来越高。人们对冲凉洗澡的要求也越来越高，燃气热水器、电热水器、太阳能热水器都远远满足不了人们对舒适节能和安全的需要。在欧美发达国家，冷、热水使用的比例是1∶9（中国是9∶1），欧美国家的冷水只作饮用或冲厕、洗车用，而在其他方面都是使用热水。欧美国家家庭中央热水器的市场占有率在90%以上，而中国不到3%。

在日本、美国等大型热泵研究计划中，高温热泵均是其中的重点研究内容之一。目前国内外针对普通的定频空气源热泵热水器进行了很多研究，取得了一定的成果；针对定频空气源热泵热水器目前存在的问题，提出了一种直流变频空气源热泵热水器。面对国际上正在限用HCFC类制冷剂，国外HCFC-22的主要替代物为R407C、R410A和HFC-134a等。有关HCFC-22的替代物，从环保性能、使用性能和经济成本等方面来讲，都不是太理想，国外正在做进一步的探索和研究。

二氧化碳热泵热水器是一种环保型的热泵热水器，因为采用一种对环境无害的环保制冷剂，热泵循环具有优良的节能性能，近年来热泵热水器在国外发展迅速，是一项很有前途的新技术。其中，日本是发展热泵热水器最快的国家。我国二氧化碳热泵热水器还处于研发阶段，在市场上还没有销售国产的二氧化碳热泵热水器和二氧化碳压缩机的产品。在国内从事这方面研究的主要有：天津大学的热能研究所建立了二氧化碳热泵热水器的试验系统，同时对二氧化碳跨临界热泵循环、压缩机、膨胀机、计算机仿真等方面进行了广泛的理论研究和研发产品样机。另外，西安交通大学压缩机研究中心进行了二氧化碳压缩机和热泵热水器的理论研究和研发产品样机。

在热泵系统方面选择双级压缩循环低压和高压级压缩机分别承担合适的压比，通过合理的设置匹配，使双级压缩系统达到较高的制热系数，这样就突破了传统的单级空气源热泵系统难以推广到黄河流域、华北、西北等地区的瓶颈，因为传统设备无法在冬季正常工作。

目前热泵市场每年都在成倍增长，发展势头相当迅猛。在欧美大多数发达国家，如澳大利亚、英国、法国、德国等国家，热泵产品已经进入了大多

数家庭。从20世纪生产出家用空气源热泵产品到现在，有的产品已正常运行了十几年，其性能得到用户的高度评价。

国内热泵技术研究开发工作的起点和发展历史与国外相比有较大差距。我国的热泵事业刚开始起步，而且发展势头看好。目前，利用较多的是水源热泵，而用空气源热泵制取生活用热水在国内近几年刚刚起步。空气源热泵热水器由于安全、节能、寿命长、不排放毒气等优点，以及可以有效解决目前国内有关部门对节约能源、环保、安全等方面比较棘手的问题，而受到社会各方面的广泛关注。最近，由于其在节能创新方面业绩突出，热泵热水器已经被国家科技部列入火炬计划。

5.4.2 空气源热泵的分类

空气源热泵可以分为空气-空气型空气源热泵和空气-水型空气源热泵。空气-空气型空气源热泵的原理是建立在单冷型的空调器基础上的，一般来说，其作为夏季空调器的功能较好，热泵只是起到一个辅助型的作用。通常来说是用四通阀转换夏季空调工况和冬季供热工况，四通阀也可兼用于冬季除霜工况。风冷式室内换热是传统设计，但风冷式需要注意的是，它需要较高的出风温度，风速是按照夏季工况制冷时设计的，冬天时人不希望有较大风速。因为若存在较大风速，则人整体的舒适度会比较差。该型热泵最大的优点就是其结构简单，易于安装。

空气-水型空气源热泵（如图5-1所示）与空气-空气型热泵相同，空气-水型热泵一般来说也是利用四通阀转换冬夏两季的不同工况，四通阀也可兼用于除霜工况。两者的区别主要在于室内换热器采用的是循环水式。循环水式是以水为传热介质，可降低冷凝温度，采用水冷的冷凝器，可在40 ℃的冷凝温度下产生35 ℃的热水，用来给地板采暖，从而形成自下到上的自然对流，这样会有更好的采暖舒适度，同时也提高了热泵的制热系数。至于夏季，用冷水进入室内风机盘管，冷风从上至下，也可以有较好的舒适度。该型热泵在一定情况下克服了空气-空气型热泵的缺点。

除此之外，空气源热泵热水器如果按照制热方式可分为直热式和循环式；按照循环方式可分为工质循环和水循环；按工质可分为二氧化碳热泵和类工质热泵；按结构可分为一体式、分体式等；按消费对象可分为家用型和工程型等；按频率是否可调可分为定频空气源热泵热水器和变频空气源热泵热水器；按工作温度范围可分为低温热泵、普通热泵、高温热泵等。

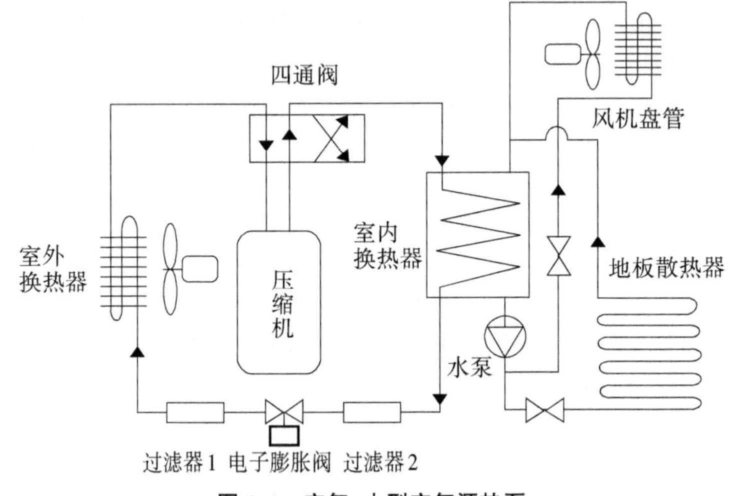

图5-1 空气-水型空气源热泵

5.4.3 空气源热泵系统的特点

空气源热泵机组又可以称为风冷热泵机组，是空气-空气型空气源热泵和空气-水型空气源热泵的总称。随着热泵技术的不断成熟，空气源热泵机组凭借着其自身的优点，逐渐在市场中占有优势，起到重要的作用，尤其是在中小型建筑中，利用空气源热泵机组作为空调系统的冷、热源占据了市场的绝对优势。该机组的特点是：一机两用，具有夏季供冷和冬季供热的双重功能；不需要冷却水系统，省去了冷却塔、水泵及其连接管道；安装方便，机组可放在建筑物顶层或室外平台上，节省空间，省去专门安放的机房。

空气源热泵机组的主要缺点是：

（1）由于空气的传热性能差，所以空气侧换热器的传热系数小，换热器的体积较为庞大，增加了整机的制造成本。

（2）由于空气的比热容小，为了交换足够多的热量，空气侧换热器所需要的风量会较大，从而风机功率也就大，会产生一定的噪音，在夜晚时会影响他人休息。

（3）当空气侧换热器翅片表面温度低于0 ℃时，空气中的水蒸气会在翅片表面结霜，换热器的传热阻力增加使得制热量减小，所以风冷热泵机组在制热工况下工作时要定期除霜。除霜时热泵停止供热，会影响空调系统的供暖效果。

（4）在冬季室外气温会逐渐降低，从而导致机组的供热量逐渐下降，这时必须依靠辅助热源来补足所需的热量，降低了空调系统的经济性。

5.4.4 空气源热泵热水器的结构

空气能热水器也称空气源热泵热水器（如图5-2所示）。空气能热水器把空气中的低温热量吸收进来，经过氟介质气化，然后通过压缩机压缩后增压升温，再通过换热器转化给水加热，压缩后的高温热能以此来加热水温。空气能热水器具有高效节能的特点，制造相同的热水量，是一般电热水器的4～6倍，其年平均热效比是电加热的4倍。

图5-2 空气源热泵热水器

空气源热泵热水器按消费群体分为工程型空气源热泵热水器和家用型空气源热泵热水器两大类。其中，工程型空气源热泵热水器由热泵主机、保温水箱、控制器，循环水泵、加压水泵、液位传感器、温度传感器及相关管道附件等组成；热泵主机一般由压缩机、换热器、储液罐、过滤器、膨胀阀（电子膨胀阀或热力膨胀阀）、电磁换向四通阀、PCB控制板，蒸发器、风机、压力传感器（高低压开关）、温度传感器等部件组成；家用型空气源热泵热水器由热泵主机、承压保温水箱、控制器、温度传感器及相关管道附件等组成；热泵主机一般由压缩机、储液罐、过滤器、膨胀电子膨胀阀或热力膨胀阀、电磁换向四通阀、PCB控制板，蒸发器、换热器、风机、压力传感器（高低压开关）、温度传感器等部件组成。

空气源热泵热水器零部件按功能包括：

（1）制热：蒸发器、压缩机、换热器和节流装置等部件。

（2）稳定：储液罐、膨胀阀、干燥器等部件。

（3）除霜：电磁换向四通阀、单向阀等。

（4）控制：控制器、控制板、温度传感器、压力传感器、液位传感器等。

（5）辅助：循环水泵、加压水泵、补水水泵、回水水泵、保温水箱（或者承压水箱）等。

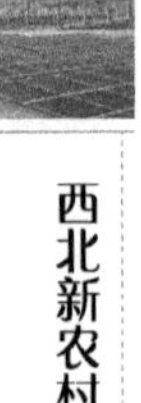

5.4.5 空气源热泵热水器的工作原理

空气源热泵热水器机组的能量转换，是利用压缩机的做功消耗一定的电能，从环境热源中吸取较低品位的低温热能，然后转换为较高品位的高温热能释放至热水器中的循环介质水中。在此转化期间压缩机的运转做功消耗了电能，压缩机的运转使不断循环的制冷剂在不同的环境中发生不同的变化状态，从而达到回收低温热能产生高温热能的目的。

空气源热泵热水器是按照逆卡诺原理工作的，通过压缩机压缩气体工质，使气体工质温度升高，然后通过工质传导热量到储水箱内，再将热量传递到水中。具体工作过程如下：过热液体工质在蒸发器内吸收空气中的低品位能源，蒸发成气体工质。蒸发器出来的气体工质经过压缩机的压缩做功，变为高温高压的气体工质。高温高压的气体工质在换热器中将热能释放给水，同时自身变为高压低温液体工质。高压低温液体工质在膨胀阀中减压，再变为过热液体工质，进入蒸发器，回到循环最初的过程。如此不停地进行重复循环就能使低品位热能连续不断地传递给水。

空气源热泵热水器工作原理与空调制冷相同，不同的是空气源热泵热水器的工作温度范围比空调要大一些。空气源热泵热水器在工作时，把环境中储存的能量Q_A在蒸发器中吸收，同时也消耗一部分压缩机所做的功Q_B；通过工质在换热器中进行循环从而放热Q_C，在理想情况下$Q_C=Q_A+Q_B$由此可看出，热泵输出的能量Q_C为压缩机做的功Q_B和热泵从环境中吸收的热量Q_A相加之和，所以采用热泵技术可以在很大程度上节约大量的电能。

因空气源热泵热水器装置突破传统能量转换理论，热泵在工作时，工质在蒸发器中吸收环境介质中储存的能量Q_A；启动系统需要消耗的能量就是压缩机所消耗电能Q_B；工质在换热器中释放到水中的热量为Q_C；$Q_C=Q_A+Q_B$。

压缩机输入功启动系统后，由机械动能转变成热能。所以热泵输出的能量为压缩机做的功Q_B和热泵从环境中吸收的热量Q_A之和；输入一个Q_B，得到Q_A+Q_B，突破传统单一不同能之间转变无法达到效率100%的瓶颈；采用热泵技术能效比更高，空气源热泵热水器的理想能效比为：

$$COP=\frac{Q_A+Q_B}{Q_B}\geqslant 1$$

5.4.6 空气源热泵热水器的特点

因为空气源热泵热水器和太阳能热水器相比工作时不需要阳光，所以放在室外或室内都可以，相对比较方便。空气源热泵热水器只要有空气，就可以全天候运行，同时它能从根本上消除电热水器干烧以及燃气热水器使用时产生有害气体等安全隐患，克服了太阳能热水器阴雨天不能使用及安装不便等缺点，具有高节能、高安全、寿命长、不排放毒气等优点；空气源热泵热水器的寿命一般可以达到8～10年。

热泵热水装置是利用环境中蕴含的热能来制取热水的，从图5-3可见，空气源热泵热水器用少量电能，从环境低温热源中吸收热能，并将其温度升高后用于加热热水。以空气源热泵热水器的典型运行参数为例，当环境空气温度为10 ℃、所制取的热水温度为45 ℃时，空气源热泵热水器只需要消耗1份电能，即可以从环境中吸收3.5份低温热能，生成4.5份45 ℃的热能来制取热水。

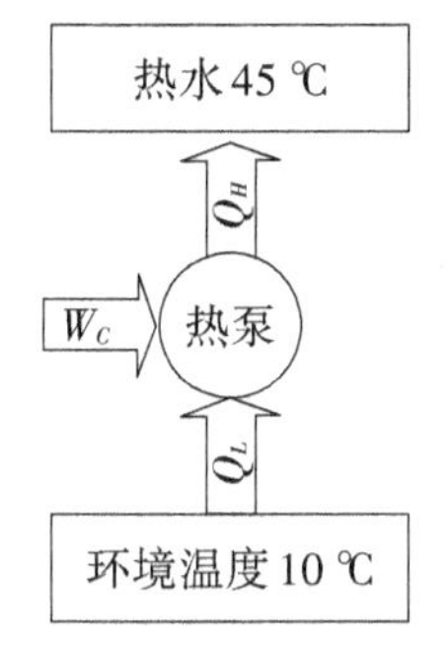

图5-3　空气源热泵热水器的节能原理

总之，空气源热泵热水器具有如下基本特点（以家用型空气源热泵热水器为例）：

1.高效节能

参照图5-3根据热力学第一定律得知：

$$Q_H = Q_L + W_C \tag{5-1}$$

式中：

Q_H——热泵的制热量，即用于加热热水的热量；

Q_L——热泵从低温热源吸收的热量；

W_C——热泵消耗的电量。

空气源热泵热水器的性能系数，也称为制热系数，通常用COP表示，其定义为：

$$COP = \frac{Q_H}{W_C} \tag{5-2}$$

由式（5-1），得知：

$$COP = \frac{Q_H}{W_C} = \frac{Q_L + W_C}{W_C} = 1 + \frac{Q_L}{W_C} > 1 \tag{5-3}$$

由式（5-3）可见，空气源热泵热水器的性能系数恒大于1，通常为3.0～8.0，即空气源热泵热水器的热效率通常为300%～800%，而电加热热水器和燃气加热热水器的热效率一般小于100%，太阳能热水器的折合热效率为300%。

2.安全

水电分离，并设多重保护。

3.环保

国家节能协会认可的绿色节能产品，不污染环境，运行时产生噪音较少。一般可全天候工作，空气源热泵热水器制取热水受天气变化影响较小，晴天、阴雨天、夜间等都能制取热水。

4.使用寿命长

空气源热泵热水器的使用寿命通常可达8～10年。

一般说来，当一种新产品进入市场时，总会存在某种缺陷，对于空气源热水器来说，其在技术方面的缺陷主要有以下几点：

（1）外观问题：空气源热泵热水器目前主要的弊病之一是体积大。由于城市家庭卫生间普遍较小，其庞大的身躯让消费者望而却步。

（2）结霜问题：因其对外界环境温度依赖过大，其正常工作环境温度在-5～40 ℃之间，适用于华东、华南等长江以南地区，湖南、江西、广东、福建、浙江、云南等省份空气源热泵热水器发展比较良好。在没有解决结霜等造成产品运行困难的问题之前，广大的北方地区很难普及。

（3）换热器和套管换热器易结垢断裂：空气源热泵热水器的出水温度通常可达到50～60 ℃，在这个温度范围内水是最易结垢的，如果不定期清洗换热器，对于套管式换热器，其内管会破裂，对于板式换热器，就会胀破，从而导致整个热泵热水机组失去功能。

5.4.7　空气源热泵空调机组冬季除霜控制

冬季供热时室外换热器出现的结霜现象是空气源热泵机组的一个很大的技术问题。尽管在结霜初期霜层增加了传热表面的粗糙度及表面积，使蒸发器的传热系数有所增加，但随着霜层增厚导致蒸发器的传热系数开始下降。另外，霜层的存在增加了空气流过翅片管蒸发器的阻力，减少了空气流量，增加了对流换热热阻，加剧了蒸发器传热系数的下降。由于这些负面影响，空气源热泵在结霜工况下运行时，随着霜层的增厚，将出现蒸发温度下降、制热量下降、风量衰减等问题，从而使空气源热泵机组不能正常工作。在结霜工况下热泵系统性能系数在恶性循环中迅速衰减，霜层厚度不断增加使得霜层热阻增加，蒸发器的换热量大大减少使得蒸发温度下降，从而导致结霜加剧，结霜加剧又导致霜层热阻进一步加剧。所以为了提高热泵的运行性能，从20世纪50年代以来，国内外学者在结霜的机理及霜层的增长，翅片管换热器的结霜问题，热泵机组的除霜及其控制方法等方面进行了大量的研究工作。

霜层的形成实际上是一个非常复杂的热质传递过程，是与所经历的时间、霜层形成时的初始状态和霜层的各个阶段密切相关的。1977年Hayashi等人用显微摄影的方法研究了结霜现象，根据霜层结构不同将霜层形成过程分为霜层晶体形成过程、霜层生长过程和霜层的充分发展过程三个不同阶段，并以霜柱模型建立了霜层发展模型，用来预测霜层厚度与附着速度，提出了霜层有效热导率和密度关系式。后来的研究者在此基础上提出了各种复杂的数学模型，用来计算霜层生长过程的热导率、密度和温度等特性参量的动态分布特性，并且将计算结果与一些实验数据进行对比。通过对霜层的理论研究得到了霜层内部密度、温度、热导率分布情况，为以后的数值模拟和实验研究奠定了理论基础。

对结霜机理的研究有助于从物理本质上更好地分析影响结霜的因素。换热器结霜过程研究表明，影响换热器上霜层形成速度的因素主要有换热器结构、结霜位置、空气流速、壁面温度和空气参数。由于换热器的可变参数太多且复杂，研究人员在这些因素如何影响霜层形成规律上不能取得完全共识。比较一致的结论是：壁面温度降低，霜层厚度将增加；空气含湿量增大，霜层厚度也将增加。

研究人员发现，蒸发器翅片管的温度变化率实际上反映了机组供热能力的衰减程度。图5-4表示不同的环境条件下，蒸发器翅片管温度变化率随时间变化的情况。从图上可以看出，翅片管温度变化率在结霜运行的较前时间段是变化的比较缓慢的，但在随后的时间里，翅片管温度的变化率呈现快速递减的趋势。随着时间的推移，翅片管温度变化的速度越来越快。这一现象表明，翅片管的温度变化趋势并不随环境温度和结霜条件的改变而改变，只是反映了霜层对机组供热能力的衰减程度。

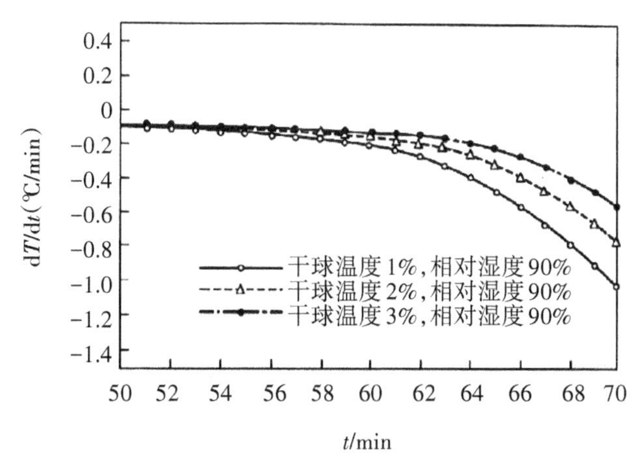

图5-4 翅片管的温度变化率随时间变化的关系

空气源热泵机组结霜工况运行时，热泵的供热量和性能系数下降的幅度

与室外气象条件有关。在同一室外空气温度条件下，析湿结霜量随着室外空气相对湿度增加而增加。发生结霜现象的室外空气参数范围是5.8 ℃≤t≤12.8 ℃且ψ≥67%。当气温高于5.8 ℃时，换热器表面只会有析湿结露状况。当气温低于12.8 ℃时，由于空气绝对含湿量太小，也不会发生严重结霜现象，可以不考虑结霜对热泵的影响。当气温在5.8 ℃≤t≤12.8 ℃范围，相对湿度≤67%时，由于室外换热器表面温度一般会比空气露点温度高，就不会发生结霜现象。当ψ≥67%，实验发现在0～3 ℃的温度范围结霜最为严重。这是因为空气源热泵机组在0～3 ℃的室外温度环境运行时换热器表面温度一般会在0 ℃以下且比空气露点温度低，而空气含湿量也比较大，促使霜层快速生长。空气相对湿度变化对结霜情况的影响远远大于空气温度变化对结霜的影响。根据我国气象资料统计，南方地区热泵的结霜情况要比北方地区严重得多。济南、北京、郑州、西安、兰州等城市属于寒冷地区，气温比较低，空气相对湿度也比较低，所以结霜现象不太严重。但是长沙、武汉、杭州、上海等城市的空气相对湿度较大，室外空气状态点恰好处于结霜速率较大的区间。在使用空气源热泵时，必须充分考虑结霜除霜损失对热泵性能的影响。

翅片形状和排列方式对霜层的形成有重要的影响。换热器翅片之间的距离如果增大，那么对减少空气阻力和提高除霜效果会有一定的作用。在霜层出现的情况下，低翅片密度的换热器运行效果要好些，但是低翅片密度会造成肋片管效率降低，从而将导致换热器的体积增大。

5.4.8 除霜过程及其控制方法

目前，空气源热泵机组都采用的除霜方法为热气冲霜，就是通过四通阀切换改变工质的流向进入制冷工况，让压缩机排出的热蒸汽直接进入翅片管换热器以除去翅片表面的霜层。这是一种比较经济合理的除霜运行方案，但从实际效果来看，往往导致室内温度波动过大，用户有明显的吹冷风感觉。另外，当机组除霜结束恢复制热时，有可能出现启动困难甚至发生压缩机电动机烧毁的现象。

由于在热泵除霜的过程中不能向室内提供热量，反而要吸收室内的热量，所以一般用总制热量和总能效比来评判空气源热泵机组性能的优劣。总制热量是指在一个除霜和结霜周期中热泵向室内提供的总热量，它等于制热循环时热泵向室内提供的总热量减去除霜时热泵从房间吸收的热量。总能效比就是指在一个除霜和结霜周期中总制热量与总耗功的比值。所以，在一个除霜和结霜周期中恰到好处地开始除霜和停止除霜，是提高空气源热泵机组性能最重要的部分。

在空气源热泵的除霜控制方法上，早期的定时除霜法弊端较多，目前常用的是时间–温度法，而模糊智能控制除霜法以后将成为除霜控制的主流方法。

1.时间–温度法

时间–温度法是用翅片管换热器盘管温度（或蒸发压力）、除霜时间以及除霜周期来控制除霜的开始和结束。翅片管换热器盘管温度可以由绑在盘管上的温度传感器获得，如果要获得蒸发压力则必须在系统的低压回路上装有压力传感器。在除霜周期内盘管的温度变化如图5–5所示。

当室外翅片管换热器表面开始结霜时，盘管温度就开始不断下降，压缩机吸气温度以及吸气压力也在不停地下降。当盘管温度（或吸气压力）下降到设定值t_1时，绑在盘管上的温度传感器将信号输入时间继电器时开始计时，与其同时四通换向阀动作，机组进入制冷工况。当室外风机停止转动，压缩机的高温排气进入室外翅片管换热器时，会使盘管表面霜层融化，导致盘管温度也随之上升。当盘管温度（或排气压力）上升到设定的值t_2时或除霜执行时间达到设定的最长除霜时间b（min）时除霜结束，从而启动风机，四通换向阀动作，机组恢复制热工况。室外翅片管换热器表面开始结霜使得盘管的温度又会不断下降，当盘管温度第二次下降到设定值t_1且超过设定除霜周期a（min）时进入第二次除霜模式。

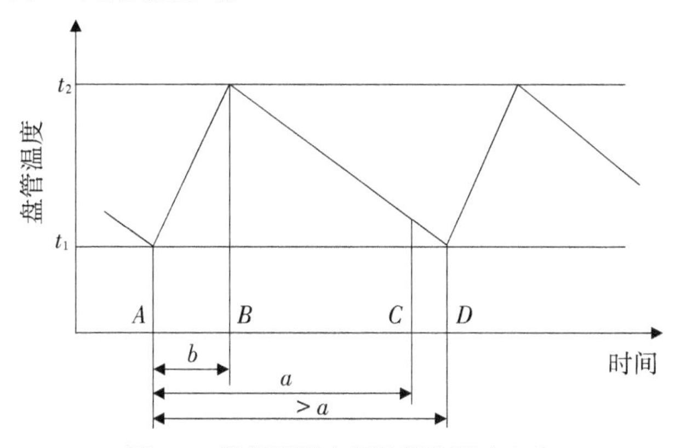

图5–5　除霜周期中翅片管的温度变化

如果机组在制热工况下，盘管温度下降到达t_1的时间仍然小于除霜间隔时间a（min），则机组继续制热工况，只有当机组连续运行的时间超过a（min）后才进入除霜模式。

由于翅片盘管内的制冷剂与室外空气之间的温差会在盘管表面结霜以后增大，所以可用这种温差作为控制参数替代上述除霜方法中的盘管温度，其他控制过程同上述方法。也就是用温差–时间控制除霜的开始，而用温度（或压力）–时间控制除霜的结束。

理想的除霜控制应该是既能在霜层积聚时及时除霜，又能在无霜时做无效除霜运行。但是时间–温度法的监测参数太少，没有办法完全随霜层厚度以及时间的变化规律来进行除霜。

2.模糊智能控制法

影响室外换热器翅片表面结霜的因素很多，如大气温度、大气相对湿度、气流速度、太阳辐射、翅片的结构、制冷系统的构成等。所以空气源热泵的除霜控制是一个多因素、非线性、时变的控制过程，仅采用简单的参数控制方法是无法实现合理的除霜控制的。而模糊控制技术适合于处理多维、非线性、时变问题，可以在解决除霜合理控制的过程中发挥重要作用，是一种先进并可行的智能除霜控制方法。

通常可将模糊控制技术引入空气源热泵机组的除霜控制中。这种控制方法的关键在于怎样得到合适的模糊控制规则和采用什么样的标准对控制规则进行修改，根据一般经验得到的控制规则有局限性和片面性。若根据实验制定控制规则又存在工作量太大的问题。

3.室内、室外双传感器除霜法

室外双传感器除霜法是通过检测室外环境温度和蒸发器盘管温度及两者之差作为除霜判断依据，这种方法未考虑湿度的影响。室内双传感器除霜法是通过检测室内环境温度和冷凝器盘管温度及两者之差作为除霜判断依据。这种方法避开对室外参数的检测，不受室外环境湿度的影响，避免了室外环境对电控装置的影响，提高可靠性，且可直接利用室内机的温度传感器，降低成本。

4.最大平均供热量法

对于一定的大气温度，有机组蒸发温度相对应，此时机组的平均供暖能力最大。以热泵机组能产生的最大供热效果为目标来进行除霜控制，这种除霜方法具有理论意义，但是实施有困难。

5.霜层传感器法

通过检测霜层的厚度来进行除霜控制的方法。这种方法原理简单，但涉及高增益信号放大器及昂贵的传感器，作为试验方法可行，实际应用经济性差。

5.4.9 空气源热泵除霜的研究方向

空气源热泵除霜技术今后发展的两个主要方向是空气源热泵除霜及除霜控制问题。加快霜层的融化速度对空气源热泵机组除霜性能的提高具有重要意义。缩短除霜时间可以进一步完善热气冲霜系统。有研究表明：涡旋压缩机热泵系统不装气液分离器可缩短除霜时间，同时加大节流孔径也有利于缩短除霜时间；采用专用热力膨胀阀的系统在除霜时无明显的低压衰减现象，并且高压的建立比较快，缩短了除霜时间，提高了机组的可靠性。另外，改进换热器的设计，采用变频压缩机和电子膨胀阀都对缩短除霜时间有帮助，机组的可靠性也有不同程度的提高。

热气除霜的智能化控制是实现“按需除霜”的根本保证。除霜程序专用化也是提高除霜的可靠性和准确度的有效途径，例如可以分别提供以不同时间、不同机组以及不同气候区的机组专用除霜程序，供用户选择。

抑制结霜技术是基于换热器外表面结霜机理来寻找减低霜层形成速度的途径。主要有以下三种方法：

（1）利用表面涂层，使室外换热器翅片表面水蒸气不能在表面凝结。

（2）降低水的凝固温度，将管外表面水分的结霜温度降低到-15 ℃。因为使用机组的室外环境温度一般不低于-10 ℃，如果低于-10 ℃，则空气中的含湿量已经很小，结霜非常缓慢，所以除霜已不是主要问题。

（3）采用电动流体力学方法，在换热器的周围形成了电磁场、磁场或电场，可以增加附面层内的扰动，从而改善换热效果并减轻结霜。外力场的引入可以使结出的霜呈针刺状或者非常松散的结构，使之对换热效果影响不大甚至能强化传热，这样就可以减少除霜次数或者不需要除霜。

5.4.10 辅助加热

当室外温度低于平衡点温度时，建筑物的散热量大于热泵型机组的制热量，造成室内空调温度无法维持。因而必须在空气源热泵空调系统内加设辅助热源，热泵机组冬季供热量不足部分由辅助加热设备补足热量。辅助加热源分三种：电加热、用燃烧燃料加热、用非峰值电力储存的热量加热。

采用电加热能较好地调节工况，并灵活地适应不同的气候环境。在室外环境温度低于平衡点温度时，按补充热负荷量的需要，分档开启电加热器。电加热器体积小、无环境污染、安装使用方便，得到了广泛的应用。

对于空气-空气热泵机组，电加热器可以直接安置在室内机送风侧。对于采用空气-水热泵机组的系统，电加热器可安装在热泵机组的出水处，如图5-6所示。由系统电气部分集中按热泵出水温度自动控制。

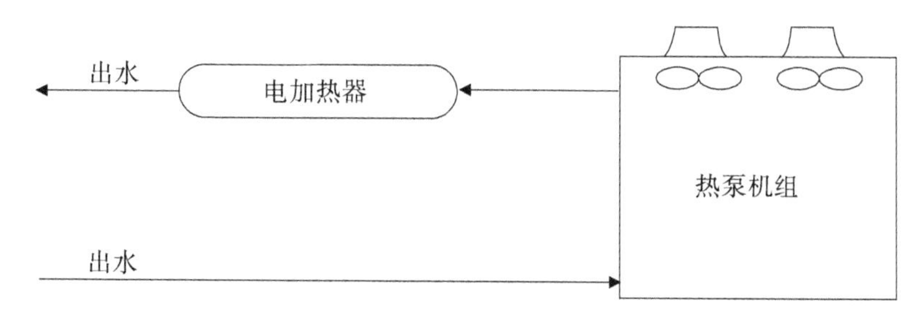

图5-6 电加热器安装示意图

在有蒸汽的场合，可用蒸汽作为辅助加热热源。峰值时电力较为短缺，而高低峰时电差价较大的地区，可采用蓄热方法储存热量。利用低峰时间的廉价电力，开启热泵机组将水池内水加热至白天峰值时使用。在电力短缺，电费昂贵的场合，可用燃油、燃气热水锅炉作为空气-水型空气源热泵的辅助加热源。如图5-7所示，利用辅助加热换热器，将流出空气-水型空气源热泵的热水再加热，使送到房间内的末端装置中的热水温度保持在45～55 ℃。

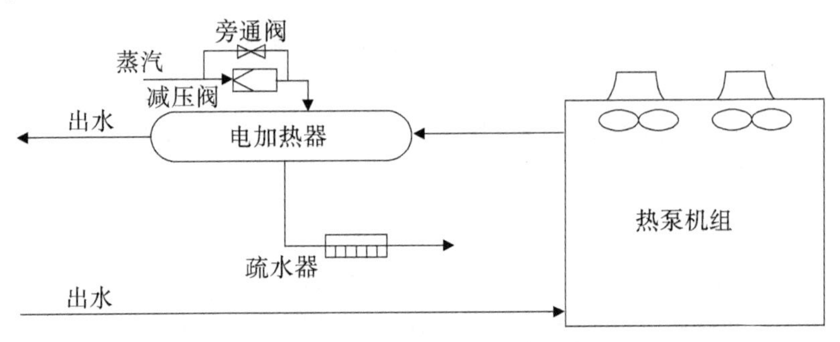

图5-7　辅助加热换热器安装示意图

5.4.11　空气源热泵机组的能量调节

当空气源热泵空调系统的运行条件高于平衡点温度时，建筑物的耗热量小于热泵机组制热能力，这就要求调节机组的制热能力以减少运行中的能耗。所以，热泵机组的制热量与建筑物的耗热量决定着空调系统是否能够节能运行。

早期的能量调节方式以分级能量调节为主。在空气源热泵机组中采用3～5台封闭式压缩机，当室内负荷减小或机组出水温度达设定值后，自动停止一部分的压缩机运行，以此实现分级调节运行。除此之外为避免首台启动的压缩机长期处于工作状态所引起的各台压缩机磨损不匀的现象，热力机组的控制系统需要调节各台压缩机的运行时间，这样才会使得各台压缩机能磨损均匀。由于压缩机的启动电流较大，开停机如果过于频繁则会导致对电网产生冲击，同时也会缩短压缩机的使用寿命。

分级能量调节不能实现热泵机组的制热量随建筑物的热损失及室外空气温度变化的同步调节。只有采用压缩机的变容量柔性调节才能适应不同热负荷的要求，从而提高热泵的制热系数和制热季节性能系数来减少系统对电网的冲击和室内温度的波动。从节能和舒适性的角度来看，用变容量的柔性控制比定速分级启停控制有着更明显的好处。

目前常用的变容量压缩机有两种，一种是数码涡旋压缩机，一种是变频压缩机。在热泵机组中，采用一台变容量压缩机与多台定速压缩机的这种组合形式，就能够实现大容量机组的连续能量调节，并且对增加机组使用寿命、提高房间的舒适性和降低噪声均有好处。

5.4.12 设备的布置设计

（1）为防止空气回流及机组运行不佳，热泵机组各个侧面与墙面的净距如下：机组进风面距墙大于1.5 m，机组控制柜面距墙大于1.2 m，机组顶部净空大于15 m。

（2）两台机组进风面间距一般不小于3.0 m。

（3）机组周围墙面只允许一面墙面高度高于机组高度。

（4）热泵机组基础高度一般应大于300 mm，布置在可能有积雪的地方时，基础高度需加高。

住宅面积较大的，房间较多的可以做南北分环设置，且各环路可控和调节。当户内是一个环路时，供水管道应该由北向房间进入。为了降低环路的阻力，尽量减少管道的转弯，当直管道过长应计算膨胀量，需要时考虑管道补偿。但是因为低温供暖加之管道的自然转弯，在住宅供暖中可不必考虑膨胀问题。

在住宅供暖系统中，因为每一户形成一个环路系统，必须考虑系统排气问题，在管道应设置大于3%的坡度。水平系统每组散热器应安装具有排气的丝堵，并安装散热器温控阀。空气源热泵同时用于生活热水供应和供暖，应对生活热水单独设置管道，避免对供暖系统产生腐蚀。对于分户独立闭式系统几乎可以不用考虑散热器的腐蚀问题。另外，由于家具的摆放及空间的使用等因素使散热器完全可以安装到内墙，不用强调靠外窗布置。为了减少输送过程中造成的热量浪费，应该尽量减少运输的距离。

空气源热泵系统的室内机布置应充分考虑到温度分布、气流分布、检修、安全性等方面的因素，并应与建筑物的装修配合得当。室内机与布置场所、建筑构造以及房间内饰之间的关系应在设计图样上清晰地标示出来。

房间有吊顶，平面成矩形时应选用嵌入式双面或四面送风的室内机；若平面空间比较大的时候，可以选用暗装风管式室内机，这样可以比较灵活地配合内装修布置送风口。如果房间无吊顶时，根据平面形状可以采用明装吊式、明装壁式等。

室外机一般布置在屋顶、阳台和地面上。室外机组在布置设计时必须达到进风通畅不干扰、排风顺利不回流的要求。室外机布置在屋顶时，屋顶空旷排风顺畅，空气洁净无污染，热量交换效果好，维修管理方便，但要避免众多室外机布置在同一屋顶使进风受到干扰。室外机布置在阳台上时进风顺畅，但要避免回流现象。特别是当数台室外机垂直布置在各层阳台时，容易

形成下面室外机的排风被上面室外机吸入作为进风的现象，布置设计时一定要避免这种情况的发生。同时热泵机组运行时有一定的噪声，机组放置要考虑减振降噪的措施，避免对周边居民产生影响。

5.5 土壤源热泵

5.5.1 土壤源热泵系统的特点

根据地下热交换器的布置方式，主要分类有：垂直埋管、水平埋管和蛇形埋管。垂直埋管换热器普遍采用U型方式，根据埋管深度可以分为浅层（小于30 m），中层（30～100 m）和深层（大于100 m）三种。

土壤源热泵系统是以大地土壤作为热源或热汇，通过高效热泵机组向建筑物供热或供冷，将土壤换热器置入地下。冬季从土壤中取热，向建筑物供暖；夏季向土壤排热，为建筑物制冷。实现真正意义的交替蓄能循环。由于地下热能储量大、无污染、可再生，土壤源热泵系统被称为21世纪最具发展前途的供暖空调系统之一。

土壤源热泵系统主要由土壤换热器系统、水源热泵机组、建筑物空调系统三部分组成，分别对应三个不同的环路。第一个环路为土壤换热器环路；第二个环路为热泵机组制冷剂环路，这个环路与普通的制冷循环的原理相同；第三个环路为建筑物室内空调末端环路系统。三个系统间以水或空气作为换热介质进行冷量或热量的转移。

在夏季，与土壤换热器相连的制冷剂换热器为冷凝器，土壤起热汇的作用，制冷剂环路将建筑物冷负荷以及压缩机、水泵等耗功量转化的热量一起通过土壤换热器将热量释放到地下土壤中。在冬季，土壤换热器相连的制冷剂换热器为蒸发器，土壤起热源的作用，换热器环路中低温的水或防冻剂溶液吸收了土壤中的热量，然后通过制冷剂系统将从地下吸收的热电以及压缩机和水泵等耗功量转化的热量一起释放给室内空气或热水系统，达到加热室内空气的目的。

土壤源热泵系统利用地下土壤作为热泵机组的吸热和排热场所。研究表明：在地下5 m以下的土壤温度基本上不随外界环境及季节变化而改变，且约等于当地年平均气温，可以分别在冬、夏两季提供较高的蒸发温度和较低的冷凝温度。因此，土壤是一种比空气更理想的热泵热（冷）源。

5.5.2 土壤源热泵的特点

土壤源热泵系统性能稳定，效率较高，其优点如下。

（1）资源可再生利用

土壤源热泵技术是利用地球表面浅层地热资源作为冷热源进行能量转换，而地表浅层是一个很大的太阳能集热器，收集了近一半的太阳能，相当于人类每年利用能量的500多倍，且不受地域和资源等限制，量大面广、无处不在。储存于地表浅层近乎无限的可再生能源，也同样是清洁能源。与地面上环境空气相比，地面5 m以下的土壤温度全年基本稳定，且略低于年平均气温，可以在夏季提供相对较低的冷凝温度，在冬季提供相对较高的蒸发温度。所以从热力学原理上讲，土壤是一种比环境空气更好的热泵系统的冷热源，而且土壤源热泵系统不会把热量、水蒸气及细菌等排入大气环境，满足当前可持续发展的战略要求。通常土壤源热泵消耗1 kW的能量，用户可以得到4 kW以上的热量或冷量，这多出来的能量就是来自土壤的能源。另外，由于地面温度较恒定的特性，使得热泵机组运行更稳定，也保证了系统的高效性和经济性。

（2）运行费用低

土壤源热泵与传统空调系统相比，每年运行费用可以节省40%左右。采用土壤源热泵系统，可以比风冷热泵更高效、更可靠，其热源温度全年较为稳定，一般为10～25 ℃。此外，机组使用寿命均在20年左右；机组不占过多空间，维护费用低；自动化控制程度高，可无人看守。土壤源热泵中的热源并不是指地热田中的热气或热水，而是指一般的常温土壤，所以对地下热源没有区别要求，可应用于中国的大部分地区。

土壤源热泵系统的*COP*值一般在3～6，与传统的空气源热泵相比，要高出40%左右。

（3）占地面积小

机房占地面积小，节省空间，可设在地下。

（4）绿色环保

土壤源热泵系统是利用地球表面浅层地热资源，没有燃烧、排烟及废弃物，环保无污染，土壤源热泵的污染物排放与空气源热泵相比减少40%以上，与电供暖相比减少70%以上，如果结合其他节能措施的话，节能会更明显。虽然也采用制冷剂，但比常规空调装置减少25%的充灌量；土壤源热泵系统能在工厂车间内事先整装密封好，属于自含式系统。因此，制冷剂泄漏概率大为减少。该装置的运行没有任何污染，可以建造在居民区内，安装在绿地、停车场下，没有燃烧，没有排烟，也没有废弃物，不需要堆放燃料废物的场地，且不用远距离输送热量。土壤源热泵系统没有中心空调集中占地问题，没有冷却塔和其他室外设备，节省了空间和地皮，为开发商带来额外

利润，产生附加经济效益，并改善了建筑物的外部形象。

（5）自动化程度高

机组内部及机组与系统均可实现自动化控制，可根据室外和室内温度变化要求控制机组启停，达到最佳节能效果，同时节省了人力物力；可自主调节机组，能够任意调机，投资者可按需要调整供给时间及温度，完全自主；一机多用，即可供暖，又可制冷，在制冷时产生的余热还可提供生活生产热水或为游泳池加热，最大限度地利用了能源。

从目前国内外的研究及实际使用情况来看，土壤源热泵也存在一些缺点，主要表现在如下几个方面：

（1）地下换热器的传热性能受土壤的性质影响较大。

（2）土壤源热泵系统连续运行时，随着土壤温度的变化，热泵的冷凝温度、蒸发温度会有所波动，导致热泵运行效率下降。

（3）由于土壤热导率较低，地下换热器与周围土壤的传热量较少，因此与空气源热泵相比，土壤源热泵地下换热器的设计换热面积较大。

（4）初步投资较高，仅土壤换热器的投资占系统投资的20%～30%。

尽管土壤源热泵系统存在以上不足，但专家们都普遍认为，在目前和将来土壤源热泵系统将是有前途的节能装置和系统，是国际空调和制冷行业的前沿课题之一，也是地热能利用的重要形式。

5.5.3 土壤源热泵系统的形式与结构

目前，根据制冷剂管路与土壤换热方式的不同，土壤源热泵系统分为两种类型：间接式土壤源热泵系统和直接膨胀式土壤源热泵系统。前者是将土壤换热器埋置入地下，利用循环介质与大地土壤进行热量的排放和吸收，制冷剂吸收管路和大地不直接进行热交换，制冷剂相变过程在热泵机组的蒸发器和冷凝器中完成。后者无须中间传热介质，制冷剂管路直接与土壤进行热交换。目前空调工程常用的是间接式土壤源热泵系统，而根据换热器布置形式，土壤源热泵系统相应地具有不同的形式与结构，根据换热器布置形式的不同，土壤换热器可分为水平埋管与垂直埋管换热器两大类，分别对应于水平埋管土壤源热泵系统和垂直埋管土壤源热泵系统。

水平埋管方式的优点是在浅层软土地区造价较低，但传热性能受到外界季节气候一定程度的影响，而且占地表面积较大。当可利用地表面积较大，地表层不是坚硬的岩石时，宜采用水平土壤换热器。按照埋设方式可分为单层埋管和多层埋管两种类型，按照管型的不同可分为直管和螺旋管两种。图5-8所示为几种常见的水平土壤换热器形式。

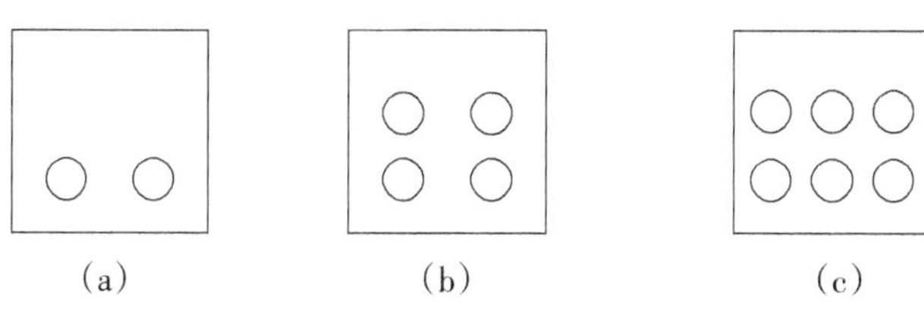

(a)单或双环路 (b)双或四环路 (c)三环路

图5-8 几种常见的水平土壤换热器形式

垂直土壤换热器是在若干垂直钻井中设置地下埋管的土壤换热器。由于垂直埋管土壤换热器具有占地较少，工作性能比较稳定等优点，使得它已经成为工程上的主要应用方式。在没有合适的室外用地时，垂直埋管土壤换热器还可以将U形管捆扎在基桩的钢筋网架上，然后浇灌混凝土，使U形管固定在基桩内。

垂直式土壤换热器的结构有很多种，根据在垂直钻井中布置的埋管形式的不同，可分为U形土壤换热器与套管式土壤换热器。套管式土壤换热器在造价和施工难度方面都有一些弱点，在实际工程中较少采用。U形土壤换热器采用在钻井中插入U形管的方法，一个钻井中设置一组或两组U形管；然后用回填材料把钻井填实，以尽量减小钻井中的热阻，同时防止地下水受到污染。钻井的深度一般为30～180 m。对于一个独立的民居，可能钻一个钻井就足够承担供热制冷负荷了，但对于住宅楼和公共建筑，就需要有若干个钻井组成的一群地埋管。钻井之间的配置应考虑可利用的土地面积，两个钻井之间的距离可在4～6 m，管间距离过小会因各管间的热干扰而影响换热器的效能。考虑到我国人多地少的实际情况，在大多数情况下垂直埋管方式是常见的选择。

尽管单U形埋管的钻井内热阻比双U形埋管大30%以上，但实测与计算结果均表明：双U形埋管比单U形埋管可提高15%～20%的换热能力，这是因为钻井内热阻仅是埋管传热总热阻的一部分，而钻井外的土壤热阻，对两者而言，几乎是一样的。双U形埋管管材用量大，安装较复杂，运行中水泵的功耗也相应增加，因此，一般地质条件下，多采用单U形埋管。对于较坚硬的岩石层，选用双U形埋管比较合适，钻井外岩石层的导热能力较强，埋设双U形地埋管，可有效地减少钻井内热阻，使单位长度U形埋管的热交换能力明显提高，从经济技术上分析都是合理可行的。当地埋管可埋设空间不足时，采用双U形地埋管也是解决的方法之一。

5.5.4 土壤源热泵国内外发展现状

1.国外土壤源热泵的发展

1912年，瑞士的H. Zoelly在一项专利中描述了利用土壤作为热源的热泵

计划，但由于当时一次能源比较充足，用热泵供暖的社会需求不足，导致热泵技术没有得到重视和发展。

20世纪50年代，美国和欧洲国家开始研究和利用地源热泵，但当时能源价格较低，使用热泵系统并不经济，因此并没有得到推广。

20世纪70年代初，由于石油危机的出现和环境的恶化，引发了人们对新能源的开发和利用，因此开始了地源热泵的研究和利用。这一时期欧洲建立了许多采用水平盘管地下换热器的土壤源热泵系统的研究平台。从热泵技术来说，此时的地源热泵系统大多直接利用地下水作为冷热源，因此对地下水温度有一定要求，而且当时的技术相对粗糙，甚至不设置回灌井。

20世纪70年代末到90年代初，美国开展了冷热联供地源热泵的研究工作。这一时期，地源热泵技术飞速发展并趋于成熟。美国的地源热泵机组生产厂家也十分活跃，成立了全国地源热泵生产商联合会，并逐步完善了工程安装网络，成为世界上地源热泵机组生产和使用的大国。欧洲以瑞典、瑞士、奥地利等国为代表，大力推广地源热泵供暖和制冷技术，这些国家的政府出台了相应的补贴和保护政策，使地源热泵机组的生产和使用迅速增加。

2. 国内土壤源热泵的发展

我国对热泵技术的研究起步于20世纪50年代，天津大学的热能研究所最早开展了热泵方面的研究工作，并于1965年研制了我国第一台水冷式热泵空调机组。我国对土壤源热泵的研究始于20世纪80年代，国内的科研工作者相继展开地源热泵的研究和试验工作，各种试验研究工作主要由各大学进行。虽然我国对地源热泵的研究和应用较晚，但发展势头很好，地源热泵发展已列入国家新能源和可再生能源产业发展“十五”规划。

1978—1999年，中国制冷学会第二专业委员会举办了9届“全国余热制冷与热泵技术学术会议”，1988年中国科学院广州能源研究所举办了“热泵在我国应用与发展问题专家研讨会”，而且中国建筑学会暖通空调委员会、中国制冷学会第五专业委员会在各界举办的“全国暖通制冷学术年会”上专门增设热泵专题。1997年11月，中国国家科学技术委员会和美国能源部签署了《中华人民共和国国家科学技术委员会和美利坚合众国能源部能源效率和可再生能源技术发展与利用领域合作议定书》，其中主要内容之一就是地源热泵的开发利用。

3. 土壤源热泵国外研究现状

国外对土壤源热泵的研究主要集中在地下换热器，1946年，美国进行了12个地下换热器的研究项目，这些研究项目测试了埋地盘管的几何尺寸、管间距、埋深等，并将热电偶埋入地下，测试了土壤温度随时间变化和受传热过程影响的情况。

1953年，美国电力协会的研究表明，以上这些试验还没有提供可用于地下换热器的设计方程。

20世纪50年代初，英国安装了用于住宅供暖的地源热泵系统。

1974年，欧洲实施了30个工程开发研究项目，发展了地源热泵的设计、安装技术，并积累了运行经验。

1971—1978年，美国进行了多种形式地下换热器的测试，并引入太阳能集热器，组成混合土壤源热泵系统。这一时期开始采用塑料盘管代替金属盘管。美国和欧洲国家设计安装的土壤源热泵系统大多参照类似的已建工程设计安装，另一些工程的设计则采用估算方法。目前，国外对土壤源热泵的研究仍集中在地下换热器的传热性能上。

4. 土壤源热泵国内研究现状

目前，国内对土壤源热泵的研究主要集中在以下5个方面：地下换热器的传热计算模型的建立，地下换热器传热计算的模拟研究，地下换热器的筛选及埋地盘管合理管间距的理论分析，土壤冻结对地下换热器传热的影响，地下换热器间歇运行工况的分析。

20世纪50年代，天津大学热能研究所吕灿仁开展了国内最早的热泵研究，并论证了热泵系统是提高低温地热利用率和城市供暖的有效方式，同时介绍了地源热泵模拟试验。

1989年青岛建筑工程学院建立了国内第一个土壤源热泵系统的试验台，高祖锟教授对北方地区利用水平盘管地下换热器的土壤源热泵系统用于冬季供暖进行了一些研究，并对水平盘管地下换热器的地下温度场分布进行了数字化模拟，得出了单位长度埋地盘管的负荷指标。

华中理工大学从20世纪90年代开始，在国家自然科学基金的资助下，进行了水平单管地下换热器的传热研究，后来又进行了地下浅层井水用于夏季制冷和冬季供暖的研究。

从1999年开始，同济大学热能工程系张旭，利用探针对土壤及不同比例的砂土混合物，在不同含水率、密度下的热导率进行了试验研究，分析了影响土壤传热能力的因素。李元旦等人结合对土壤源热泵冬季制热工况的实测，研究了土壤源热泵的启动工况。

5.5.5 土壤源换热器的换热分析

1. 土壤换热器传统分析模型

对于土壤源热泵系统设计而言，土壤换热器的传热分析主要是保证在土壤源热泵整个生命周期中循环介质的温度都在设定的范围之内，设计者根据这一目标选择土壤换热器的布置形式并确定埋管的总长度。土壤换热器传热

分析的另一个目的，是在给定土壤换热器布置形式和长度以及负荷的情况下，计算循环介质温度随时间的变化，并进而确定系统的性能系数和能耗，以便对系统进行能耗分析。土壤换热器设计是否合理，决定着土壤源热泵系统的经济性和运行的可靠性，建立较为准确的地下传热模型是合理地设计土壤换热器的前提。设置在不同场合的土壤换热器将涉及不同的地质结构，包括各地层的材质、含水量和地下水的运功等，这些因素均会影响换热器的传热性能。此外，土壤换热器负荷的间歇性及全年吸放热负荷的不平衡等因素对性能有重要影响。由于地下传热的复杂性，土壤换热器热量传递过程的研究一直是土壤源热泵系统的技术难点，同时也是该项研究的核心和应用的基础。

关于土壤换热器的传热问题分析求解，迄今为止国际上还没有普遍公认的唯一方法。现有的传热模型大体上可分为两大类：第一类方法是以热阻概念为基础的半经验性的解析方法，第二类方法是以离散化数值为基础的数值求解方法。

第一类方法通常是以钻井壁为界将土壤换热器传热区域分为两个区域。在钻井外部，由于埋管的深度远远大于钻井的直径，因而埋管通常被看做成是一个线热源或线热汇，这就是无限长线热源模型；或将钻井近似为一无限长的圆柱，在孔壁处有一恒定热流，钻井周围土壤同样被近似为无限大的传热介质，这就是无限长圆柱模型。根据无限长线热源模型或无限长圆柱模型即可对钻井外的传热进行分析。而在钻井内部，包括回填材料、管壁和管内循环介质与钻井外的传热过程相比较，由于其几何尺度和热容量要小得多，而且温度变化较为缓慢，因此在运行数小时后，通常可以按稳态传热过程来考虑其热阻。由于两根U形管支管并不同轴，工程上采用的一种方法是将U形管的两支管简化为一个当量的单管，进而把钻井内部的导热简化为一维导热。另一种方法是将钻井内的两根U形管分别看作是具有不同热流的钻井内稳态温度场，为两个热流的叠加，即二维传热模型。这类半经验方法概念简单明了，容易为工程技术人员接受，因此在工程中得到一定的应用。其缺点是对各热阻项的计算做了大量简化假定，模型过于简单，能够考虑的因素有限，特别是难于考虑U形两支管间的热干扰，换热负荷随时间的变化，全年中冷热负荷的转换和不平衡等较复杂的因素。

第二类方法以离散化数值为基础的数值解法传热模型，多采用有限元、有限差分法或有限体积法求解地下的温度响应并进行传热分析。随着计算机技术的进步，数值计算方法以其适应性强的特点已成为传热分析的基本手段，成为土壤换热器理论研究的重要工具。但是由于土壤换热器传热问题涉及的空间范围大、几何配置复杂，同时负荷随时间变化，时间跨度长达十年

以上，因此若用这种分析方法按三维非稳态问题求解实际工程问题将耗费大量的计算机时间，在当前的计算条件下直接求解工程问题几乎是不可能的。这种方法在目前只适合在一定的简化条件下进行研究工作中的参数分析，而不太适合做大型的多钻井的土壤换热器的传热模拟，更不适合用作工程设计和优化。

2. 土壤换热器传热的主要影响因素

土壤源热泵系统是向土壤或把土壤作为热源或热汇来传输热量的。影响这个传热过程的主要有三个因素：

（1）土壤换热器结构。

（2）土壤的传热性能。

（3）土壤换热器换热负荷。

对于给定的热负荷和冷负荷，换热器的长度或面积主要取决于土壤的传热性能。要增强换热器传热的方法与传统的换热器基本相同，即可提高传热温差，增加传热面积，减少传热热阻。其中传热温差的改变要受到地层温度、循环介质温度及热泵参数的限制，而传热面积的增加需要付出初投资增加的代价。因此，这里主要分析土壤物性、回填材料物性以及换热负荷特性对传热的影响，以解决如何减少换热器换热热阻的问题。

3. 土壤物性对传热的影响

土壤物性对于土壤换热器的传热性能有很大影响，它是设计土壤换热器的基础数据。要确定土壤物性十分不易，而准确把握土壤换热器运行的传热性更难，这是因为影响地下传热性能的因素很多。地下传热性能随着每年的不同时间的降水量、地层深度的变化而变化。土壤源热泵系统的运行使周围土壤的水分减少而干燥或从地下吸热量和向地下释放热量不平衡等因素，都将改变土壤换热器的传热性能。对于换热器，其整个传热过程是一个复杂的、非稳态的传热过程，因而分析其传热影响因素至关重要。

（1）土壤热物性

土壤的热导率和热扩散率，对土壤源热泵系统的设计影响很大。土壤的热导率表示通过土壤的热传导能力。热扩散率是衡量土壤传递和存储热量能力的尺度。土壤的含湿量对于这两个热物性参数有很大的影响。当土壤换热器向土壤传热（夏季制冷工况）时，换热器周围的土壤被干燥，即土壤中的水分扩散减少。这种水分的减少将使土壤的热导率减小。埋管壁温的升高，将会使更多的水分从土壤中散失。表现出这种特性的土壤被认为热是不稳定的，并且将降低土壤的传热性能。

对于丰水地区或冷负荷较少的北方地区，热不稳定性不是一个大问题。较高的地下水位或较小的冷负荷使地下水含量的降低不明显。但是在干燥温

暖的气候条件下，如西北地区，在设计过程中，应考虑热不稳定性对土壤换热器的影响。

（2）土壤温度特性

对当地土壤温度的精确表述是非常重要的，因为土壤和循环介质之间的温差是热传递的动力。常温带的地温接近全年的地上空气年平均温度，在工程的垂直埋管深度方向上通常取一个平均地层温度，以便简化计算。

在土壤换热器运行过程中，换热器周围土壤的温度场将发生变化，随着地温变化程度的增加和区域的扩大，相邻换热器之间的换热将受到影响，一般把这种因地温变化而引起的换热阻力的增加与换热量的减弱，称为温变热阻。如果在一年中冬季从地下抽取的热量与夏季向地下注入的热量不平衡，多余的热量（或冷量）就会在地下积累，引起地下年平均温度的变化。温变热阻将增大，土壤换热器效能将降低。模拟计算结果表明：在相同的设计条件下，设计埋管总长度随着冷热负荷比的增大和土壤换热器设计时限的延长而增加，即冷热负荷的不平衡对土壤换热器的设计容量有很大影响。以年设计时限为例，冷热负荷比为2∶1时的土壤换热器设计容量是冷热负荷比为1∶1时的1.5倍。当然这里未考虑其他因素，如地下水渗流的影响。换热器间距的适当增加，可有效地减少温变热阻。

（3）地下水渗流

地下水的渗流对通过土壤进行的热交换有着显著的影响，此时不仅土壤通过热传导换热，而且还通过地下水的渗流形成对流换热。这将增强土壤换热器的热交换能力。如果地下水流动活跃，每年都可以把负荷不平衡导致的那部分多余的热量中的大部分带走，使得大地温度的变化减缓，那么负荷不平衡的影响将减弱。垂直埋管的深度通常达到30～180 m，实际上在其穿透的地层中或多或少地都存在着地下水的渗流。尤其是在沿海地区或地下水丰富的地区，甚至有地下水的流动。地下水的渗流或流动有利于土壤换热器的传热，有利于减弱或消除由于土壤换热器吸放热不平衡而引起的热量累积效应，因此能够减少土壤换热器的设计长度。研究结果表明：在地下渗流速度为6～10 m/s时，换热能力比无渗流时增大了约30%。显然渗流速度越大，温度场则越快地达到稳定，而且稳定时的土壤换热器进出口流体温差较大。

4.回填材料对土壤换热器传热的影响

（1）回填材料对传热过程的影响

回填是土壤换热器施工过程中的重要环节，即在钻井完毕、下U型管后，向钻井中注入回填材料。它介于换热器的埋管与钻井壁之间，是土壤与U形管之间交换热量的桥梁，用来增强埋管和周围土壤的换热；同时可防止地面水通过钻井向地下渗透，以保护地下水不受地表污染物的污染，并防止各个蓄水层之间的交叉污染。有效的回填材料可以防止土壤冻结、收缩、板结等因素对土壤换热器传热效果造成影响。具有良好物理特性的回填材料可以强化U形管与地层之间的导热过程，提高地下土壤换热器的传热能力，进而减小地下土壤换热器的设计尺寸和降低初投资成本。

(2) 钻井回填材料特性

回填材料的主要特性包括回填材料的热导率、是否各向同性、稳定性、工作性、抗渗性、强度、热压变形、与埋管以及钻井壁的结合程度、经济性、耐久性以及对环境有无污染等。其中，回填材料热导率又受回填材料的组成、温度、湿度、压力、密度等因素的影响。对于给定类型的回填材料，一般随温度、压力的变化不太大，而随湿度、密度的变化通常会引起回填材料热导率发生较大变化。回填材料是一种热传递介质，首先要求其具有良好的传热性能；其次回填材料还要具有良好的工作性，以及一定的强度、抗渗性和膨胀性等。

(3) 常用回填材料的选择以及正确的回填施工

通常可以采用与地层相近的材料作为回填材料，一般选择膨润土、水泥以及砂作为基本材料，以适当的混合比例，达到较好的性能。为防止钻井回填后在井壁处形成过大的接触热阻，在回填材料中添加膨润土。膨润土能吸收8～15倍于本体积的水量，吸水后体积膨胀，增大为原体积的几倍到十几倍，膨润土还有蓄热性能。回填材料中加入膨润土后，能够很好地与周围土壤接触，减少了增加接触热阻的可能性，并且膨润土能保持大量的水分，增加传质换热，能够强化换热效果。国外有些学者对于可流动回填料做了研究，结果表明，回填料选用可流动介质可以增强换热效果。由于膨润土具有很强的吸水膨胀性，若回填材料中的含水量超过了基料水解所需的含水量，回填材料将会失水而产生一些空隙，降低热导率，所以不适合于单独用作回填材料。回填材料中使用大颗粒的骨料，如硅砂等，是提高其热导率的一个有效的办法。一方面加入骨料可以降低回填材料失水后的收缩、开裂；另一方面必须考虑加入骨料后回填材料的可泵性。在回填料中加入适当比例的砂可以使回填材料的热导率呈现线性增长，理论上认为通过在回填料中加入砂可以达到所要求的回填料热导率，但加砂量的多少同样受到可泵性的影响。

5.换热负荷对土壤换热器传热的影响

(1) 土壤换热器换热负荷特性

土壤源热泵系统设计与运行是为了调节室内温湿度服务的，因此热泵机组不可避免地受到室内负荷情形的影响。如果室内负荷发生变化，机组的运行特性也会相应改变，以适应负荷变化，热泵低位热源的使用状态也随之变化，即土壤换热器的换热状态也随之动态变化，这种动态变化表明土壤换热

器的换热性能与其承担的换热负荷有极大的关联。这种关联特性不仅表现在土壤换热器的设计，更重要的是土壤换热器是否能长期正常工作，以保障在不同的空调负荷特征下土壤源热泵系统能够高效、节能运行。因此，地埋管冷热负荷的特征分析是土壤源热泵系统地下换热器设计以及性能分析的前提，事关实际工程中土壤源热泵方案的可行性，从这点来说，土壤换热器换热负荷特征的分析比传统空调中更为重要。

由于土壤换热器换热负荷直接取决于土壤源热泵系统空调负荷的特性，其换热负荷特征表现为多种多样。根据土壤源热泵系统实际运行工况，针对其可行性和运行性能的变化，主要采用以下三个参数来描述土壤换热器换热负荷特征：换热负荷的强度特性、换热负荷的时间特性以及换热负荷的累积特性。换热负荷的强度特性重点在于突出短时间内土壤换热器的传热性能问题；换热负荷时间特性的目的是为分析一个时间周期内土壤换热器的效率服务的；换热负荷的累积特性主要是着眼于土壤换热器从周围土壤取热和排热的平衡型问题。

（2）换热负荷特性对传热的影响

土壤换热器换热负荷强度特性、时间特性、累积特性既有联系，又有区别。换热负荷强度特性主要表征某一时刻或某一短时间内换热负荷量的大小，而换热负荷累积特性是一定时间段内瞬时的换热负荷的总和，是换热负荷强度特性和时间特性共同作用的结果，但无法反映该时间段内换热负荷的强度特性。对于不同的土壤源热泵工程，即使某段时间内土壤换热器累积排热量和取热量相同，换热负荷的强度特性却可能表现不一致。正因为如此，设计与分析土壤换热器随换热负荷的变化趋势必须考虑三者的综合影响。

5.5.6 土壤换热器系统的检验与水压试验

1. 土壤换热器系统的检验

土壤换热器系统检验的要点为：

（1）管材、管件等材料应符合国家现行标准的规定。

（2）全部垂直U形埋管的位置和深度以及换热器的长度是否符合设计要求。

（3）对灌浆材料及其配比应符合设计要求，灌浆材料回填到钻井内的检验应与安装换热器同步进行。

（4）监督循环管路、循环集管和管线的试压是否按下面所述要求进行，以保证没有泄漏。

（5）如果有必要，必须监督不同管线的水力平衡情况。

（6）检验防冻液和化学防腐剂的特性及浓度是否符合设计要求。

（7）循环水流量及进出水温差均应符合设计要求。

2. 土壤换热器水压试验

土壤换热器管道的水压试验，是为了间接证明施工完成后的管道系统密闭的程度，但聚乙烯管道与金属管道不同，金属管线的水压试验期间，除非有漏失，其压力能保持恒定；而聚乙烯管线即使是密封严密的，由于管材对温度的敏感性，也会导致试验压力随着时间的延续而降低，因此应全面地理解压力降的含义。

土壤换热器管道试压前应充水浸泡，时间不应小于12 h，彻底排净管道内空气，并进行水密性检查，检验管道接口及配件处，如有泄漏应采取相应措施进行排除。水压试验宜采用手动泵缓慢升压，升压过程中应随时观察与检查，不得有泄漏；不得以气压试验代替水压试验，具体的操作过程可参阅《地源热泵系统工程技术规范》（GB 50366—2005）。影响土壤源热泵推广应用的主要原因为：

（1）对土壤特性、回填材料所进行的热物性试验研究和认识有限。

（2）地下换热器传热机理的理论研究繁多，但缺乏理论与实践的有效结合，缺乏多环境下应用技术的系统研究以及实际有效的强化传热方法。

（3）不同冷、热负荷下，地下换热器与热泵系统最佳匹配技术的研究不够。同时，由于土壤源热泵地下换热器的影响因素多，设计难度大，一些参数的选择不当会造成工程造价高得难以接受，使研究成果很难被企业和业主所认同。因此国内的广大研究人员应进一步开展相关基础理论与实际应用相结合的研究。

5.5.7 土壤源热泵发展的前景

地源热泵系统作为一种新技术，目前取得了很大的发展，虽然有许多问题尚待解决，但是其应用前景非常广阔。我国地域辽阔，各地的气候条件和土壤条件各不相同，其中大部分地区夏热冬冷，适合地源热泵的使用范围。加之我国采暖和制冷基础还相对薄弱，将来需求量无可比拟，被认为是世界上直接利用地热潜力最大的国家。随着生态环境保护的深入人心和节能意识的加强，建筑环境和生活水平的不断提高，土壤源热泵系统因其节约常规能源、充分利用可再生能源以及减少环境污染和资源破坏等显著优点，将会成为21世纪最有效的供热和供冷空调技术之一。

5.6 干热岩技术

5.6.1 干热岩的定义

干热岩，新兴地热能源，是一般温度高于200 ℃，埋藏于地表下数公里，内部不存在流体或仅有少量地下流体（致密不渗透）的高温岩体。存量巨大。主要是各种变质岩或结晶岩体，储存状态有蒸汽型、热水型、地压型、岩浆型的地热资源。干热岩型地热资源是专指埋藏较深，温度较高，有开发经济价值的热岩体。干热岩的成分可以变化很大，绝大部分为中生代以来的中酸性侵入岩，但也可以是中新生代的变质岩，甚至是厚度巨大的块状沉积岩。干热岩主要被用来提取其内部的热量，因此其主要的工业指标是岩体内部的温度。

在学术界，干热岩有时被称为“热干岩”，其英文名称为“Hot Dry Rock”。干热岩的分布几乎遍及全球。从理论上说，随着地球向深部的地热增温，无论任何地区只要达到一定深度都可以开发出干热岩，因此干热岩又被称为是无处不在的资源。但在现阶段，由于技术和手段等限制，干热岩资源专指埋深较浅、温度较高、有开发经济价值的热岩体。目前干热岩开发利用潜力最大的地方，是新火山活动区，或地壳已经变薄的地区，这些地区主要位于全球板块或构造地体的边缘。中国第一次在青海省共和盆地发现大规模可利用干热岩资源。青藏高原南部约占我国大陆地区干热岩总资源量的1/5。

5.6.2 干热岩开发原理

干热岩系统是指用人工工程形成的裂缝，从低渗透性的高温热岩中，经济地采出热能以利用的系统。与传统的地热发电相比，干热岩系统的热储处于无水或基本无水状态，能够解决传统地热发电受地理分布限制的问题。

开发干热岩资源的原理是从地表往干热岩中打一眼井，封闭井孔后向井中高压注入较低温的水，产生了非常高的压力。在岩体致密无裂隙的情况下，高压水会使岩体大致垂直最小地应力的方向产生许多裂缝。若岩体中本来就有少量天然节理，这些高压水使之扩充成更大的裂缝。当然，这些裂缝的方向要受地应力系统的影响。随着低温水的不断注入，裂缝不断增加、扩大，并相互连通，最终形成一个大致呈面状的人工干热岩热储构造。在距注入井合理的位置处钻几口井并贯通人工热储构造，这些井用来回收高温水、汽，称之为生产井。注入的水沿着裂隙运动并与周边的岩石发生热交换，产生了温度高达200～300 ℃的高温高压水或水汽混合物。从贯通人工热储构造的生产井中提取高温蒸汽，用于地热发电和综合利用。利用之后的温水又通过注入井回灌到干热岩中，从而达到循环利用的目的。

5.6.3 国内干热岩资源

相关专家介绍，青藏高原在隆升过程中形成了一系列地热资源。从2014年时了解的干热岩地热资源区域分布看，青藏高原南部占中国大陆地区干热岩总资源量的20.5%，资源量巨大且温度最高。青海地勘人员在共和盆地成功钻获温度高达153 ℃的干热岩，这是我国首次发现大规模可利用干热岩资源。该资源属于清洁能源，故可用于地热发电。共和盆地位于青藏高原腹地，这次钻获的干热岩资源具有埋藏浅、温度高、分布范围广的特点，填补了我国一直没有勘查发现干热岩资源的空白。据专家介绍，在共和盆地钻获的干热岩致密不透水，1 600 m以下无地下水分布迹象，符合干热岩的特征条件。该岩体在共和盆地底部广泛分布，钻孔控制干热岩面积达150 km^2以上，干热岩资源潜力巨大。干热岩地热资源是最具应用价值和利用潜力的清洁能源。我国干热岩资源量巨大，其高效开发对于加快我国能源结构调整、保证能源安全具有重大战略意义。

在介绍干热岩地热资源分布、开发利用现状、工程技术进展的基础上，指出基础科学研究、钻井完井技术、大型压裂技术、热能提取技术等是干热岩地热高效开发的重点攻关方向。围绕干热岩地热开发利用存在的硬地层破岩、钻井围岩稳定、缝网压裂、热量交换等技术难题，开展技术攻关，通过示范工程，形成我国干热岩地热开发自主化技术体系，从而加快我国干热岩地热资源的高效开发利用，实现能源结构优化，防治大气污染，改善人民生活，促进经济社会生态环境科学、协调发展。

根据我国区域地质背景，高热流区均处于板块构造带或构造活动带，我国西南部的地热活动具有南强北弱、西强东弱的规律，东部区的地热活动呈东强西弱之势。在滇藏、东南沿海、京津冀、环渤海等地区分布有较大范围的火山岩体，说明我国具备干热岩地热资源形成的区域构造条件。我国干热岩主要分布在3个区域：沉积盆地区、近代火山活动地区和高热流花岗岩地区。我国干热岩所储存的热能约为已探明地热资源总量的30%。

5.6.4 国内外干热岩的发展

早在20世纪70年代初，美国LosAlamos国家实验室原子物理学家们就形成了干热岩地热能的想法，提出利用地下5 km以下广泛分布的无水热能进行发电（Smith，1973）。至今美国、澳大利亚、英国、德国、法国、日本、瑞士、瑞典等国家开展了干热岩发电试验和商业运作（Bertani，2012）。

我国对地热的开发利用仍处于初级阶段，主要集中在中低温热资源的研究和利用方面，对干热岩地热资源的开发研究尚处于起步阶段，在部分地区进行了干热岩地热资源调查，仅少数科研单位（中国地质科学院等）开展了初步理论研究。2012年，我国启动了“863”计划项目“干热岩热能开发与综合利用关键技术研究”，2013年，国土资源部在青海共和盆地中北部钻成了井深2 230 m、井底温度达153 ℃的干热岩井，对干热岩地热开发进行了探索试验。

2013年，我国制定了《全国干热岩勘查与开发示范实施方案》，将评价全国干热岩地热资源与潜力，找出优先开发靶区，建立干热岩地热勘查示范基地，形成我国干热岩地热勘查开发的关键技术体系，2030年前后，实现干热岩地热发电的商业性运营，建立起一套干热岩地热开发方法体系。干热岩地热开发工程技术以油气钻完井技术为基础，针对干热岩地热开发中的一些特殊问题需要采取一些特殊措施，例如井下仪器、工具和材料等要具有较高的抗温能力，套管要具有高温稳定性，需要研究特殊的井眼稳定技术和井口钻井液冷却设备等。

目前，国内外还没有实现干热岩地热能大规模梯级发电，干热岩的成因、分布、勘探、评价、选区、开发、综合利用等方面的研究极为薄弱，很多领域仍是空白，特别是在干热岩地热能的孕育环境、热构造系统、分布规律、形成机理、热储性质、勘查思路、能量评估、大规模开发及其与矿产、油气、灾害、环境、水文、工程的关联性等方面急需加强研究。

5.6.5 干热岩的优缺点

干热岩供暖技术是通过钻机向地下2 000～4 000 m深度高温岩层钻孔，在孔中安装一种密闭的金属换热器，将地下深层的热能导出，并通过地源热泵系统向地面供暖的新技术。

干热岩供暖技术具有许多优点：

（1）突破用地制约，在受热建筑物附近向地下钻孔，不需要建市政配套管网，具有普遍适用性。

（2）只抽取地下热能，不需要取地热水，保护水资源。

（3）绿色环保，无废气、废液、废渣等任何污染物排放，无温室气体排放。

（4）节能减排效果明显。如果在一个采暖季（4个月），以100万 m^2 建筑为例，与燃煤锅炉相比，干热岩供热可替代标煤1.6万t，减少 CO_2 排放量4.3万t，减少 SO_2 排放量136 t。

（5）投资小、运行成本低。按照一个孔可以解决1万 m^2 建筑的供暖计

算，一个小区一次性投资略高于燃煤集中供热，但是其运行成本仅为燃煤集中供热成本的35%。

（6）安全可靠。该技术孔径小，地下无运动部件，对建筑基础和地质无任何影响。

（7）干热岩可循环利用。地下热源再生性稳定，且地下换热器耐腐蚀、耐高温、耐高压，寿命与建筑寿命相当。冷水变热后可能最终会使岩石温度降低到20 ℃左右，因此一处干热岩发电站可能只能连续工作20年左右。但是，这个热储库关闭后，地心的炽热岩浆会重新加热这些岩石。几十年后，这些热岩就能再次被用于发电。而且在关闭期间，发电站可以得到充分的维修和技术升级，为下次发电做好准备，实现周期性循环发电。

（8）干热岩储量丰富。开采使用干热岩，可满足人类长期使用需要。麻省理工学院一份研究表明，只要开发地球上3～10 km深度中2%的干热岩资源储量，就能产生2×10^{20} J能量，是美国2005年全年能耗总量的2 800倍。也有专家保守估计，地壳中距地表3～10 km深处的干热岩所蕴含的能量相当于全球石油、天然气和煤炭所蕴藏能量的30倍。

5.6.6 干热岩发电系统

目前，人们对干热岩的开发利用主要是发电，利用干热岩发电技术可大幅降低温室效应和酸雨对环境的影响，且不受季节、气候制约。将来人们利用干热岩发电的成本仅为风力发电的一半，只有太阳能发电的1/10。

干热岩发电的基本原理是：通过深井将高压水注入地下2 000～6 000 m的岩层，使其渗透进入岩层人工压裂造出的缝隙并吸收地热能量；再通过另一个专用深井（相距200～600 m）将岩石裂隙中的高温水、汽提取到地面；取出的水、汽温度可达150～200 ℃，通过热交换及地面循环装置用于发电；冷却后的水再次通过高压泵注入地下热交换系统循环使用。整个过程都是在一个封闭的系统内进行。干热岩系统如图5-9所示。

5.6.7 干热岩采暖系统

干热岩因其具有较高温度，一旦成功开采出来，将是冬季供暖的良好热源。但因其造价较高，对于面积较小的建筑供暖，高昂的成本是一般人难以承受的。因此，用干热岩技术来进行集中供暖是比较合适的选择。如我国陕西四季春清洁热源股份有限公司的干热岩供热技术，目前已成功在陕西省内进行了商业应用。据其施工安装的干热岩供热示范项目——长安信息大厦在2013年供暖季的运行数据中表明，干热岩供热这一技术在该项目的住宅及商业供热面积共计3.8万m^2中供热效果良好。

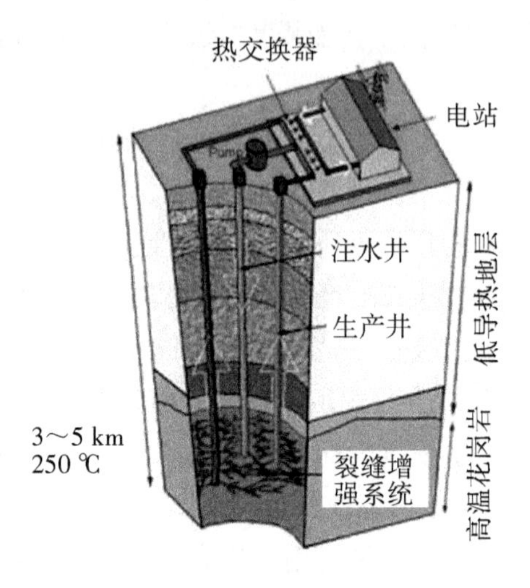

图5-9　干热岩系统

干热岩供暖技术是通过钻机向地下2 000～4 000 m深度高温岩层钻孔，在孔中安装一种密闭的金属换热器，将地下深层的热能导出，并通过地源热泵系统向地面供暖的新技术。

开发利用干热岩，从对大气环境的保护角度和资源的储备量方面来说，其优势是其他能源类别不可比的。干热岩资源在其利用过程中不燃烧化石燃料，因此不会排放温室气体二氧化碳和其他污染物。干热岩储量丰富，并可循环利用，可满足人类长期使用的需要。

5.6.8　干热岩技术

1.钻井工艺技术

（1）井身结构设计

由于干热岩地层为花岗岩或变质岩，地层坚硬，一般采用直井，井身结构一般为“导管—表层套管—技术套管—筛管”。干热岩地热可以采取定向井和水平井开采。干热岩井多采用裸眼完井或套管完井，如果注入井为定向井或水平井，随着分段压裂技术的应用，可以采用套管固井，然后采用固井滑套或射孔分层压裂方式进行压裂，增加流体通道。

（2）钻井技术

ESG发电项目需要有多口生产井，注入井为直井，有时开发井为定向井。受压裂能力的限制，注入井与开发井的井底距离一般不超过900 m。由于地层温度高，特别是使用空气钻井或泡沫钻井时，导向工具、动力钻具、随钻井眼轨迹测量仪器和测井设备的抗高温性能要好。到目前为止，国际上电子仪器的最高抗温能力达到205 ℃，国内为150 ℃。干热岩井通常在结晶岩、

花岗岩、火成岩或变质岩中钻进，地层相对较硬，裂缝发育，研磨性强，因此钻头优选是关键。与油气钻井相比，干热岩钻井需选用适用于更高地层硬度的钻头，如钢齿牙轮钻头，有时也可选用镶齿牙轮钻头。在钻进结晶岩时，可以使用孕镶金刚石钻头。中国石化研制了刀翼式孕镶钻头，可用于花岗岩、玄武岩钻进，并研制了特种孕镶块加强型PDC钻头及YSC-178型射流冲击器。干热岩井固井时，因地层温度很高，热膨胀会造成套管弯曲和套管挤坏，回灌井冷却也会使套管收缩发生张力破裂而损害。干热岩井固井时水泥浆通常从套管返到地面，以提供支持、稳定和防腐，在一定程度上解决套管的膨胀变形问题。

（3）钻井液技术

对于干热岩井，国内外普遍采用耐高温钻井液钻进，在现有抗温能力较强的钻井液有机处理剂中，部分处理剂抗温220～230 ℃，极少数处理剂抗温达250～280 ℃。由于干热岩大都为变质岩或结晶岩类岩体，基本不涉及水敏性地层，因此，干热岩井钻井液重点考虑其抗温性能。除水基钻井液外，还可采用由抗温230 ℃以上的处理剂、发泡剂、稳泡剂配制而成的泡沫钻井液。中国石化优选了抗高温造浆材料和关键处理剂，研制了地热井水基钻井液体系，抗温达到230 ℃，高温高压滤失量小于10 mL。同时，优选了高温泡沫钻井液关键处理剂，初步形成了地热井泡沫钻井液体系，密度0.4～0.6 kg/L，其性能基本满足了干热岩钻井的要求。

2.干热岩井眼稳定技术

在钻井过程中，干热岩遇到温度较低的钻井液或其他流体后，会发生物理化学变化，井壁周围温度迅速降低，导致地层弹性模量、抗压及抗拉强度随温度升高而降低，井眼围岩承载能力下降，极易出现热破裂，产生井壁坍塌、卡钻等井下复杂情况。因而，干热岩井的井眼稳定性受到温度场、渗流场及应力场的耦合影响，需要考虑钻井围岩系统的温度场、渗流场、应力位移场的变化规律。通常可以通过数值模拟对钻进过程中高温状态井眼遇低温工作液产生热破裂的稳定性问题进行分析预测。郤保平等人给出了干热岩井眼稳定性的热－流－固耦合数学模型，辅以初始条件和边界条件，选择合理的岩石破坏准则，基于数值算法就可以对模型进行求解，预测不同时刻下干热岩的井眼稳定性。中国石化以传热学理论和能量守恒理论为基础，结合高温地热井低温梯度特点、综合考虑钻井液流变性、井身结构及钻具组合等影响因素，建立了井筒温度分布模型，并在分析边界条件约束、径向热流的影响、钻井液流变性等方面均有新改进。

3.钻井液冷却技术

由于干热岩温度高，钻井液返至地面后温度可能超过100 ℃，除水蒸发严重影响钻井液性能外，对人与设备都易造成极大伤害，因此，干热岩钻井必须采用特殊装置对钻井液进行冷却。

板式换热器钻井液冷却系统的基本结构原理为：钻井液从钻井液罐中由钻井泵抽吸进板式换热器，与冷却剂进行换热，冷却剂为水或海水。荷兰公司研发的板式换热器钻井液冷却系统采用了2个板式换热器，钻井液在主换热器中，通过与乙二醇/水溶液换热冷却，乙二醇/水溶液吸收钻井液热量后返回第二个换热器中，将热量传递给海水。

淋喷式换热器钻井液冷却系统的基本原理为：钻井液从钻井液罐或钻井液池中泵进淋喷式换热器，冷水（或海水）直接喷射钻井液管束，风扇不断鼓入空气，汽水混合加强了钻井液的冷却效果。

在我国干热岩钻井液冷却技术有了一定进展，但冷却设备还没有形成系列产品，且钻井液冷却器主要应用于天然气水合物开采，处理温度较低。目前，中国石化经过几年来的研究与实践，初步形成了特色钻井液冷却技术：一是采用加装旋转防喷器的方式，给井筒流体一个回压，可以有效提高井筒内钻井液的沸点，减少井口高温蒸汽的产生和弥散，有利于井口施工；二是通过采用自然蒸发冷却（延长循环路径）、低温固体传导冷却（加入降温材料）、钻井液冷却装置强制冷却等对地面钻井液进行冷却，在设备允许的条件下，通过增大排量，提高钻井液导热系数、比热、密度等方式降低入口温度。

4. 干热岩压裂技术

干热岩压裂技术可以实现对干热岩体的有效改造，为注入低温流体和吸热提供顺畅的途径，极大地提高了EGS效率和工业应用的经济性。

5.7 多功能热泵技术

国家现在大力提倡节约矿物燃料、减轻环境污染，而热泵技术作为暖通空调领域中一种行之有效的节能方法得到了广泛应用。但是现有的热泵型空调在实际运行过程中仍然存在着巨大的能源浪费现象，如夏季制冷过程大量的冷凝热直接排入环境中，造成了对环境的热污染。除此之外，随着人民生活水平的提高，人们对生活热水的需求量也越来越大。因此，在热水器市场上相继出现了燃气热水器、太阳能热水器、热泵热水器，而热泵热水器作为一种新近发展起来的热水器具有明显的节能效果，但是热泵热水器前期投资较高，因为这个原因，所以其使用量还相对较少。热泵型空调与热泵热水器具有相近的系统，所以研究者们提出了具有供冷、供热、制热水等多功能热泵，由此，开发和研究多功能热泵成了热泵领域的热点方向。

5.7.1 多功能热泵系统热源形式及技术特点

1.系统热源形式

多功能热泵实质上是一种具有多种功能的热泵，其热源来源广泛，有地下水、地表水、海水、空气和土壤等，它以消耗一部分高位能为补偿，通过热力循环，把环境介质（水、空气、土壤）中贮存的不能直接利用的低位能量转换为可以利用的高位能。

2.技术特点

多功能热泵系统具有以下技术特点：

（1）由一套热泵装置的主要部件组成，从而降低设备的初投资。

（2）空调的功能模式得到了增加，可以实现单独制冷、制冷兼制热水、单独制热和单独制热水等功能。

（3）在空调制冷模式下，能够与热水器协调运行，回收空调冷凝热制取热水。

（4）在春秋季节，多功能热泵系统可以利用闲置的空调系统来制取热水，提高整个系统设备的利用率。

5.7.2 多功能热泵系统研究现状

1. 国内研究现状

（1）中国科学技术大学

2001年季杰等人提出了一种家用空调和热水器一体机，该装置通过电磁阀的切换可以实现夏季制冷兼制热水模式、冬季供暖模式和单独制热水模式。在2002年陈则韶设计了一种四季节能冷暖空调热水三用机，该系统在原有空调器上增加了一个热水冷凝换热器、一个三通阀和一组由毛细管及电磁阀组成的多路节流机构，通过三通阀和多路节流机构的切换，可以实现多种功能。2003年季杰等人基于家用空调和热水器一体机，对其在制冷兼制热水模式下的运行工况做了数值模拟和实验分析。结果表明：在夏季制冷兼制热水模式下，系统能效比平均值为3.5，一体机节能效果明显。

（2）东南大学

2005年张小松等研制出了一种多功能热泵空调热水器，并对该系统进行了实验研究，提出通过在普通空调结构中增加一个与空冷冷凝器并联的水冷冷凝器，然后组成多功能热泵空调热水器，从而实现多种功能模式。采用R22作为制冷剂，实验结果表明：该系统夏季能效比最大可以达到3.85，平均在3.0以上，而冬季出水温度在50 ℃以上时，制热水能效比已经在2.0以下，接近60 ℃时，制热水能效比仍然可以在1.5左右。

2. 国外研究现状

Annex 28课题从2002年10月开始至2005年10月结束，该课题的研究内容是：针对具有采暖和生活热水功能的住宅，提出一套简便的测试程序，并对多功能热泵的季节性能进行计算。Annex 30课题从2005年4月开始到2008年秋季结束，其研究内容是：针对现有住宅建筑中的采暖系统和生活热水加热系统采用多功能热泵系统进行改造，并对多功能热泵系统的技术、实用性及经济性进行调查分析。Annex 32课题从2006年1月开始到2009年12月结束，其研究内容是：针对可以实现低能耗建筑中的采暖、制冷、制热水等功能模式的多功能热泵系统进行研究分析，从舒适性和经济性两方面加以考虑，选出一个最佳的系统方案，从而达到使整个建筑的能耗最小的目的。

5.7.3　多功能热泵技术存在的问题与发展方向

多功能热泵系统具有制冷、制热及制热水等功能，在实现这些功能时，需要依靠增加阀门来进行切换，由此就需要对系统实际运行的可靠性与稳定性提出更高的要求，从而限制了产品的规模化生产和市场推广。总结国内外研究情况，多功能热泵系统可以从下几个方面开展工作：

（1）进一步优化改进原有的多功能热泵系统并研制开发新的系统，使其结构部件简单，同时保证系统在各种功能模式下都能运行可靠、高效。

（2）通过建立数学仿真模型，加强针对多功能热泵系统的理论分析，并搭建相应的实验台进行实验研究，提高系统各部件之间的匹配程度。

（3）采用新的替代制冷剂对多功能热泵系统进行理论与实验方面的研究，并对系统的整体性能进行分析。

（4）争取早日制定多功能热泵机组国家标准，为推动产品的研发、规模化生产提供指导，同时在民用和工业领域大力推广多功能热泵，为节能环保事业做出贡献。

思考题

1. 什么是热泵？热泵和制冷机组有什么区别？
2. 热泵系统的热源有哪些分类？
3. 热泵常用的经济性能指标有哪几个？
4. 影响水源热泵系统运行能力的主要因素有哪些？
5. 水源热泵系统设计要领是什么？
6. 分别谈谈空气、水、土壤作为热泵低位热源各自的优缺点。

参考文献

[1]王晓燕，史曙光. 水源热泵技术的原理及应用[J]. 福建建材，2009（2）：88-89.
[2]狄彦强，王清勤，袁东立，等. 水源热泵的应用与发展[J]. 制冷与空调，2006，6（5）：28-31.
[3]朱治科. 我国水源热泵供热技术的发展战略[J]. 化学工程与装备，2009（12）：137-138.
[4]曹振华. 浅析水源热泵技术的特点及发展前景[J]. 洁净与空调技术，2011（4）：43-44.
[5]李鹏翔，戎卫国. 水源热泵机组的变工况特性研究[J]. 流体机械，2004，32（8）：50-53.
[6]赵风丽，黄子瑜，李峰. 关于地源热泵技术发展现状的研究[J]. 中国住宅设施，2017（1）：127-128.
[7]刘柯剑. 地源热泵系统的分类及比较[J]. 魅力中国，2014（11）：33-35.
[8]李素花，代宝民，马一太. 空气源热泵的发展及现状分析[J]. 制冷技术，2014（1）：42-48.
[9]苗文凭. 空气源热泵热水器可靠性指标优化方法的研究[D]. 广州：广东工业大学，2012.
[10]康彦青. 空气源热泵在西安地区的应用研究[D]. 西安：长安大学，2010.
[11]何俊杰，江乐新. 空气源热泵热水机组除霜方式的研究[J]. 现代机械，2007（1）：1-3.
[12]张昌. 热泵技术与应用[M]. 北京：机械工业出版社，2015.
[13]范蕊. 土壤蓄冷与热泵集成系统地埋管热渗耦合理论与实验研究[D]. 哈尔滨：哈尔滨工业大学，2006.
[14]李德威，王焰新. 干热岩地热能研究与开发的若干重大问题[J]. 地球科学-中国地质大学学报，2015（11）：15-25.
[15]清华大学建筑节能研究中心. 中国建筑节能年度发展研究报告[M]. 北京：中国建筑工业出版社，2013.
[16]Jie J，Chow T T，Gang P，et al. Domestic air-conditioner and integrated water heater for subtropical climate[J]. Applied Thermal Engineering，2003，23（5）：581-592.
[17] Ji J，Pei G，Chow T T，et al. Performance of multi-functional domestic

heat-pump system[J]. Applied Energy，2005，80（3）：307-326.

[18]李舒宏，武文斌，张小松.多功能热泵空调热水器的实验研究[J].流体机械，2005，33（9）：48-50.

[19]季杰，过明道，董军，等.家用空调和热水器一体化装置:中国，2443276Y[P].2000.

[20]陈则韶.一种四季节能冷暖空调热水三用机:中国，2558908Y[P].2003.

[21]季杰，裴刚，何伟，等.空调-热水器一体机制冷兼制热水模式的性能模拟和实验分析[J].暖通空调，2003，33（2）：19-23.

[22]钟金.多功能热泵技术研究进展[J].江西建材，2016（5）：63-63.

第6章　多能互补能源技术

能源是社会和经济发展的动力和基础。当前，我国正处于由传统能源体系向现代能源体系转型的关键时期。随着我国经济进入“新常态”，传统能源体系以供给为核心的运作模式，逐渐显现出能源系统效率不高、市场化程度低、环境污染等突出问题，传统的发展运作模式难以为继。提高能源利用效率、开发新能源和加强可再生能源综合利用，成为解决我国社会经济发展过程中能源需求增长与能源紧缺之间矛盾的必然选择。集中式、竖井式和相互孤立的传统能源体系既不利于我国能源系统效率的整体提升，也不利于国家民生福祉。

我国从20世纪80年代初开始制定的能源政策，要求逐步改变以煤为主的单一能源格局，尽可能开发利用其他能源资源，包括煤、石油、天然气和核能的合理利用，特别是要不断增长新能源和可再生能源的比重，如水电、太阳能、风能等的开发利用。

现代能源体系倡导构建以需求为主导、多品种能源融合、多种供能方式协同、多元主体开发共享、供需智慧互动的能源系统。从传统能源体系到现代能源体系的转变，需要进行能源结构、能源供应方式和能源供需关系的根本性变革。多能互补集成优化是从系统集成、优势互补和结构优化的角度抓住了提高能效和降低成本的关键点，通过多种能源的有机整合、多种产品的耦合供应，促成能源供给侧和消费侧的互动，以区域范围内的“四两之力”，拨能源系统效率提升之“千斤”。目前，多能互补优化集成在我国能源领域仍属于新业态，对于新业态的发展仍存在标准和机制的空缺，确需通过示范带动和体制支撑，开展多维创新，带动新业态的发展，加速现代能源体系的构建。

“十三五”时期是我国能源低碳转型的关键期。由于未来的新增用能需求方向转变，供能方式也正向着绿色高效、安全稳定、贴近用户、就地取材的方向转变。基于此，“十三五”期间国家重点推动实施多能互补系统集成优化

工程，通过以风、光、火、水等能源形式协同运行的多能互补，形成与用户负荷相匹配的能源供应，提高了新能源的利用效率。

6.1 多能互补能源技术

6.1.1 多能互补分布式能源系统概念

多能互补是一种能源策略，目的是按照不同资源条件和用能对象，采取多种能源互相补充，以缓解能源供需矛盾，合理保护自然资源，促进生态环境良性循环。

多能互补并非一个全新的概念，在能源领域中，长期存在着不同能源形式协同优化的情况，几乎每一种能源在其利用过程中，都需要借助多种能源的转换配合才能实现高效利用。在能源系统的规划、设计、建设和运行阶段，对不同供能、用能系统进行整体上的互补、协调和优化，可实现能源的梯级利用和协同优化，为解决上述问题提供了思路。不同能源供应系统的运行特性各异，通过彼此间协调，可降低或消除能源供应环节的不确定性，从而更有利于可再生能源的安全消纳。

随着分布式发电供能技术，能源系统监视、控制和管理技术，以及新的能源交易方式的快速发展和广泛应用，能源耦合紧密，互补互济。综合能源系统作为多能互补在区域供能系统中为最广泛的实现形式，其多种能源的源、网、荷深度融合、紧密互动对系统分析、设计、运行提出了新的要求。综合能源系统一般涵盖集成的供电、供气、供暖、供冷、供氢和电气化交通等能源系统，以及相关的通信和信息基础设施。传统的能源系统相互独立的运行模式无法适应综合能源系统多能互补的能源生产和利用方式，在能量生产、传输、存储和管理的各个方面，都需要考虑运用系统化、集成化和精细化的方法来分析整个能源系统，进而提高系统鲁棒性和用能效率，并显著降低用能价格。

多能互补分布式能源系统是传统分布式能源应用的拓展，是一体化整合理念在能源系统工程领域的具象化，使得分布式能源的应用由点扩展到面，由局部走向系统。具体而言，多能互补分布式能源系统是指可包容多种能源资源输入，并具有多种产出功能和输运形式的“区域能源互联网”系统。它不是多种能源的简单叠加，而要在系统高度上按照不同能源品味的高低进行综合互补利用，并统筹安排好各种能量之间的配合关系与转换使用，以取得最合理能源利用效果与效益。

多能互补分布式能源系统主要通过多种能源的相互补充、相互协调，提

供建筑物冷热负荷和电力供应。分布式能源系统按照“以热定电、并网不上网”的原则，实现电力自给自足，满足能源中心一次能源需求。

多能互补分布式能源有两种模式：

（1）面向终端用户的电、热、冷、气等多种用能需求，因地制宜、统筹开发、互补利用传统能源和新能源，通过天然气、分布式可再生能源和能源智能微网等方式，实现多能协同供应和能源综合梯级利用。

（2）利用大型综合能源基地风能、太阳能、水能、煤炭和天然气等资源组合优势，推进风、光、水、火、储多能互补系统的建设运行。

6.1.2 多能互补引领能源变革

多能互补并不是几种能源形式的简单叠加，而是通过新技术和新模式的发展，在系统高度上按照不同能源品位的高低进行综合互补利用，并统筹安排好各种能量之间的配合关系与转换使用，使多种能源深度融合，达到“1+1>2”的效果。因此可以说，“多能互补”象征着能源可持续发展的新潮流，意味着能源行业将迈向多种能源深度融合、集成互补的全新能源体系。

有专家表示，多能互补已成为能源变革的发展趋势。2016年7月，国家发改委、国家能源局发布《关于推进多能互补集成优化示范工程建设的实施意见》，着重指出多能互补对于建设清洁低碳、安全高效现代能源体系的重要意义，并提出将在“十三五”期间建成多项国家级终端一体化集成供能示范工程及国家级风、光、水、火、储多能互补示范工程。2017年初，首批多能互补集成优化示范工程项目出炉，标志着多能互补的序幕拉开。预计在“十三五”时期，多能互补示范工程将稳步推进，并进一步优化能源系统，通过联产联供、互补集成的方式提高整体效率及降低成本。

6.1.3 多能互补发展规模及类型

自提出多能互补后，中央收到地方申报的多能互补集成优化示范工程建设项目超过500个，首批多能互补集成优化示范工程入选项目共计23个。2017年初国家能源局公布的首批23个多能互补集成优化示范工程名单中，终端一体化集成供能系统17个，风、光、水、火、储多能互补系统6个。中国第一批多能互补集成优化示范工程类型结构如图6–1所示。

风、光、水、火、储多能互补系统为26.09%

终端一体化集成供能系统为73.91%

图6-1　中国第一批多能互补集成优化示范工程类型结构(单位:%)

中国第一批多能互补集成优化示范工程地区分布如图6-2所示。

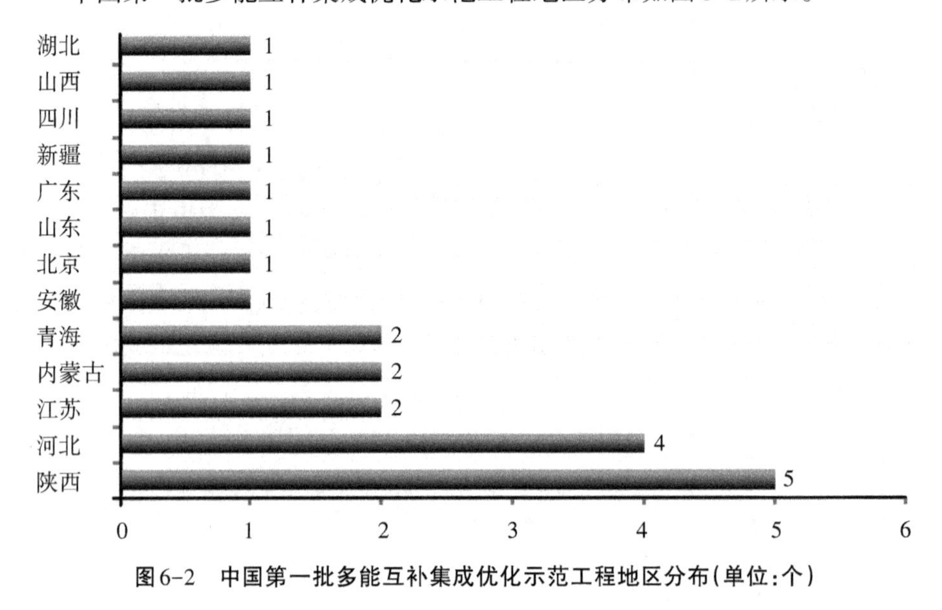

图6-2　中国第一批多能互补集成优化示范工程地区分布(单位:个)

6.1.4　多能互补的特性

多能互补在实施上，与能源微网系统、智慧能源、能源互联网等有着紧密的内在联系，具有经济性、环保性、安全可靠性、独立性、灵活性等特点。

1.经济性

一般可根据制定的经济运行策略对各种能源进行最优分配，使整体经济效益达到最优。同时，供能系统靠近用户端，可以减少能源输配损耗，提高效益。

2.环保性

一般可以容纳多种清洁能源，同时提高传统化石能源利用效率。

3. 独立性

多能互补系统是由多种能源及负荷构成的能源系统，一般通过单点接入大能源网，即从能源网端看是一个可控单元或者负荷。在一定条件下可以独立运行，保障本地负荷的能源需求。

4. 灵活性

一般能运行在并网模式和孤网模式。并网模式是常态运行模式，此模式下即可从主网吸收功率，也可在政策允许下向主网输送功率。当主网发生故障时，自动进入孤网模式，故障清除后可自动恢复并网运行。

5. 安全可靠性

调峰问题（与燃气互补）、备用问题、提高供电可靠性和供电质量，防止大面积停电事故的发生和预防灾害（战争、地震、恐怖活动等）的发生。

6.1.5 多能互补发展中遇到的问题

随着我国能源系统转型升级和能源革命的推进，能源发展遇到一些问题和困境。近三年来，特别是进入经济“新常态”以后，能源需求放缓，能源大系统中不平衡、不协调、不可持续的问题尤其突出，我国能源行业面临着比较尴尬的局面。

煤炭产能过剩较为突出。根据相关协会提供的数据，我国煤炭实际产能超过60亿t，但是2016年我国煤炭消费总量却只有36.8亿t，煤炭产能过剩严重。煤炭产能过剩造成了2014年以来煤炭价格一路下行。近年来在去产能的过程中，尽管全国各地区严格执行国家煤炭去产能相关政策，但是产能过剩仍较为突出。

煤电过剩风险较为突出。2017年7月31日，16部委联合印发《关于推进供给侧结构性改革防范化解煤电产能过剩风险的意见》，以此防范煤电过剩风险。国家出台如此举措，说明从上至下对煤电产能过剩问题予以高度重视，也说明了我国煤电过剩风险的突出。如果不加以控制，我国煤电利用小时数将下跌在4 000 h以下，这对发电企业和整体能源系统极为不利。

天然气面临低层次失衡。我国天然气利用仍处在起步阶段，刚刚迈入快速增长期，但由于价格或机制等问题，天然气市场同样面临消纳问题。保守估计，到2020年我国天然气供应能力将达到3650亿m^3，按照我国现有的消费形式预测，至少有550亿m^3天然气需要开拓新的消费市场。通过价格调整，未来天然气价格可能降至2元/m^3水平，对消纳产生一定的促进作用。

“三弃”问题突出。目前社会上较为关注新能源弃风、弃光的问题，对于水电的消纳关注相对较少。如果用绝对量来比较，弃水的严重程度不亚于弃风、弃光问题。“十二五”期间四川和云南两省弃水电量累计达到706亿kW·h，若不采取合理的措施进行调整，“十三五”期间，四川弃水电量或将达到242亿kW·h，云南弃水电量或将达到174亿kW·h，弃水问题仍将愈演愈烈。除了弃水问题以外，还有弃风、弃光，其实这并不是新问题。“十二五”期间，全国弃风率最高达到17%，累计弃风电量达到958亿kW·h。

以上所述是各个能源品种存在的问题，如果从整个能源系统来看，我国整体能源系统效率并不高，热转换效率与发达国家相比较有3.5个百分点的差距。其次从电网设施的利用效率来看，电网整体的利用率不高，这也与我国经济“新常态”有关。通道利用率低不仅存在于电网，同样存在于输气主干网道。从“十三五”期间我国能源需求来看，各个能源品种的存量都是相对富裕的，这背后隐藏着机制体制的问题。我国的能源管理体制是分品种管理，每个细分品种都有一个主管部门。在大发展时期，各能源细分品种可满足供应需要，即使有冒进，也可以通过快速增长的需求来解决。在经济进入“新常态”之后，能源系统中的各种结构性矛盾便逐渐显现，但是站在自身角度，每一个能源细分品种都认为各自在自身发展过程中并不存在问题：煤电行业的发展是基于我国的资源禀赋条件，是我国的主体能源；油气发展牵扯到国家能源供应安全；水电力争实现15%～20%的非化石能源占比以提供能源系统最有效的保障；风电和光伏自身是最清洁能源，同样也包括核电；还有能源管网的最大化发展，是力求更有效地消纳所有品种的能源，保障能源输送和消费。所以，最主要的是“协调”出了问题，能源系统中各个细分品种各自发展，导致了能源系统发展不协调问题的出现。

6.1.6 多能互补系统问题的解决策略

在能源发展陷入窘境的时候，各方都在寻找解决的办法和措施，包括政府和企业，从管理层面、机制构建层面以及模式转变，各方都在寻求突围窘境的金钥匙。

1.新技术

通过高参数提高利用效率，通过大容量提高输送容量。火电机组从15万kW到30万kW、60万kW，再到100万kW，从超临界到超超临界，都是希望提高效率，扩大容量。同时在智能化发展中，提高系统的效率和适应性，或者说提高系统的灵活性，以此更好地消纳光伏、风电这类具有间歇性、不可预测性的效能。

2.新趋势

我国能源系统自2010年发生了一些根本性的变化。借鉴欧洲的发展经验，从德国来看，70%以上的光伏都分布在屋顶，集中式的光伏电厂很少，风电也是一样。到目前为止，欧洲的风电都采用因地制宜的发展方式。其发展理念是以就地取材的分布式供应系统来满足未来增长的需要，这也是目前世界范围内各个国家能源发展呈现的趋势。

3.新模式

当今，能源革命在世界范围内风起云涌，倡导将互联网技术与可再生能源相结合，把能源资源的开采、配送、利用从集中式发展为智能化分散式，将电力网络、油气管网、交通运输网和信息网络等综合形成能源共享网络。

4.政府行动

2015年，国务院印发了《积极推进“互联网+”行动的指导意见》，其中涉及11个行业，第5个行业就是能源行业。为了积极落实指导意见，相关主管部门都在积极行动之中，2015年国家能源局新能源司印发了《关于推进新能源微电网示范项目建设的指导意见》，2016年国家能源局规划司印发了《关于申报多能互补集成优化示范工程有关事项的通知》，同年，《关于组织实施“互联网+”智慧能源（能源互联网）示范项目的通知》以及《关于报送增量配电网业务试点项目的通知》相继印发，从系统集成、优势互补和结构优化的角度，力求通过多种能源耦合供应、多环节有机整合、多机制相互作用，使能源用户和生产供应方互动，达到提高效率和降低成本的效果。

5.多能互补

“互联网+”智慧能源、多能互补、新能源微电网与增量配电网之间是相互涵盖的关系。“互联网+”智慧能源更侧重于互联网理念和信息技术与能源的深度融合，希望用互联网的组织基因或思维改造能源系统的组织结构和商业模式，属于能源利用的高级形态。多能互补更加强调在局域范围内实现多种能源品种的协调和梯级利用，实际上是系统源网荷的一体化配置，关键在于“协调”，还有更小范围内的微电网和增量配电网。在这几个概念中，不牵扯到后续的商业模式问题，更多是在电网侧做服务，涉及实体建设和更小范围内电网的划分。

未来我国能源系统发展重点之一就是多能互补。多能互补强调“协调”，它是一个局域能源互联网，强调能源生产的就地消费和就地平衡，融入了低碳化，提高可再生能源整体利用水平的新模式。从这个角度来看，多能互补系统更像是一个“黑匣子”，达到化石能源和清洁能源的多种能源输入，以及冷、热、电、气、水这五个品种产品的能源输出。未来多能互补系统应该更多地体现互动性，不仅包括不同能源主体之间互动，同时，每个人既是能源消费者，也是能源生产者，这就是所谓“协同发展”。

6.1.7 多能互补发展前景展望

随着能量需求呈现多样化和分布化趋势，以多能互补为中心的综合能源

系统理论研究和工程实践也随之展开，然而在实践和研究过程中，各子系统通过大量的异质元件耦合，耦合元件在不同的管理模式、运行场景和控制策略下相互影响，呈现不同的电气、热力和水力特性，对所耦合的能源系统产生强烈的非线性、不确定的影响，综合能源系统无论在科学研究还是工程应用方面仍面临着巨大的挑战。为进一步提高用能效率，促进多种新能源的规模化利用，多种能源的源、网、荷深度融合和紧密互动又是未来能量系统发展的必然趋势。据此，综合能源系统多能互补研究具有前瞻性和巨大的工程应用价值。

6.1.8　多能互补发展趋势预测

根据多能互补的两种集成模式，可以看出多能互补是以往分布式能源以及综合能源基地等概念的细化。一是通过终端一体化集成供能系统建设，促进新增清洁能源项目的扩张；二是通过风、光、水、火、储多能互补系统建设，协调现有企业之间的关系，优化存量效率。

（1）终端一体化集成供能系统以综合能源效率最大化，热、电、冷等负荷就地平衡调节，供能经济合理，具有市场竞争力为主要目标；风、光、水火、储多能互补系统以优化存量为主，着重解决区域弃风、弃光、弃水问题。

（2）推动产学研结合，加强系统集成、优化运行等相关技术研发，推动技术进步和装备制造能力升级。示范项目应优先采用自主技术装备，对于自主化水平高的项目优先审批和安排。

（3）积极推进终端一体化集成供能示范工程，能源基地风、光、水、火、储多能互补示范工程建设，将产业示范与管理体制、市场建设、价格机制等改革试点工作相结合，探索有利于推动多能互补集成优化示范工程大规模发展的有效模式，在试点基础上积极推广应用。

6.2　分布式能源系统

6.2.1　分布式能源系统发展研究

“能源、环境、发展”是当今人类面临的三大主题，能源的合理开发与利用是环境友好和人类可持续发展的重要保证。分布式能源系统是一种建立在能量梯级利用概念基础上，分布安置在需求侧的能源梯级利用，以及资源综合利用和可再生的能源设施。通过在需求现场根据用户对能源的不同需求，实现梯度对口供应能源，将输送环节的损耗降至最低，从而实现能源利用效能的最大化。

1.分布式能源系统概念

分布式能源系统又称为冷热电联供系统，是一种建立在“能源的梯级利用”的基础上，将发电、制冷和供热于一体的多联供供能系统。一次能源以气体燃料为主，可再生能源为辅，利用一切可以利用的资源；二次能源以分布在用户端的热、电、冷（值）联产为主，其他中央能源供应系统为辅，实现以直接满足用户多种需求的能源梯级利用，并通过中央能源供应系统提供支持和补充。分布式能源依赖于最先进的信息技术，采用智能化监控、网络化群控和远程遥控技术，实现用户侧能源自动调配、峰值管理、自动计量、现场无人值守等功能。

分布式能源系统从能源的梯级利用出发，以资源、环境效益最大化为原则来确定系统的方式和容量，它主要以“按需供能”的方式在用户端实现能源的梯级利用，这样不仅提高了能源利用率、降低了能源的成本，并且能够提高供电的安全性和可靠性，最终达到节能减排的效果。分布式供能系统是未来世界能源技术发展的必然趋势。分布式能源系统是由美国公共事业管理政策法提出并推广的，它的本质就是根据用户的能量需求特点，在满足环保的前提下为用户供电、供冷以及供热。系统首先利用能源来驱动发动机发电，再通过各种余热利用设备（吸收式制冷机、吸附式制冷机、余热利用锅炉、干燥除湿设备、换热器等）对余热进行回收利用，从而达到同时向用户提供电力、制冷、采暖、卫生热水等目的。

分布式能源系统供能燃料选择较多，可使用化石能源、太阳能、水能、生物质能、沼气、风能等进行冷、热、电三联供。其中，以天然气为燃料的方式发展迅速，不但具有较大的市场占有率，而且在我国的分布式能源领域占有较大比例。采用天然气为燃料的分布式能源系统，一般采用燃气轮机或燃气内燃机作为发电设备，在发电的同时，利用发电产生的烟气余热以及发动机缸套冷却水余热驱动溴化锂吸收式制冷机组供给用户端的冷热需求。

分布式能源是近年来兴起的利用小型设备向用户提供能源供应的新的能源利用方式。广义上热电联产是一种应用于工业与商业建筑的技术。然而，关于公共建筑方面能源节约的研究还是很有限的。该方法在建筑能源管理方面具有巨大潜力，利用空调余热可极大地节约能源与资金的消耗。对于热电联产的研究已经涉及将闭循环燃气轮机、内燃机、吸收式制冷和燃料电池等技术结合起来。对于提高热电联产性能的策略研究和将其作为一种节能方法的鼓励政策已经付诸行动。

2.分布式能源系统特点

相对于传统电网集中供电而言，分布式能源是一种新型的、分布于用户端的供能系统，分析其优缺点有利于理解分布式能源系统的优势与发展局限性。

能源的阶梯利用极大地提高了能源的利用效率，由于该系统是分布于用户端的供能系统，所以极大地改善了传统电网系统的整体性、脆弱性，可以极好地规避了大规模停电现象；可以帮助电网调节峰值，并为电网提供支持，在高峰期使用可有效改善电网质量，在低谷使用可有效降低用气峰谷比，电网与燃气网峰谷差互调等；保障能源安全，实现天然气发展战略，体现为多元化的能源结构，可再生能源的开发利用，天然气的高效利用等；冷、热不同于电能，极难实现长距离传送，分布式能源系统解决了这一难题，根据用户需求设置系统运行策略，与用户用能需求匹配，实现冷、热近距离传送，解决了长距离输电损失难题。

分布式能源系统的不足之处在于，由于分散供能，单机功率很小，而且现有动力设备都是机组越大效率越高，相比于40万kW的、以燃气轮机为主的联合循环装置效率比40 kW回热燃气轮机的效率要高1倍。大机组单位功率的售价相比小机组要低得多，相差近几倍。大机组集中在一起，有专门高级技工运行维护，安全性、工作寿命都应该更有保证。综上所述，要对纯发电成本和单位初投资做比较，分布式能源系统的经费投入肯定要高于现在的大电力系统，并且效率与可靠性要低许多。除此之外，分布式能源系统对当地使用单位的技术要求要比简单使用大电网供电来得高，要有相应的技术人员与适合的文化环境。

3.分布式能源系统发展前景

分布式能源系统的初投资大，燃料要求较高，冷、热、电用户需要稳定，主要是第三产业和住宅用户，并且要求具有环保性能较好的特点等。因此，分布式能源系统在我国比较适合应用的地区显然是经济领先的地区。从地域分布来说，主要是珠江三角洲、长江三角洲、环渤海地区等。此外，分布式能源系统要求使用区域的总体科技文化水平和素养较高，但这并不是说其他地方就不能发展使用分布式能源系统，经济发达地区优先发展是为了实现该系统的经济型判断，为以后推广打下基础。其他地方，例如在天然气产地附近、天然气价格特别便宜的地方，分布式能源系统的应用可能也是适合的。分布式能源系统是能源利用的一个新的发展方向，但在可预见的较长一段时间内，大电厂与大电网仍是我国电力供应的主流。

天然气以其清洁、环保、高品质等优势成为分布式能源系统燃料源的首选，但只有北京市天然气的供应最有保障，上海、广东等地都非常紧张，国内气价也存在长期上涨的趋势。燃料市场的未来风险和不确定性使推广应用分布式能源系统可能潜伏着危机。

综上所述，我国最适宜发展应用分布式能源系统的地区是经济发展速度较快的地区；天然气品质与价格制约着该技术的发展；受限于地理因素、经济因素，我国发展分布式能源的趋势会较为平缓，但是出于对能源高效利用的考虑以及卓越的经济性给用户提供的驱动力，分布式能源系统将来必然能成为我国供能的主流方向。

4.分布式能源系统总论

（1）分布式能源系统使某个具体用户受益的同时，更使整个国家与社会受益，其能源阶梯利用极大地提高了能源利用效率，也是对区域电网的有益补充和保障，还可以有力地推动节能减排工作。符合国家节能减排的政策，有良好的经济效益、环保效益和社会效益。

（2）我国分布式能源系统的发展起步较晚，技术落后于西方发达国家，但是该系统的工程数量，尤其是总装机量远超世界各国，说明国家高度重视分布式能源的发展，但距离超越西方发达国家的目标仍然任重道远。

（3）我国最适宜发展应用分布式能源系统的地区是经济发展速度较快的地区；天然气品质与价格制约着该技术的发展，需要因地制宜，合理使用。

目前农村城镇化推进速度越来越快，尤其在西北寒旱地区的用能需求也在不断扩大，且集中在热、电、气三个方面，这就对我国经济社会快速稳定的发展同时又要满足农村生态环境保护的要求造成了巨大的压力。因此，利用农村自有的资源来解决农村用户对多层次能源的需求，保证经济社会快速稳定发展的同时，对农村的生态环境保护中急需解决的关键问题开展攻关，并加以解决尤为重要。鉴于我国在太阳能和生物质能方面很有优势的状况下，利用太阳能集热器经济性的集热温度与生物质厌氧发酵产沼气所需温度相匹配，集成太阳能发电技术、太阳能集热技术和太阳能恒温厌氧发酵技术为一体，形成热、电、气联供系统，满足用户多层次用能需求，在提高了农村人民的生活水平，改善人居环境，加快农村城镇化和不断推进社会主义新农村的建设等方面起到了重要的作用和意义。

6.2.2 分布式能源系统发展浅议

1.发展分布式能源的重要性和必要性分析

（1）推进能源生产和消费革命的必然要求

中央财经领导小组第六次会议提出，要认真研究中国能源安全战略，推动能源消费、供给、技术和体制革命，加强国际合作。这标志着一场真正的“能源革命”正在铺开。我国经济发展的新常态是创新推动质量效益的低碳、绿色的可持续发展，核心就是要稳步发展水、风、核、太阳能发电以及天然气冷、热、电联供等。

（2）完成2020年能源行动计划目标的需要

到2020年，我国非化石能源占一次能源消费比重达到15%。近年来，核电受日本福岛事故影响，安全发展受到一定制约。水电集中开发带来了移民安置、生态破坏问题，饱受争议。雾霾污染、环境破坏等致使化石能源发展遭遇瓶颈，不管是市场动向还是民间呼吁，限制化石能源，特别是“去煤化”的声音此起彼伏。因此，新能源和可再生能源面临重要的发展机遇和任务。由于集中式开发遭遇了输送通道建设困难，分布式能源技术成为能源发展的重要领域，也成为完成2020年能源行动计划目标的关键。

（3）提高能源效率的重要举措

天然气分布式能源，是指利用天然气为燃料，通过冷、热、电三联供等方式实现能源的梯级利用，综合能源利用效率在70%以上，并在负荷中心就近实现能源供应的现代能源供应方式，是天然气高效利用的重要方式。与传统集中式供能方式相比，天然气分布式能源具有能效高、清洁环保、安全性好、削峰填谷、经济效益好等优点。

（4）培育战略新兴产业发展

分布式发电是解决农村用能问题，特别是远离大电网的偏远农牧区和海岛用能问题的重要选择，有利于提升普遍服务水平。建设分布式小水电站、生物质能电站、风光互补电站等，既可解决基本用电问题，也可利用电力解决炊事和供暖问题。围绕新能源和可再生能源利用发展分布式能源，对培育战略性新兴产业具有重要意义。

2.分布式发电方式、技术及应用领域

分布式能源是指安装在用户端的能源综合利用系统，主要形式是分布式发电，包括小水电、光伏发电、风电、生物质发电、地热发电和余热余压资源综合利用发电等。分布式发电是指用户所在场地或附近建设安装、运行方式以用户端自发自用为主、多余电量上网，且以配电网系统平衡调节为特征的发电设施或有电力输出的能量综合梯级利用多联供设施。方式主要包括：总装机容量5万kW及以下的小水电站；以各个电压等级接入配电网的风能、太阳能、生物质能、海洋能、地热能等新能源发电；除煤炭直接燃烧以外的各种废弃物发电，多种能源互补发电，余热余压余气发电、煤矿瓦斯发电等资源综合利用发电；总装机容量5万kW及以下的煤层气发电；综合能源利用效率高于70%且电力就地消纳的天然气热、电、冷联供等。分布式发电应遵循因地制宜、清洁高效、分散布局、就近利用的原则，充分利用当地可再生能源和综合利用资源，替代和减少化石能源消费。

分布式能源系统的相关技术主要包括动力与能源转换设备、一次和二次能源相关技术、智能控制与群控优化技术、综合系统优化技术和资源深度利用技术。一般适用于分布式发电的技术包括：小水电发供用一体化技术，与建筑物结合的用户侧光伏发电技术，分散布局建设的并网型风电、太阳能发电技术，小型风、光、储等多能互补发电技术，工业余热余压余气发电及多联供技术，以农林剩余物、畜禽养殖废弃物、有机废水和生活垃圾等为原料的气化、直燃和沼气发电及多联供技术，地热能、海洋能发电及多联供技术，天然气多联供技术，煤层气（煤、矿瓦斯）发电技术。

分布式发电的涉及领域：各类企业、工业园区、经济开发区等，政府机关和事业单位的建筑物或设施，文化、体育、医疗、教育、交通枢纽等公共建筑物或设施，商场、宾馆、写字楼等商业建筑物或设施，城市居民小区、住宅楼及独立的住宅建筑物，农村地区村庄和乡镇，偏远农牧区和海岛，适合分布式发电的其他领域。

3.分布式能源发展面临的问题

分布式能源发展面临的主要问题有：现行电力体制机制不利于分布式能源发展，电网企业"吃价差"的模式对分布式电源的自发自用有排斥，缺乏积极性；一个供电营业区内只设立一个供电营业机构的规定，一定程度上制约了自主供电的发展；支持分布式能源的政策体系还不完善，缺乏相关技术规范、管理措施和运行机制等，致使消纳困难；分布式电源由于技术原因，对配网规划、电能质量、继电保护等产生负面影响，在发展过程中有待解决。

4.发展分布式能源的思路和措施

分布式能源发展思路是，围绕能源发展战略行动计划（2014—2020年）目标，以落实《中共中央国务院关于进一步深化电力体制改革的若干意见》为保障，因地制宜、分散布局、清洁高效、就近利用，健全、完善、支持政策体系，建立新型电力体制机制，实行"自发自用、余量上网、电网调节"的运营模式，尽快形成发展规模，推动能源生产和消费革命。

发展分布式能源的具体措施有以下几点：

（1）落实中央《关于进一步深化电力体制改革的若干意见（中发〔2015〕9号）文》，其中改革的亮点之一就是要建立分布式能源发展新机制，在确保安全的前提下，积极发展融合先进储能技术、信息技术的微电网和智能电网技术，提高系统消纳能力和能源利用效率。完善并网运行服务，规范现有自备电厂成为合格市场主体，允许在公平承担发电企业社会责任的条件下参与电力市场交易，全面放开用户侧分布式电源市场。

（2）做好统筹规划和顶层设计。加快推进体制机制改革，促进分布式能源与集中供能系统协调发展。努力形成分布式能源发电无歧视、无障碍上网新机制。制定支持政策文件，开展示范项目建设，做好并网服务工作，加强配套电网建设，做好分布式能源发展的顶层设计。

（3）健全完善支持发展的法律法规和政策体系。修订现行电力法及相关法律法规中不利于分布式能源发展的条款，明确分布式能源的法律地位。出台分布式能源管理规定，制定发布分布式能源接入电网及并网运行管理办法。制定对分布式能源的税收优惠支持政策。完善国家补贴机制，提高补贴资金使用效益。

（4）改革电网经营业绩考核方式。区别竞争性业务和自然垄断业务的考核方式，对电网企业考核其单位资产输、配电量，即考核其经营效率，考核其履行社会电力普遍服务情况，接入分布式能源等清洁能源运行情况，使考核更加富有针对性。

（5）推进混合所有制改革。开展分布式电源项目混合所有制改革试点，按照非公即入的原则引入民营资本。放开用户侧分布式电源建设，支持企业、机构、社区和家庭根据各自条件，因地制宜投资建设太阳能、风能、生物质能发电以及燃气的热、电、冷联产等各类分布式电源，准许接入各电压等级的配电网络和终端用电系统。鼓励专业化能源服务公司与用户合作或以“合同能源管理”模式建设分布式电源。

（6）加快构建能源互联网。以分布式能源为主要发展载体，把推动能源生产和消费革命与“互联网+”结合起来，构建能源互联网，在第三次工业革命中抢得制高点。推进微电网示范工程建设，加快建设智能电网。明确促进分布式能源和可再生能源发展，提高需求侧管理精细化和用户个性化水平，推动广域内能源资源的协调互补和优化配置，实现能源产业结构调整和经济社会跨越式发展。

6.2.3 多能互补能源技术原理及工艺

分布式冷热电联供系统（作为一种由动力、余热利用及蓄能等多个子系统集成构成的复杂系统），目前尚处于快速发展的阶段。分布式冷、热、电联供系统的构成特点是输入与输出的能源形式以及内部的构成形式均具有显著的多样性。它是由多种形式的热力过程和多个供能系统所集成的总能系统，其内部相对独立的各个热力子系统之间存在大量的能量、物质传递和交换过程。它的总体性能不仅与各子系统的具体形式和性能参数有关，更为重要的是还取决于系统构成流程形式以及各子系统间的热力参数匹配情况。在分布式冷、热、电联供系统的设计、优化和运行过程中涉及两种类型工况，即设计工况和变工况，且两者存在本质差异。在联产系统的配置和优化过程中，对两种工况都需要关注。

分布式冷、热、电联供系统集成要综合考虑上述诸多复杂因素，不断丰富和完善，形成系统集成优化的理论体系。基于能的梯级利用、不同形式能量间的互补和全工况运行等原理，本节介绍分布式冷、热、电联供系统集成优化的理论框架，其中包括能的综合梯级利用，能源、资源与环境的综合互补，以及基于全工况特性的系统集成等分布式冷、热、电联供系统的集成优化思路及措施。

1.基于能的综合梯级利用的系统集成

(1) 热能品位对口

分布式冷、热、电联供系统中，通常高品位的热能多来自于化石燃料的燃烧，而中、低品位的热能主要来自于联产系统上游某热力子系统的输出，但有时也可能来自于联产系统相关外界的可再生能源系统或外界环境。因此，在利用中温和低温热能时，需要对用户的需求以及各个热力子系统的功能进行仔细分析。动力子系统的输出为高品位的电，因而对输入热能的品位要求很高。对于吸收式制冷机和吸收式热泵而言，需要的热源温度则更低一些，如双效溴化锂吸收式制冷机要求热源温度在120 ℃左右，而用户需要的生活热水和供暖所需热量的温度只需60 ℃左右。由此可见，燃料燃烧产生的高热量应优先用于提供给动力子系统，做功发电，经过这一级利用后，再为吸收循环提供热源，驱动制冷或热泵，温度进一步降低后，再通过简单换热生产热水。经过上述若干级热能利用后，动力子系统排气中余热的品位大幅度降低，可利用的数量也大幅度减少，利用价值显著下降，无利用意义的余热最后将被直接排向环境。

(2) 正循环与逆循环耦合

分布式联产系统常常是由多个循环集成得到的总能系统。联产系统所采用的循环基本上可分为两大类，即正循环和逆循环。动力子系统的功能在于输出电，目前普遍采用的传统热功系统属于正循环。制冷子系统通常利用动力子系统余热驱动的吸收式制冷循环，输出低于环境温度的冷量，属于逆循环。在分布式冷、热、电联供系统中，正是通过正循环和逆循环的耦合来实现冷、热、电的多能源供应。正、逆循环耦合的关键在于两循环之间能量传递与转换利用时，量与质同时优化匹配，以最大限度降低能量转换利用过程的损失。通常动力正循环和制冷逆循环运行的温度区间分别位于环境状态以上和以下，两者具有多方面的互补性。在此基础上，将动力系统与制冷系统进行系统集成，构成正、逆耦合循环，即制冷系统的高温换热器充当动力系统的低温热源，而动力系统的排热充当制冷系统的高温驱动热源，两种系统的有效整合可大幅度提高联产系统的性能。

(3) 热力循环与非热力循环耦合

高温燃料电池等新型动力系统，采用的不是传统意义上的热力循环。若把它们和传统热力循环耦合，则可以充分体现燃料的化学能与物理能综合梯

级利用，将可以达到更高的能源利用率。燃料电池可以单独作为联产系统的动力子系统，也可以与传统热机（如燃气轮机、内燃机等）共同构成复合动力子系统。单独作为动力子系统时，燃料的化学能在燃料电池中直接转换为电，未转化部分可在余热锅炉、余热型机组等热量回收装置中通过二次燃烧转化为热能，然后与来自燃料电池的高温热能混合，再到制冷子系统、供热子系统对其进行梯级利用。在由复合动力子系统驱动的联产系统中，未被燃料电池有效利用的化学能在后面流程的热机中燃烧转化为热能，再与上游的高温热能混合共同进行热功转换，最后用于制冷、供热。与传统热机构成的联产系统相比，这种热力循环与非热力循环耦合的联产系统增加了对化学能的直接利用，降低了燃料利用过程中的品位损失。

（4）中低温热能与燃料转换反应集成

在分布式冷、热、电联供系统集成时，可利用合适的热化学反应（例如重整或热解）对燃料进行预处理，而且该过程可与尾部的热力系统整合在一起。对燃料进行的热化学预处理，可将较低品位的热能转化为合成气燃料的化学能，以合成气燃料的形式储存，然后通过合适的热机实现其热转功。燃料化学能，如甲烷或甲醇的化学能可以通过水蒸气重整反应转化为氢气的化学能，将反应吸收的热能转变为合成气燃料的化学能。上述过程在使热能品位得到大幅提升的同时，还使燃料更清洁、更易于利用，同时热值也得到增加。这种集成方式显著提高了整个联产系统的热力学性能，同时为高效利用太阳能或系统中的中温和低温余热提供了新途径。

2.能源、资源与环境的综合互补

（1）多能源互补

可再生能源具有分布广、能量密度低、不稳定、无污染等特点，而化石能源则具有分布不均匀、能量品位高、可连续供应、有污染等特点。因此，太阳能、地热能、生物质能等可再生能源与化石能源有很强的互补性，可再生能源在分布式冷、热、电联供系统中有着广泛的应用前景，化石燃料与可再生能源形成互补的分布式冷、热、电联供系统。通过太阳能与化石燃料的互补，提供合适温度的热能，既可以减少化石能源的消耗量，又可以使集热器具有较高的集热效率。由于地质条件的差异，根据不同地区可以提供的地热能温度，将地热能导入联产系统。生物质能与化石燃料也可一起构成双燃料系统，通过生物质的气化或直接燃烧利用，可以减少联产系统对化石燃料的消耗。

（2）燃料能源与环境能源整合

分布式冷、热、电联供系统与外界存在物质和能量的交换，而它的中温和低温热能利用子系统与外界进行的交换主要是热能交换。在进行系统设计

配置时，应根据当地具体的技术、经济、环境条件，尽可能结合周围的环境热源进行统筹安排。环境热源通常是指系统附近的环境水热源和空气热源。用吸收式热泵替代简单的余热锅炉，使环境热源的温度提升到可以利用的水平，大幅度提高中品位热能的利用效果；也可以有效利用环境作为冷阱，起到改善联产系统效率的作用。城市中水和污水温度相对空气温度较高，而且较地表水稳定，具有比较好的可用性。

（3）基于全工况特性的联产系统集成原则

变工况一般会使联产系统的性能降低，而偏离设计工况越远，联产系统性能下降得越明显。为了缓解变工况运行对联产系统性能的负面影响，应在联产系统集成时考虑基于全工况特性的系统集成原则与必要的相应措施。

①输出能量比例可调的集成措施。分布式冷、热、电联供系统面向的是小范围的用户，其冷、热、电负荷通常存在较强的动态性，相应的联产系统输出需要进行调整。一般可以根据用户能源需求的变化情况，采取措施调节不同子系统的能源输入量，进而控制不同子系统的输出，使系统的输出可以满足用户的需求，则联产系统的全工况性能将得到明显改善。例如采用燃气轮机注蒸汽技术将余热产生的蒸汽部分返回到燃气轮机中做功，通过改变回注蒸汽量来调节系统冷热负荷与电负荷之间的比例，进而改善联产系统的全工况性能，也可以采用可调回热循环的联产系统集成措施。可调回热循环燃气轮机透平出口的高温燃气分成两股：一股燃气进入回热器，回收热能用于预热压气机出口的空气；另一股燃气被直接引到回热器的燃气出口侧，与回热器出口的燃气重新混合，然后共同进入余热锅炉。最后，系统尾部的余热锅炉回收排气中的余热，用于供热或制冷。一般可根据用户的需求对通过回热器的烟气量进行调整，能增强联产系统的负荷应变能力，改善系统的全工况性能。

②采用蓄能调节手段的联产系统集成。一般说来，小型供能系统在能量供应和需求之间通常存在差异。产生差异的情况可分为两种：一种是由能量需求变化引起的，即存在高峰负荷问题，使用蓄能系统可以在负荷超出供应时，起到调节或者缓冲的作用；另一种是由供应侧引起的，外界的供应量超过需求量时，蓄能系统就担负着保持能量供应均衡的任务。蓄能不但可以消减能量输出量的负荷高峰，还可以填补输出量的负荷低谷。在分布式冷、热、电联供系统中，配置的蓄能系统作用还可以强化，可以利用蓄能实现平衡峰谷和增效节能的双重目的。通常应对用户侧的部分负荷需求时，供能设备效率会明显下降。但是机组若能与蓄能设备配合，可以确保机组始终在高效率的额定工况下运行，多出的输出储存于蓄能装置中，而在用户侧的尖峰负荷时，蓄能装置释放出蓄存的能量。因此，集成蓄能的分布式冷、热、电

联供系统既能满足负荷动态变化，又能保持联产系统全工况高效运行，是一种主动型能源转换与利用模式。

③系统配置与运行优化的系统集成。为适应用户负荷的变化，分布式冷、热、电联供系统通常使用常规分产系统作为补充，合理整合两种系统有利于提高用户能量供应的可靠性，但需要仔细考虑系统的容量和运行方式。为此，可以采用以下系统配置与运行优化模式。

a.多个独立小规模联产系统的优化组合。当用户的需求开始下降时，各个独立的小系统可以依次降负荷，直至全部停运。也就是说，能够始终保证同一时间内最多只有一个独立系统处于部分负荷状态，而其他投运的系统均处于满负荷状态，可以有效地改善整个能量供应系统的性能。

b.部分常规系统与联产系统的优化整合。当用户负荷需求与联产系统的设计工况偏差较小时，分产系统可以不运行；在偏差较大时，联产系统单独运行效率不高，则在满足联产系统高效运行前提下，采用分产系统或分产、联产系统联合运行，使整个能源供应系统的全工况性能尽可能达到最佳配置。

c.与电网配合的优化运行模式。通过优化配合，既可以降低联产系统的容量，节省建设成本，也可以有效利用常规系统的资源，减少整个系统的运行成本，同时还可以通过联产系统调峰作用，改善常规电力系统的性能。

到目前为止，分布式冷、热、电联供系统的集成水平可概括为三个层次：第一层次代表了联产系统发展初期的水平，主要是实现了常规动力技术与余热利用技术的简单集成，但存在余热利用不充分、吸收式制冷系统的补燃量过大、电压缩式系统的份额过大等问题，相对节能率在5%～10%；第二个层次的相对节能率达到10%～20%，主要是由于动力与中温余热利用构成了较好的梯级利用，目前实施的多数分布式冷、热、电联供系统可以达到这一水平；第三个层次仍处于发展中，它仔细考虑用户不同冷、热需求的具体要求，采用最佳的优化控制方式使每种需求均得到满足，用户的需求与系统的供应紧密耦合，系统的集成程度显著增加，能的梯级利用程度进一步深化。

第三代系统的相对节能率将达到20%～30%，是分布式冷、热、电联供系统的发展方向。因此，系统集成是新一代分布式冷、热、电联供系统的关键技术。

6.2.4 分布式能源系统经济性和适应性分析

分布式能源供应系统布置在用户附近，利用城市管道天然气为燃料发电供用户使用，同时把发电过程中发电机组产生的尾气余热用热交换器回收生产热水或蒸汽供用户采暖、洗浴、制冷或除湿。通过对一次能源的梯级利用，能源总利用率可在85%以上，节能效果明显，还具有环保减排、建设周期短、用电可靠等优点。分布式能源系统和传统的供能方式相比，具有很高的综合能源利用率，优异的节能特性。大型发电厂的发电效率一般为30%～40%，而冷、热、电三联供的能源利用率可在85%以上，且没有输电损耗；分布式能源能为用户提供独立的供电电源，避免因公用电网缺电、停电对用户造成影响，解决用户的用电安全问题。同时，采用清洁的天然气发电，可降低污染气体和温室气体的排放，有很强的环保效应。

近年来，众多学者对分布式能源系统的适应性问题进行了探讨，大部分人认为分布式能源系统更适合应用在天然气产量丰富的地方或是经济比较发达的一线城市，并且他们也一致认为该系统适合的建筑类型是冷热负荷需求比例较大的场所，比如医院、综合办公楼、宾馆等，或者认为热电比必须达到某一数值时采用该系统才是合适的。

在分布式能源系统中，不能仅考虑系统的热电比。在设备的实际运行中，综合分析机组的发电效率与热电比和总热效率的关系，保证系统的热电产出比与用户热电需求比匹配，同时，尽量提高总热效率。根据末端负荷的实际情况确定系统需要满足的各项指标，综合考虑各种因素（比如系统的实际运行、系统设备投资、运行投资等），确保各项指标均满足条件要求。只有分布式能源系统节能，这种系统才能被广泛应用。

6.2.5 分布式能源系统应用研究

当前人类面临能源、环境、发展三大主题。合理开发、利用能源已成为环境友好与社会健康持续发展的前提条件。化石燃料的大量使用尽管能够促进社会发展，然而同样能够对生态环境造成严重的污染。近期我国的雾霾天气的出现一方面是由于气象原因所致，同时与汽车工业污染物和冬季燃煤的污染物排放具有很大的关系。分布式能源系统主要是按照“温度对口，梯级利用”的思想，把发电系统以分散式、模块式构建于用户末端，同时或独立为用户提供能源的系统。其具有多种形式，较普及的发电技术有燃料电池、燃气-蒸汽联合循环和冷、热、电三联供系统。对该系统的应用进行探讨，一方面可以推动中国社会健康持续发展，降低能耗，另一方面为设计该系统与设备选型等提供指导。

1. 国外研究进展

分布式能源技术在国际上的研究始于20世70年代，特别是在北美大停电之后，产业才真正快速发展起来。美国、日本等国家在冷、热、电联供技术上本来就具有较为成熟的应用经验，近年来各国进一步加大了其发展力度。分布式能源技术以其既可提高传统能源利用率，又能充分利用各种可再生能源而备受关注和推崇。近年来，全球分布式能源发展迅速，成为全球趋势性的能源发展和变革方向。

1978年分布式能源系统首次在美国公共事业管理政策法中提出。目前为止，美国已经建立起分布式能源站6 000多座，其中包括在大学校园建立的200多座。预计到2020年，会有15%的现有建筑和一半的新建筑引入这一系统。

1981年日本在东京国立竞技场建起首个冷、热、电联供系统，2000年为止，该国已经建成1 413个分布式能源项目，总装机容量2 212 MW，工业与民用项目容量分别是1 734 MW和478 MW。相关数据表明，2003年为止，日本民用项目数多达2 915个，其容量已经超过1 400 MW。饭店、办公楼、医院、商场等建筑纷纷引入该系统。

在英国，这一系统同样具有非常快的发展速度，经过几十年的发展，在医院、饭店、车站等建筑中已经建成的分布式能源系统超过1 000个。其中，比较典型的是曼彻斯特机场。该系统包括往复式发动机、常规双燃料锅炉（4 MW）与余热锅炉（5.9 MW）各两台。每年产值在180万英镑左右，能够节省电费5万英镑左右，降低排放SO_2和CO_2分别为1 000 t和5万t，具有非常明显的环境与经济效益。

欧洲国家同样利用各种手段推动分布式能源系统，为保持和加强在该领域的技术优势，欧盟制定政策加强研究。德国、荷兰等国先后提出“光伏屋顶计划”，还在规划大规模的海上风电项目。丹麦、芬兰、挪威等国现有的分布式电源装机容量已接近或超过其总装机容量的50%。

2. 国内研究进展

我国具有发展分布式能源的有利资源条件和市场需求，随着天然气技术的逐渐完善以及管网范围的日益增加，全国已经开始建设分布式能源站，启动了大型光伏电站、光热电站、分布式光伏发电及离网光伏系统等多元化分布式发电市场。分布式能源系统在北京、上海等一线城市已经得到示范应用，如北京燃气集团大楼的分布式能源系统，2008年实现80%的冷热负荷，相比常规能源，一次能源节约率在17%左右，每年降低消耗90万元人民币。2011年《国家能源局关于发展天然气分布式能源的指导意见》中确定“十二五”的任务：初期运行冷、热、电三联供能源示范项目，“建分布式能源站大约1 000个，同时确定大约10个为代表，将其作为能源示范点。”

综上所述，许多发达国家在分布式能源系统方面已积累了非常丰富的经验。日本、美国等在实践过程中通过分布式供能在安全供电、节能减排等领域获得很大的进展。在发达国家，分布式能源系统已步入成熟阶段，当前的方向是运行优化与怎样深入提升能源效率。相反的，中国对这一系统的理论探讨以及实践应用仍然处在开始时期，仍然有很长的路要走。尽管一些地区已建成并运行分布式能源站，但我国在理论方面明显比工程应用方面滞后，需要在今后加以解决。

6.2.6 分布式能源系统中的热力学问题分析

作为一项实际要求较高的实践性工作，分布式能源系统的热力学分析有其自身的特殊性。该方面的研究，将会更好地提升对其热力学分析的掌控力度，从而通过合理化的措施与方法，进一步优化分布式能源系统在实际应用中的整体效果。本节以DES为例对分布式能源系统的热力学问题进行分析。

微燃机发电机组主要由压气机、燃气透平、燃烧室、回热器和发电机等组成。空气分为两路：

（1）空气经压气机压缩进入回热器预热后，再进入燃烧室，以提高燃烧温度、增强燃气透平做功能力。

（2）空气对主轴承的润滑油系统进行冷却后直接排出。

天然气在燃烧室与预热空气混合燃烧，产生高温燃气进入燃气透平做功，驱动压气机和发电机。微燃机的轴系为单轴设计，故障率较低、安装维护较方便。燃气透平排气余热利用设备可以是余热锅炉、吸收式制冷机、除湿机等装置。

1.微燃机热力学分析参数设定

微燃机性能受环境空气温度影响很大。在不同温度下，微燃机的排气量、天然气耗量和发电量均不同。微燃机润滑油冷却空气流量为0.9 kg/s，温升为30 ℃；单效吸收式制冷机组的额定供热量为140 kW，供热时供、回水温度分别为50 ℃和43 ℃，额定制冷量为110 kW，制冷时供、回水温度分别为7 ℃和14 ℃。

2.微燃机DES的㶲平衡和㶲分析

燃烧不可逆造成的㶲损失最大，其他还包括通风散热、管道散热、回热器换热等不可逆造成的㶲损失。由于主要分析㶲效率，所以这一部分不分别计算，而归于其他㶲损失项，通过㶲平衡计算得到。一种较为普遍的能量分析方法是计算一次能源利用率。一次能源利用率越高，反映一次能源利用越充分，

系统冬季热、电联产时的一次能源利用率除在发电功率非常低的情况下，因为单纯产热的效率低于锅炉的热效率，造成一次能源利用率较分产系统低外，随着发电量的增加，很快超过了分产系统的一次能源利用率，并把差距进一步拉大，节能效果非常明显。但是系统在夏季冷电联产情况下，一次能源利用率和分产系统差距较大。虽然随着发电量增加，逐渐趋向接近，但在满负荷情况下利用率依然不及分产系统。主要是以下两个因素造成了这

种结果：

（1）微型冷、热、电联产系统的发电效率要低于大型集中式电站的发电效率。

（2）吸附制冷机的制冷效率与电驱动的蒸汽蒸发式制冷机的制冷效率相差较多（考虑到电厂发电效率后，也没有改观）。不过这不能说明微型冷、热、电联产系统夏季对能量的利用比分产系统差。

由于第一定律的局限性，无论什么温度的热量，冷量和电能都被视为同等级的能量，因而并不能区分能量品质等级的高下。在该系统中，采用温度不高的废热，转化为有效的空调冷量，与一次能源高温燃烧后转化为电能再得到的相同的冷量，其能量转化和利用的优劣通过第二定律评价标准进行衡量，得到的结果将完全不同。由于㶲分析将能量中的“质”与“量”有机地结合在一起，真实地体现了能量转化过程中能量的“贬值”过程，因此将㶲分析作为系统的评价准则更为科学合理。

3.过渡季节的能量分析、㶲平衡和㶲分析

在过渡季节（春秋季）微燃机DES只发电，无须制冷或供热。根据过渡季节空气温度，可通过计算得到该系统在过渡季节的能源利用率和㶲效率。微燃机DES是基于能量梯级利用的复合系统，在过渡季节使用并不能体现其节能优越性，所以在过渡季节可由电网供电，以进一步提高全年的能量利用率。

4.微燃机DES应用中存在的问题

微燃机DES在夏热冬冷（如上海）地区的建筑中使用时，主要问题在于夏季冷负荷与冬季热负荷的不匹配。例如，上海地区的办公楼冷负荷设计指标为120 W/m^2，而热负荷指标为80 W/m^2。若以夏季需冷量来设计系统，则必须在冬季有效地利用排气余热，否则会降低微燃机DES的全年运行效率。此外，城市天然气管网的配气压力也很难满足微燃机的要求。以Turbec T 100型微燃机为例，当使用天然气增压器时可接受的最低压力为0.002～0.1 MPa，当供气压力提高到0.6～0.7 MPa时则无须增压器。因此，许多大中城市需配置天然气增压设备，此时必须在管道上设置缓冲装置，以避免对管道和周边其他用户造成压力波动。

综上所述，加强对分布式能源系统热力学问题的分析研究，对于其良好应用效果的取得有着十分重要的意义。因此在今后的分布式能源系统应用过程中，应该加强对其热力学分析的重视程度，并注重其具体实施过程的严谨性。

6.2.7 分布式能源系统综合评价方法及评价指标体系

天然气分布式能源系统是一个多能量产品输出的复杂系统，其供能与用能具有一定的复杂性和特殊性。天然气分布式能源系统综合评价是综合热力学、社会学、经济学、系统论、控制论等学科的系统分析评价，对天然气需求、利用效率、利用潜力等的综合评估，其评价的指标体系是一个多层次、多目标的评价指标集合，如何对系统进行综合评价是研究的重点和难点，本节主要对分布式能源系统综合评价方法及评价指标体系进行探讨。

1.国内外评价研究现状

自20世纪70年代两次能源危机爆发以后，全世界开展了许多关于能源系统的整体分析和综合评价的研究，一些发达国家已构建了较为系统的能源系统评价指标体系。联合国可持续发展委员会建立了可持续发展指标，欧盟研发了能效评价指标体系（ODYSSEE），并采用该指标体系每年对其成员国能源的合理利用情况进行监测，发布最新能效指标值；国际原子能机构（IAEA）开发了包括人口、单位GDP消耗等41个涉及能源和环境指标的可持续发展能源指标体系（ISED）。我国对能源、环境、可持续发展方面评价指标体系的研究较晚，但近年来，以倪维斗院士、江亿院士等为代表的中国学者也在完善建筑节能评价理论、构建评价指标体系等方面取得了丰硕成果。

2.系统综合评价方法及指标体系的建立

天然气分布式能源系统的综合评价，是对能源系统的资源节约、环境影响、劳动力配置等社会经济效益进行多指标综合评价，目前评价的准则主要有效率、节能率、折合发电率等，但都是利用不同的标准分别进行评价，没有依据天然气分布式能源系统能量梯级利用的特点建立系统的综合评价。本节阐述的天然气分布式能源系统综合评价包括评价指标体系的建立、评价指标值的无量纲化处理、评价指标权重的确定、评价方法的建立4个部分。其评价的基本准则为：

$$\begin{cases} V=\min\left[f_1(X),f_2(X),f_3(X)\right]^T \\ g(X)\leqslant 0 \end{cases} \tag{6-1}$$

式中：

V——天然气分布式能源系统综合评价值；

f_1（X）——能效技术评价目标函数；

f_2（X）——经济评价目标函数；

f_3（X）——环境评价目标函数；

g（X）——相关约束函数。

6.2.8 积极推进分布式能源系统

分布式能源开发利用模式取决于可再生能源天生具有的分散、分布化特点，必将为未来新型制造技术的发展带来机遇，促使生产模式和商业模式的分布式改变，促进新一轮能源变革的发展。

1.积极推进分布式能源系统的基本原因

我国能源资源分布不均，中东部地区如长三角、珠三角和沿海及经济较发达地区，缺乏能源资源，能源需求日益增加；而化石能源和水力资源较丰富地区，又都在我国偏远的西北、西南地区，经济欠发达，人口稀少。因此在能源发展方式转型时，应积极推进分布式能源的方针，发展大型高效清洁发电机组，提高能源转换效率，开展节能降耗和减少污染物的排放。我国火电正在发展超临界大型（1 000 MW单机容量）及大型水电机组（≥400 MW单机容量）、核电机组（≥1 000 MW单机容量）、风力发电机组（单机容量≥3 MW）及高压、超高压（800 kV）大型超大型跨区电网。这样，可减少能耗而且降低一次投资和物耗。把西南大型水电和大型煤电基地的电能向经济较发达地区（东南沿海等地）输送，确保安全供应。同时，为了改善环境质量，减少污染物排放，改变能源生产与消费模式和经济社会发展方向“不协调、不平衡和不可持续”。必须改变以化石能源为发展道路和模式，构建以安全、经济、清洁为特征的新型能源体系时必须积极加快推进新能源为主的分布式能源系统的建设。

国家重视加快推进分布式能源建设，2011年国家四部委联合发布《关于发展天然气分布式能源的指导意见》，到2012年国家发改委公布首批四个国家天然气分布式能源示范项目，再到2013年8月国家能源局提出《分布式光伏发电示范区工作方案》和国家电网公司于2012年10月26日公布了《关于做好分布式电源并网服务工作的意见》等一系列针对分布式能源调研及示范项目激励政策，在政策利好的形势下未来我国大力发展分布式能源势在必行，预计到2020年，我国各类分布式能源的发展总装机容量可达到1.3亿kW。

2.发展天然气冷、热、电联供能源系统的意义

（1）有利于优化电源结构

我国电源结构以煤电为主，占60%左右，水电开发不足，仅占25%，核电占2%，可再生能源发电占7%，而天然气（NG）属清洁能源，发展天然气CCHP可优化电源结构，增加清洁能源发电比重，提高电源可持续发展。

（2）有利于提高能源综合利用率

冷热电煤气能源站，类似1个小型热电站，通过几台燃气发电机产生热

能用于发电、制冷、制热和热水，天然气被梯级利用，1 000 ℃以上高温热能用于发电，发电中产生的300～500 ℃中温热能驱动吸收式制冷机用于空调等制冷，200 ℃以下的低温热能用来供热和提供生活热水。这样的梯级利用，与传统供能系统相比，天然气CCHP可把能耗降到最低，能源综合利用率高达80%以上，发电供电效率55%左右。

（3）有利于改善环境净化空气质量

减少有害气体及废料的排放，粉尘、固体废弃物、污水几乎为零，SO_2减少一半以上，NO_2减少80%，总悬浮物颗粒减少95%。就地供能，减少了高压输电线的电磁污染，节省了高压输电走廊和占地面积，也减少了对线路下树木的砍伐，从而减少占地面积60%，耗水量减少60%以上，实现了低碳绿色经济。

（4）有利于保障电力供应的安全性和可靠性

分布式电源既可用作常规供电，又可承担应急备用电源，需要时还可用作电力调峰，与智能电网一起可以共同保障各种关键用户的电力安全供应。

（5）有利于电力和天然气削峰填谷

天然气CCHP利用发电后的余热或汽轮机抽气用作吸收式制冷和供热，不用电压缩制冷、供热。在夏天电网“迎峰度夏”时，可顶替电压缩制冷空调进行“削峰”，晚间用电低谷时，可启动电蓄冷蓄热装置使电源做到“填谷”作用。民用天然气峰谷特别明显，天然气CCHP是天然气稳定用户，而且用量大，可以平稳天然气用量，使天然气管网压力波动很小，做到平衡供气。

（6）有利于无电地区特殊场地满足用电需求

我国边远地区中的西部农牧地区远离电网，难以向其供电，而分布能源系统非常适合它们，如在农村、牧区、山区、海岛等，用小规模天然气、秸秆气和其他工业可燃废气等资源发电、供热、供冷，可以满足这个地区的用热（冷）电需要。

（7）有利于兼用各种能源燃气CCHP能源系统

除了利用NG，还可利用合成气、生物沼气、煤层气，也可兼用太阳能光伏发电，地热能、风能、水能等能源供热制冷。

3.分布式能源系统示范项目简介

（1）北京推进燃气发电等分布式能源站

2013年10月13日北京燃气集团宣称，未来5年，北京市将建成百座不依赖外来热源、冷源甚至电源的独立“能源岛”，实现大型公建、园区、医院交通场站自主制冷、供热并发电的分布式能源站。

据悉，北京市将在大型楼宇、工业园区和开发区大力发展太阳能、风能

以及天然气热、电、冷三联供等分布式能源系统，截至2013年已落实10个项目。北京市发改委表示，为做好冬季燃气供热运行保障工作，将强化燃气安全监管和供热管网运行监管工作，加强燃气供热基础工作，并逐步建立热电气联调联动机制。

（2）江苏泰州天然气分布式楼宇型冷、热、电三联供

2013年四季度江苏省泰州市泰州医药城楼宇型天然气分布式能源站正紧张进行安装施工，预计年底并网运行。该项目是国家首批天然气分布式能源示范项目之一，项目总投资3 000余万元，年上网电量可达2 500万kW·h，分布式能源年综合利用效率81%，年耗天然气约1 300万m^3。

（3）上海虹桥天然气分布式区域型冷、热、电三联供

2013年10月15日上海虹桥商务区区域三联供（冷、热、电）分布式能源站一期工程竣工并投入试运行。该项目是全国首个区域冷、热、电三联供分布式能源站示范项目，其能源综合利用率在80%以上，比传统供能利用率高出1倍以上，且商务区楼宇内无须自建能源系统。与普通的供热锅炉不同，该项目在地下一层放置了发电机，一侧由煤气管道输入天然气进行发电，另一侧管道将发电后产生的尾气和余热收集起来。地下两层则放置了冷水机组用以制冷供冷。

据悉，上海虹桥商务区分布式能源系统规划“八站两网”覆盖约7 km^2，将为约1 000万m^2的建筑群集中供应热、电、冷。建成后预计每年节标煤3万t，减排8万t CO_2及200多t NO_2，相当于营造240 hm^2森林的效果。

6.3 热、电、气联供系统

6.3.1 热、电、气联供系统简介

为了利用农村秸秆、果蔬废弃物、人畜粪便、有机垃圾等生物质能和太阳能，可构建能满足农民冬季供暖、全年生活热水、生活燃气和生活用电等多层次能源需求的热、电、气联供系统。以太阳能和生物质能为输入，高效低成本地集成太阳能光伏发电技术、光热技术和生物质厌氧发酵技术，有效克服季节、气候和昼夜等因素对某种可再生能源技术的束缚，实现太阳能和生物质能高效低成本规模化的开发利用。

热、电、气联供系统由光伏发电子系统、太阳能供暖子系统和太阳能沼气池产气子系统三部分组成。系统的工作原理：光伏电池阵列将太阳能直接转换成电能，一部分电能供给供暖循环水泵和沼气池循环水泵，一部分电能用于用户生活用电；沼气池产气子系统利用太阳能集热器吸收热量，将热水

加热，经过加热盘管与沼气池中的料液进行热量交换，从而增加发酵液的温度，提高产气量，而热水温度降低之后，在循环水泵的驱动下进入集热器；对于供暖子系统，热水在循环水泵的驱动下通过低温地板采暖系统向建筑提供热量。

热、电、气三联供系统的特点：

（1）热、电、气联供系统以农村丰富的太阳能和生物质能为输入，可改善目前以薪柴和化石能源为基础的农村能源供应实现对人畜粪便、植物秸秆、果蔬废弃物和生活垃圾等的高效资源化利用。

（2）热、电、气联供系统自身耗能能够实现自给自足，能有效避免电网停电等可能造成的系统故障。

（3）热、电、气联供系统能同时满足农民生活燃气、生活热水、冬季供暖和生活用电等用能需求；高效低成本集成了光伏发电技术、光热技术和生物质厌氧发酵技术，突破了传统供能系统易受时间、季节及气候变化影响、供能单一的窘境。

（4）热、电、气联供系统贴近用户端布置，农户用能灵活方便，且操作运行简单，易于推广应用。

（5）热、电、气联供系统在提高能源利用率、降低污染排放、改善人居环境的同时，还能促进农村绿色高效、循环利用的生产、生活模式的形成，对建设美丽乡村有重要应用价值。

热、电、气三联供系统原理图如图6-3所示。

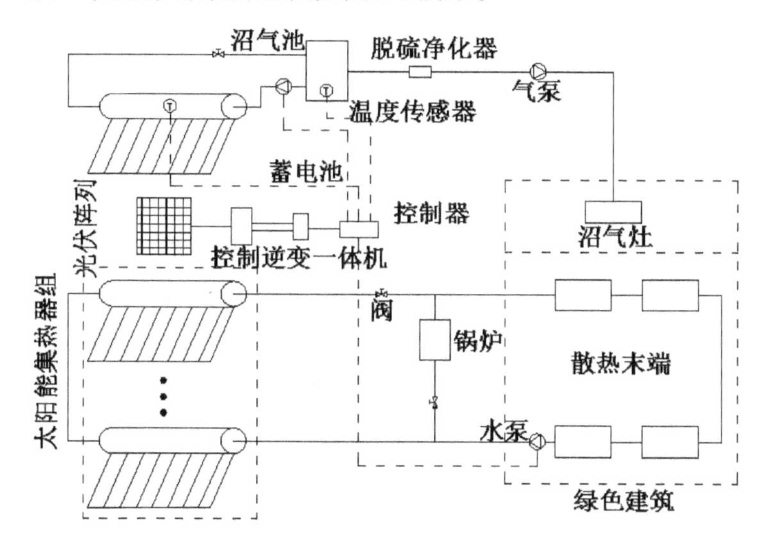

图6-3　热、电、气三联供系统原理图

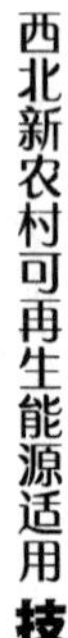

6.3.2 户用热、电、气联供系统的构建

户用热、电、气联供系统构建遵循的原则：将用户实际需求和现有条件相协调，将现有的能源/资源配置与相应的能源技术相组合，追求能源、资源利用效率的最大化和最优化，以减少中间环节损耗，降低对环境的污染和破坏。

在热、电、气联供系统中，产气子单元为太阳能恒温沼气池，供暖子单元为串联的太阳能热水器，发电子单元为一套光伏发电系统。在系统运行过程中，光伏电池阵列在白天吸收太阳能并将其转换为电能，一部分经逆变后驱动沼气池循环水泵、供暖循环水泵和控制器工作，另一部分储存于蓄电池组中，用以在无太阳辐射时为循环水泵和控制器提供电能，剩余电能满足用户生活用电所需。储热水箱连接太阳能集热器、辅助锅炉和供暖末端，太阳能集热器和辅助锅炉加热储热水箱中的水，然后由供暖循环泵输送至供热末端进行散热，以保持室内温度。对于沼气池产气子系统，以牲畜粪便、农作物秸秆、果蔬废弃物等农村丰富的生物质与适量的水混合后作为原料填入恒温沼气池，利用太阳能集热器吸收热量将热水加热，经过加热盘管与沼气池中的料液进行热量交换，从而增加发酵液的温度，提高产气量。热水温度降低之后，在循环水泵的驱动下进入集热器，而有机物产生的沼气存储在储气袋中，用于满足用户燃气需求。对于供暖子系统，太阳能热水器组串联形成阵列，热水在循环水泵的驱动下通过低温地板采暖系统向建筑提供热量，满足节能农宅冬季采暖需求。

1. 太阳能供暖子单元

根据每日的天气状况，供暖子系统可供选择的供暖模式有以下三种：

（1）在天气晴好、光照充足的条件下，单独采用太阳能供暖。

（2）在多云、光照较弱的条件下，采用太阳能和锅炉联合供暖。

（3）在极端雨雪天气、没有光照的条件下，单独采用锅炉供暖。

当采用太阳能供暖时，系统可有连续运行和间歇运行两种方式，与间歇运行相比，连续运行的供暖结束水箱温度相对较低，向室内提供的热量较多，但是循环水泵的耗电量较大。因此，用户可以根据实际工况选择合适的供暖策略，当太阳辐射充足、环境温度较高的情况下，采用间歇运行方式以节省电能；当太阳辐射一般、环境温度较低的情况下，采用连续运行方式以向室内提供更多的热量。

一般的太阳能热水系统由集热器、储水箱和连接管道等组成，从系统形式上来看，太阳能集热系统有集热器与储水箱分开放置的分离式系统和集热器与水箱直接相连的紧凑式系统。常见的太阳能热水采暖工程普遍采用的是分离式系统，集热器与储热水箱之间需要由循环泵水泵驱动集热工质循环，需要额外耗能，且集热效率较低；而储热水箱与热用户之间也需要水泵对水进行驱动。此外，需要根据安装现场场地情况设计制造集热器安装支架和贮热水箱，占地面积较大，因此分离式太阳能热水系统并不适用于农村户用热、电、气联供系统中。家用太阳能热水器可看作是一种紧凑式热水系统，目前市场普及率已非常高，加工流水线作业，生产成本低；同时集热效率较高，集热环节无须耗费额外电能。同时，目前市场上有不同容量的太阳能热水器，若对其储热水箱稍作加工方便彼此相连，即可组合成可适应在农宅屋顶上安装的太阳能集热系统。

2. 太阳能恒温沼气池产气子单元

沼气因使用方便，清洁无污染等优点一直在中国农村能源市场占据重要地位，传统砖混沼气池在环境温度较高时能满足农民对炊事燃气的需求，但沼气池产气量受发酵温度的影响很大，在我国北方寒冷地区冬季环境温度降低时会出现产气不稳定、产气速率低甚至不产气的情况。中国西北农村地区户用沼气生产系统冬季产气少、不稳定，主要是因为沼气池料液温度不能达到沼气发酵微生物的适宜温度，尤其是在昼夜温差大、雨雪天气较多的情况下，沼气池料液温度突然变化，从而严重影响了沼气的产量。为此，利用太阳能集热器产生的热水通过换热盘管给沼气池料液增温，并通过一定的控制系统，实现恒温发酵，使沼气池发酵料液维持在一个适宜的水平，是一种保证沼气池正常高效产气的有效方式。兰州理工大学研发成功了太阳能加热的地上式户用恒温太阳能沼气池，冬季试验表明，池容仅3 m^3的沼气池可在26±2 ℃条件下稳定运行，平均日产沼气1.38 m^3，池容产气率达0.69 $m^3/(m^3 \cdot d)$，能持续保证4～5口农户全年的生活燃气需求；同时，新系统由普通的装置和材料组成，构造简单，施工快捷，同时出料简便彻底，显著改善了传统沼气池池容大、热损失大、产气率低、维护困难等问题。因此，户用热、电、气联供系统中产气子单元可选择太阳能恒温沼气池。

太阳能恒温沼气池产气子单元由真空管太阳能热水器、保温室、红泥软体沼气袋、循环水泵、加热盘管和控制器等组成。保温室整体置于水平地面，外用方钢焊接框架固定；红泥软体沼气袋置于恒温室内，设有进、出料口和出气口，工作时下部装料，上部储气，其中，进料管为PVC管与红泥软体沼气袋上特制的袖口连接后形成，出料管在沼气袋底部，由PVC管与红泥软体沼气袋上特制的袖口连接后形成，PVC管外端与一相同直径的球阀连接，出料时开启球阀，料液即自动排出；加热盘管固定在保温室中部以下的四周和底面的挤塑板上，恒温室外与太阳能热水器连接的铝塑管外包敷保温材料；保温室一侧立面上应安装检修门，用以安装人员进入以固定软体沼气

袋和加热盘管，以及后期维护。

3.光伏发电子单元

太阳能光伏发电系统主要是由光伏板、控制器、逆变器和蓄电池组成。一般一套离网型光伏发电系统包括以下几部分：光伏阵列，充、放电控制器，蓄电池组和逆变器。影响光伏发电系统发电量的因素主要有太阳辐射量、灰尘量和组件遮挡等。经过专业设计，太阳能光伏发电系统在实际运行中可完全满足用户的用能需求，并保证热、电、气联供系统在冬季能够可靠稳定运行。其工作原理是：光伏阵列在有光照的情况下将太阳能转换为电能，通过太阳能充、放电控制器给蓄电池组充电；在无光照时，通过太阳能充、放电控制器由蓄电池组给独立逆变器供电，通过独立逆变器逆变成交流电，给交流负载供电。

光伏阵列的设计除了要根据用电量或计划发电量来确定组件的串、并联数外，还需要根据具体安装位置来确定电池组件的类型、尺寸以及方阵排列等。此外，太阳能光伏阵列一般为固定式安装，不能随太阳轨迹而移动，因此光伏阵列的方位角和倾斜角是两个非常重要的参数。在北半球，光伏电池阵列朝正南方向（方位角为0°）时，发电量最大；而关于倾斜角，各个月份阵列可接收到的太阳辐射量差别会很大，因而有观点认为阵列倾斜角等于当地纬度时为最佳，但如果这样会造成在夏季时光伏电池阵列发电量过多形成浪费，而在冬天时发电量又往往不足。也有观点认为光伏阵列的倾斜角应使全年辐射量最弱的时期得到最多的太阳辐射量，推荐光伏阵列倾斜应在当地纬度上增加15°～20°。国外研究指出，若选择辐射量最小的12月份（在北半球）或6月份（在南半球），会使夏季获得的太阳辐射量过少，从而导致太阳能光伏电池阵列全年得到的辐射量偏小，因此对于离网型太阳能光伏发电系统，由于受到蓄电池荷电状态的影响，要综合考虑阵列表面太阳辐射量、用户用电规律等因素。

不同材料的光伏电池光电转换效率不同，目前光伏市场主要分为晶体硅光伏电池和薄膜光伏电池两种，其中晶体硅又分为单晶硅和多晶硅。单晶硅光伏电池转换效率较高，技术也成熟，缺点是成本高，大幅降低其成本困难很大；多晶硅光伏电池效率低于单晶硅，高于薄膜电池，但成本较低。薄膜光伏电池成本低、重量轻，但稳定性差。

控制器是离网型发电系统中的核心部件之一，是通过单片机和专用软件对太阳能光伏发电系统实现智能控制，可自动识别24 V系统，其作用是对系统的运行状态进行数据采集及监控，控制整个系统充、放电回路的运行状况。控制器具有多种保护功能，主要包括蓄电池反接的保护，蓄电池过、欠压保护，太阳能电池组件短路保护，还具有输出过流保护功能，输出短路保护功能。在小型光伏发电系统中，它主要用来保护蓄电池，一般可以单独使用，也可以和逆变器等合为一体。控制器的主要技术参数有额定工作电压，最大工作电流，额定工作电压即光伏发电系统的直流工作电压，一般为12 V和24 V，中、大功率控制器也有48V、110V、200 V等；最大工作电流是光伏阵列输出的最大电流，根据功率大小分为5～300 A等各种规格，该参数还可用光伏阵列的接入容量来表示，选型时，该参数应等于或大于光伏阵列的输出电流。

逆变器是系统中将光伏电池产生的直流电转变为交流电的装置，其性能指标有额定输出电压、输入电压和额定输出容量等。额定输出电压在国内普遍为220 V，与电网供电电压相等，即与用电器额定电压相等。输入电压与系统直流电压相等，即与控制器额定电压相等。额定输出容量是当输出功率因数为1（纯阻性负载）时，额定输出电压与额定输出电流的乘积。选择逆变器大小主要由负载的额定功率决定，特别是要考虑感性负载有3～7倍的启动功率。选用逆变器的原则是根据负载用电特性来定，阻性负载（如白炽灯泡）用修正波，感性负载（如电机类）用正弦波逆变器。

蓄电池组其主要任务是储能，以便在无太阳光照时保证负载用电。铅酸蓄电池是目前使用最普遍的蓄电池，其主要性能参数有开路电压与工作电压，以及蓄电池的容量。开路电压是指蓄电池在开路状态下的端电压，数值上与蓄电池的电动势相等；工作电压是指蓄电池连接负荷后显示出来的电压，也称为负荷电压或放电电压；铅酸蓄电池的单体电压为2 V，目前市场上的主流产品是将6个铅酸蓄电池串联封装的12 V电池组。蓄电池的容量是指处于完全充电状态的蓄电池在一定的放电条件下，放电到规定的终止电压时所能给出的电量，常用单位为“安培小时”，简称“安时”（A·h）。

户用热、电、气联供系统中光伏发电子单元设计如下：

系统用电需求由太阳能光伏组件产生的电量提供。当阴雨天时，使用国家电网的生活用电。系统的总用电量为沼气池循环泵用电和供暖循环泵用电之和，则系统发电量应为系统总用电量与逆变器效率之比。在光伏阵列容量计算公式中，1.2为安全系数。

光伏阵列容量计算：

$$\text{光伏发电容量} = \frac{\text{系统发电量}}{\text{合峰值日照时数}} \times 1.2$$

蓄电池容量计算：

$$\text{蓄电池容量} = \frac{\text{负载日耗电存储天数}}{\text{系统直流电压逆变器效率设计放电深度}}$$

若选择单体蓄电池，蓄电池串联数等于系统直流电压与蓄电池电压之

比，蓄电池并联数等于蓄电池容量与单个蓄电池容量之比；需要的蓄电池个数为串联数和并联数之和。

系统直流电压的确定：尽可能地提高系统电压，电压越高线路损失越少；直流电压要符合我国直流电压的标准等级；常选用24 V作为蓄电池组的工作电压。蓄电池容量设计为储存系统的一天发电量，太阳能专用胶体蓄电池最大允许放电深度为80%。

6.3.3 户用热、电、气联供系统中的能量分析

1.供能对象用能需求分析

系统供能指标主要包括：供热指标（供暖和生活热水）、供炊事燃气指标和供电指标，系统发电量优先保证太阳能恒温沼气池稳定运行和供暖，其余用于生活用电。为了衡量热、电、气联供系统能否连续及稳定地满足用能需求，可对其能量收支进行理论计算。

（1）建筑物耗热量

我国农村住宅建筑一般为低层建筑，体形系数大，围护结构未进行保温，窗户气密性及热工性能差，这直接导致农村住宅冬季室内温度低，供暖能耗高，农民经济负担过重。因此，应对该住宅进行节能改造，以降低采暖能耗。具体的节能改造措施有：一是加强窗户的气密性及保温性，即在原先双层中空玻璃的基础上，再安装单层推拉玻璃窗；二是建造门厅，使部分外墙与环境空气之间形成隔断，降低建筑散热量；三是给其他围护结构敷设保温材料，进一步降低建筑耗热量。对于西北地区建筑，根据GB 50495—2009《太阳能供热采暖工程技术规范》及JGJ 26—2010《严寒和寒冷地区居住建筑节能设计标准》计算建筑物耗热量。

$$Q_H = Q_{HT} + Q_{INF} - Q_{IH} \tag{6-2}$$

式中：

Q_H——建筑物耗热量，W；

Q_{HT}——通过围护结构的传热耗热量，W；

Q_{INF}——空气渗透耗热量，W；

Q_{IH}——建筑物内部的热量（包括照明、电器、炊事和人体散热等），住宅建筑可取3.80 W/m²。

其中，通过围护结构的传热耗热量Q_{HT}按下式计算：

$$Q_{HT} = (t_i - t_e)\left(\sum \varepsilon kF\right) \tag{6-3}$$

式中：

Q_{HT}——通过围护结构的传热耗热量，W；

t_i——室内空气计算温度，℃；

t_e——采暖期室外平均温度，℃；

ε——各围护结构传热系数的修正系数；

k——各围护结构的传热系数，W/（m^2·K）；

F——各围护结构的面积，m^2。

空气渗透耗热量Q_{INF}按下式计算：

$$Q_{INF}=\left(t_i-t_e\right)\left(C_p\rho NV\right) \tag{6-4}$$

式中：

Q_{INF}——空气渗透量，W；

C_P——空气比热容，J/（kg·℃）；

ρ——空气密度，kg/m^3；

N——换气次数；

V——换气体积，m^3。

各围护结构朝向修正系数根据文献《严寒和寒冷地区居住建筑节能设计标准》JGJ 26—2010选取，该标准只规定了东西南北及屋顶的朝向修正系数，未规定东北、东南、西南等方向的朝向修正系数，在选取东北、东南、西南等方向的朝向修正系数时可取相邻两个规定了朝向修正系数的方向的平均值。

（2）生活热水

根据《太阳能供热采暖工程技术规范》（GB 50495—2009）和《建筑给水排水规范》（GB 50015—2003），计算生活热水日平均耗热量：

$$Q_w=\frac{mq_rC_w\rho_w\left(t_\gamma-t_f\right)}{86\,400} \tag{6-5}$$

式中：

Q_w——生活热水日平均耗热量，W；

m——用水计算单位数，人；

q_r——热水用水定额，根据GB 50015—2003《建筑给排水设计规范》取热水用水定额为40 L/（人·d）；

C_w——水的比热容，取4 187 J/（kg·℃）；

ρ_w——热水密度，kg/L；

t_r——设计热水温度，℃；

t_f——设计冷水温度，℃。

（3）供炊事燃气指标

根据《城镇燃气设计规范》（GB 50028—2006），选取供炊事燃气指标参数。

（4）生活用电

家庭生活用电主要包括室内照明、家用电器等的用电。

（5）沼气池的耗热量计算

①沼气池加热原料所需的热量：

$$Q_1 = cm(T_D - T_S) \tag{6-6}$$

式中：

c——料液的比热容，kJ/（kg·℃）；

m——每天进入沼气池的新鲜料液量，kg/d；

T_D——沼气发酵罐内料液的温度，℃；

T_S——新鲜料液的温度，℃。

②沼气池输热管道热损失：

$$Q_2 = 2\pi \frac{T_D - T_A}{\frac{1}{\lambda_1}\ln\frac{d_o}{d_i} + \frac{1}{\lambda_2}\ln\frac{4a}{d_o}} \cdot L \cdot (1+\beta) \tag{6-7}$$

式中：

L——管道的长度，m；

T_A——罐外介质温度，℃；

β——局部热损失系数；

λ_1——绝热层的导热系数，W/（m·K）；

λ_2——土壤的导热系数，W/（m·K）；

d_i——输热管内径，m；

d_o——输热管的绝热层外径，m；

a——输热管中心到地面的高度，即埋设深度，m。

③沼气池围护结构耗热量：

$$Q_3 = F \frac{1}{\frac{1}{h_1} + \frac{\delta_1}{\lambda_1} + \frac{\delta_2}{\lambda_2} + \frac{1}{h_2}} (T_D - T_A) \tag{6-8}$$

式中：

F——沼气池的外表面积，m^2；

h_1——沼气池内部对流换热系数，W/（m·K）；

h_2——沼气池保温层外表面与环境间换热系数，W/（m·K）；

δ_1——混凝土板厚度，m；

λ_1——混凝土板导热系数，W/（m·K）；

δ_2——沼气池保温层厚度，m；

λ_2——沼气池保温层导热系数，W/（m·K）。

④厌氧反应产生的生物热：

厌氧发酵反应时，发酵料液有效能量（16.915 kJ/kg）的3%以热量的形式放出，成为将人、牲畜粪便转化为甲烷所产生的反应热，发酵时产生的热量为Q_4。

沼气池总的需热量为：

$Q_m=Q_1+Q_2+Q_3-Q_4$

2.热、电、气联供系统的能量输入

（1）太阳能加热管加热系统日均集热量

$$Q_S=AI\eta_i(1-\eta_S) \tag{6-9}$$

式中：

A——集热器采光面积，m^2；

I——集热面上日平均辐射强度，MJ/（$m^2\cdot d$）；

η_i——集热器全日集热效率；

η_S——管路及储水箱热损失率。

（2）炊事外剩余沼气产热量

沼气池每日产气除用于炊事用气外，剩余沼气也可用来供热。在0 ℃，101.33 kPa的条件下，1 m^3甲烷产生39 400 kJ热量，沼气中含甲烷50%～70%，所以1m^3沼气可产热19 700.4～27 580.56 kJ。

3.热、电、气联供系统的能量转化

系统向用户提供热、电、气三种形式的能源，存在以下几种主要能量转换关系：太阳辐射能由光伏电池转换为电能和由太阳能集热器转换为热能，生物质能经厌氧发酵转换为沼气化学能；同时还存在若干能量传递环节，即系统内部沼气池太阳能热水器传递太阳热能至恒温沼气池以加热池内发酵料液，光伏发电子单元传递电能以驱动供暖循环水泵和沼气池循环水泵工作，系统输送热水至室内散热器向住宅提供供暖热能，恒温沼气池向住宅输送炊事用沼气化学能，光伏发电子单元向农户输送生活用电。

对于太阳能-电能的转换与传递过程，太阳能总辐射表与光伏电池阵列采光面相同方位角及倾斜角放置，测量太阳能光伏电池阵列采光面可吸收到太阳辐射能，可获得输入能量，可由直流电压表测量阵列的发电电压，可由直流电流表测量阵列的发电电流，从而获得光伏阵列输出能量；一般可由电能表记录系统耗电量。

对于太阳能-热能的转换和传递过程，日平均集热效率可作为表征其性能的参数之一，具体可理解为集热量与集热面接收到最大的太阳辐射能之比；若假定供暖用太阳能热水器储热水箱的水温一致，由温度传感器测量其中一个储热水箱和沼气池用太阳能热水器储热水箱水温度，供暖供回水温度，和沼气池加热盘管进出口温度，由流量传感器测量供暖循环水流量和加热沼气池循环水流量，可得太阳能-热能的转换与传递情况。

对于生物质能-沼气化学能的转换过程，测量发酵料液温度、填入沼气池的原料体积、生物质TS（总固体）、VS（挥发性固体）和密度等参数。TS是指在一定的温度（105 ℃左右）下，一定质量的生物质样品蒸发至恒重时剩余固体物的质量占原来质量的比例，包括样品中的悬浮物、胶体物和溶解性物质；VS用以表示TS中能在550 ℃的高温下可以挥发的那部分有机物的量。TS和VS均采用减重法计算获得。用抽气泵每日定时将发酵袋内所产沼气抽至一专用储气袋，由燃气表测量每日产气量，由沼气分析仪测量沼气成分。

（1）太阳能-电能转换

太阳能光伏电池发电量E_{PV}由下式计算：

$$E_{PV}=0.8\sum U_{PV}I_{PV}t \tag{6-10}$$

式中：

E_{PV}——太阳能光伏电池阵列发电量，J；

0.8——逆变效率；

U_{PV}——太阳能光伏电池阵列发电电压，V；

I_{PV}——太阳能光伏电池阵列发电电流，A；

t——时间，s。

太阳能光伏阵列瞬时效率η_{PV}由下式计算：

$$\eta_{PV}=\frac{U_{PV}I_{PV}}{I_tA_{PV}} \tag{6-11}$$

式中：

I_t——太阳能光伏电池阵列采光面接收到的瞬时太阳辐射强度，W/m^2；

A_{PV}——太阳能光伏电池阵列采光面面积，m^2。

太阳能光伏阵列日平均发电效率$\overline{\eta_{PV}}$由下式计算：

$$\overline{\eta_{PV}}=\frac{E_{PV}}{\sum I_tA_{PV}t} \tag{6-12}$$

（2）太阳能-热能转换

太阳能热水器组集热量Q_s由下式计算：

$$Q_s=\sum\left(cM\frac{dT_s}{dt}+cM'\left(T_{s,in}-T_{s,out}\right)\right)t \tag{6-13}$$

式中：

Q_s——太阳能热水器组集热量，J；

C——水的比热容，4 200 J/（kg·℃）；

M——太阳能热水器组储热水箱贮水量，kg；

T_s—太阳能热水器组储热水箱水温，℃；

M'—供暖热水流量，kg/s；

$T_{s,in}$—供暖供水温度，℃；

$T_{s,out}$—供暖回水温度，℃。

太阳能热水器组瞬时集热效率 η_s 由下式计算：

$$\eta_s = \frac{cM\frac{dT_s}{dt} + cM'\left(T_{s,in} - T_{s,out}\right)}{I_t A_s} \tag{6-14}$$

式中：

A_s——太阳能热水器组集热面积，m^2。

太阳能热水器组日平均集热效率 $\overline{\eta_s}$ 由下式计算：

$$\overline{\eta_s} = \frac{Q_s}{\sum I_t A_s t} \tag{6-15}$$

沼气池用太阳能热水器集热量 $Q_{s,z}$ 由下式计算：

$$Q_{s,z} = \sum\left(cm\frac{dT_{s,z}}{dt} + cm'\left(T_{s,z,in} - T_{s,z,out}\right)\right)t \tag{6-16}$$

式中：

$Q_{s,z}$——沼气池太阳能热水器集热量，J；

m——太阳能热水器储热水箱贮水量，kg；

$T_{s,z}$——太阳能热水器储热水箱水温，℃；

m'——循环水流量，kg/s；

$T_{s,z,in}$——供水温度，℃；

$T_{s,z,out}$——回水温度，℃。

沼气池太阳能热水器瞬时集热效率 $\eta_{s,z}$ 由下式计算：

$$\eta_{s,z} = \frac{cm\frac{dT_{s,z}}{dt} + cm'\left(T_{s,z,in} - T_{s,z,out}\right)}{I_t A_{s,z}} \tag{6-17}$$

式中：

$A_{s,z}$——太阳能热水器集热面积，3.85m^2。

沼气池太阳能热水器日平均集热效率 $\overline{\eta_{s,z}}$ 由下式计算：

$$\overline{\eta_{s,z}} = \frac{Q_{s,z}}{\sum I_t A_{s,z} t} \tag{6-18}$$

（3）热能传递

太阳能热水器组向建筑供暖传递的热量$Q_{s.h}$由下式计算：

$$Q_{s,h} = \sum cM'\left(T_{s,in} - T_{s,out}\right) \tag{6-19}$$

沼气池太阳能热水器向沼气池内料液传递的热量$Q_{s.z.h}$由下式计算：

$$Q_{s,z,h} = \sum cm'\left(T_{s,z,in} - T_{s,z,out}\right) \tag{6-20}$$

沼气池向环境的散热量$Q_{L.z}$可由下式计算：

$$Q_{L,z} = Q_{s,z,h} - \Delta U_z \tag{6-21}$$

式中：

ΔU_z——沼气池内料液内能的变化，J。

热水与沼气池内料液传热系数k可由下式计算：

$$k = \frac{cm'\left(T_{s,z,in} - T_{s,z,out}\right)}{A_{ht}\Delta T_m} \tag{6-22}$$

式中：

A_{ht}——热水与料液换热面积，m²；

ΔT_m——料液与热水换热温差，可由下式计算：

$$\Delta T_m = \frac{\Delta T_{\max} - \Delta T_{\min}}{\ln\left(\Delta T_{\max}/\Delta T_{\min}\right)} = \frac{\left(T_{s,z,in} - T_z\right) - \left(T_{s,z,out} - T_z\right)}{\ln\left(\left(T_{s,z,in} - T_z\right)/(T_{s,z,out} - T_z)\right)} = \frac{T_{s,z,in} - T_{s,z,out}}{\ln\left(\left(T_{s,z,in} - T_z\right)/T_{s,z,out} - T_z\right)} \tag{6-23}$$

式中：

T_z——沼气池内料液温度。

（4）电能传递

系统发电量减去系统自身耗电量即为可向用户提供的生活用电，即：

$$E_{PV} - E_{sys} = E_{use} \tag{6-24}$$

式中：

E_{sys}——系统自身耗电量；

E_{use}——理论上系统可向用户提供的生活用电量。

（5）误差分析

系统的各项性能参数，如发电量、发电效率、集热量、热量以及集热效率等可由各直接测量的物理量间接计算得到，它们之间的关系已由公式给出。通过测量得到的数据不可避免地存在误差，这些性能参数由于测量仪器引入的误差可以由误差传递公式求得，常采用相对误差形式对计算结果进行分析估计。

假定性能参数Y是可以直接测量的N个物理量X_1，X_2，…，X_N的函数，则性能参数Y的标准误差和各直接测量物理量之间的关系为：

$$\sigma_Y = \sqrt{\sum_{i=1}^{N}\left(\frac{\partial Y}{\partial X_i}\right)^2} \tag{6-25}$$

6.3.4 多因素耦合对系统性能的定量影响机理

系统的性能除了受固有因素（如光伏电池光电转换效率的极限、全玻璃真空管对太阳光线的吸收特性、原料产气潜能等）的影响之外，还受到环境因素（如环境温度，太阳辐射等）、装置的安装位置（朝向、彼此间的遮挡等）和运行方式等因素的影响。本小节是在对系统的性能实验研究的基础上，建立多因素耦合与系统产能之间的关系式，揭示其影响机理；然后提出系统优化方案，并分析优化的潜力。

1.光电单元发电性能影响因素研究

影响光伏发电效率的因素是由多种外部原因复合而成。光伏发电阵列的发电量除了受光伏电池自身特性的影响外，还与投射到其表面太阳辐射量、环境温度、风速等有关。一般而言，投射到光伏阵列表面的太阳辐射量越多，其发电量也越高。同时，光伏电池的工作温度由于对发电效率有影响，也会影响发电量，光伏电池的短路电流与温度之间的关联并不很大，短路电流随着温度上升而略有增加，但开路电压随温度上升而减小，光伏电池的输出功率也随其工作温度的升高而降低。光伏电池的工作温度是光伏电池所处环境温度、光伏电池吸收光子能量和光伏电池与环境之间热量交换综合作用下的结果。光伏电池的光电转换效率一般在5%～20%，到达电池表面绝大部分的太阳辐射能转变成了太阳电池的热能，因此入射太阳辐射量和环境温度是引起光伏电池工作温度变化的主要原因，入射太阳辐射量越强，环境温度越高，光伏电池的工作温度将越高，输出效率越低。环境风速也会对光伏发电有影响，风速越低，光伏电池与环境之间的换热速率越慢，在相同的条件下会导致光伏电池工作温度升高，光电效率下降。

（1）太阳辐照强度的影响

辐照强度是影响光伏阵列功率的决定性因素，对日照辐射的合理估算对于光伏发电系统的设计和研究非常重要。太阳投射到单位面积上的辐射功率称为辐射度或辐照度，单位为W/m^2，在一段时间（日）内太阳投射到单位面积上的辐射能量称为辐射量，单位为$kW \cdot h/(m^2 \cdot d)$。

太阳辐射强度指太阳投射到组件单位面积上的辐射功率，这里的温度是环境温度，光伏组件的工作温度一般比环境温度高10～30 ℃。根据光伏组件的工作特性，其输出电压和电流都会随着太阳辐射强度和温度的变化而变化，因此环境因素会影响光伏组件的工作性能，从而影响光伏组件的转换效

率。光照强度发生改变时，光伏阵列的短路电流、最大功率等参数都发生变化。短路电流受光照强度影响较大，光照减弱时，输出电流降低，而输出电压受光照强度影响相对较小。

（2）光伏组件的影响

①组件转换效率。光伏系统的发电效率与组件的性能紧密相关，表征光伏组件的性能参数有开路电压、短路电流、最大工作点电流、最大工作点电压、电流温度变化系数、电压温度变化系数和电压光照变化系数等。因此为提高光伏组件接收到辐射的强度，有些机构专注于高倍聚光伏发电技术的开发及系统集成。该技术使得电池光电转化率高、占地少，但是该技术要求多系统协同一致，包括太阳跟踪系统、机械系统、电子系统、光学系统、散热系统等，技术难度较传统的多晶硅、薄膜电池系统高出很多。光伏组件的转换效率与材料及制作工艺密切相关，目前市场上单晶硅太阳电池的转换效率为17%～22%，多晶硅为16%～19%，非晶硅为6%～10%。

②阴影遮挡、组串失配。光伏发电系统在实际运行中，组件都裸露在环境中，随着时间的推移组件表面会积下灰尘，甚至会有鸟的排泄物、树叶、积雪等局部遮挡物，而且光伏阵列中每块光伏组件的参数不可能完全一致，这些因素往往都会导致光伏阵列处于失配运行状态，阵列的输出功率会比预想的低。灰尘遮挡可能会出现热斑效应，且每块光伏组件参数不可能完全一致，导致阵列失配运行，输出功率比预想的低。

太阳辐射强度相同时，随着光伏电池组件遮挡数量的增加，在未达到最大功率点时，对应的测量电流值逐渐减小。这主要是由于光生电流与太阳辐射强度成正比，当遮挡数量增加时，被遮挡电池片上接受的太阳辐射量将明显减少，所产生的电流也减小，其所在的串联支路的电流也变小。光伏电池阵列表面接收到的太阳辐射除了直射辐射外，还有来自天空中的散射辐射和来自地面的反射辐射，当太阳辐射强度较高时，直射辐占主要部分，而当太阳辐射强度较低时，散射辐射和反射辐射占了绝大部分，此时遮挡的效果就不明显。

③逆变器

逆变器输入的直流功率的大小由光伏阵列的电流—电压曲线上的位置确定，在太阳能光伏阵列功率的最大峰值时，逆变器达到理想工作的状态。最大功率的峰值是有高有低的，主要受室外温度和太阳辐照的影响。逆变器内部有运算器，可以跟踪最大功率峰值，有了运算器，逆变器和光伏阵列集成为一体，既提高了逆变器的工作效率又最大化的转移能量。目前根据不同的参数，电压、电流、电容等有很多逆变器的最大功率峰值跟踪的运算方法。例如最大功率峰值跟踪的最大效率，可以定义为在定义的一段时间内逆变器从太阳能阵列获得的能量与理想状态下的最大功率峰值跟踪从太阳能阵列获得的能量的比率。但每种运算方法都有一定的局限性，使得逆变器的最大功率跟踪达不到要求的效率。

为分析环境温度、日均集热量和太阳能光伏发电系统发电效率对日发电量的耦合影响，可采用多元线性变量回归方程处理数据，以获得光伏阵列日发电量与环境温度、日均集热量和太阳能光伏发电系统发电效率的关系，多元变量线性回归方程为：

$$y=\beta_0+\beta_1X_1+\beta_2X_2+\beta_3X_3 \tag{6-26}$$

式中：

β_0——截距；

β_i——偏回归系数，如果其他自变量保持不变，X_i中的单位变化引起因变量y的变化；

X_1——发电效率；

X_2——日均集热量，MJ；

X_3——环境温度，℃。

一般来讲，用线性回归模型近似真实模型的误差来源有：一是可能存在非线性模型能够更好地描述因变量与自变量之间关系，但是用线性函数表示这种关系就会产生误差；二是忽略了某些因素的影响，影响光伏阵列光电转换的因素还有很多，如用电状态会影响光伏阵列的输出特性，模型并未考虑这些因素。

2.光热转换和热损失影响因素分析

对于太阳能热水器（组）来说，其吸收的太阳能一部分存储于储热水箱的热水中，引起热水内能的变化，另一部分则向外输出；第二部分也可分为两部分，其一，有效输出，即按照设计意图被输送至住宅内用于供暖，或至沼气池内加热料液，其二，损失于环境中。实际使用效率一方面取决于太阳能热水器获得了多少热量，另一方面与在获取热量后的使用情况有关。

影响全玻璃真空管太阳能热水器集热量的因素是多样的，主要可分为自身结构的影响和外部因素的影响。影响太阳能热水器集热量的最主要内因包括：选择性吸收涂层的性质，它一般是由吸收层和低发射率层组成的多层结构薄膜，以在0.3～2.5 μm光谱范围内对太阳辐射光线的高吸收能力和在0.3～2.5 μm范围的低辐射能力为目标；保温水箱的保温性能是影响太阳能热水器集热量的另一重要因素，保温水箱由内胆、保温层和外壳三部分组成，目前市场上太阳能热水器普遍采用的保温方式是聚氨酯自动发泡，保温效果良好；此外，热水器真空管的安装倾角、管间距也会对光热转换产生影响。影响热水器集热量的外因主要是安装朝向、环境温度、风速风向、真空管表面积尘及建筑或其他物体的遮挡等。

受朝向和太阳能热水器、光伏阵列彼此之间的遮挡的影响，沼气池太阳能热水器的日集热量和平均集热效率高于供暖太阳能热水器组的集热效率。为此，首先根据公式计算太阳辐射强度高于120 W/m²时段沼气池用太阳能热水器、供暖太阳能热水器组的集热量，继而参考国家标准《家用太阳热水系统热性能试验方法》GB/T 18708—2002对沼气池用太阳能热水器和供暖用太阳能热水器组测试期内的日集热量相关因素之间的关系进行分析。该标准给出的储热水箱在一天中所获得的净太阳能，即集热量的函数形式如下：

$$Q_s = a_1 H + a_2\left(\overline{T}_b - T_{ad}\right) + a_3 \tag{6-27}$$

式中：

Q_s——储热水箱在一天中所获得的净太阳能，即集热量，MJ；

H——集热器采光面的日太阳辐照量，MJ/m²；

$\overline{T}_b$——储热水箱的初始水温，℃；

T_{ad}——平均环境温度，℃；

a_1、a_2、a_3：需由试验结果确定的系数。

由此函数形式可以看出，影响太阳能热水系统日集热量的主要因素有集热器采光面日累积太阳辐射量和储热水箱与环境温差。因此，采用多元线性回归方程对加热沼气池用太阳能热水器和供暖用太阳能热水器组的日集热量进行归纳分析。需要说明的是，由于系统在集热时间段内还会向外输出热量，本分析中第二项$\overline{T}_b$选择储热水箱的平均水温；为方便将供暖用和沼气池用太阳能热水器进行对比，假定供暖的各台太阳能热水器的集热量是一样的，计算中将集热时间段内向外输出的热量平均分配至单台太阳能热水器上。

由于太阳能热水器储热水箱内水温始终高于环境温度，因此，太阳能热水器向环境的散热损失持续进行。为对其散热量进行定量分析，需确定太阳能热水器储热水箱的热损系数。国家标准《家用太阳热水系统热性能试验方法》GB/T 18708—2002同样给出了储热水箱的热损系数的计算方法，即下式：

$$U_S = \frac{C_w M_s}{\Delta\tau}\ln\left[\frac{T_i - T_{as(av)}}{T_f - T_{as(av)}}\right] \tag{6-28}$$

式中：

U_s——热损系数，W/K；

M_s——储热水箱水的质量，kg；

C_w——水的比热容，4 200 J/（kg℃）；

$\Delta\tau$——时间间隔，s；

T_i——热损试验中储热水箱内的初始水温，℃；

T_f——热损试验中储热水箱内的最终水温，℃；

$T_{as(av)}$——热损试验中环境平均温度，℃。

该标准具体对测试条件有如下要求：水箱温度分布均匀，初始温度T_i不得低于50±1 ℃，水箱需自然冷却8 h，每小时取1次环境温度，共9次，得出$T_{as(av)}$，冷却期间空气平均速率不大于4 m/s。

由于沼气池用太阳能热水器需不定时向沼气池提供热量，很难做到在夜间连续8 h自然冷却；而供暖用太阳能热水器组每日工作的时间大多至零点结束，之后到早晨有太阳辐射之前均为自然冷却，由于热水在供暖时不断循环，可认为供暖结束之后水箱水温分布均匀。因此，选择计算水箱热损系数的时间段为每日零点至早晨8点，在此基础上选择满足其他条件的日期。

国家标准《家用太阳能热水系统技术条件》GB/T 19141—2011对于紧凑式和分离式家用太阳能热水系统的平均热损因数要求是小于等于16 W/（m³·K）。计算时要将储热水箱热损系数与太阳能热水器的平均热损因数进行换算，得到所采用的太阳能热水器的平均热损因数，看其是否满足国家标准的要求。储热水箱热损系数U_s和系统平均热损因数U_{sl}的关系为：

$$U_s = U_{sl} V_s \tag{6-29}$$

式中：

V_s——储热水箱的容积，m³。

如前所述，投射到太阳能热水器采光面上的太阳辐射能，除因光学损失未被太阳能热水器吸收外，吸收的热量一部分被有效利用，另一部分散失于环境中。若对太阳能热水器建立热平衡方程，特定时间内的光热转换量Q_{in}减去储热水箱热损失Q_{loss}应等于向外有效输出的热量Q_{out}和水的内能变量ΔU之和，即：

$$Q_{in} - Q_{loss} = Q_{out} + \Delta U \tag{6-30}$$

其中，光热转换量Q_{in}应为集热量Q_s和集热时间内Q_{loss}之和，Q_{loss}可由下式计算：

$$Q_{loss} = \sum U_s (T_s - T_a) t \tag{6-31}$$

而光学损失能量应为投射到热水器采光面上的太阳辐射能减去光热转换量。

提高系统对太阳能的实际利用率，一方面要避免朝向、遮挡等因素的影响，另一方面，需要对吸收的热量有效利用，以降低储热温度，进而减小对环境的散热损失。

3.沼气池产气子单元产气量和热性能分析

（1）产气量影响因素分析

室外环境温度、太阳辐射强度对太阳能恒温沼气池产气性能的耦合影响较复杂。室外环境温度、太阳辐射强度对太阳能热水器水箱中的热水温度有一定的影响，太阳能热水温度、沼气池温度和环境温度同时影响沼气池的产气量。

（2）沼气池热性能分析

要利用太阳能热水器吸收太阳能以维持沼气池适宜且恒定的温度条件，需要对沼气池的散热特性进行分析，因此，根据公式理论计算沼气池每日向环境的散热量。沼气池保温材料通常为导数系数较低聚苯板和挤塑板，沼气池向环境的散热量与沼气池内温度、环境温度、沼气池围护结构保温性能等因素有关。当沼气池结构确定时，沼气池内料液温度和环境温度是影响散热量的最主要因素，将沼气池料液温度与环境温度温差视作影响沼气池散热量的自变量，采用一元线性回归方程分析其关系，可得到沼气池日散热量与沼气池料液与环境温差平均值的关系。

加热盘管内热水与沼气池内料液的传热系数是影响传热速率的重要因素，会影响循环水泵向沼气池输送维持发酵温度所需的运行时间，进而影响水泵用电量。热水-料液传热系数与加热盘管的导热系数、盘管与软体沼气袋的接触情况、热水流速、沼气池内料液物性等密切相关，根据相应公式可计算沼气池加热热水与料液间的传热系数。在系统结构确定的情况下，影响传热系数的主要因素是热源温度和沼气池内料液温度，将进口水温和料液温度视作影响热水与料液间传热系数的自变量，采用多元线性回归方程分析其关系，可得到热水-料液间传热系数与热水进口温度和沼气池料温度间的关系式。

6.3.5 热电沼气联供系统经济性分析

经济性分析是从系统中材料的获得、规划、设计、建造、运行维护直到拆除的全循环生命周期内所做出的对经济效益、环境效益和社会效益的总评价。经济性分析是对系统寿命周期循环过程做出的全面分析，包括对能耗系统、环境系统、人体健康、自然资源等方面潜在影响做出评估。

1.经济效益评价

系统成本具体如下所示：光伏发电子单元包括光伏阵列、充放电控制逆变一体机、蓄电池组、支架线缆安装；供暖子系统包括太阳能集热器、循环水泵、控制阀、管路等；太阳能恒温沼气池产气子单元主要成本包括恒温室、太阳能集热器、软体沼气袋；其他费用还包括连接管件、水泵、控制器、沼气灶和阀门等。由于系统主要以太阳能和农村丰富的生物质能为输入，其摄取成本为零，且运行过程中只需要劳力输入，因此不计运营维护成本。

系统的收益可分为直接收益和间接收益，直接收益即节约能源带来的收益，间接收益是由于施用了高效沼肥带来农作物增收的效益等。热、电、气联供系统可全年稳定连续地为住户提供生活热水并且在冬季供暖从而节约购煤支出。热、电、气联供系统中的光伏发电子系统可以用家庭供电从而节约电费。沼肥与原料相抵，不计沼液、沼渣的肥料价值，但是施用沼液、沼渣的蔬菜产品如番茄、茄子等明显比往年产量高，品质佳，所产蔬菜果实硕大而且果实周正、色泽鲜艳，这样其销售价远远高于本村只使用化肥和粪肥的产品，而且为绿色无污染蔬菜。

产出收益计算方法：

（1）净现值NPV

$$NPV = \sum^{T}(CI - CO)_t(1 + i)^{-t} \quad (6\text{-}32)$$

式中：

i——折现率；

CI——现金流入量；

CO——现金流出量；

（CI-CO）$_t$——第t年的现金流量。

计算后如果净现值大于零，那么说明项目是可行的。

（2）益本比B/C

$$\frac{B}{C} = \frac{PVB}{PVC} \quad (6\text{-}33)$$

式中：

PVB——效益的现值；

PVC——成本的现值。

计算后如果益本比大于1，则项目可行。

（3）投资回收期T

$$T = \text{累计净现金流量现值开始出现正值的年} - 1 + \frac{\text{上年累计净现金流量现值的绝对值}}{\text{当年净现金流量现值}} \quad (6\text{-}34)$$

（4）内部收益率$FIRR$

$$FIRR = i_1 + (i_2 - i_1)\frac{|NPV_1|}{|NPV_1| + |NPV_2|} \quad (6\text{-}35)$$

式中：

i_1——试算用的略低折现率（当 NPV_1 为接近于零的正值时的折现率）；

i_2——试算用的略高折现率（当 NPV_2 为接近于零的负值时的折现率）；

$|NPV_1|$——在折现率为 i_1 时净现值的绝对值；

$|NPV_2|$——在折现率为 i_2 时净现值的绝对值。

如投资机会成本小于内部收益率，则资金投资该项目比投资其他项目更好，项目可行。

2.环境效益评价

热、电、气联供系统利用日常生活、生产中的有机废弃物进行太阳能恒温厌氧发酵产生沼气，使用比较方便，而且清洁无污染，其发酵后产生的残余物可作为农业生产中优质的饲料和肥料。目前农村能源的消费结构已发生了很大的变化，但是生火做饭仍然是农村家庭用能的主要部分，占生活用能的40%～60%，利用沼气发热效率高、清洁、用能方便等特点，替代传统秸秆、薪柴和煤炭作为日常生活燃料，最终可以实现减少农村二氧化碳等有害气体的排放，净化室内外空气的目标。

沼气的主要成分是甲烷、硫化氢、二氧化碳、水等，净化处理之后，除了甲烷之外的其他气体基本都已去除。根据甲烷燃烧化学反应式可知：1 mol甲烷燃烧产生1 mol二氧化碳。根据每吨标煤排放2 622 kg二氧化碳、8.5 kg二氧化硫、7.4 kg氮氧化物，每年二氧化碳减排量计算如下：

$$M_{CO_2}=M_1-M_2 \tag{6-36}$$

式中：

M_{CO_2}——二氧化碳减排量，kg；

M_1——节约的标煤燃烧产生的二氧化碳，kg；

M_2——沼气燃烧产生的二氧化碳，kg。

3.社会效益评价

（1）家庭日常生活做饭不再受烟熏火燎之苦，降低了劳动强度，解放了妇女劳动力，粪便入池发酵，其中的各种病菌以及寄生虫也在池内得到杀灭，减少疾病传染率，提高了农村卫生水平；同时，清洁能源的高效使用，帮助农户从传统的生活方式向健康、文明、卫生的生活方式转变，对新农村的建设产生了积极的影响。

（2）热、电、气联供系统可改善农村人居环境和生态环境，推进农村城镇化的步伐，缓解农村生活用能和工业用能之间的矛盾，同时实现了节能减排，加快了社会主义新农村的建设步伐，建设和谐的社会主义新农村有重要示范推广价值和重大社会经济意义。

（3）热、电、气联供系统研究成果将推动我国结合分布式太阳能供电技术、太阳能供热技术和规模生物质厌氧发酵技术的进步，带动机械自动化、光学、化工、环境等相关产业发展，产生良好的市场效应；这些技术对调整能源结构，发展可再生能源和替代燃料技术两方面均有积极作用，并且能够起到大幅度节能，降低环境排放，具有良好的社会效益。

户用热、电、气联供系统以农村丰富的太阳能、生物质能等可再生能源为输入，以热、电和沼气三种不同形式的能量为输出，同时系统内部还要消耗部分系统产生的热能和电能，涉及众多的能量转换与传递过程。与传统农村供能系统相比，户用热、电、气联供系统每年为用户节省用能费用并且节约标煤、减排二氧化碳具有显著的环境效益、社会效益和经济可行性，符合我国社会主义新农村建设的需求。

6.3.6 热、电、气联供系统优化

影响热、电、气联供系统产能性能的因素是多方面的。首先，系统的固有因素很大程度上决定了系统输入能量的多少，例如太阳能电池的光电转换效率存在极限、集热器真空管吸热体材料存在太阳光线的吸收特性以及发酵原料的产气潜能等；其次，太阳辐射强度、环境温度、环境风速、光伏和光热组件的朝向和遮挡、运行控制策略等因素都会影响系统的能量转换和输出。为了充分的利用输入系统的能量，提高系统的能源利用效率，实现系统产能最大化，需要对系统进行优化，一方面增加系统的输入能量，另一方面尽可能地减少系统的内部能量损失。

系统运行维护与控制策略需进一步改进。因为系统中的太阳能集热器组和光伏阵列常年在室外运行，西北多风沙，所以采光面上容易积累灰尘，导致接收的太阳辐射能下降，集热器热量降低，光伏阵列光电转换效率也降低，导致系统的输入能量变少，如果系统在运行维护过程中增加清扫集热器组和电池板表面的灰尘的频率，这将有利于系统吸收更多的太阳辐射能；对于沼气生产系统来说，将发酵原料进行预处理（切碎或粗粉碎），发酵过程中增加搅拌的次数以及采用半连续的发酵方式，均可提高沼气的产量，增加系统的输出能量。

冬季供暖是农村住宅能耗消耗最大的方面。因此，提高供暖用太阳能热水器组的利用效率是亟待解决的首要问题。众所周知，太阳能热水器集热温度与散热器供暖温度并不匹配，这也是导致本系统中供暖用太阳能热水器组效率低的一个重要因素，而低温地板辐射采暖方式可以很好地解决该问题。太阳能低温地板辐射采暖的原理是通过埋设在地板内的加热盘管释放热量，热量经地面一部分直接投射到人体，另一部分投射到周围物体表面，这些表

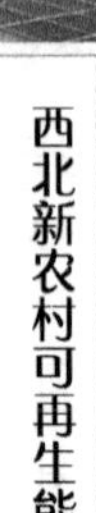

面再与人体进行辐射换热，完成辐射面与人体的二次辐射换热。地板辐射采暖与传统对流换热采暖相比具有显著的特点，主要有以下几点：

（1）散热均匀、舒适：地暖系统的供暖原理为辐射导热，与空调、暖气等通过强制对流循环热风供暖相比，空气中灰尘流动要小得多。

（2）环保节能：资料显示，地板系统采暖与传统的对流供暖方式相比较节能幅度约为30%，地暖在传送过程中热量损失较小并且热量集中在人体受益的高度内，即使室内设定温度比对流式采暖方式低2～5 ℃，也能使人们有同样的温暖感觉。

降低储热水箱的热损失也是提高供暖用太阳能热水器组的途径之一，但由于其结构已定，改变其热损系数已不可行，而只能采用改变储热水箱位置和降低储水温度的方法实现。改变储热水箱位置，将太阳能蓄热水箱从室外移至室内，因为太阳能具有不连续性，容易受到气候条件的影响，夜晚以及雨雪天气太阳辐射很弱，假如将水箱放置室内，白天采用循环水泵将水箱中的水抽到室外太阳能集热器中进行加热，等到晚上时，再将集热器中的水送至室内蓄热水箱中，然后开启低温地板供暖系统向室内供暖，水箱中的热能会全部的散失到室内，增强供热效果。此外，需要保持储热水箱温度较低，需要在白天不断将太阳能热水器组吸收的热量输出，供暖循环水泵就要在白天开启，晚上启动时间少甚至不启动。如此，供暖循环泵将在有太阳辐射时运行，而不需要在夜间从蓄电池组中取电，系统自身的稳定性将进一步提高，光伏阵列的发电功率远高于供暖循环水泵，储存的蓄电池组中的电能将更多地用于生活用电，提高系统的有效输出；而且系统有效输出的增加又使得光伏电池阵列的发电效率和发电量增加，发电量的增加又进一步保证了系统自身用电和向外输出，最终形成一个良性循环。

6.3.7 热、电、气联供系统展望

随着我国农村城镇化步伐的加快，农村供能系统能耗高、室内热舒适度水平较低、农村可再生能源资源利用率低等问题日益凸显。另外，已有的、可与农村建筑集成的可再生能源利用技术或未能与农村建筑高度集成，或易受时间、季节及气候等因素影响，或只能满足农民某一方面的能源需求，或不符合农民生活习惯，它们的推广应用都受到了严重束缚。因此，先进适用的、可与农村建筑集成又能满足农民多层次用能需求的户用热、电、气联供系统已成为我国农村供能系统发展的必然需求。

基于可再生能源的热、电、气联合供能系统是将西北农村地区丰富的太阳能和生物质能转换成热能、电能和沼气化学能，不仅能够连续稳定地满足农村用户多层次的用能需求，还具有良好的节能、经济环保效益，对改善农

村人居环境，优化农村能源结构，缓解我国能源供应短缺的严峻形势，实现农村地区能源、资源、环境和经济的可持续发展有着重要的指导作用，对于实现西北农村可再生能源的合理开发利用具有重要的价值和意义，在西北地区应用前景广阔。未来我们还要做的工作如下：

（1）单纯依靠增加供能系统投入并不能高效率低成本地满足农民的用能需求。如冬季供暖依然是北方农村住宅能源消耗的最大部分，“开源”的同时进行“节流”早已为人们熟知。因此，在建造住宅时即将建筑本体节能、被动式太阳能利用和可再生能源供能系统的布局等全盘考虑，方能达到高效率低成本满足农村住宅供暖需求的目标。

（2）从技术角度来看：

①建筑材料储热技术已被研究者广泛关注，它对提高建筑室内热舒适度和太阳能利用效率作用显著；对于当前农村住宅建筑能耗问题，选择技术上可行，经济上可接受的储热材料作为建筑储热材料。

②智能化控制技术的开发和应用可望进一步提高系统的能源利用效率和连续供能的稳定性。如通过天气预报获知太阳辐射量和环境温度的变化，进而计算太阳能热水器集热量，光伏阵列发电量，住宅耗热量，沼气池的散热量，沼气池循环泵和供暖循环泵的工作时间和耗电量等；再通过检测蓄电池组的储电量，最终得到可用于生活用电的电量，以及确定是否需要传统能源补充供能，方便用户科学高效地使用系统供能。

（3）系统的节能环保效益毋庸置疑，但其经济效益并不够高。主要原因之一便是目前光伏电池的制造成本依然偏高，光伏发电子单元占系统构建成本的比重也是最大，但其输出却最小。目前，中央政府和各地方政府均出台了对分布式光伏发电和户用沼气池的财政补贴政策，若热、电、气联供系统能够得到该方面的财政补贴，其经济性将大为改观，希望在农村城镇化和美丽乡村建设的能源供给方面热、电、气联供系统能够发挥更大的作用。

思考题

1. 什么是多能互补能源系统？

2. 为什么要大力推行多能互补能源系统？

3. 多能互补能源系统有哪些形式？

4. 什么是分布式能源系统？

5. 分布式能源系统的优点是什么？

6. 什么是热、电、气联供系统？

7. 热、电、气联供系统的发展前景如何？国家为什么要推行热、电、气联供系统？

参考文献

[1]赵勇强. 2050年我国高比例可再生能源情景的初步思考[J]. 中国能源，2013，35（5）：5-11.

[2]杨金焕. 太阳能光伏发电应用技术[M]. 北京：电子工业出版社，2013.

[3]马超，刘艳峰，王登甲，等. 西北农村住宅建筑热工性能及节能策略分析[J]. 西安建筑科技大学学报：自然科学版，2015，47（3）：427-432.

[4]吴素农，范瑞祥. 分布式电源控制与运行[M]. 北京：中国电力出版社，2012.